计算机基础与实训教材系列

Windows 7 实用教程

邵玉环 编著

清华大学出版社
北 京

内 容 简 介

本书由浅入深、循序渐进地介绍了微软公司 Windows 7 操作系统的操作方法和使用技巧。全书共分 12 章，分别介绍了 Windows 7 的入门基础，系统个性化设置，文件资源的管理，软件和硬件管理，实用附件的应用，多媒体娱乐休闲，网络冲浪，网络交流，管理系统优化和安全等内容。最后一章还介绍了常用的工具软件，用于提高和拓宽读者对 Windows 7 操作系统的掌握与应用。

本书内容丰富，结构清晰，语言简练，图文并茂，具有很强的实用性和可操作性，既可作为大中专院校、职业学校及各类社会培训学校的学习教材，也可作为广大初、中级电脑用户的自学参考书。

本书对应的电子教案和习题答案可以到 http://www.tupwk.com.cn/edu 网站下载。

图书在版编目(CIP)数据

Windows 7 实用教程 / 邵玉环 编著. —北京：清华大学出版社，2012.10（2022.9 重印）
(计算机基础与实训教材系列)
ISBN 978-7-302-29775-8

Ⅰ. ①W… Ⅱ. ①邵… Ⅲ. ①Windows 操作系统—教材 Ⅳ. ①TP316.7

中国版本图书馆 CIP 数据核字(2012)第 190307 号

责任编辑：胡辰浩　易银荣
装帧设计：牛艳敏
责任校对：成凤进
责任印制：丛怀宇

出版发行：清华大学出版社
　网　　址：http://www.tup.com.cn，http://www.wqbook.com
　地　　址：北京清华大学学研大厦 A 座　　**邮　　编**：100084
　社 总 机：010-83470000　　**邮　　购**：010-62786544
　投稿与读者服务：010-62776969，c-service@tup.tsinghua.edu.cn
　质 量 反 馈：010-62772015，zhiliang@tup.tsinghua.edu.cn
　课 件 下 载：http://www.tup.com.cn，010-62781730
印 装 者：北京鑫海金澳胶印有限公司
经　　销：全国新华书店
开　　本：190mm×260mm　　**印　　张**：19.25　　**字　　数**：505 千字
版　　次：2012 年 10 月第 1 版　　**印　　次**：2022 年 9 月第 12 次印刷
定　　价：68.00 元

产品编号：038768-04

编审委员会

丛书序

计算机已经广泛应用于现代社会的各个领域，熟练使用计算机已经成为人们必备的技能之一。因此，如何快速地掌握计算机知识和使用技术，并应用于现实生活和实际工作中，已成为新世纪人才迫切需要解决的问题。

为适应这种需求，各类高等院校、高职高专、中职中专、培训学校都开设了计算机专业的课程，同时也将非计算机专业学生的计算机知识和技能教育纳入教学计划，并陆续出台了相应的教学大纲。基于以上因素，清华大学出版社组织一线教学精英编写了这套“计算机基础与实训教材系列”丛书，以满足大中专院校、职业院校及各类社会培训学校的教学需要。

一、丛书书目

本套教材涵盖了计算机各个应用领域，包括计算机硬件知识、操作系统、数据库、编程语言、文字录入和排版、办公软件、计算机网络、图形图像、三维动画、网页制作以及多媒体制作等。众多的图书品种可以满足各类院校相关课程设置的需要。

⊙ 已出版的图书书目

《计算机基础实用教程》	《中文版 Excel 2003 电子表格实用教程》
《计算机组装与维护实用教程》	《中文版 Access 2003 数据库应用实用教程》
《五笔打字与文档处理实用教程》	《中文版 Project 2003 实用教程》
《电脑办公自动化实用教程》	《中文版 Office 2003 实用教程》
《中文版 Photoshop CS3 图像处理实用教程》	《JSP 动态网站开发实用教程》
《Authorware 7 多媒体制作实用教程》	《Mastercam X3 实用教程》
《中文版 AutoCAD 2009 实用教程》	《Director 11 多媒体开发实用教程》
《AutoCAD 机械制图实用教程(2009 版)》	《中文版 Indesign CS3 实用教程》
《中文版 Flash CS3 动画制作实用教程》	《中文版 CorelDRAW X3 平面设计实用教程》
《中文版 Dreamweaver CS3 网页制作实用教程》	《中文版 Windows Vista 实用教程》
《中文版 3ds Max 9 三维动画创作实用教程》	《电脑入门实用教程》
《中文版 SQL Server 2005 数据库应用实用教程》	《中文版 3ds Max 2009 三维动画创作实用教程》
《中文版 Word 2003 文档处理实用教程》	《Excel 财务会计实战应用》
《中文版 PowerPoint 2003 幻灯片制作实用教程》	《中文版 AutoCAD 2010 实用教程》
《中文版 Premiere Pro CS3 多媒体制作实用教程》	《AutoCAD 机械制图实用教程(2010 版)》
《Visual C#程序设计实用教程》	《Java 程序设计实用教程》

(续表)

《Mastercam X4 实用教程》	《SQL Server 2008 数据库应用实用教程》
《网络组建与管理实用教程》	《中文版 3ds Max 2010 三维动画创作实用教程》
《中文版 Flash CS3 动画制作实训教程》	《Mastercam X5 实用教程》
《ASP.NET 3.5 动态网站开发实用教程》	《中文版 Office 2007 实用教程》
《AutoCAD 建筑制图实用教程（2009 版）》	《中文版 Word 2007 文档处理实用教程》
《中文版 Photoshop CS4 图像处理实用教程》	《中文版 Excel 2007 电子表格实用教程》
《中文版 Illustrator CS4 平面设计实用教程》	《中文版 PowerPoint 2007 幻灯片制作实用教程》
《中文版 Flash CS4 动画制作实用教程》	《中文版 Access 2007 数据库应用实例教程》
《中文版 Dreamweaver CS4 网页制作实用教程》	《中文版 Project 2007 实用教程》
《中文版 InDesign CS4 实用教程》	《中文版 CorelDRAW X4 平面设计实用教程》
《中文版 Premiere Pro CS4 多媒体制作实用教程》	《中文版 After Effects CS4 视频特效实用教程》
《电脑办公自动化实用教程（第二版）》	《中文版 3ds Max 2012 三维动画创作实用教程》
《Visual C# 2010 程序设计实用教程》	《Office 2010 基础与实战》
《计算机组装与维护实用教程（第二版）》	《计算机基础实用教程（Windows 7+Office 2010 版）》
《中文版 AutoCAD 2012 实用教程》	《ASP.NET 4.0(C#)实用教程》
《Windows 7 实用教程》	

二、丛书特色

1、选题新颖，策划周全——为计算机教学量身打造

本套丛书注重理论知识与实践操作的紧密结合，同时突出上机操作环节。丛书作者均为各大院校的教学专家和业界精英，他们熟悉教学内容的编排，深谙学生的需求和接受能力，并将这种教学理念充分融入本套教材的编写中。

本套丛书全面贯彻“理论→实例→上机→习题”4 阶段教学模式，在内容选择、结构安排上更加符合读者的认知习惯，从而达到老师易教、学生易学的目的。

2、教学结构科学合理，循序渐进——完全掌握“教学”与“自学”两种模式

本套丛书完全以大中专院校、职业院校及各类社会培训学校的教学需要为出发点，紧密结合学科的教学特点，由浅入深地安排章节内容，循序渐进地完成各种复杂知识的讲解，使学生能够一学就会、即学即用。

对教师而言，本套丛书根据实际教学情况安排好课时，提前组织好课前备课内容，使课堂

教学过程更加条理化，同时方便学生学习，让学生在学习完后有例可学、有题可练；对自学者而言，可以按照本书的章节安排逐步学习。

3、内容丰富、学习目标明确——全面提升“知识”与“能力”

本套丛书内容丰富，信息量大，章节结构完全按照教学大纲的要求来安排，并细化了每一章内容，符合教学需要和计算机用户的学习习惯。在每章的开始，列出了学习目标和本章重点，便于教师和学生提纲挈领地掌握本章知识点，每章的最后还附带有上机练习和习题两部分内容，教师可以参照上机练习，实时指导学生进行上机操作，使学生及时巩固所学的知识。自学者也可以按照上机练习内容进行自我训练，快速掌握相关知识。

4、实例精彩实用，讲解细致透彻——全方位解决实际遇到的问题

本套丛书精心安排了大量实例讲解，每个实例解决一个问题或是介绍一项技巧，以便读者在最短的时间内掌握计算机应用的操作方法，从而能够顺利解决实践工作中的问题。

范例讲解语言通俗易懂，通过添加大量的“提示”和“知识点”的方式突出重要知识点，以便加深读者对关键技术和理论知识的印象，使读者轻松领悟每一个范例的精髓所在，提高读者的思考能力和分析能力，同时也加强了读者的综合应用能力。

5、版式简洁大方，排版紧凑，标注清晰明确——打造一个轻松阅读的环境

本套丛书的版式简洁、大方，合理安排图与文字的占用空间，对于标题、正文、提示和知识点等都设计了醒目的字体符号，读者阅读起来会感到轻松愉快。

三、读者定位

本丛书为所有从事计算机教学的老师和自学人员而编写，是一套适合于大中专院校、职业院校及各类社会培训学校的优秀教材，也可作为计算机初、中级用户和计算机爱好者学习计算机知识的自学参考书。

四、周到体贴的售后服务

为了方便教学，本套丛书提供精心制作的 PowerPoint 教学课件(即电子教案)、素材、源文件、习题答案等相关内容，可在网站上免费下载，也可发送电子邮件至 wkservice@vip.163.com 索取。

此外，如果读者在使用本系列图书的过程中遇到疑惑或困难，可以在丛书支持网站(http://www.tupwk.com.cn/edu)的互动论坛上留言，本丛书的作者或技术编辑会及时提供相应的技术支持。咨询电话：010-62796045。

前言

中文版 Windows 7 是 Microsoft 公司最新推出的操作系统，逐渐成为了电脑安装的主流操作系统。为了防护人们在网络时代中的系统安全，Windows 7 系统在原来的操作系统基础上进行了诸多功能改进，如增加了“库”、强化后的操作中心，以及拥有更绚丽的界面。

本书从教学实际需求出发，合理安排知识结构，从零开始、由浅入深、循序渐进地讲解中文版 Windows 7 的基本知识和使用方法。全书共分为 12 章，主要内容如下：

第 1 章介绍 Windows 7 的新特性，以及 Windows 7 的安装和桌面组成等内容。

第 2 章介绍 Windows 7 外观设置，以及管理电源配置和管理用户账户等内容。

第 3 章介绍 Windows 7 文件和文件夹的操作和设置，以及使用库和回收站的方法。

第 4 章介绍软硬件的安装和卸载，以及管理软硬件的操作方法。

第 5 章介绍各种使用附件的操作方法，以及实际应用上的内容。

第 6 章介绍多媒体文件的播放使用，以及小游戏和照片库的使用方法。

第 7 章介绍使用 IE 8.0 浏览器进行上网冲浪，以及网上的日常应用。

第 8 章介绍使用 Windows Live Mail 和 Messenger 的方法，以及使用 QQ 交流和网络购物等应用。

第 9 章介绍配置局域网和组建家庭组的方法，以及远程控制和远程桌面的使用方法。

第 10 章介绍优化磁盘和系统的方法，以及任务管理器、资源管理器、注册表、数据和系统备份的使用方法。

第 11 章介绍维护系统安全的各种软件及系统策略的操作和方法。

第 12 章介绍 Windows 7 中各种常用的工具软件的操作方法。

本书内容丰富，图文并茂，条理清晰，在讲解每个知识点时都配有相应的实例，方便读者上机实践。同时在难于理解和掌握的部分内容上给出相关提示，让读者能够快速地提高操作技能。此外，本书配有大量的综合实例和练习，让读者在不断的实际操作中更加牢固地掌握书中讲解的内容。

除封面署名的作者外，参加本书编写的人员还有陈笑、曹小震、高娟妮、李亮辉、洪妍、孔祥亮、陈跃华、杜思明、熊晓磊、曹汉鸣、陶晓云、王通、方峻、李小凤、曹晓松、蒋晓冬、邱培强等。由于作者水平所限，本书难免有不足之处，欢迎广大读者批评指正。我们的邮箱是 huchenhao@263.net，电话 010-62796045。

作　者

2012 年 8 月

推荐课时安排

章　　名	重点掌握内容	教学课时
第 1 章　Windows 7 入门基础	1. Windows 7 的基础知识 2. Windows 7 的安装流程 3. Windows 7 桌面组成以及基本操作	3 学时
第 2 章　系统的个性化设置	1. 设置桌面外观 2. 设置任务栏和【开始】菜单 3. 管理电源配置 4. 管理用户账户	4 学时
第 3 章　Windows 7 资源管理	1. 文件和文件夹的基本操作 2. 设置文件和文件夹 3. 使用库和回收站	3 学时
第 4 章　管理软件和硬件	1. 软件的安装和卸载 2. 管理软件程序 3. 管理硬件设备 4. 使用打印机	3 学时
第 5 章　Windows 7 中的常用附件	1. 使用写字板 2. 使用计算器 3. 使用画图程序 4. 使用轻松访问中心	3 学时
第 6 章　Windows 7 中的娱乐功能	1. 使用 Windows Media Player 2. 使用 Windows Live 照片库 3. 使用 Windows Media Center	2 学时
第 7 章　网络冲浪	1. 了解 Internet 基础知识 2. 使用 IE 8.0 浏览器 3. 设置 IE 8.0 浏览器 4. 网络日常应用	5 学时
第 8 章　网络交流	1. 使用 Windows Live Mail 2. 使用 Windows Live Messenger 3. 使用 QQ 工具 4. 学习网络购物	4 学时

(续表)

章　　名	重点掌握内容	教 学 课 时
第 9 章　Windows 7 局域网应用	1. 认识局域网 2. 配置局域网 3. 使用家庭组 4. 使用远程协助和远程桌面	4 学时
第 10 章　Windows 7 系统的优化	1. 维护和优化磁盘 2. 优化系统设置 3. 使用任务管理器 4. 使用注册表 5. 备份数据和系统	4 学时
第 11 章　系统安全与防护	1. 设置自动更新 2. 设置 Windows 7 防火墙 3. 使用 Windows Defender 4. 使用 360 杀毒和 360 安全卫士 5. 设置系统安全策略	3 学时
第 12 章　Windows 7 中的常用工具软件	1. 使用 WinRAR 压缩文件 2. 使用 ACDSee 浏览图片 3. 使用软件播放影音文件 4. 使用软件翻译文件 5. 使用 Office 软件	5 学时

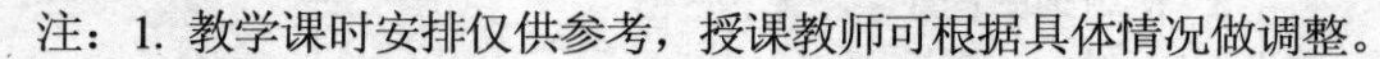

注：1. 教学课时安排仅供参考，授课教师可根据具体情况做调整。

2. 建议每章安排与教学课时相同时间的上机练习。

CONTENTS

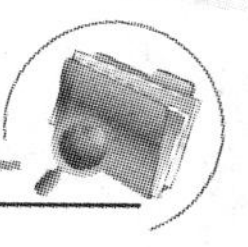

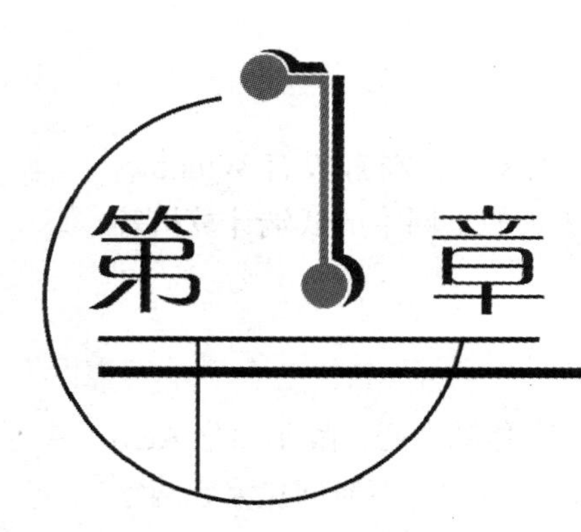

Windows 7 入门基础

学习目标

Windows 7 是微软公司开发的最新版本 Windows 操作系统。作为 Windows XP 和 Vista 系统的后继者，Windows 7 有着更绚丽的界面、更快捷的操作、更强大的功能、更稳定的系统等优点。本章将主要介绍 Windows 7 系统的基础知识，以及安装操作系统的常用操作步骤。

本章重点

- Windows 7 的基础知识
- Windows 7 的安装流程
- Windows 7 桌面组成部分以及基本操作

1.1 初识 Windows 7

微软公司于 2009 年 10 月 23 日正式推出 Windows 7 操作系统中文版。作为最新一代的操作系统，Windows 7 拥有 Windows 操作系统中最华丽的视觉效果和最高的安全性，而且该系统比之前的操作系统在功能上更加可靠和强大。

1.1.1 Windows 7 系统版本简介

Windows 7 与其之前的 Windows 操作系统一样，拥有很多版本，以便不同的用户根据自己的需求进行选择。常见的 6 个 Windows 7 版本分别为 Windows 7 Starter(初级版)、Windows 7 Home Basic(家庭普通版)、Windows 7 Home Premium(家庭高级版)、Windows 7 Professional(专业版)、Windows 7 Enterprise(企业版)以及 Windows 7 Ultimate(旗舰版)。

1. Windows 7 Starter(初级版)

该版本是功能最少的 Windows 7 版本，缺乏 Aero 特效功能，没有 64 位支持，没有 Windows 媒体中心和移动中心等，对更换桌面背景有限制。它主要设计用于类似上网本的低端计算机等特殊类型的硬件。

2. Windows 7 Home Basic(家庭普通版)

该版本也称为家庭基础版，是简化的家庭版，支持多显示器，有移动中心，限制部分 Aero 特效，没有 Windows 媒体中心，缺乏 Tablet 支持，没有远程桌面，只能加入不能创建家庭网络组(Home Group)等。

3. Windows 7 Home Premium(家庭高级版)

该版本面向家庭用户，满足家庭娱乐需求，包含所有桌面增强和多媒体功能，如 Aero 特效、多点触控功能、媒体中心、建立家庭网络组、手写识别等，不支持 Windows 域、Windows XP 模式、多语言等。

4. Windows 7 Professional(专业版)

该版本面向计算机爱好者和小企业用户，满足办公开发需求，包含加强的网络功能，如活动目录、"域"支持和远程桌面等，另外还有网络备份、位置感知打印、加密文件系统、演示模式、Windows XP 模式等功能，其 64 位系统可支持更大内存(192GB)。

5. Windows 7 Enterprise(企业版)

该版本是面向企业市场的高级版本，可以满足企业数据共享、管理、安全等需求。它包含多语言包、UNIX 应用支持、BitLocker 驱动器加密、分支缓存(BranchCache)等。该版本通过与微软有软件保证合同的公司进行批量许可出售，不在 OEM 和零售市场发售。

6. Windows 7 Ultimate(旗舰版)

该版本是拥有新操作系统的所有功能，与企业版基本相同，仅仅在授权方式及其相关应用及服务上有所区别，面向高端用户和软件爱好者。专业版用户和家庭高级版用户可以付费通过 Windows 随时升级(WAU)服务升级到旗舰版。

提示

在这 6 个版本中，Windows 7 家庭高级版和 Windows 7 专业版是两大主力版本，前者面向家庭用户，后者针对商业用户。此外，32 位版本和 64 位版本没有外观或者功能上的区别，但 64 位版本支持 16GB(最高至 192GB)内存，而 32 位版本只能支持最大 4GB 内存。目前所有新的和较新的 CPU 都是 64 位兼容的，均可使用 64 位版本。

1.1.2　Windows 7 的新特性

新一代的操作系统 Windows 7 具有以往 Windows 操作系统所不可比拟的新特性，它可以给用户带来不一般的全新体验。本节将简要介绍 Windows 7 操作系统的一些新特性。

1. 全新的任务栏

Windows 7 系统全新设计的任务栏，可以将来自同一个程序的多个窗口集中在一起并使用同一个图标来显示，让有限的任务栏空间发挥更大的作用，如图 1-1 所示。将鼠标光标停留在任务栏一个应用程序图标时，将显示动态的应用程序界面的小窗口，将鼠标移动到这些小窗口上，可以显示完整的应用程序界面，如图 1-2 所示。

图 1-1　任务栏上的图标

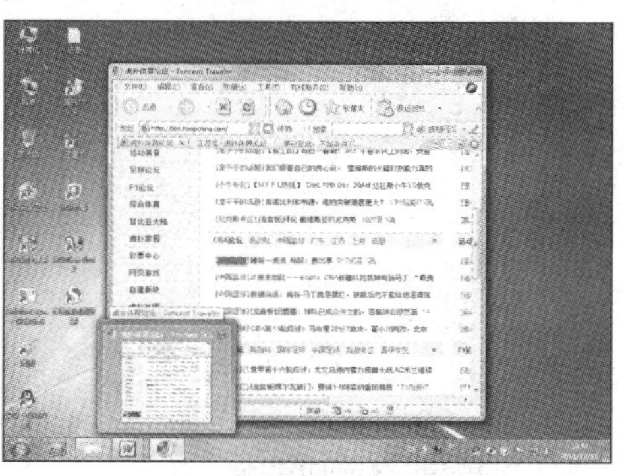

图 1-2　显示应用程序界面

2. 应用 Jump List

Jump List 是 Windows 7 的一个全新功能，用鼠标右击一个任务栏图标后，可以打开跳转列表(Jump List)，通过该功能可以找到某个程序的常用操作，并会根据程序的不同而显示不同的操作，如图 1-3 所示。此外还可将该程序的一些常用操作锁定在 Jump List 的顶端，更加方便用户的查找。跳转列表还存在于【开始】菜单的常用程序列表中的下拉菜单内，如图 1-4 所示。

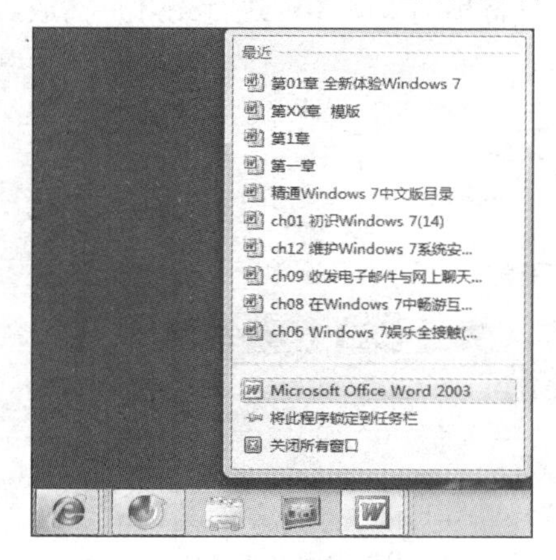

图 1-3　任务栏跳转列表

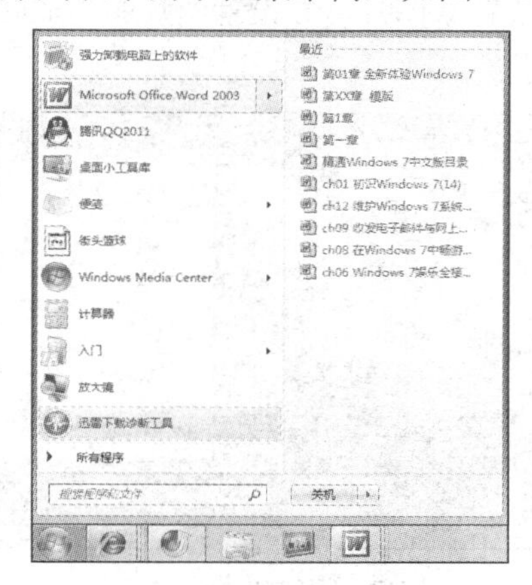

图 1-4　【开始】菜单跳转列表

3. 全新的库和家庭组

库是 Windows 7 众多新特性中的一项。所谓库，就是指一个专用的虚拟文件管理集合，用户可以将硬盘中不同位置的文件夹添加到库中，并在库这个统一的视图中浏览和修改不同文件夹的文档内容。Windows 7 系统初始包含视频、文档、图片、音乐等 4 个库，用户也可以增加新库，如图 1-5 所示。

家庭组的目的是让用户更容易在局域网中共享资源。用户可以建立家庭组或加入已经建好的家庭组进行计算机数据共享，而且用户还可以设置共享文件的类型，如图 1-6 所示。

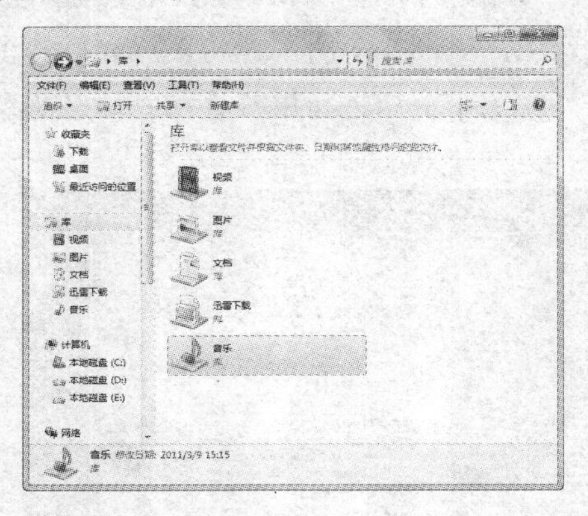

图 1-5　库

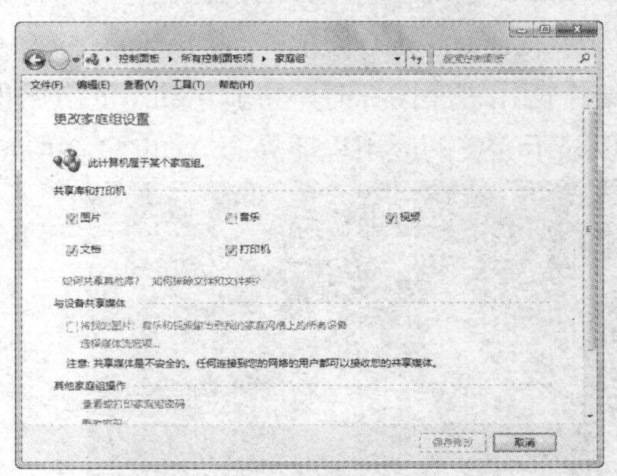

图 1-6　家庭组设置

4. 窗口的智能缩放功能

在 Windows 7 中加入了窗口的智能缩放功能，当用户使用鼠标将窗口拖动到显示器的边缘时，窗口即可最大化或平行排列，如图 1-7 所示。使用鼠标拖动并轻轻晃动窗口，即可隐藏当前不活动的窗口，使繁杂的桌面立刻变得简单舒适。

5. 桌面幻灯片播放功能

Windows 7 桌面支持幻灯片壁纸播放功能，打开【控制面板】中的【桌面背景】窗口，然后选中多幅背景图片，并设置图片的播放时间间隔，即可将桌面多幅图片进行幻灯片播放，如图 1-8 所示。

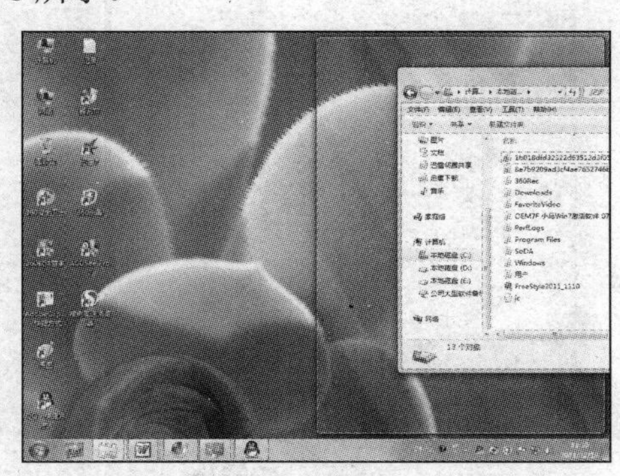

图 1-7　窗口智能缩放

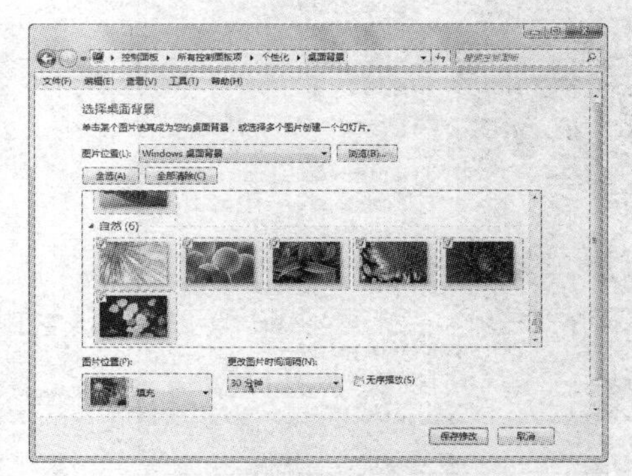

图 1-8　设置桌面背景播放

6. 更新的操作中心

Windows 7 去掉了以前操作系统里的【安全中心】，取而代之的是【操作中心】(Action Center)。【操作中心】除了有【安全中心】的功能外，还有系统维护信息、计算机问题诊断等使用信息。如图 1-9 所示。

7. 全新的字体管理器

Windows 7 中以前操作系统中的【添加字体】对话框已经不复存在，取而代之的则是【字体管理器】窗口，用户可以选择适合的字体进行设置，如图 1-10 所示。

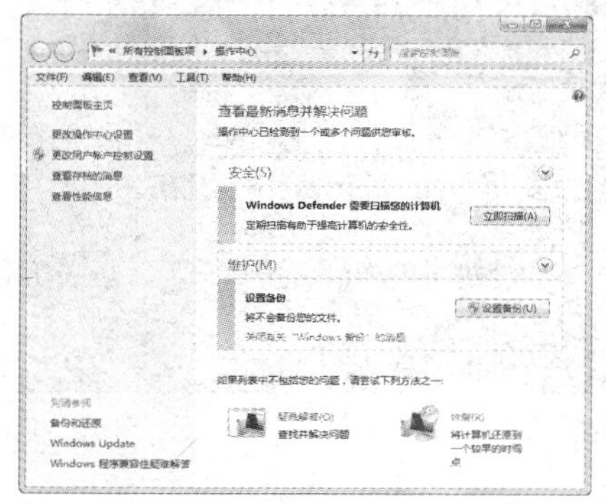

图 1-9　操作中心

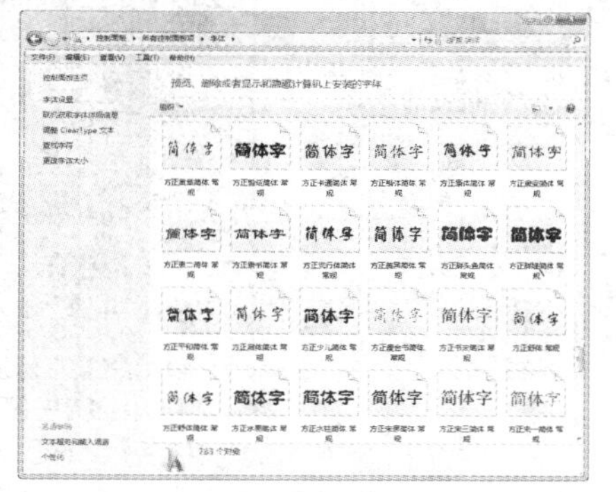

图 1-10　字体管理器

8. 自定义通知区域图标

在 Windows 7 操作系统中，用户可以对通知区域的图标进行自由管理。可以将一些不常用的图标隐藏起来，通过简单拖动来改变图标的位置，如图 1-11 所示。还可以打开【通知区域图标】窗口，通过设置面板对所有的图标进行集中管理，如图 1-12 所示。

图 1-11　通知区域隐藏图标

图 1-12　设置通知区域图标显示

1.1.3　Windows 7 的启动和退出

Windows 7 的启动和关闭俗称为“开关机”，是操作 Windows 7 系统的第一步。掌握启动

和关闭 Windows 7 的正确方法，能够保护系统软件的安全并延长计算机的硬件寿命。

1. Windows 7 的启动

在启动 Windows 7 系统前，首先应确保在通电情况下将计算机主机和显示器接通电源，然后按下主机箱上的 Power 按钮，启动计算机。在计算机启动过程中，BIOS 系统会进行自检并进入 Windows 操作系统，屏幕将显示如图 1-13 所示的画面。

图 1-13　开始启动 Windows 7

如果 Windows 7 系统设置有密码，则需要输入密码，如图 1-14 所示。输入密码后，按下 Enter 键，稍后即可进入 Windows 7 系统的桌面，如图 1-15 所示。

图 1-14　输入密码

图 1-15　进入系统

2. Windows 7 的退出

当用户不再使用 Windows 7 时，应当及时关闭 Windows 7 操作系统，执行关机操作。在关闭计算机前，应先关闭所有的应用程序，以免数据的丢失。

要关闭 Windows 7 系统，用户可以单击系统桌面上的【开始】按钮，在弹出的【开始】菜单中选择【关机】命令，如图 1-16 所示。然后 Windows 开始注销系统，如图 1-17 所示。如果有更新会自动安装更新文件，安装完成后即会自动关闭系统，如图 1-18 所示。

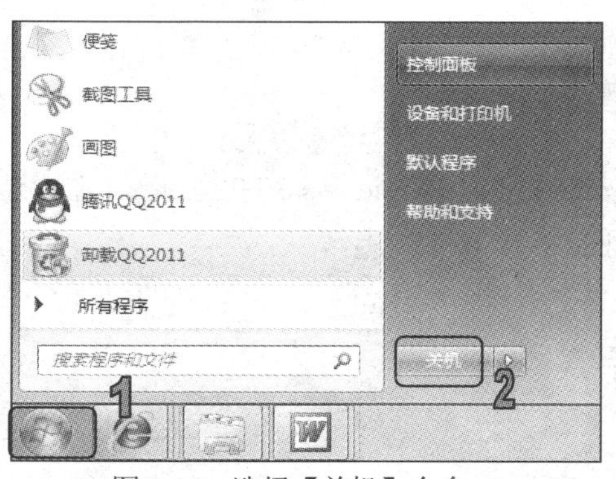

图 1-16　选择【关机】命令

图 1-17　正在注销系统

图 1-18　更新后关机

3. Windows 7 的重启动和睡眠

在使用计算机的过程中，有时会遇到一些情况需要重新启动电脑，此时用户可以单击【开始】按钮，单击【关机】按钮旁的▶按钮，将弹出上拉菜单，选择其中【重新启动】命令即可，如图 1-19 所示。

【睡眠】是操作系统的一种节能状态，是将运行中的数据保存在内存中并将计算机置于低功耗状态，可以用 Wake UP 键唤醒。该命令和【重新启动】命令同在一个命令菜单中，睡眠时若设置过登录密码，重新进入系统还需要输入密码，如图 1-20 所示。

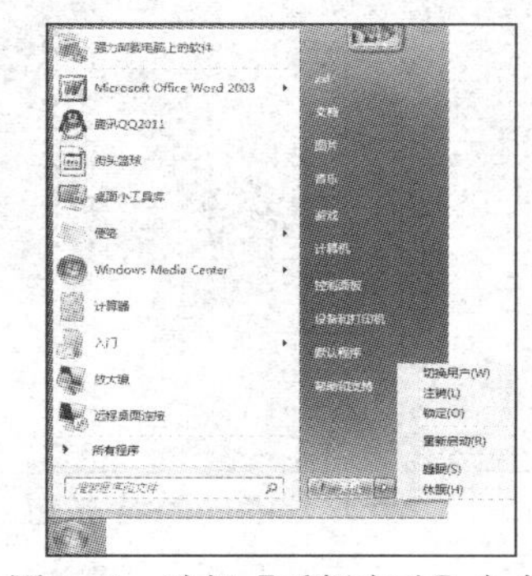

图 1-19　选择【重新启动】命令

图 1-20　输入密码登录系统

1.2 Windows 7 的安装

Windows 7 操作系统的多个版本里，这里选择安装旗舰版(Windows 7 Ultimate)。在安装系统之前，要先做好准备工作，以便顺利执行安装过程。

1.2.1 安装 Windows 7 的系统配置

要正常使用 Windows 7，只需满足以下最低配置需求即可。

- 处理器：1 GHz 或更快的 32 位(X86)或 64 位(X64)处理器。
- 内存：1 GB 物理内存(基于 32 位)或 2 GB 物理内存(基于 64 位)。
- 硬盘：16 GB 可用硬盘空间(基于 32 位)或 20 GB 可用硬盘空间(基于 64 位)。
- 显卡：支持 DirectX，128 MB 显存(及以上)。
- 显示器：分辨率在 1024×768 像素(及以上)。
- 磁盘分区格式：NTFS。

Windows 7 推荐的配置只满足普通用户的需求，而对于游戏玩家或需要运行大型应用程序的用户而言，需要的硬件配置可能要更高。

1.2.2 全新安装 Windows 7

要全新安装 Windows 7，用户可以将安装光盘放入到光驱中，重新启动计算机，然后参照系统安装提示逐步操作即可。

【例 1-1】在当前计算机中全新安装 Windows 7 操作系统。

(1) 将 Windows 7 安装光盘放入光驱，重新启动电脑，系统加载完毕后，进入 Windows 7 安装界面，用户可以在该界面内设置时间等选项，然后单击【下一步】按钮，如图 1-21 所示。

(2) 在该界面中单击【现在安装】按钮，如图 1-22 所示，打开【请阅读许可条款】界面。

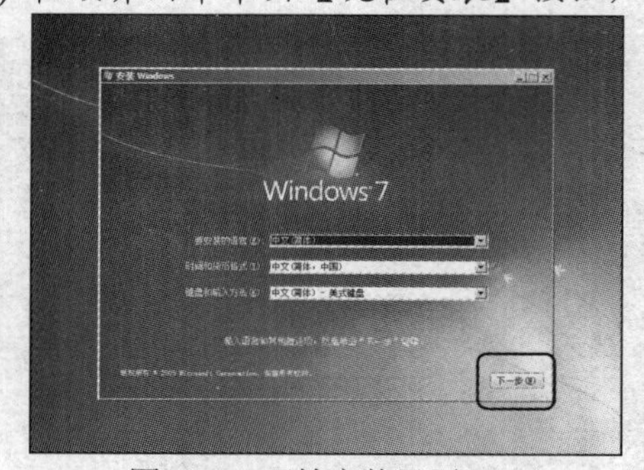

图 1-21　开始安装界面

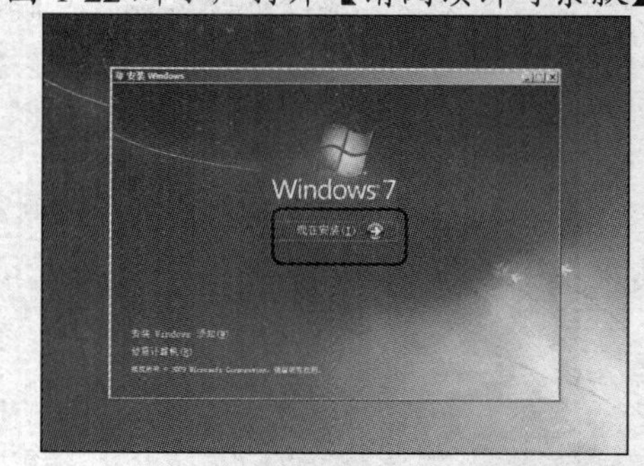

图 1-22　单击【现在安装】按钮

(3) 选中如图 1-23 所示的【我接受许可条款】复选框，单击【下一步】按钮，打开【您想

进行何种类型的安装？】界面。该界面有【升级】和【自定义(高级)】两个选项，选择【自定义】选项，如图 1-24 所示。

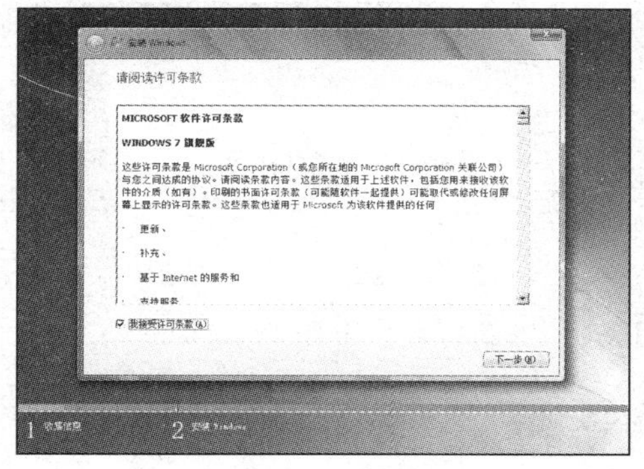

图 1-23 同意许可条款

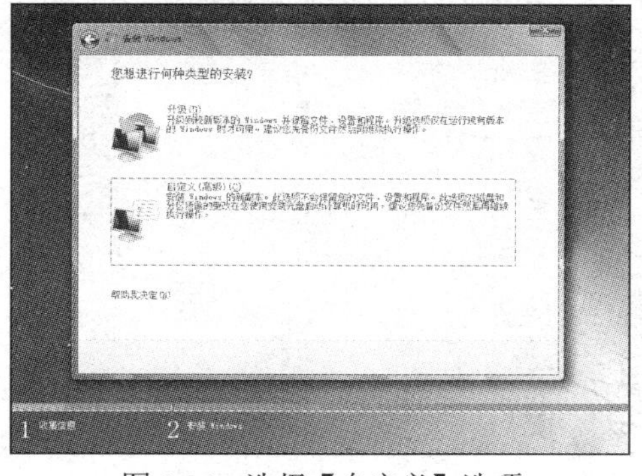

图 1-24 选择【自定义】选项

(4) 选择要安装的目标分区，在此选择【磁盘 C:】，如图 1-25 所示。

(5) 单击【下一步】按钮，开始复制文件并安装 Windows 7，这个过程大概需要 15～25 分钟的时间。在安装的过程中，系统会多次重新启动，用户无须参与，如图 1-26 所示。

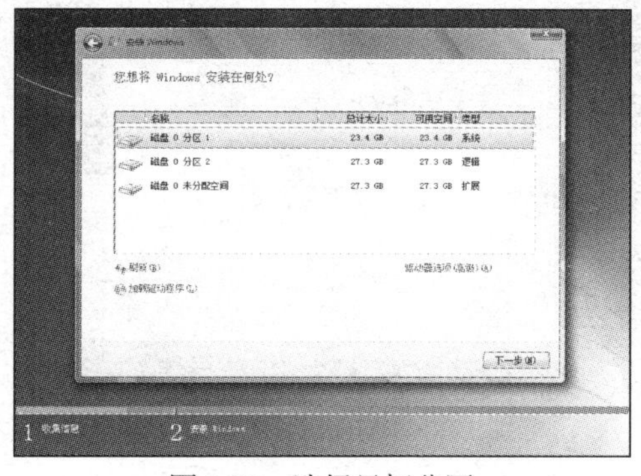

图 1-25 选择目标分区

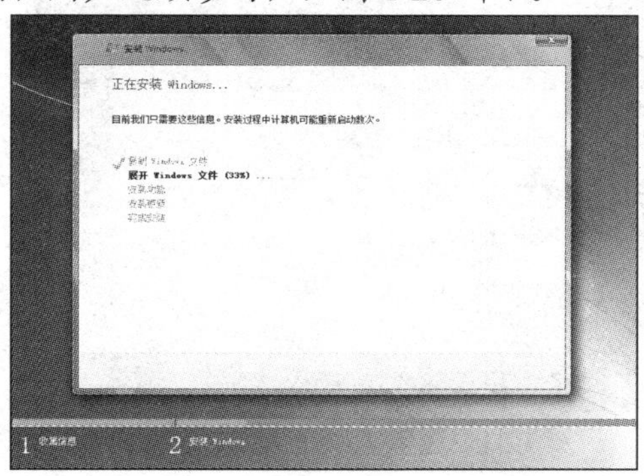

图 1-26 安装过程

(6) 在安装完成后的界面中单击【下一步】按钮，打开设置账户密码界面设置用户密码，如图 1-27 所示。

(7) 单击【下一步】按钮，在打开的如图 1-28 所示的界面中要求用户输入产品密钥(用户可在光盘的包装盒上找到产品密钥)，此处单击【下一步】按钮跳过，待登录桌面后再进行操作。

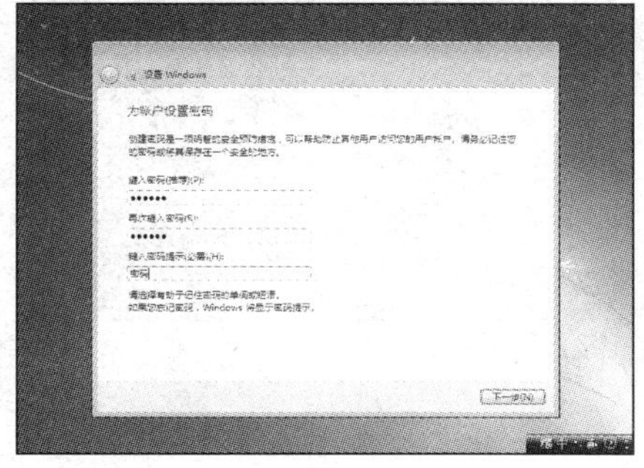

图 1-27 设置密码

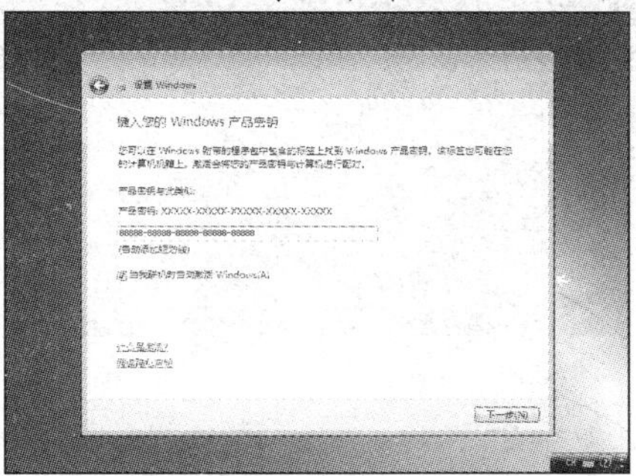

图 1-28 输入密钥

(8) 设置 Windows 更新，这里选择【使用推荐设置】选项，如图 1-29 所示。

(9) 设置系统的日期和时间，通常保持默认设置即可，如图 1-30 所示。

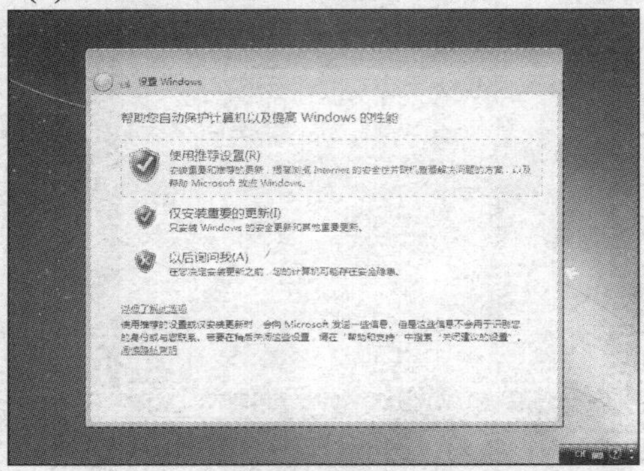

图 1-29　选择【使用推荐设置】选项

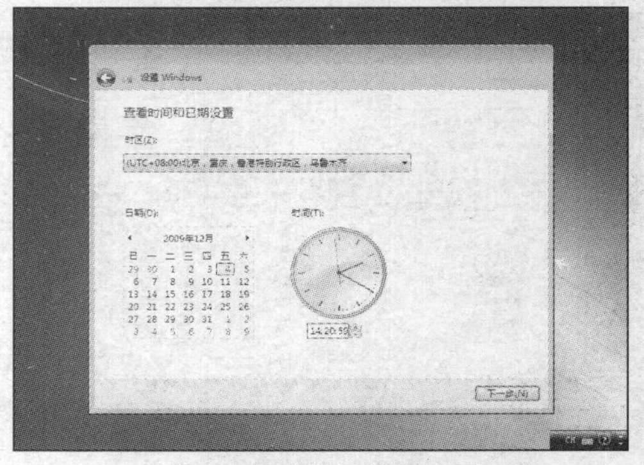

图 1-30　设置日期和时间

(10) 单击【下一步】按钮，选择【家庭网络】选项，如图 1-31 所示。

(11) Windows 7 会启用刚刚的设置，并显示如图 1-32 所示的界面。

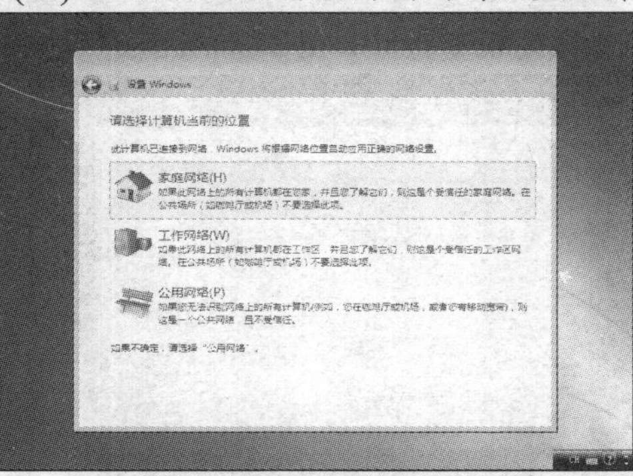

图 1-31　选择【家庭网络】选项

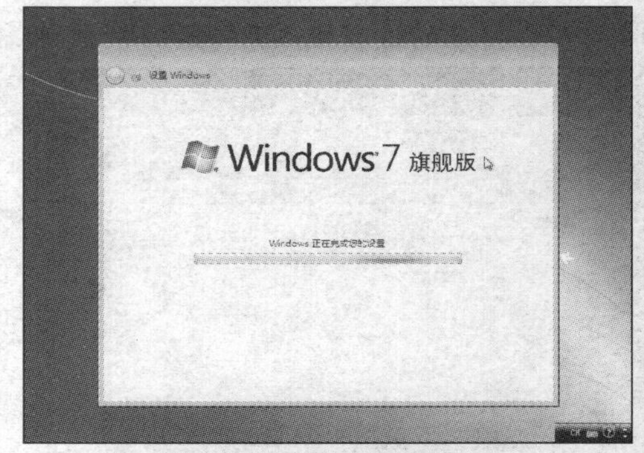

图 1-32　Windows 7 启动

(12) 当 Windows 7 的登录界面出现后，输入登录密码，并按下 Enter 键，即可进入 Windows 7 的系统桌面，如图 1-33 所示。

图 1-33　输入密码登录桌面

1.2.3　更新升级安装 Windows 7

更新升级安装指的是通过在 Windows 前期操作系统里启动 Windows 7 安装光盘，执行安装程序来安装 Windows 7 并取代现行操作系统，能进行更新升级和其对应的系统版本如下。

- Windows Vista 家庭高级版→Windows7 家庭高级版。
- Windows Vista 商用版→Windows 7 专业版。
- Windows Vista 旗舰版→Windows 7 旗舰版。

【例 1-2】在 Windows Vista 中升级安装 Windows 7 操作系统。

(1) 启动 Windows Vista 操作系统。将 Windows 7 安装光盘放入光驱中，然后双击其中的 setup.exe 文件，如图 1-34 所示，启动安装程序。

(2) 在如图 1-35 所示的界面中单击【现在安装】按钮，电脑开始复制安装文件并启动安装程序。

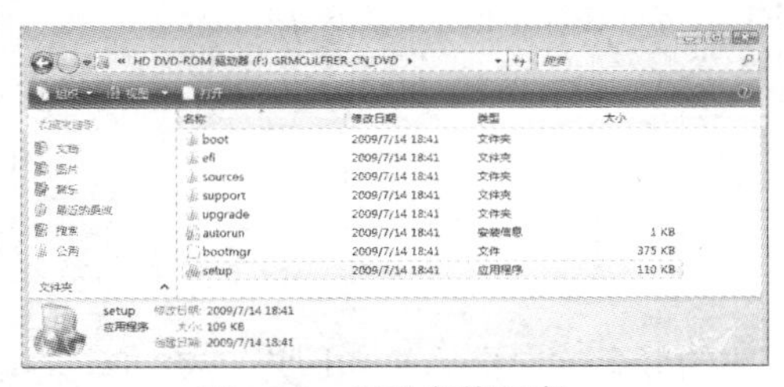

图 1-34　启动安装程序

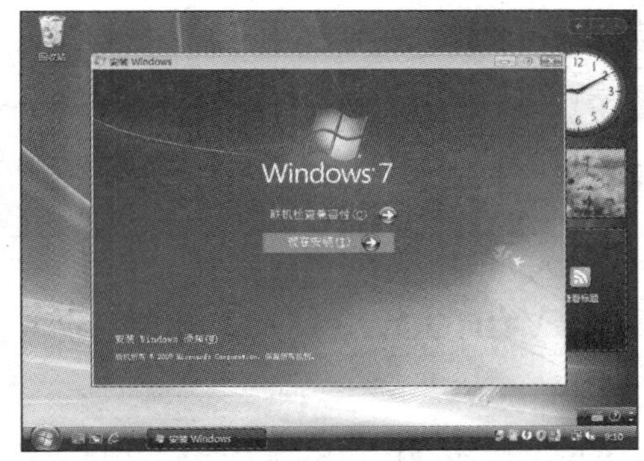

图 1-35　单击【现在安装】按钮

(3) 安装程序开始复制临时文件，当进入获取更新界面，建议用户选择【联机以获取最新安装更新(推荐)】选项，如图 1-36 所示。

(4) 此时系统开始从网上搜索并下载更新文件，如图 1-37 所示。

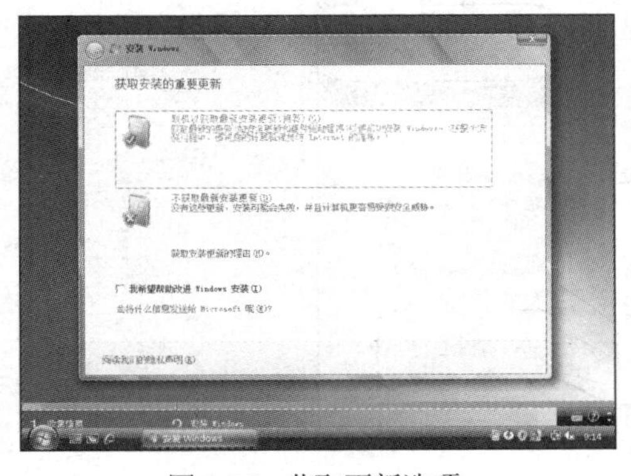

图 1-36　获取更新选项

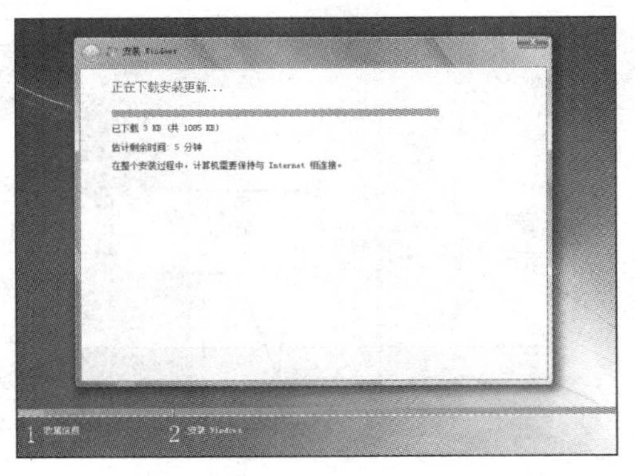

图 1-37　下载更新

(5) 下载完成后，将打开【请阅读许可条款】界面，选中【我接受许可条款】复选框，然

后单击【下一步】按钮，如图 1-38 所示。

(6) 在打开的界面中选择【升级】选项，如图 1-39 所示。

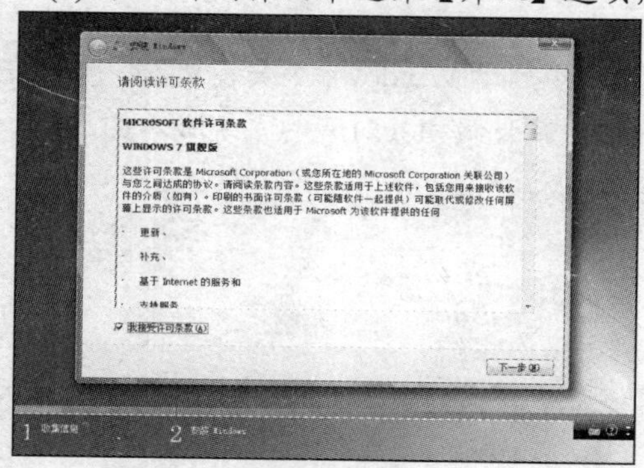

图 1-38 阅读许可条款

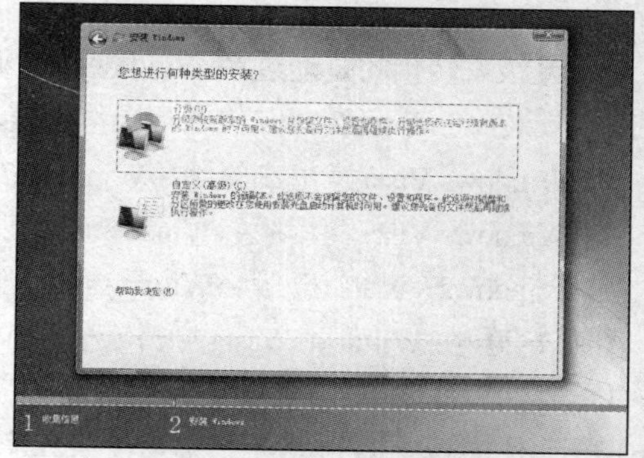

图 1-39 选择【升级】选项进行安装

(7) 选择完成后，接下来的安装步骤和全新安装 Windows 7 的步骤相同，用户参考【例 1-1】所介绍的步骤操作即可。

提示

如果用户想要体验新的操作系统，又不想删除旧版本系统，可以在计算机中安装双操作系统。

1.3 Windows 7 桌面组成

在 Windows 系列操作系统中，【桌面】是一个重要的概念，它指的是当用户启动并登录操作系统后，用户所看到的一个主屏幕区域。在 Windows 7 中，大部分的操作都是通过桌面完成的。桌面主要由桌面图标、任务栏、开始菜单、窗口和对话框等元素构成，如图 1-40 所示。

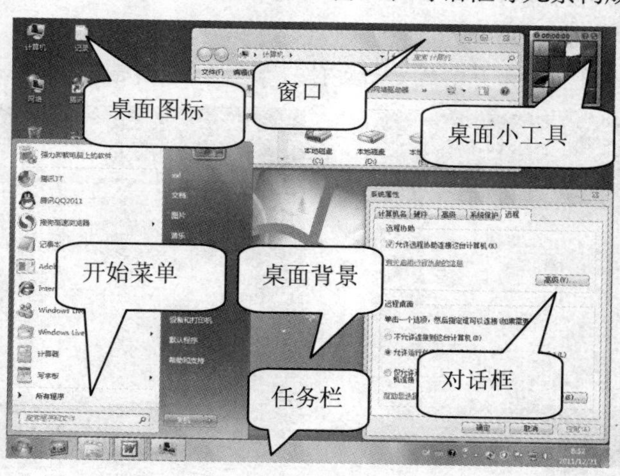

图 1-40 桌面组成部分

1.3.1　桌面图标和背景

桌面图标是指整齐排列在桌面上的小图片，是由图标图片和图表名称组成的。双击图标可以快速启动对应的程序或窗口，而桌面背景是指 Windows 系统桌面的图案。

1. 图标的添加

桌面图标主要分成系统图标和快捷图标两种，系统图标是系统桌面上的默认图标，它的特征是在图标左下角没有↗标志。

Windows 7 系统刚装好后，系统默认下只有一个【回收站】系统图标，用户可以选择添加【计算机】、【网络】等其他系统图标。在桌面空白处右击鼠标，在弹出的快捷菜单中选择【个性化】命令，如图 1-41 所示。在打开的如图 1-42 所示的窗口中单击【更改桌面图标】文字链接，打开【桌面图标设置】对话框。

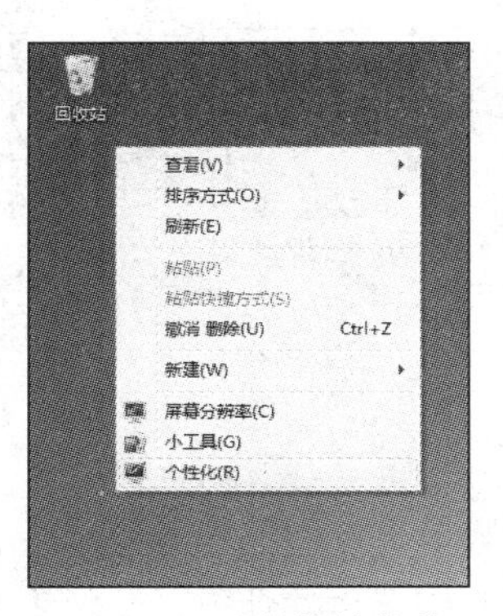

图 1-41　右键快捷菜单

图 1-42　单击【更改桌面图标】链接

选中【计算机】和【网络】两个图标，然后单击【确定】按钮，即可在桌面上添加这两个图标，如图 1-43 和 1-44 所示。

图 1-43　添加图标设置

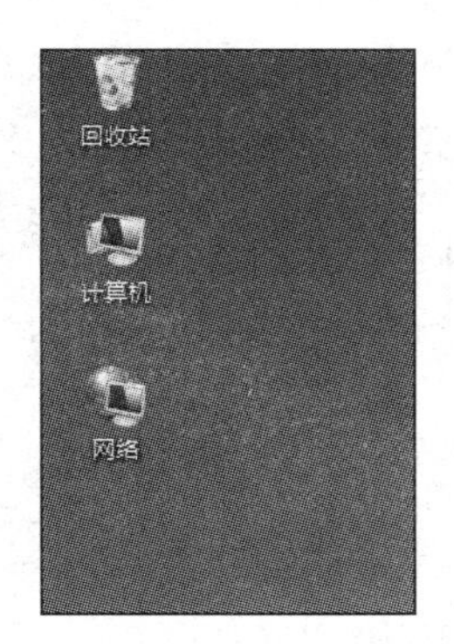

图 1-44 桌面图标添加

快捷图标是指应用程序的快捷启动方式，双击快捷方式图标可以快速启动相应的应用程序。要在桌面上添加快捷图标，用户可以右击应用程序的可执行程序图标，在弹出的快捷菜单中选择【桌面快捷方式】命令，即可在桌面上显示该应用程序的快捷方式图标。

2. 背景的更改

Windows 7 系统采用的是默认的桌面背景，用户要更改背景，可以右击桌面空白处，在弹出的快捷菜单中选择【个性化】命令，在打开的如图 1-45 所示的窗口中单击【桌面背景】链接。打开【桌面背景】窗口，然后在该窗口中选择背景图片文件，并单击【保存修改】按钮即可，如图 1-46 所示。

图 1-45 单击【桌面背景】链接

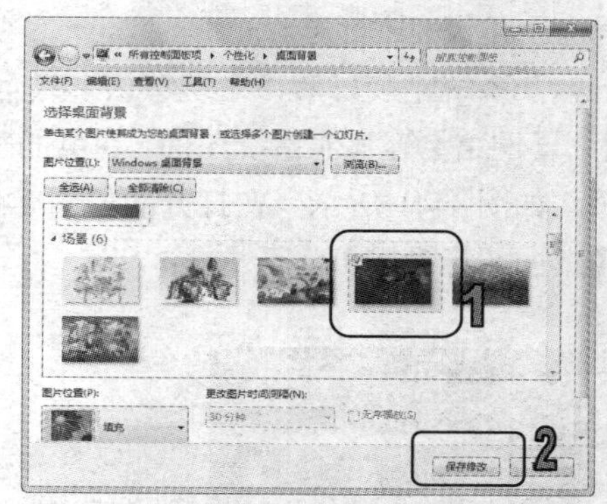

图 1-46 选择背景图片

1.3.2 【开始】菜单和任务栏

【开始】菜单指的是单击任务栏中的【开始】按钮所打开的菜单。任务栏是位于桌面下方的一个条形区域，它显示了系统正在运行的程序、打开的窗口和当前时间等内容。

1. 【开始】菜单

通过【开始】菜单，用户可以访问硬盘上的文件或者运行安装好的程序。Windows 7 的【开始】菜单和以前的 Windows 系统没有太大变化，主要分成常用程序列表、【所有程序】列表、常用位置列表、搜索框、关闭按钮组等 5 个部分。如图 1-47 所示。

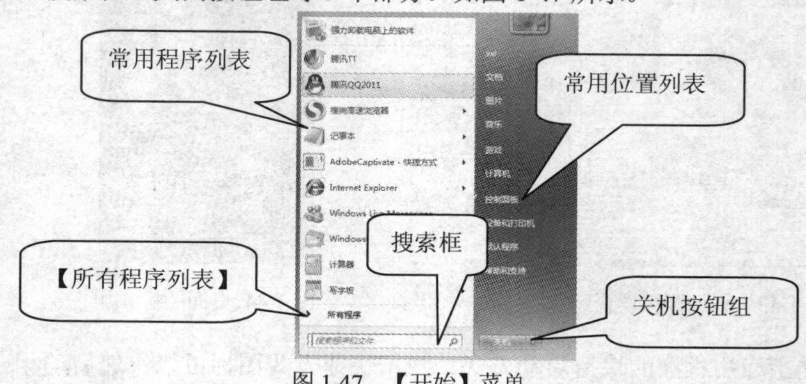

图 1-47 【开始】菜单

Windows 7 系统【开始】菜单中各部分功能如下。

- 常用程序列表：该列表列出了最近频繁使用的程序快捷方式，只要是从【所有程序】列表中运行过的程序，系统会按照使用频率的高低自动将其排列在常用程序列表上。另外，对于某些支持跳转列表功能的程序(右侧带有箭头)，也可以在这里显示出跳转列表，如图 1-48 所示。
- 【所有程序】列表：系统中所有的程序都能在【所有程序】列表里找到。用户只需将光标指向或者单击【所有程序】命令，即可显示【所有程序】菜单，如图 1-49 所示。如果光标指向或者单击【返回】命令，则恢复常用程序列表状态。

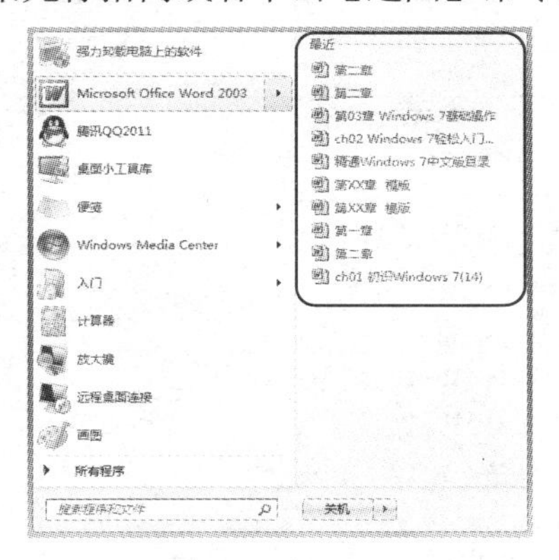

图 1-48　跳转列表

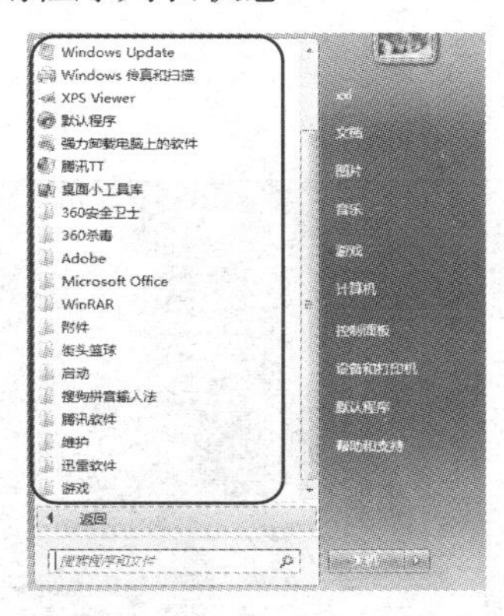

图 1-49　【所有程序】列表

- 常用位置列表：列出了硬盘上的一些常用位置，使用户能快速进入常用文件夹或系统设置。比如有【计算机】、【控制面板】、【设备和打印机】等常用程序及设备。
- 搜索框：在搜索框内输入关键字，可以直接搜索本机安装的程序或硬盘上的文件。关机按钮组：由【关机】按钮和旁边▶按钮的下拉菜单组成，包含了关机、睡眠、休眠、锁定、注销、切换用户、重新启动等系统命令。

2. 任务栏

任务栏是位于桌面下方的一个条形区域，显示了正在运行的程序、打开的窗口等内容，用户通过任务栏可以完成许多操作，任务栏最左边的立体按钮便是【开始】菜单按钮，右边依次是快速启动区、语言栏、通知区域、系统时间、显示桌面等按钮，如图 1-50 所示。

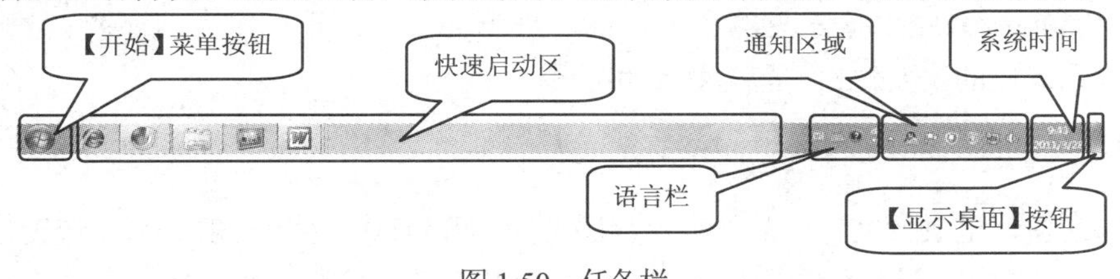

图 1-50　任务栏

Windows 7 系统任务栏中各部分的功能如下。

- 【开始】菜单按钮：用于打开【开始】菜单。

- 快速启动区：显示了系统正在运行的程序、打开的窗口等图标。Windows 7 的任务栏可以将计算机运行的同一程序的不同文档集中在同一个图标上。
- 语言栏：更改语言和输入法设置。
- 通知区域：用于显示在后台运行的程序或者其他通知。在 Windows 7 中，默认情况下这里只会显示最基本的系统图标，分别为操作中心、电源选项(只针对笔记本电脑)、网络连接和音量图标。其他被隐藏的图标，需要单击向上箭头才可以看到，如图 1-51 所示。
- 系统时间：用于显示日期和时间。单击该区域会弹出菜单显示日历和表盘，如图 1-52 所示。

图 1-51　单击向上箭头

图 1-52　系统时间

- 【显示桌面】按钮：将光标移动至该按钮上，会将系统中所有打开的窗口都隐藏，只显示窗口的边框；移开光标后，会恢复原本的窗口。单击该按钮，则所有打开的窗口都会被最小化，不会显示窗口边框，只会显示完整桌面。再次单击该按钮，原先打开的窗口则会被恢复显示。

1.3.3　窗口和对话框

窗口是 Windows 系统里最常见的图形界面，外形为一个矩形的屏幕显示框。对话框是 Windows 操作系统里的次要窗口，包含按钮和命令。

1. 窗口

用户可以在窗口里进行文件、文件夹及程序的操作和修改。窗口一般分为系统窗口和程序窗口。系统窗口是指如【计算机】窗口等 Windows 7 操作系统窗口；程序窗口是各个应用程序所使用的执行窗口。它们的组成部分大致相同，主要由标题栏、地址栏、搜索栏、工具栏、窗口工作区等元素组成，如图 1-53 所示。

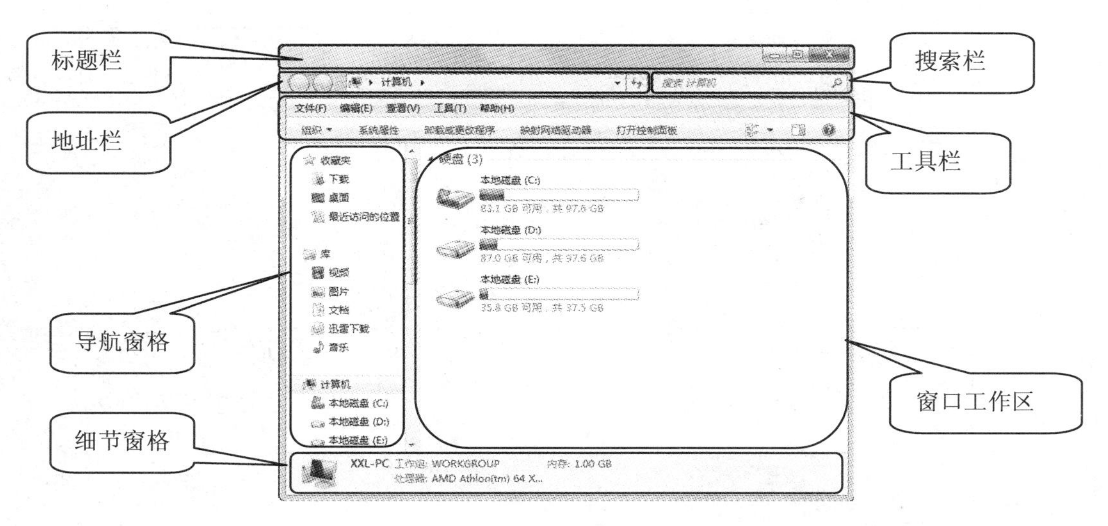

图 1-53　窗口

Windows 7 窗口各部分的功能如下。

- 标题栏：通过标题栏可以进行移动窗口、改变窗口的大小和关闭窗口操作，标题栏最右端显示【最小化】、【最大化】、【关闭】3 个按钮。
- 地址栏：用于显示和输入当前浏览位置的详细路径信息。
- 搜索栏：用于在计算机中搜索各种文件。
- 工具栏：它提供了一些基本工具和菜单任务，相当于 Windows XP 系统里的菜单栏和工具栏的结合。
- 窗口工作区：用于显示主要的内容，如多个不同的文件夹、磁盘驱动等。它是窗口中最主要的组成部分。
- 导航窗格：导航窗格给用户提供了树状结构文件夹列表，从而方便用户快速定位所需的目标，其主要分成收藏夹、库、计算机、网络等 4 大类。
- 细节窗格：用于显示当前操作的状态及提示信息，或当前用户选定对象的详细信息。

2. 对话框

对话框是 Windows 操作系统里的次要窗口，它们和窗口的最大区别就是没有【最大化】和【最小化】按钮，用户一般不能调整其形状大小。

对话框中的可操作元素主要包括命令按钮、选项卡、单选按钮、复选框、文本框、下拉列表框和数值框等，但并不是所有的对话框都包含以上所有元素，如图 1-54 所示。

Windows 7 对话框各部分的功能如下。

- 选项卡：对话框内一般有多个选项卡，用过选择不同的选项卡可以切换到相应的设置页面。
- 列表框：列表框在对话框里以矩形框形状显示，里面列出多个选项以供用户选择。有时会以下拉列表框的形式显示。

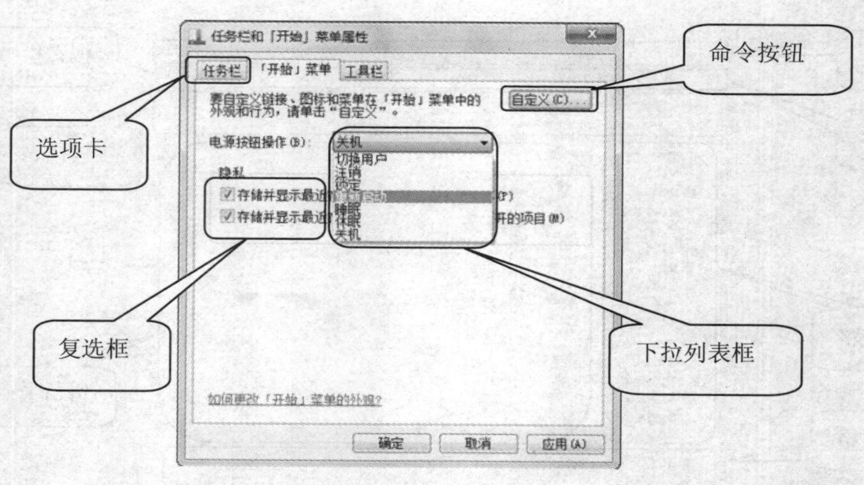

图 1-54　对话框

- 单选按钮：单选按钮是一些互相排斥的选项，每次只能选择其中一个项目，被选中的圆圈中将会有个黑点，如图 1-55 所示。
- 复选框：复选框中所列出的各个选项不是互相排斥的，用户可根据需要选择其中的一个或几个选项。当选中某个复选框时，框内出现一个"√"标记。
- 文本框：文本框主要用来接收用户输入的信息，以便正确完成对话框的操作，如图 1-56 所示。
- 数值框：用于输入或选中一个数值，它由文本框和微调按钮组成。

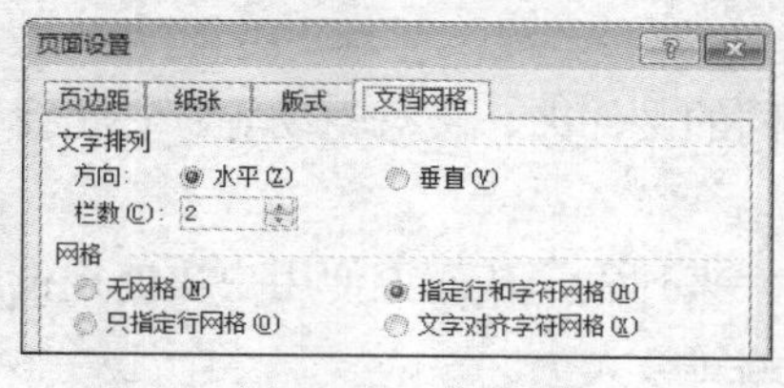

图 1-55　单选按钮

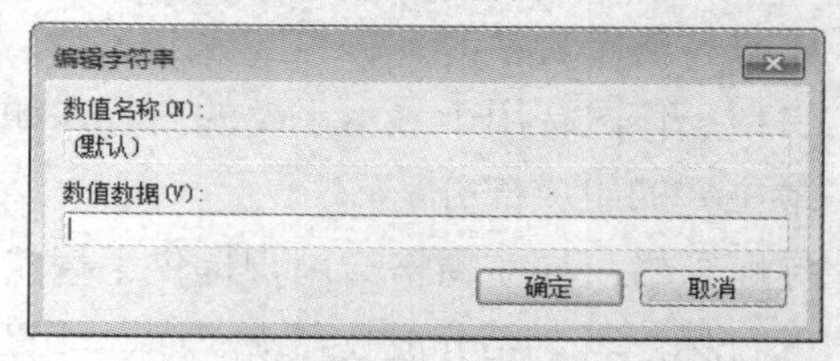

图 1-56　文本框

1.4　窗口的操作

窗口是 Windows 系统中最常用的图形界面，Windows 7 系统的窗口操作加入许多新模式，大大提高了窗口操作的便捷性与趣味性。

1.4.1　打开和关闭窗口

在 Windows 7 中，用户可以使用以下几种方法打开窗口。

- 双击桌面图标：在【计算机】图标上双击鼠标左键即可打开该图标所对应的窗口。

◉ 使用快捷菜单：右击【计算机】图标，在弹出的快捷菜单上选择【打开】命令，如图 1-57 所示。

◉ 使用【开始】菜单：单击【开始】按钮，在【开始】菜单里选择常用位置列表里的【计算机】命令，如图 1-58 所示。

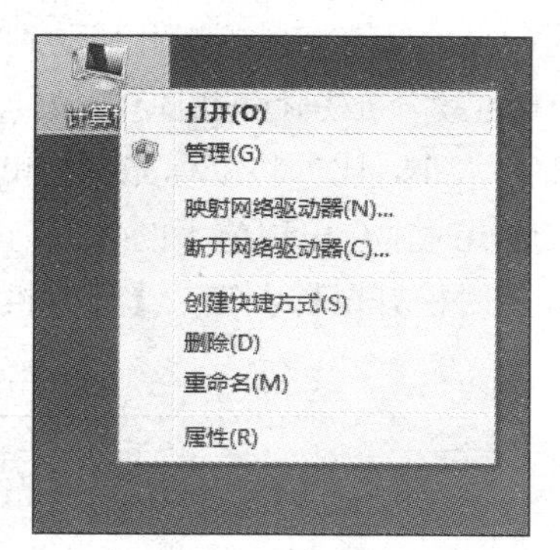

图 1-57　快捷菜单

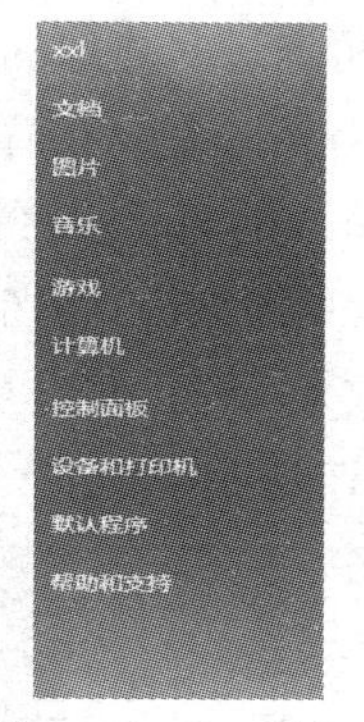

图 1-58　【开始】菜单

在 Windows 7 系统中，用户可以使用以下几种方法关闭窗口。

◉ 单击【关闭】按钮：直接单击窗口标题栏右上角的【关闭】按钮，将【计算机】窗口关闭。

◉ 选择菜单命令：在窗口标题栏上右击，在弹出的快捷菜单中选择【关闭】命令来关闭【计算机】窗口，如图 1-59 所示。

◉ 使用任务栏：在任务栏上的对应窗口图标上右击，在弹出的快捷菜单中选择【关闭窗口】命令来关闭【计算机】窗口，如图 1-60 所示。

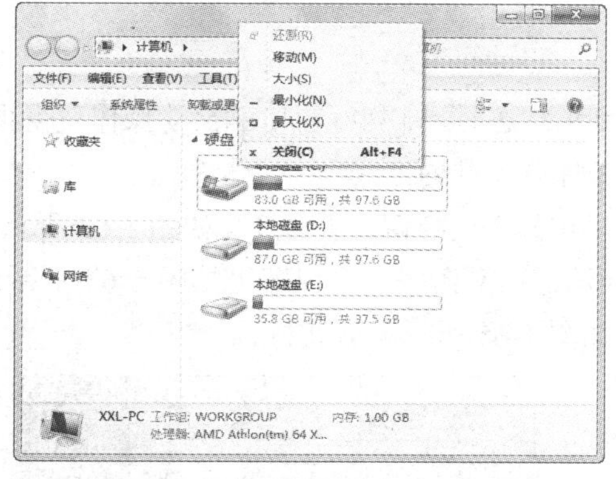

图 1-59　标题栏右键菜单关闭窗口

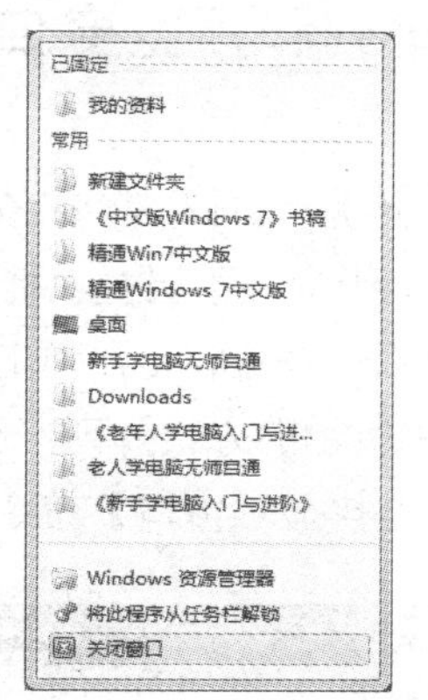

图 1-60　任务栏

1.4.2　改变窗口大小

在 Windows 7 中，用户可以使用窗口标题栏中的【最小化】按钮、【最大化】按钮、【关闭】按钮等 3 个按钮来操作窗口。

◉【最小化】按钮：将窗口以标题按钮的形式最小化到任务栏中，不显示在桌面上。

◉【最大化】按钮：将当前窗口放大显示在整个屏幕上，当窗口为最大化时，【最大化】按钮变为【还原】按钮，单击则会缩放至原来大小。

◉【关闭】按钮：将窗口完全关闭。

此外，用户可通过对窗口的拖曳来改变窗口的大小，只需将鼠标指针移动到窗口四周的边框或 4 个角上，当光标变成双箭头形状时，按住鼠标左键不放进行拖曳便能拉伸或收缩窗口。Windows 7 系统特有的 Aero 特效功能也可以改变窗口大小，比如将鼠标光标拖曳【计算机】窗口标题栏至屏幕的最上方，当光标碰到屏幕的上方边沿时，会出现放大的“气泡”，同时将会看到 Aero Peek 效果(窗口边框里面透明)填充桌面，此时松开鼠标左键，【计算机】窗口即可全屏显示，如图 1-61 所示。

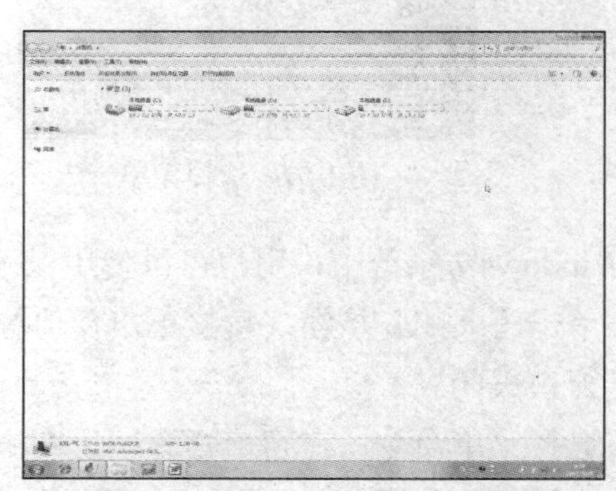

图 1-61　Aero Peek 效果

1.4.3　排列和预览窗口

当用户打开多个窗口，需要它们同时处于显示状态时，排列好窗口就会让操作变得很方便。Windows 7 系统中提供了层叠、堆叠、并排等 3 种窗口排列方式。

用户可以右击任务栏，在弹出的快捷菜单里选择【层叠窗口】命令，如图 1-62 所示，窗口即可如图 1-63 所示的方式排列；选择【堆叠显示窗口】命令，窗口即可如图 1-64 所示的方式排列；选择【并排显示窗口】命令，窗口即可如图 1-65 所示的方式排列。

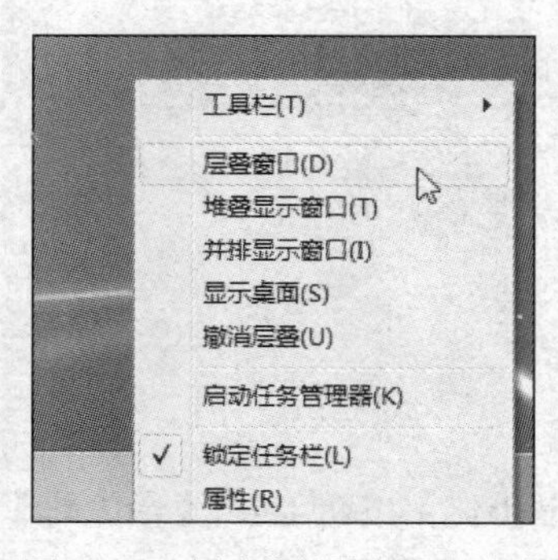

图 1-62　选择【层叠窗口】命令

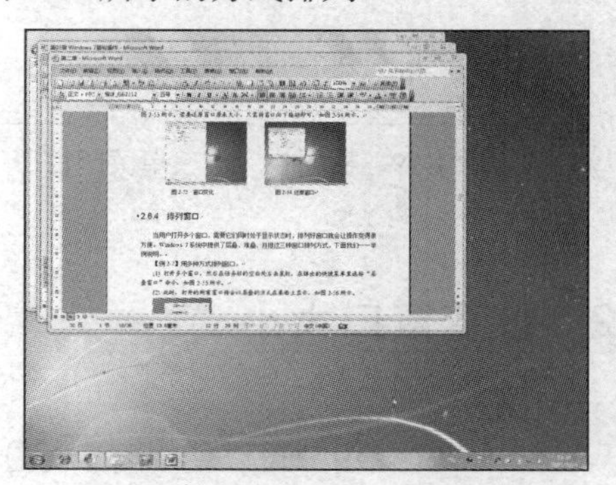

图 1-63　窗口层叠效果

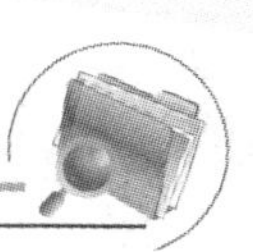

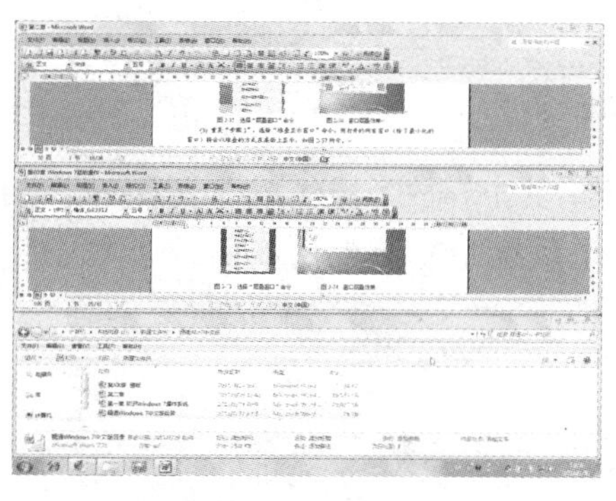

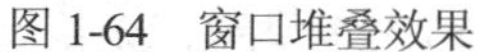

图 1-64　窗口堆叠效果

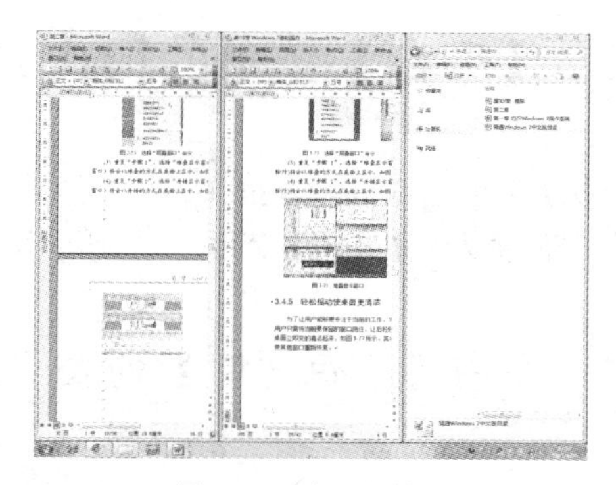

图 1-65　窗口并排效果

Windows 7 操作系统提供了多种方式让用户快捷方便的切换预览多个窗口，切换预览窗口的几种方式如下。

- Alt+Tab 键预览窗口：当用户使用了 Aero 主题时，在按下 Alt+Tab 键后，用户会发现切换面板中会显示当前打开的窗口的缩略图，并且除了当前选定的窗口外，其余的窗口都呈现透明状态。按住 Alt 键不放，再按 Tab 键或滚动鼠标滚轮就可以在现有窗口缩略图中切换，如图 1-66 所示。

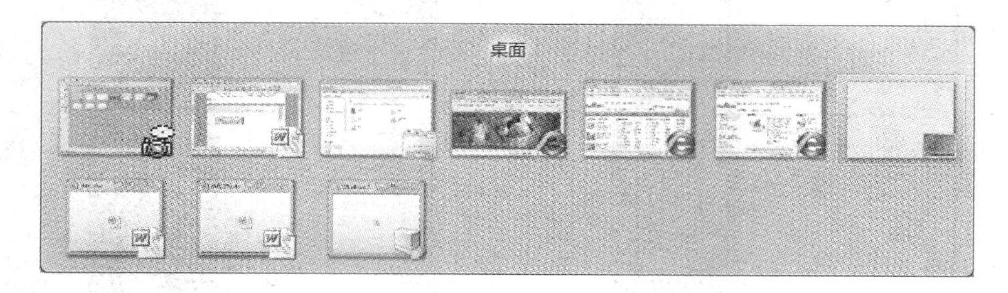

图 1-66　窗口缩略预览图

- 3D 切换效果：当用户按下 Win+Tab 键切换窗口时，可以看到立体 3D 切换效果。按住 Win 键不放，再按 Tab 键或鼠标滚轮来切换各个窗口，如图 1-67 所示。
- 通过任务栏图标预览窗口：当用户将鼠标指针移至任务栏中的某个程序的按钮上时，在该按钮的上方会显示与该程序相关的所有打开的窗口的预览缩略图，如图1-68 所示，单击其中的某一个缩略图，即可切换至该窗口。

图 1-67　3D 切换效果

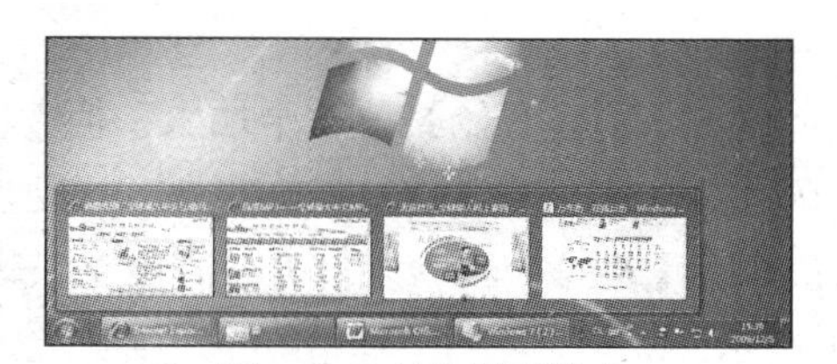

图 1-68　任务栏预览窗口

1.5 【开始】菜单的操作

【开始】菜单是 Windows 操作系统中的重要元素，其中存放了操作系统或系统设置的绝大多数命令，通过操作【开始】菜单可以使用当前操作系统中安装的所有程序。

1.5.1 使用【所有程序】列表

在 Windows 7 中新的【所有程序】列表将以树形文件夹结构来呈现，无论有多少种快捷方式，都不会超过当前【开始】菜单所占的面积，使用户查找程序更加方便。

例如，用户要打开【酷狗】程序，则可以单击【开始】按钮，打开【开始】菜单，选择【所有程序】选项，如图 1-69 所示。展开【所有程序】列表，选择【酷狗】|【酷狗 7】命令，如图 1-70 即可启动该程序。

图 1-69 选择【所有程序】选项

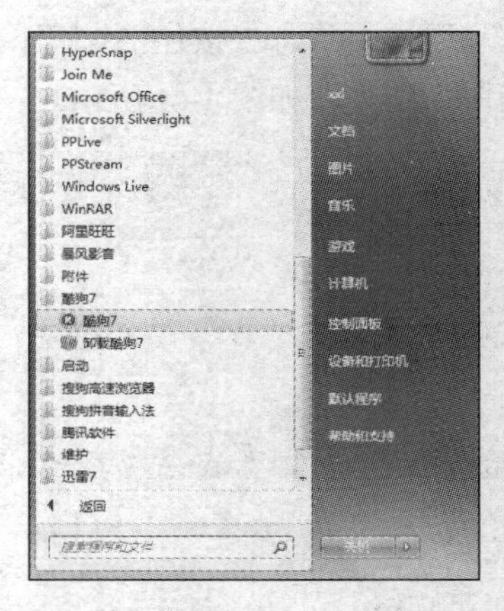

图 1-70 选择应用程序选项

知识点

把鼠标光标放置于【所有程序】选项上，系统会自动展开程序列表，但是必须要单击【返回】选项，才能返回至如图 1-69 所示的初始界面。

1.5.2 使用搜索框

Windows 7 的【开始】菜单中加入了搜索框，通过使用该功能，查找程序更加方便。

【例 1-3】通过【开始】菜单搜索运行硬盘上的【迅雷】软件。

(1) 单击【开始】按钮，打开【开始】菜单，在【搜索程序和文件】中输入“迅雷”，如图 1-71 所示。

(2) 系统自动搜索出与关键字“迅雷”相匹配的内容，并将结果显示在【开始】菜单里，

如图 1-72 所示。

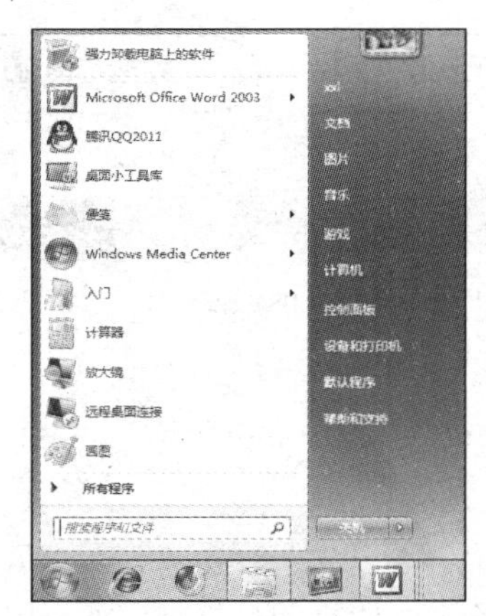

图 1-71　搜索框

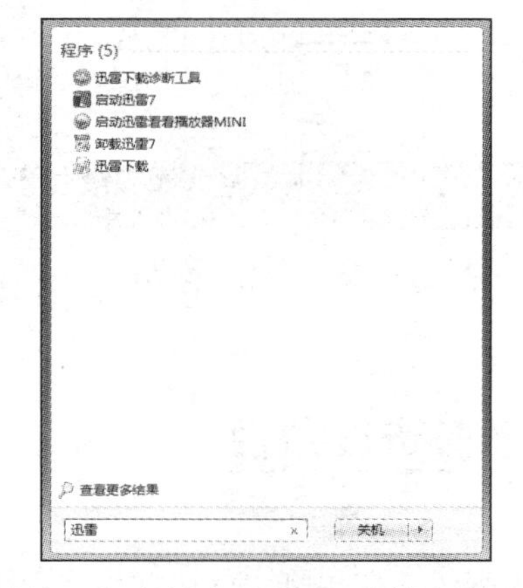

图 1-72　关键字“迅雷”的搜索结果

(3) 选择【启动迅雷 7】命令，即可启动迅雷 7.0 应用程序，如图 1-73 所示。

图 1-73　启动迅雷程序

提示

使用搜索框，除了搜索应用程序以外，还可以搜索计算机里的文档信息。

1.6　任务栏的操作

Windows 7 的任务栏采用了大图标显示模式，并且还加强了任务栏的功能。例如，任务栏图标的灵活排序、任务进度监视等。

1.6.1　任务栏图标排序

在 Windows 7 操作系统中，任务栏中图标的位置不再是固定不变的，用户可根据需要任意拖动图标的位置，用户使用鼠标拖动的方法即可更改图标在任务栏中显示的位置，如图 1-74 所示。此外，Windows 7 操作系统将快速启动栏的功能和传统程序窗口对应的按钮进行了整合，单击这些图标即可打开对应的应用程序，并由图标转化为按钮的外观，用户可根据按钮的外观来分辨未启动的程序图标和已运行程序窗口按钮的区别，如图 1-75 所示。

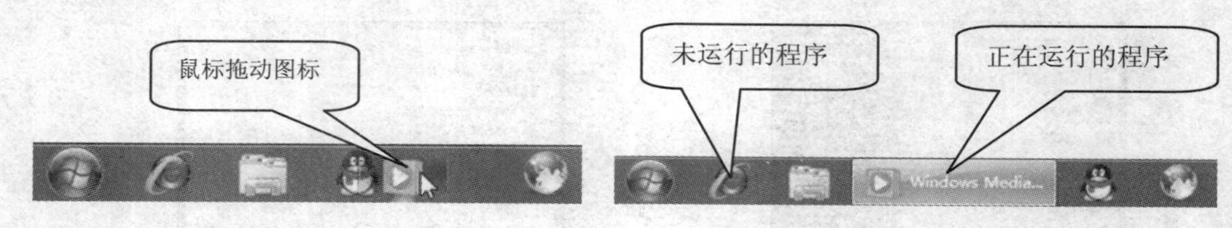

图 1-74　拖动任务栏图标　　　　图 1-75　图标状态的差异

1.6.2　任务进度监视

在 Windows 7 操作系统中，任务栏中的按钮具有任务进度监视的功能。例如，用户在复制某个文件时，在任务栏的按钮中同样会显示文件复制的进度，如图 1-76 所示。

图 1-76　显示任务进度

1.7　上机练习

本章的上机练习主要学习在 Windows XP 环境下安装 Windows 7 系统，组建双系统，使用户更好地掌握安装 Windows 7 系统的步骤，以及相关系统的基本操作。

(1) 启动 Windows XP 操作系统。将 Windows 7 的安装光盘放入到光驱中，然后双击其中的 setup.exe 文件，启动安装程序，如图 1-77 所示。

(2) 单击【现在安装】按钮，电脑开始复制安装文件并启动安装程序，如图 1-78 所示。

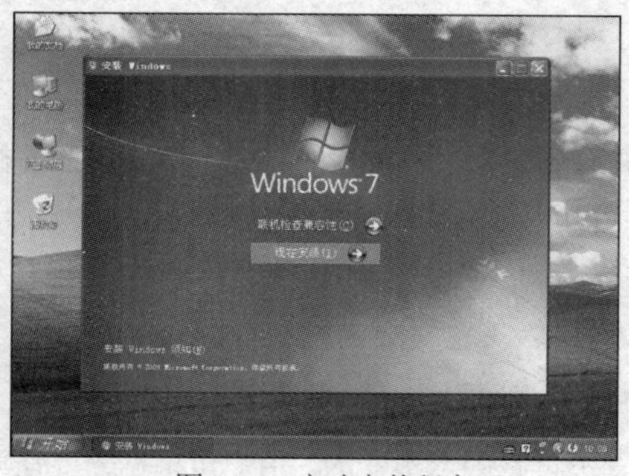

图 1-77　启动安装程序

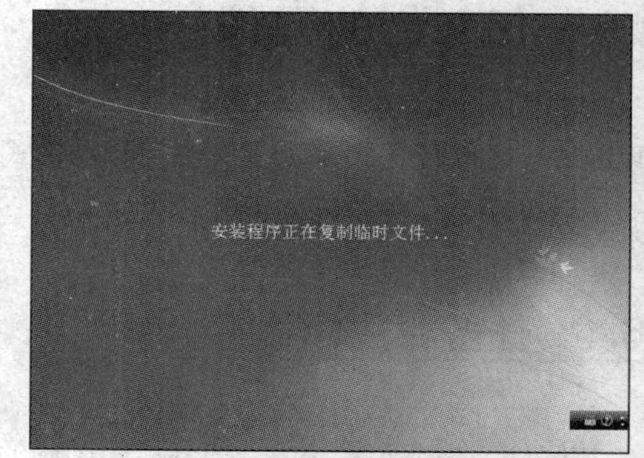

图 1-78　复制安装文件

(3) 在稍后打开的界面中，用户可选择【不获取最新安装更新】选项，等系统安装完成后再手动进行更新，如图 1-79 所示。

(4) 打开【请阅读许可条款】界面，在该界面中选中【我接受许可条款】复选框，然后单击【下一步】按钮，如图 1-80 所示。

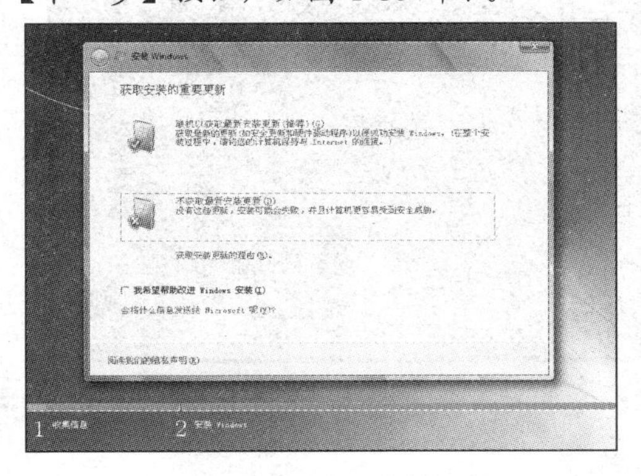

图 1-79　启动安装程序

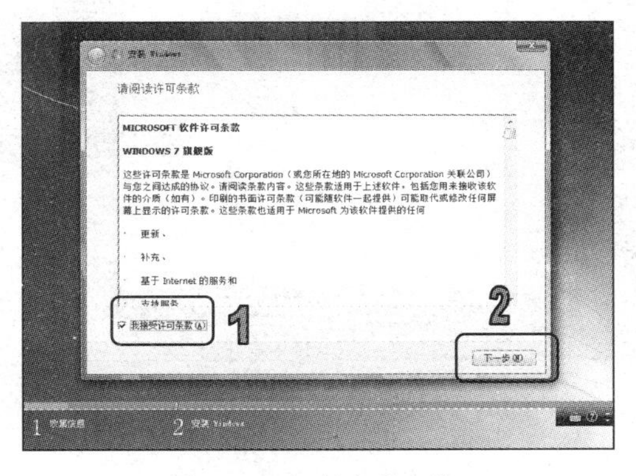

图 1-80　复制安装文件

提示

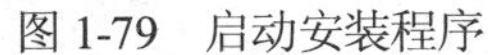

系统安装完成后，用户可开启 Windows 7 的自动更新功能进行更新，另外还可使用第三方软件来帮助 Windows 更新。

(5) 在打开的界面中选择安装的方式，在此选择【自定义(高级)】选项，如图 1-81 所示。

(6) 在打开的界面中选择系统安装的位置，需要注意的是，不要将新的操作系统和以前版本的操作系统安装在同一磁盘中，以免造成冲突。在这里选择 D 盘，然后单击【下一步】按钮，如图 1-82 所示。

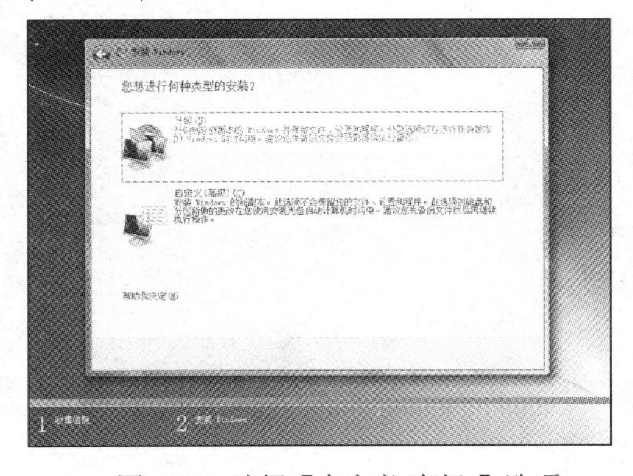

图 1-81　选择【自定义(高级)】选项

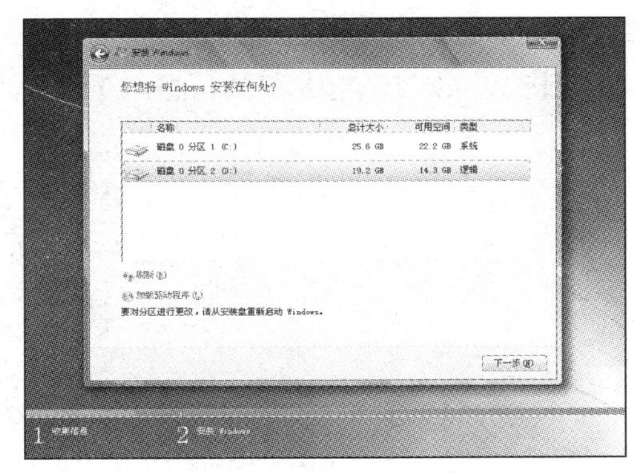

图 1-82　选择安装在 D 盘

(7) 开始复制文件并安装 Windows 7，如图 1-83 所示，接下来的安装步骤可以参考【例 1-1】全新安装系统的步骤。

(8) 安装完成后，当再次启动计算机时，将会出现双重启动菜单，用户可使用上下光标键选中要启动的操作系统，然后按 Enter 键即可，如图 1-84 所示。

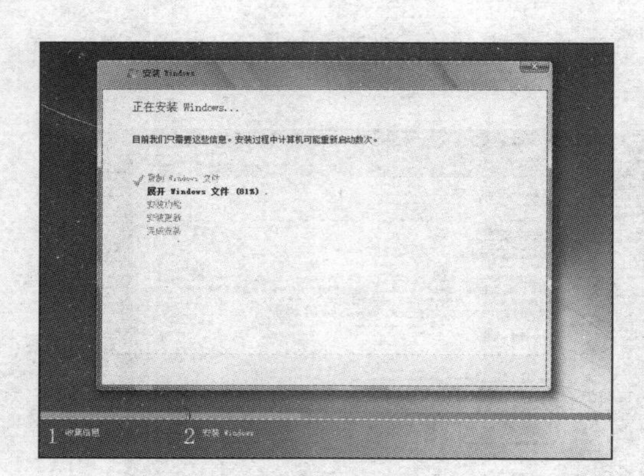

图 1-83　正在安装

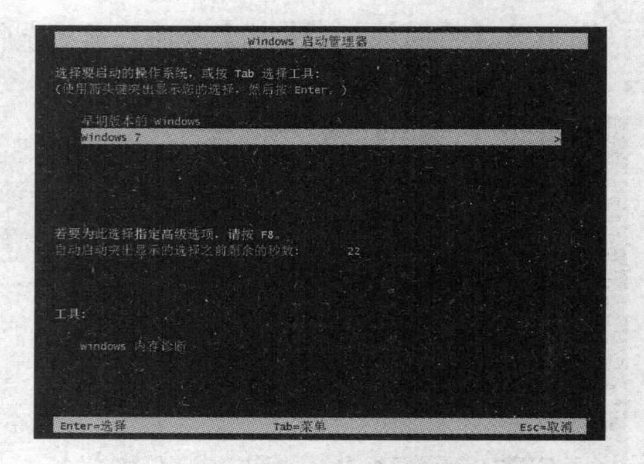

图 1-84　双重启动菜单

知识点

在安装多个 Windows 操作系统时，需要注意不同系统一定要安装在不同的系统分区中；安装时必须参照新旧次序，先安装旧的系统，再安装新的系统；安装新版本 Windows 系统最好在老版本 Windows 系统内运行安装程序，进行全新安装。

1.8　习题

1．Windows 7 版本有哪几种？简述各版本的应用范围。

2．Windows 7 操作系统的桌面主要由几种元素构成？

3．简述对话框和窗口之间的区别。

4．安装 Windows Vista 和 Windows 7 双操作系统。

第2章 系统的个性化设置

学习目标

Windows 7 系统允许用户进行个性化的设置，例如改变桌面背景和图标、设置主题、更改系统操作声音、设置用户账户等，以方便用户操作和美化计算机的使用环境。

本章重点

- 设置桌面外观
- 设置任务栏和【开始】菜单
- 管理电源配置
- 管理用户账户

2.1 设置桌面外观

在 Windows 7 操作系统中，用户可以根据自己的喜好和需要来更改桌面图标和界面外观的显示效果，从而使系统桌面的效果更加美观实用。

2.1.1 更改桌面图标

用户对 Windows 7 系统桌面上的图标可以自定义其样式和大小等属性，以方便自己的使用习惯。

【例 2-1】改变系统桌面上【计算机】图标的样式、名称和大小。

(1) 在桌面上右击鼠标，在弹出的快捷菜单中选择【个性化】命令，如图 2-1 所示，打开【个性化】窗口。

(2) 选择【个性化】窗口左侧的【更改桌面图标】链接，如图 2-2 所示，打开【桌面图标设置】对话框。

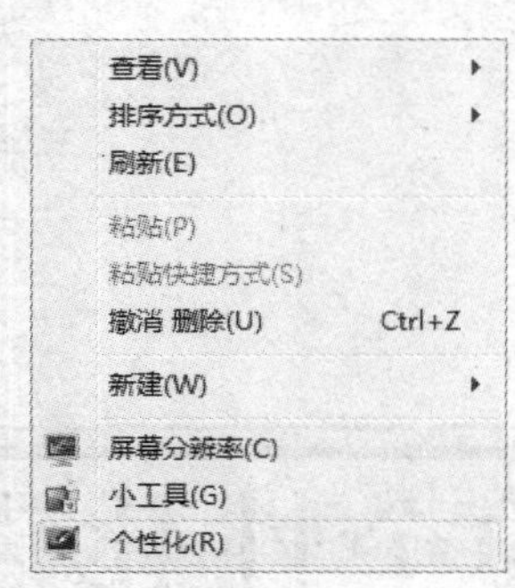

图 2-1　选择【个性化】命令

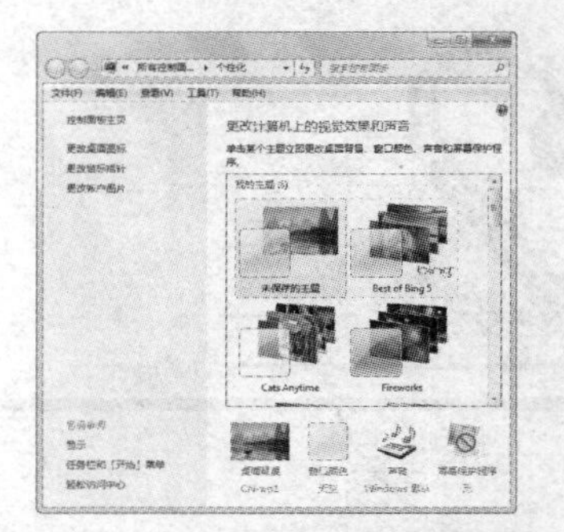

图 2-2　选择【更改桌面图标】链接

(3) 选中【计算机】图标，然后单击【更改图标】按钮，如图 2-3 所示，打开【更改图标】对话框。

(4) 在该对话框中选择其中一个图标，然后单击【确定】按钮，如图 2-4 所示，返回至【桌面图标设置】对话框。

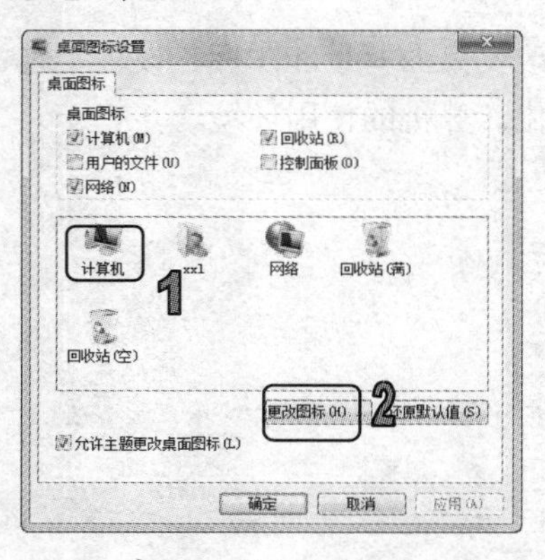

图 2-3　【桌面图标设置】对话框

图 2-4　【更改图标】对话框

(5) 在该对话框中单击【确定】按钮，即可更改桌面的【计算机】图标样式，如图 2-5 所示。

图 2-5　更改桌面【计算机】图标样式

(6) 右击【计算机】图标，在弹出的快捷菜单里选择【重命名】命令，将图标名称【计算

机】更改为【我的电脑】，如图 2-6 所示。

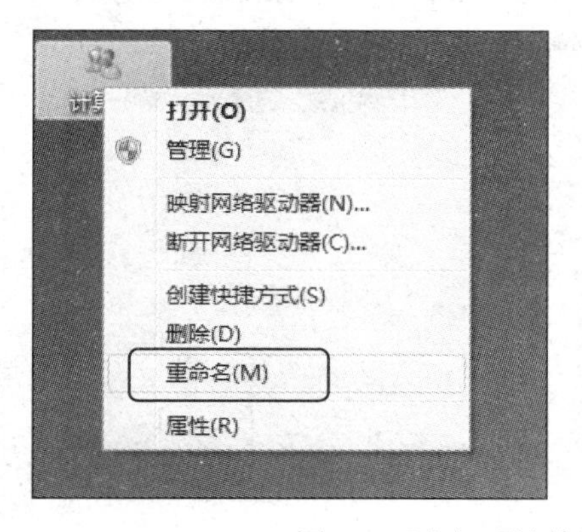

图 2-6　更改【计算机】图标名称为【我的电脑】

(7) 在桌面空白处右击鼠标，在弹出的快捷菜单里选择【查看】|【大图标】命令，桌面图标即可变大，如图 2-7 所示。

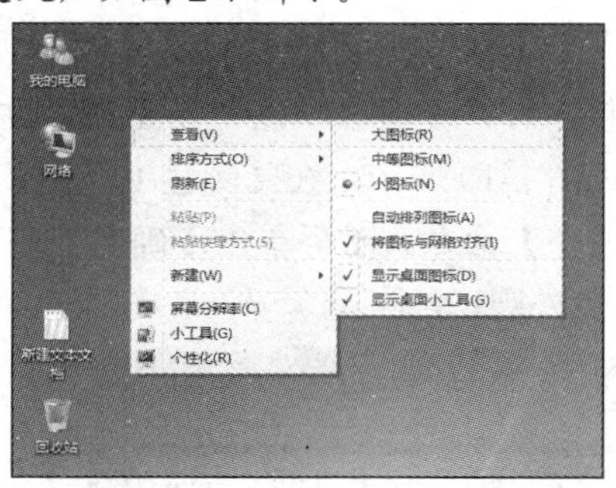

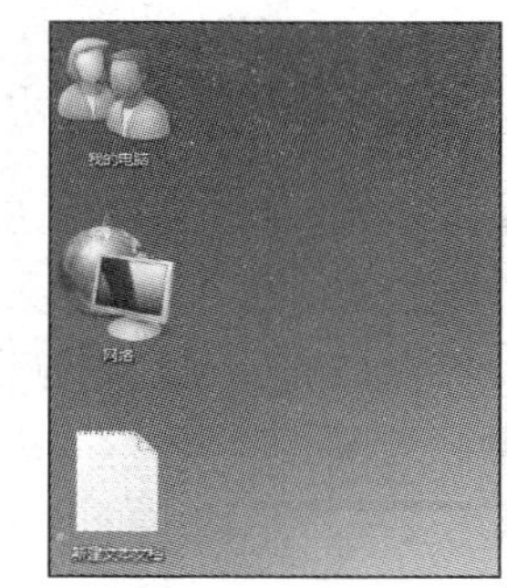

图 2-7　更改图标大小

提示

在【查看】的子菜单下还可以选择【中等图标】和【小图标】命令，可以让图标大小随之改变。

2.1.2　更改界面外观

在 Windows 7 系统中，用户可以自定义窗口、【开始】菜单以及任务栏的颜色和外观。Windows 7 提供了丰富的颜色类型，甚至可以采用半透明的效果。

在【个性化】窗口里，用户可以单击窗口下方的【窗口颜色】链接，打开【窗口颜色和外观】窗口，如图 2-8 所示。在该对话框中【更改窗口边框、“开始”菜单和任务栏的颜色】选项下面提供多种颜色可供选择，这里选择叶绿色，然后单击【保存修改】按钮，则窗口边框、【开始】菜单、任务栏颜色都会变成叶绿色，如图 2-9 所示。

图 2-8 【个性化】窗口

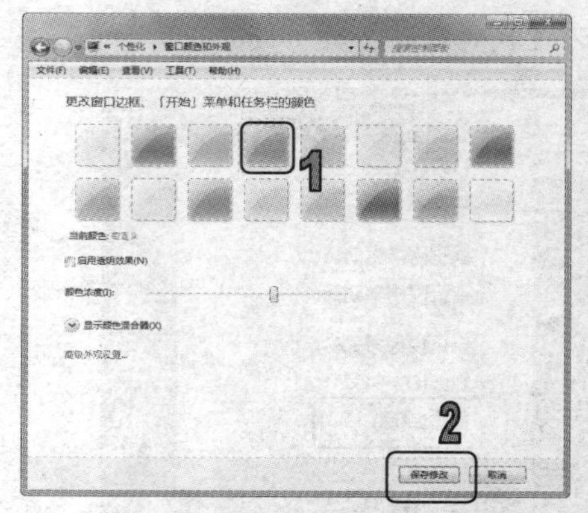

图 2-9 【窗口颜色】窗口

提示

选中窗口里【启用透明效果】单选框，外观则会有半透明的效果。左右拉动【颜色浓度】滑块可以调节颜色的深浅。

用户还可以单击窗口下方的【高级外观设置】链接，打开【窗口颜色和外观】对话框，在【项目】下拉菜单里选择【活动窗口标题栏】选项，如图 2-10 所示。在【颜色 1】下拉菜单中选择【绿色】命令，在【颜色 2】下拉菜单中选择【蓝色】命令，然后单击【确定】按钮，如图 2-11 所示，即可将窗口的标题栏变为蓝绿相间的颜色外观。

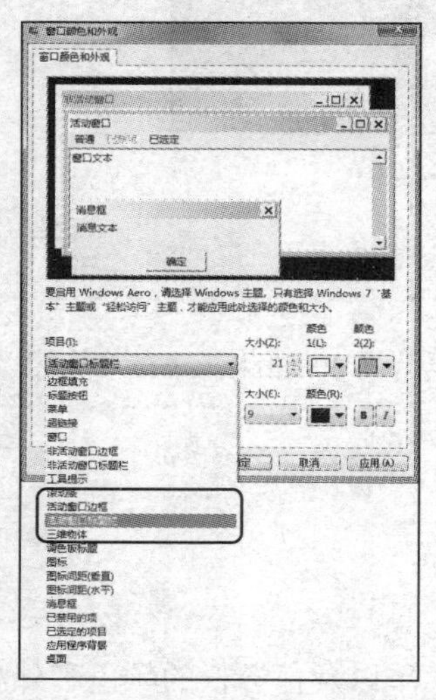

图 2-10 【窗口颜色和外观】对话框

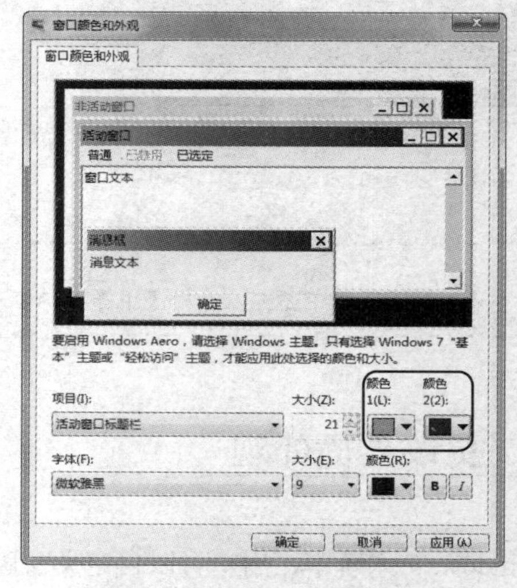

图 2-11 更改窗口标题栏颜色

提示

在【窗口颜色和外观】对话框内，用户还可以设置任务栏、窗口内部、【开始】菜单等界面元素的颜色和字体。

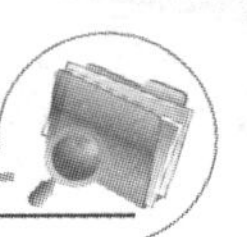

2.1.3　更改 Windows 7 主题

主题是指搭配完整的系统外观和系统声音的一套设置方案。在 Windows 7 操作系统中，系统为用户提供了多种风格的桌面主题，共分为【Aero 主题】和【基本和高对比度主题】两大类。其中【Aero 主题】可为用户提供高品质的视觉体验，它独有的 3D 渲染和半透明效果，可以使桌面看起来更加美观流畅。

例如，要在 Windows 7 中使用【中国】风格的【Aero 主题】，用户可以打开【个性化】窗口，然后在【Aero 主题】选项区域中选择【中国】选项，即可应用该主题，如图 2-12 所示。此时在桌面上右击，在弹出的快捷菜单中选择【下一个桌面背景】命令，即可更换该主题系列中的桌面墙纸，如图 2-13 所示。

图 2-12　选择【中国】主题

图 2-13　更换桌面

2.1.4　更改屏幕分辨率和刷新频率

屏幕分辨率和刷新频率都是属于显示器的设置，分辨率是指显示器所能显示点的数量，显示器可显示的点数越多，画面就越清晰；刷新频率是指图像在屏幕上更新的速度，刷新率主要用来防止屏幕出现闪烁现象，如果刷新率设置过低会对肉眼造成伤害。

要对其进行设置，可以右击桌面，在弹出的快捷菜单中选择【屏幕分辨率】命令，打开【屏幕分辨率】窗口，如图 2-14 所示。在【分辨率】下拉列表中拖动滑块改变分辨率的大小为【1024×768】，然后单击【高级设置】链接，如图 2-15 所示。打开【通用即插即用显示器】对话框，单击【监视器】选项卡，在【屏幕刷新频率】下拉列表中选择【75 赫兹】选项，如图 2-16 所示。然后单击【确定】按钮，返回【屏幕分辨率】窗口，再单击【确定】按钮，完成屏幕分辨率和刷新频率的设置。

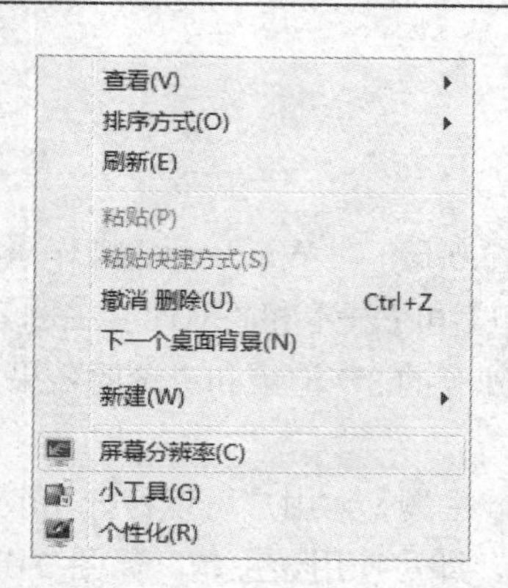

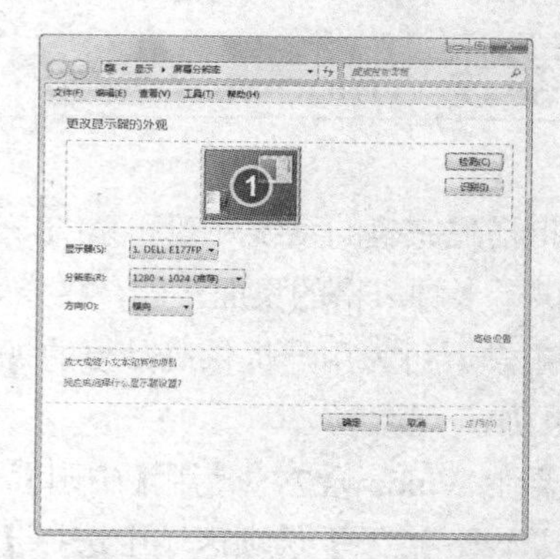

图 2-14　打开【屏幕分辨率】窗口

图 2-15　设置分辨率

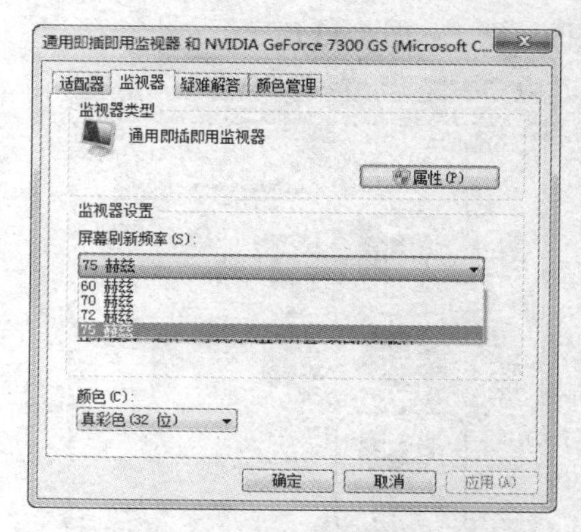

图 2-16　设置刷新频率

2.2 设置任务栏和【开始】菜单

本书在前面的章节中已经介绍了任务栏和【开始】菜单的作用及操作，用户如果对默认的 Windows 7 系统里的【开始】菜单和任务栏的外观界面或使用方式不满意，可以通过重新设置来修改，让【开始】菜单和任务栏的使用能更加符合用户个人的习惯。

2.2.1　调整任务栏位置

在默认情况下，Windows 7 系统里的任务栏处于屏幕的底部，如果用户想要改变任务栏的位置，可以打开【任务栏和[开始]菜单属性】对话框，在【任务栏】选项卡里的【屏幕上的任务栏位置】下拉列表框内选择所需选项，这里选择【右侧】选项，然后单击【确定】按钮，如图 2-17 所示，完成任务栏位置的设置。设置后任务栏在桌面上的效果如图 2-18 所示。

任务栏还可以被设置为隐藏，这样可以给桌面提供更多的视觉空间，用户只需在【任务栏】选项卡里选中【自动隐藏任务栏】复选框，即可将任务栏隐藏起来。若要显示任务栏，只需将

鼠标光标移动至原任务栏所处的位置，任务栏则自动重新显示，当鼠标光标离开时，任务栏又会重新隐藏。

图 2-17　【任务栏】选项卡

图 2-18 任务栏位置调整

2.2.2 自定义通知图标

任务栏通知区域显示很多图标，要设置这些图标的显示或隐藏可以在通知区域里单击按钮，单击其中的【自定义】链接，打开【通知区域图标】窗口，如图 2-19 所示。选择图标对应的【行为】下拉列表框的所需选项，如果用户需要这个图标在通知区域显示出来，则可以选择【显示图标和通知】选项，再单击【确定】按钮，如图 2-20 所示。

图 2-19　单击【自定义】链接

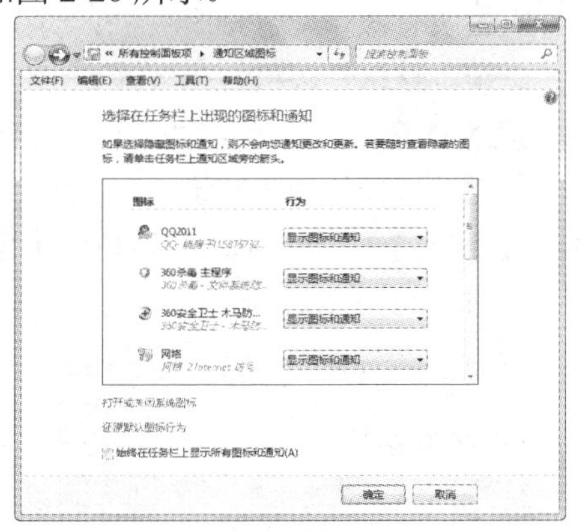

图 2-20　通知图标设置

2.2.3 更改按钮显示方式

Windows 7 任务栏中的按钮会默认合并，如果用户觉得这种方式不符合以前的使用习惯，可通过设置来更改任务栏中按钮的显示方式。

用户可以右击任务栏空白处，在弹出的快捷菜单中选择【属性】命令，如图 2-21 所示，打

开【任务栏和[开始]菜单属性】对话框，在【任务栏】选项卡的【任务栏按钮】下拉菜单中选中【从不合并】选项，然后单击【确定】按钮完成设置，如图 2-22 所示，此时在任务栏中相似的任务栏按钮将不再自动合并。

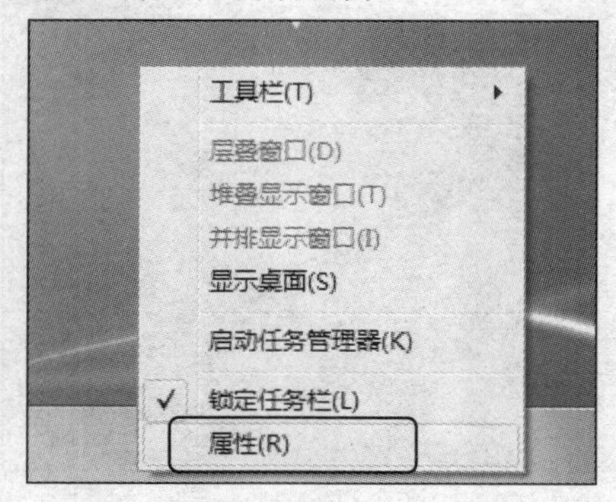

图 2-21　选择【属性】命令

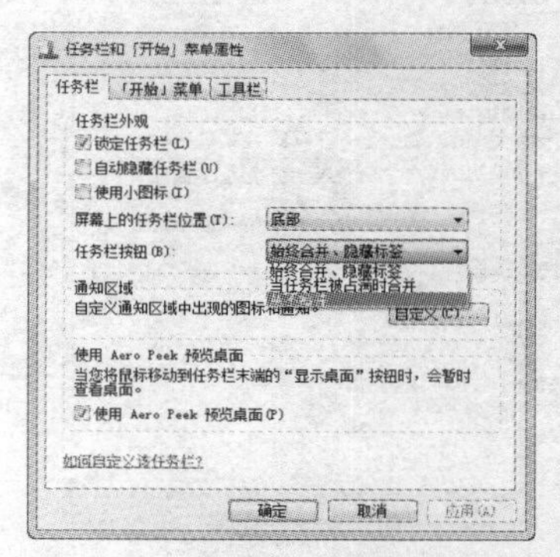

图 2-22　选择【从不合并】选项

2.2.4　设置【开始】菜单

用户可以右击任务栏，在弹出的菜单中选择【属性】命令，打开【任务栏和[开始]菜单属性】对话框，然后选择【[开始]菜单】选项卡，对【开始】菜单进行设置，如图 2-23 所示，其中的各类选项的功能如下。

- 【电源按钮操作】下拉列表：该下拉列表里包含了【开始】菜单右下角的电源按钮所对应的所有操作，包括了关机、切换用户、注销、锁定、重新启动、睡眠、休眠这几种命令。默认是关机，想要改变可以选择其他操作选项。
- 【隐私】选项栏：该选项栏下的两个复选框决定了是否在【开始】菜单里显示有关程序和文件打开的历史记录。
- 【自定义】按钮：单击该按钮，可以对【开始】菜单的外观和显示内容进行详细设置，如图 2-24 所示。

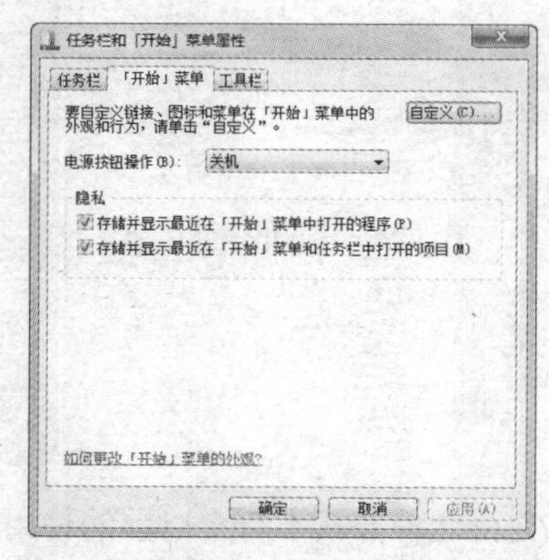

图 2-23　【开始】菜单选项卡

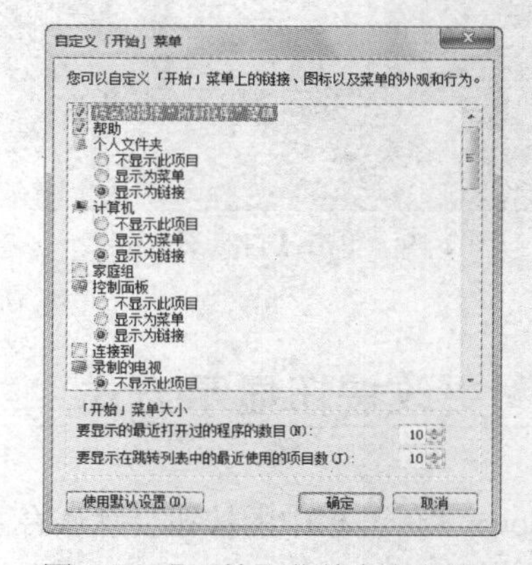

图 2-24 【开始】菜单自定义设置

2.3 设置鼠标和键盘

鼠标和键盘是计算机最常用的输入工具，对鼠标和键盘进行适当的设置不仅能够使其看起来更加美观大方，还可以更方便用户使用。

2.3.1 设置鼠标

用户可以更改鼠标的某些功能和鼠标指针的外观和行为，用户可以通过右击桌面空白处，选择弹出快捷菜单中的【个性化】命令，然后单击【更改鼠标】链接进入鼠标属性的设置。

1. 更改鼠标形状

在默认情况下，Windows 7 操作系统中的鼠标指针的外形为↖形状。此外，系统也自带了很多鼠标形状，用户可以根据自己的喜好，更改鼠标指针外形。

用户可以在【个性化】窗口中单击【更改鼠标指针】链接，如图 2-25 所示，打开【鼠标属性】对话框，在【方案】下拉列表框内选择【Windows Aero(特大)(系统方案)】选项，鼠标即变为特大鼠标样式，如图 2-26 所示。

图 2-25　单击【更改鼠标指针】链接

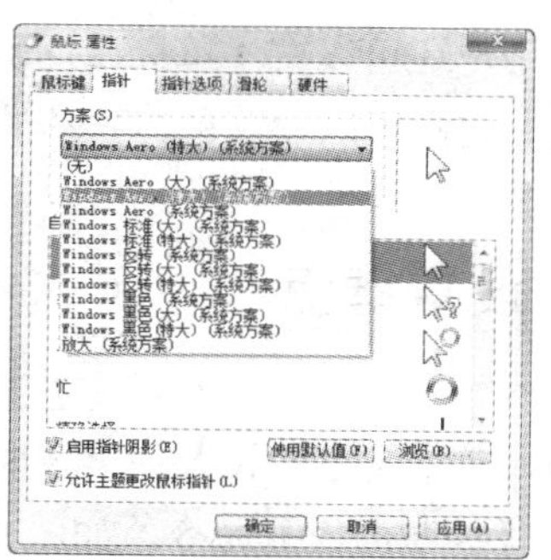

图 2-26　更改鼠标大小

在【自定义】列表中选中【正常选择】选项，单击【浏览】按钮，打开【浏览】对话框，如图 2-27 所示。在该对话框中选择笔样式，单击【打开】按钮，返回至【鼠标属性】对话框，再次单击【确定】按钮，则鼠标样式改变成笔的形状，如图 2-28 所示。

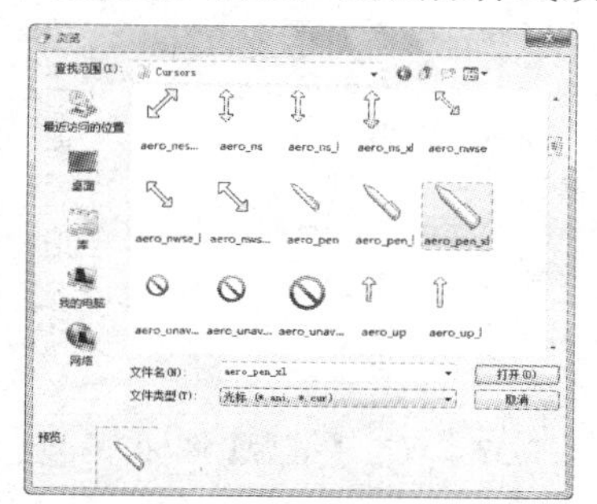

图 2-27　选择鼠标样式

图 2-28　更改鼠标样式

2. 更改鼠标属性

用户在【鼠标属性】对话框中切换至【鼠标键】选项卡，如图 2-29 所示，该选项卡内的几个选项的功能如下。

- 鼠标键配置：选中【切换主要和次要的按钮】复选框，即可将鼠标的左右键功能互换。
- 双击速度：在【速度】滑块上用鼠标左右拖动，可以调整鼠标双击速度的快慢。
- 单击锁定：选中【启用单击锁定】复选框，可以使用户不用一直按着鼠标按钮就可以高亮显示或拖曳。单击鼠标进入锁定状态，再次单击可以解除锁定。

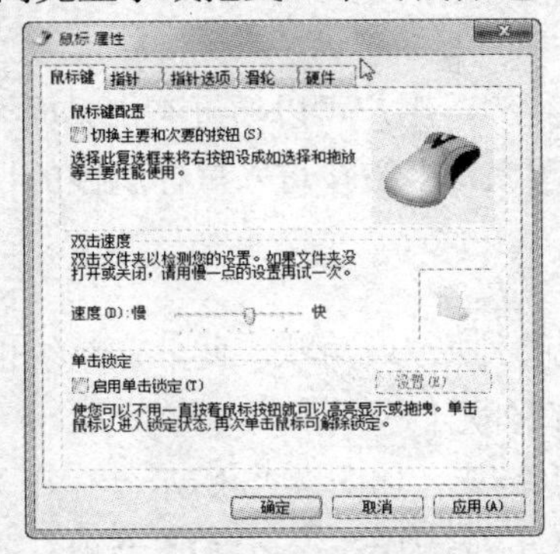

图 2-29 【鼠标键】选项卡

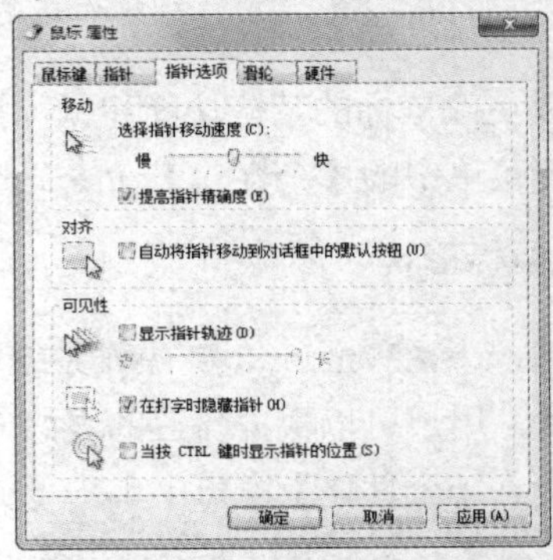

图 2-30 【指针属性】选项卡

另外，用户还可以在【鼠标属性】对话框中切换至【指针选项】选项卡，在【移动】区域里拖动滑块，这样可以设置鼠标移动的灵敏度，如图 2-30 所示。

2.3.2 设置键盘

Windows 7 系统下的设置键盘主要是调整键盘的字符重复和光标的闪烁速度。用户可以选择【开始】|【控制面板】命令，如图 2-31 所示，打开【控制面板】窗口，然后双击该窗口中的【键盘】图标，如图 2-32 所示，打开【键盘属性】对话框。

图 2-31 【开始】菜单

图 2-32 双击【键盘】图标

在【键盘属性】对话框中选择【速度】选项卡后，在【字符重复】栏中拖动【重复延迟】滑块，可以更改键盘重复输入一个字符的延迟时间；拖动【重复速度】滑块，可以改变重复输入字符的速度，如图 2-33 所示。

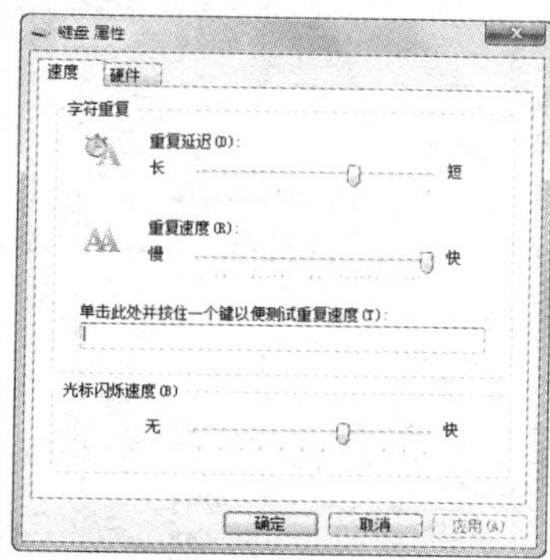

图 2-33　【键盘属性】对话框

知识点

在【光标闪烁速度】栏中拖动滑块，可以改变在文本编辑中，文本插入点光标的闪烁速度。

2.4　设置中文输入法

Windows 7 作为中文操作系统，输入汉字是其必不可少的功能。Windows 7 的中文输入法有很多种，用户可以选择自己习惯的输入法。

2.4.1　添加和删除输入法

Windows 7 中文版自带了几种输入法供用户使用，如果这些输入法不能满足用户的要求，或者有些输入法不需要，此时就可以添加或删除输入法。

【例 2-2】在输入法列表中添加与删除【微软拼音 ABC 输入法】。

(1) 右击任务栏上的语言栏，在弹出的快捷菜单中选择【设置】命令，如图 2-34 所示。

(2) 打开【文字服务和输入语言】对话框，单击【添加】按钮，如图 2-35 所示，打开【添加输入语言】对话框。

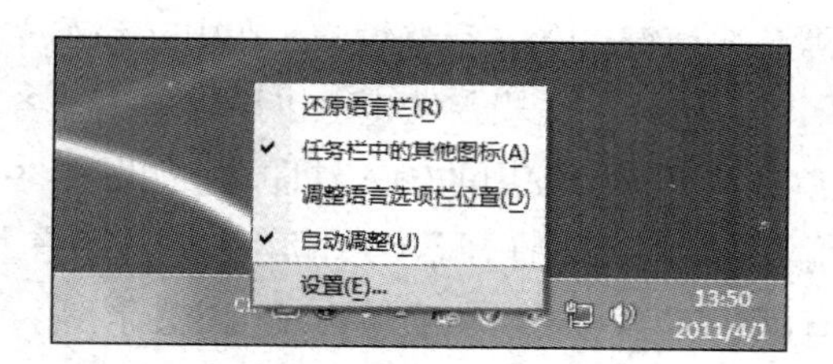

图 2-34　语言栏快捷菜单

图 2-35　【文字服务和输入语言】对话框

(3) 在对话框中选中【中文(简体) - 微软拼音 ABC 输入风格】复选框，如图 2-36 所示。

(4) 设置完成后，单击【确定】按钮，返回【文字服务和输入语言】对话框，此时可以在【已安装的服务】选项组里看到添加的输入法，如图 2-37 所示。

(5) 单击【确定】按钮，完成输入法的添加。

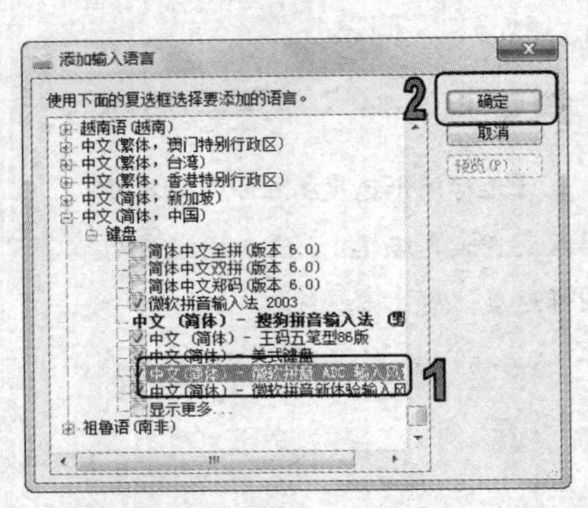

图 2-36　选择输入法

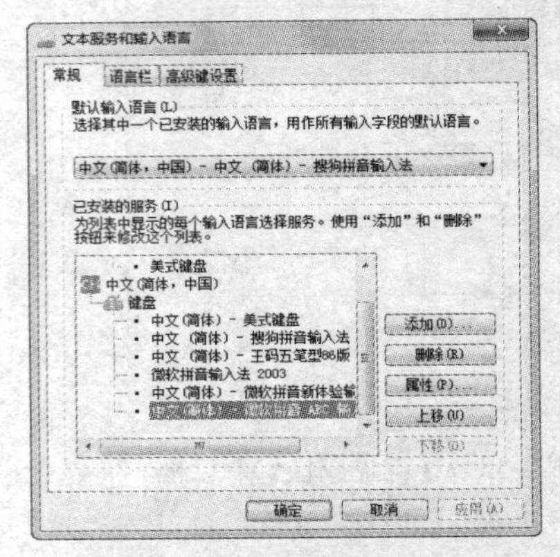

图 2-37　添加微软 ABC 输入法

(6) 在【已安装的服务】选项组里选择【中文(简体) - 微软拼音 ABC 输入风格】选项，然后单击【删除】按钮，即可删除该输入法，如图 2-38 所示。

(7) 单击【确定】按钮，完成输入法的删除。

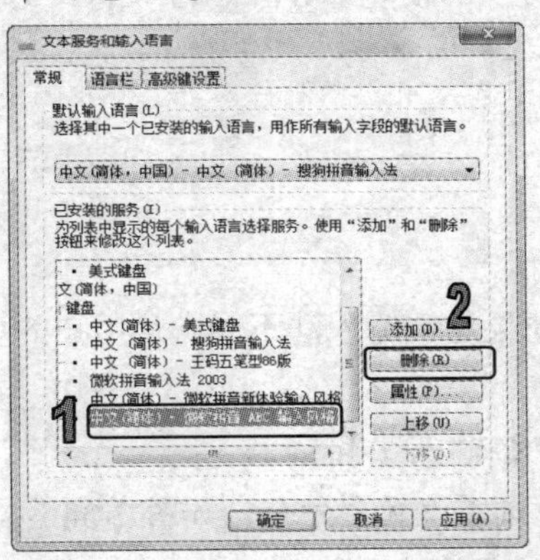

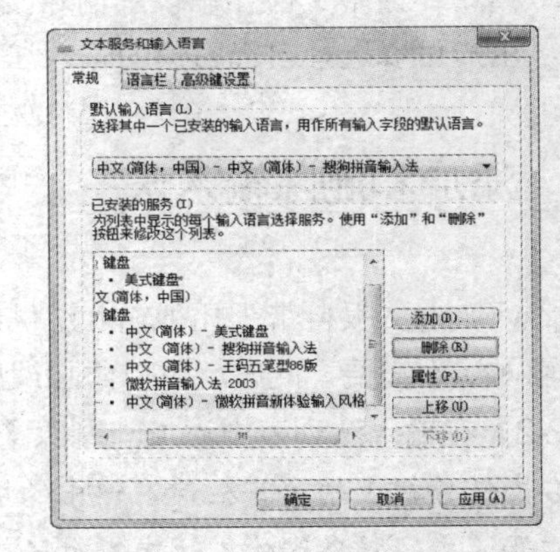

图 2-38　删除输入法

2.4.2　切换输入法

在 Windows 7 操作系统下，用户可以使用系统默认快捷键“Ctrl+空格键”，在中文和英文输入法之间切换，使用 Ctrl+Shift 组合键来切换输入法。选择中文输入法也可以通过单击任务栏上的【输入法】指示图标，在弹出的输入法快捷菜单中选择需要使用的输入法即可，如图 2-39 所示。如果用户需要在开机时启动自己习惯使用的输入法，则可以打开【文本服务和输入语言】对话框，在【默认输入语言】的下拉菜单里选择设置默认的输入法，然后单击【确定】按钮，如图 2-40 所示。

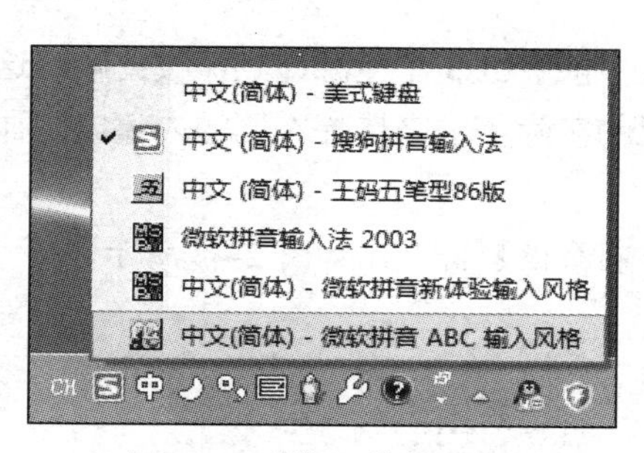

图 2-39　鼠标切换输入法

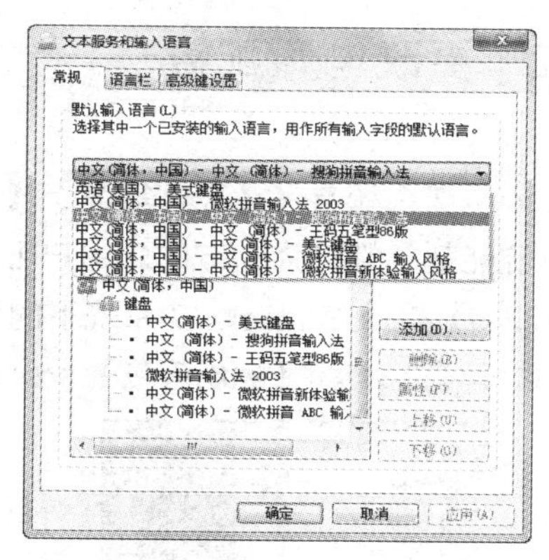

图 2-40　设置默认输入法

2.5　管理电源配置

利用 Windows 7 电源设置，用户不仅可以减少计算机的功耗，延长显示器和硬盘的寿命，还可以防止在用户离开计算机时被其他人使用，保护个人的隐私。

2.5.1　设置电源按钮

Windows 7 系统在默认设置下，一般台式机的电源按钮为关机，在电源设置里可以将之调整为睡眠和休眠状态。

用户可以在【控制面板】窗口中双击【电源选项】图标，在打开【电源选项】窗口中单击【选择电源按钮的功能】链接，如图 2-41 所示，打开【系统设置】窗口。在该窗口中【电源按钮和睡眠按钮设置】区域里修改【按电源按钮时】和【按休睡眠钮时】的状态设置，最后单击【保存修改】按钮，即可完成设置，如图 2-42 所示。

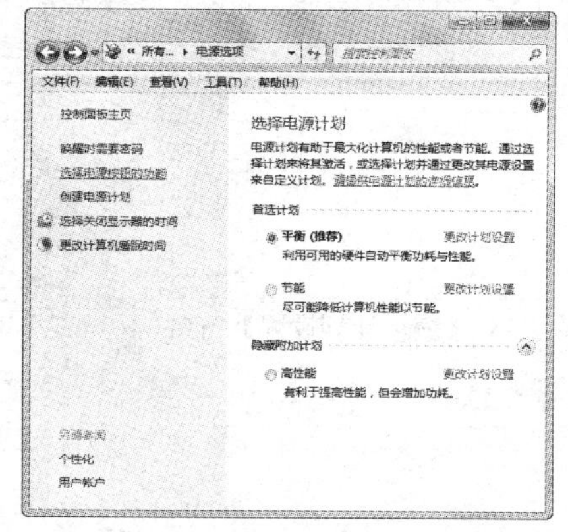

图 2-41　单击链接

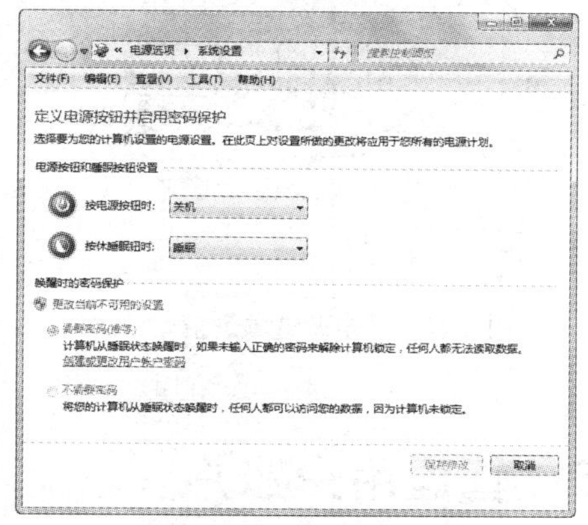

图 2-42　设置电源按钮

2.5.2 更改电源配置

Windows 7 系统自带【高性能】、【平衡】和【节能】等 3 个电源计划，按此顺序这 3 个计划的电源能耗和性能为递减的。用户可以按照自己的实际需求来选择不同的内建电源计划。

【例 2-3】更改 Windows 7 系统下的电源计划。

(1) 选择【开始】|【控制面板】命令，打开【控制面板】窗口，如图 2-43 所示。

图 2-43　打开【控制面板】窗口

(2) 双击其中的【电源选项】图标，打开【电源选项】窗口，在【首选计划】选项栏里选中【平衡】单选框，然后单击旁边的【更改计划设置】链接，如图 2-44 所示，打开【编辑计划设置】窗口。

(3) 在【关闭显示器】下拉列表里，可以调整关闭显示器的等待时间；在【使计算机进入睡眠状态】下拉列表里，可以调整计算机进入睡眠状态的等待时间，此例分别设为【10 分钟】和【1 小时】，单击【保存修改】按钮，完成设置。如图 2-45 所示。

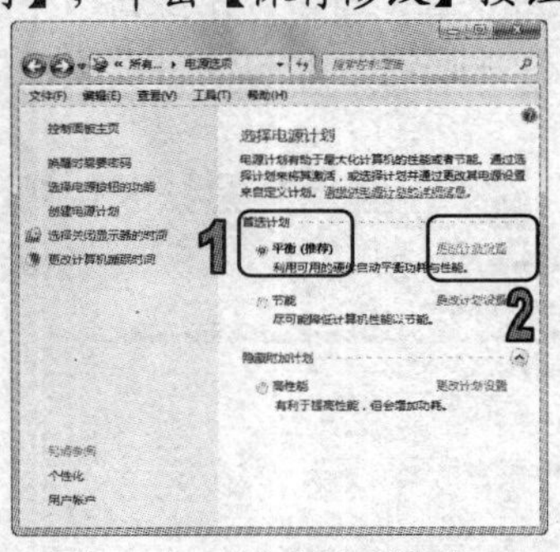

图 2-44　【电源选项】窗口

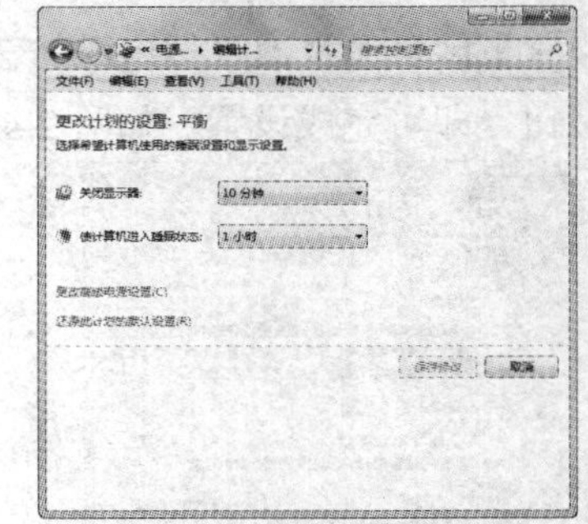

图 2-45　【编辑计划设置】窗口

2.6 管理用户账户

Windows 7 是一个多用户、多任务的操作系统，该系统允许每个使用计算机的用户建立自

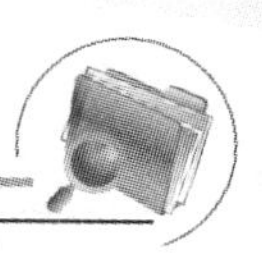

己的专用工作环境。每个用户都可以建立个人账户，并设置密码登录，保护自己的信息安全。

2.6.1　Windows 7 账户类型

设置用户账户之前需要先弄清楚 Windows 7 有几种账户类型。一般来说，Windows 7 的用户账户有以下 3 种类型。

- 管理员账户：计算机的管理员账户拥有对全系统的控制权，能改变系统设置，可以安装和删除程序，能访问计算机上所有的文件。除此之外，它还拥有控制其他用户的权限。Windows 7 中至少要有一个计算机管理员账户。在只有一个计算机管理员账户的情况下，该账户不能将自己改成受限制账户。
- 标准用户账户：标准用户账户是受到一定限制的账户，在系统中可以创建多个此类账户，也可以改变其账户类型。该账户可以访问已经安装在计算机上的程序，可以设置自己账户的图片、密码等，但无权更改大多数计算机的设置。
- 来宾账户：来宾账户是给那些在计算机上没有用户账户的人使用，只是一个临时账户，主要用于远程登录的网上用户访问计算机系统。来宾账户仅有最低的权限，没有密码，无法对系统做任何修改，只能查看计算机中的资料。

2.6.2　创建新账户

用户在安装完 Windows 7 系统后，第一次启动时系统自动建立的用户账户是管理员账户，在管理员账户下，用户可以创建新的用户账户。

【例 2-4】在 Windows 7 系统中创建一个新的用户账户。

(1) 选择【开始】|【控制面板】命令，打开【控制面板】窗口，如图 2-46 所示。

图 2-46　打开【控制面板】窗口

(2) 在该窗口中单击【用户账户】图标，打开【用户账户】窗口，如图 2-47 所示。

(3) 单击【管理其他账户】链接，打开【管理账户】窗口，如图 2-48 所示。

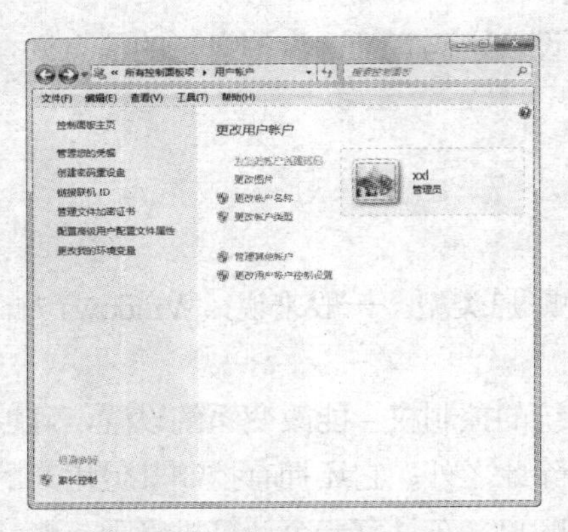

图 2-47 【用户账户】窗口

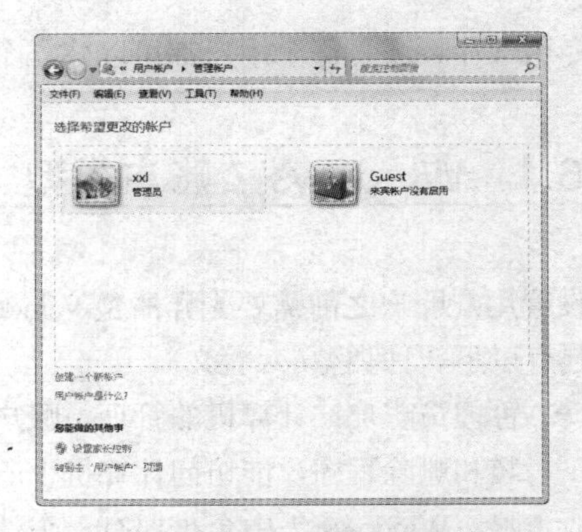

图 2-48 【管理账户】窗口

(4) 单击【创建一个新账户】链接，打开【创建新账户】窗口，在【新账户名】文本框内输入新用户的名称【孙立】。如果是创建标准账户，选中【标准用户】单选按钮；如果是创建管理员账户，则选中【管理员】单选按钮。此例选中【管理员】单选按钮，如图 2-49 所示。

(5) 单击【创建账户】按钮，即可创建用户名为【孙立】的管理员账户，如图 2-50 所示。

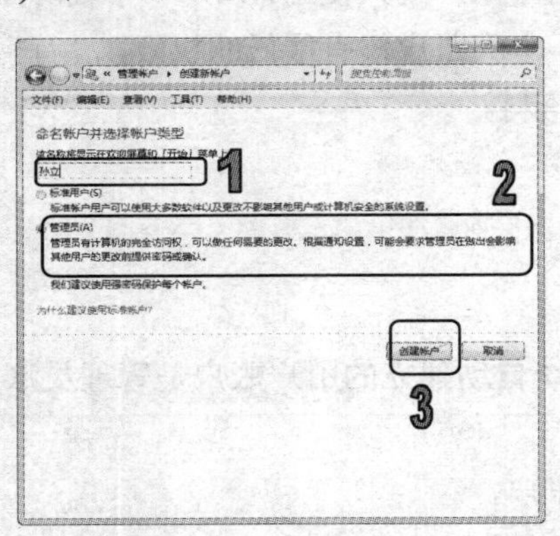

图 2-49 【创建新账户】窗口

图 2-50 创建管理员账户

2.6.3 更改账户设置

成功创建新账户以后，用户可以根据实际应用和操作来更改账户的类型，来改变该用户账户的操作权限。账户类型确定以后，也可以修改账户的设置，如账户的名称、密码、图片等。

【例 2-5】将管理员账户改为标准用户账户，修改其头像图片并设置密码。

(1) 在【管理账户】窗口中单击【孙立】图标，如图 2-51 所示。

(2) 打开【更改账户】窗口，单击【更改账户类型】链接，如图 2-52 所示。

(3) 打开【更改账户类型】窗口，选中【标准用户】单选按钮，然后单击【更改账户类型】按钮，如图 2-53 所示。

(4) 返回【更改账户】窗口，【孙立】账户名称下的字样已经变为【标准用户】，如图 2-54 所示。

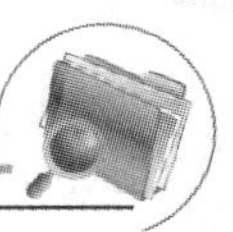

图 2-51　【管理账户】窗口

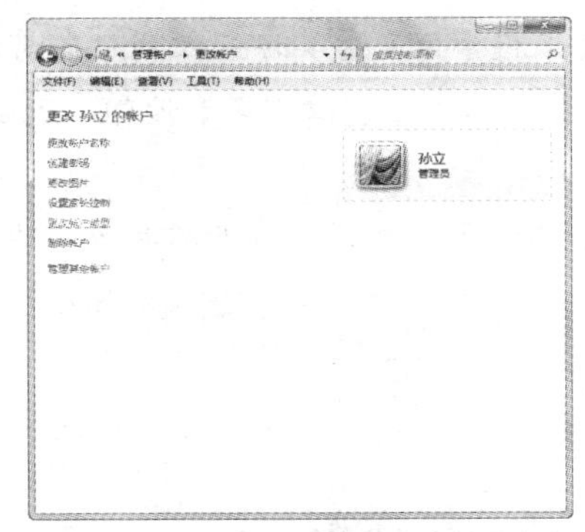

图 2-52　【更改账户】窗口

图 2-53　更改成【标准用户】账户类型

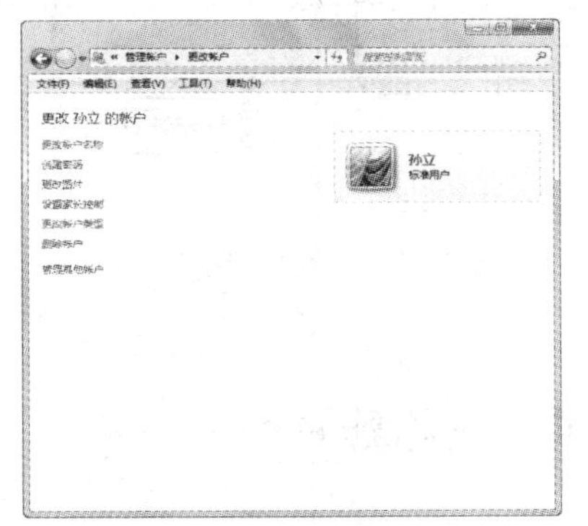

图 2-54　账户类型设置完成

(5) 单击【更改图片】链接，打开【选择图片】窗口，如图 2-55 所示。

(6) 该窗口中有很多图片可供用户选择，用户也可以单击【浏览更多图片】链接，在硬盘里选择其他图片。

(7) 在该窗口中选择一张足球的图片，单击【更改图片】按钮，完成对账户头像图片的更改并返回【更改账户】窗口，如图 2-56 所示。

图 2-55　选择账户头像图片

图 2-56　账户头像图片更改

(8) 单击【创建密码】链接，打开【创建密码】窗口。在【新密码】文本框中输入一个密码，在其下方的文本框中再次输入密码进行确定，然后根据用户需要，选择是否在【输入密码提示】文本框中输入相关提示信息，如图 2-57 所示。

(9) 最后单击【创建密码】按钮，返回【更改账户】窗口，完成账户密码设置，如图 2-58 所示。

(10) 当设置完成后，在开机时如果要进入【孙立】账户，则必须要输入密码。

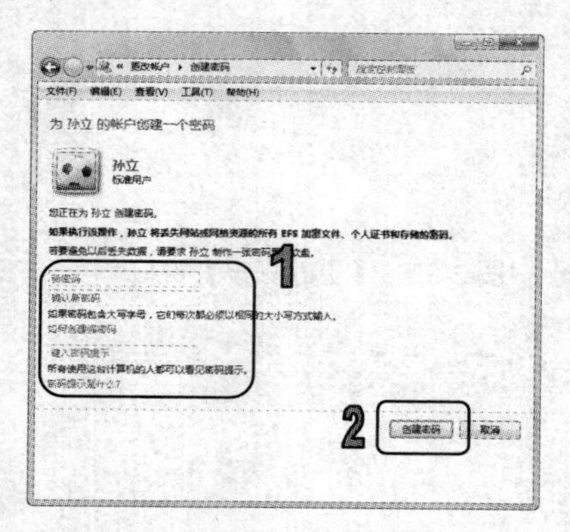

图 2-57 设置账户密码

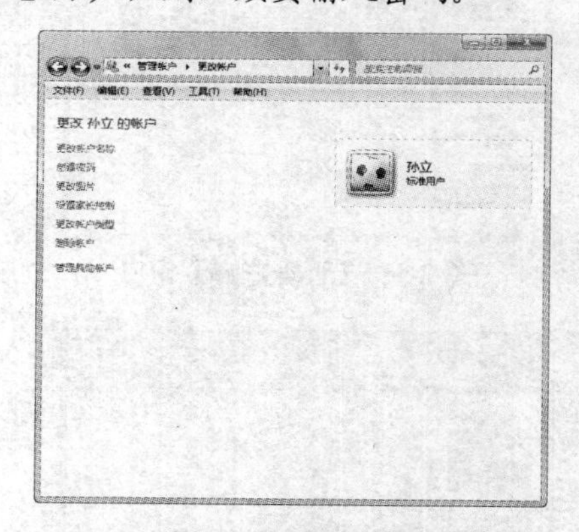

图 2-58 账户设置完成

2.6.4 删除账户

用户可以删除多余的账户，但是在删除账户之前，必须先登录到具有【管理员】类型的账户，并且所要删除的账户并不是当前的登录账户才能删除。

【例 2-6】删除一个标准用户账户。

(1) 选择【开始】|【控制面板】命令，打开【控制面板】窗口，如图 2-59 所示。

图 2-59 打开【控制面板】窗口

(2) 单击【用户账户】图标，打开【用户账户】窗口，如图 2-60 所示。

(3) 单击【管理其他账户】链接，打开【管理账户】窗口，如图 2-61 所示。

(4) 单击【孙立标准用户】图标，打开【更改账户】窗口，然后在该窗口中单击【删除账户】链接，如图 2-62 所示。

(5) 打开【删除账户】窗口，选择是否保留该账户的文件，如果保留则单击【保留文件】按钮，不保留则单击【删除文件】按钮，如图 2-63 所示。

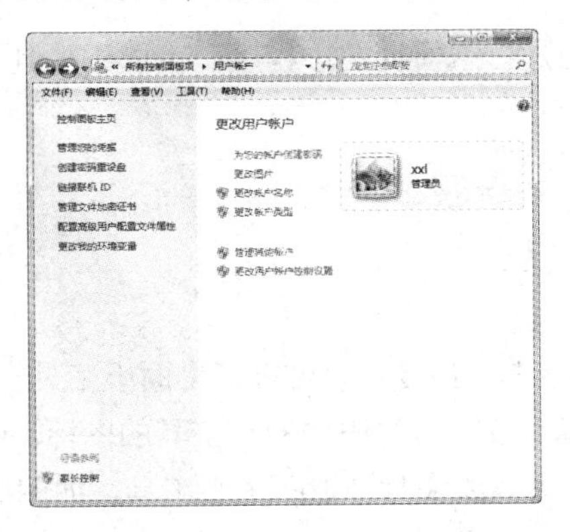

图 2-60　【用户账户】窗口

图 2-61　【管理账户】窗口

图 2-62　【更改账户】窗口

图 2-63　删除文件

(6) 打开【确认删除】窗口，单击【删除账户】按钮，即可删除【孙立】用户账户，如图 2-64 所示。

(7) 返回【管理账户】窗口，已经没有【孙立】用户账户的显示，如图 2-65 所示。

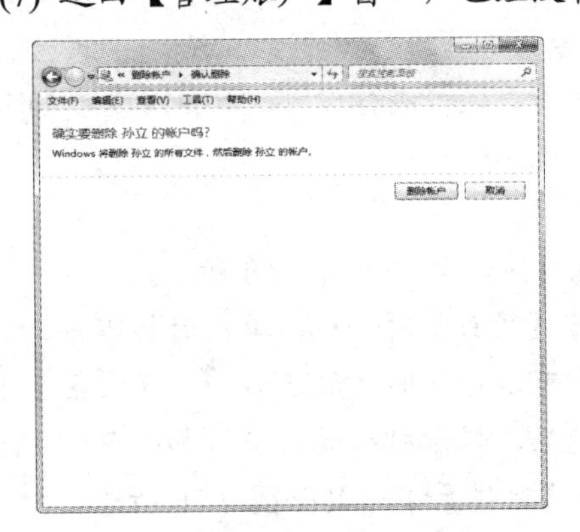

图 2-64　确认删除账户

图 2-65　显示管理账户

2.7 管理桌面小工具

Windows 7 操作系统提供了很多桌面小工具，它们是一组便捷的小程序，可以添加到桌面上，样式美观，也具有使用价值。

2.7.1 添加桌面小工具

在桌面上右击鼠标，在弹出的快捷菜单中选择【小工具】命令，即可打开桌面小工具窗口，默认状态下系统共提供 9 种桌面小工具，如图 2-66 所示。双击需要添加的小工具的图标，例如双击【日历】和【时钟】的图标，则桌面右侧显示【日历】和【时钟】两个小工具，如图 2-67 所示。如果用户还需要更多的桌面小工具，可以在桌面小工具窗口中单击【联机获取更多小工具】链接，上网搜索下载更多的桌面小工具。

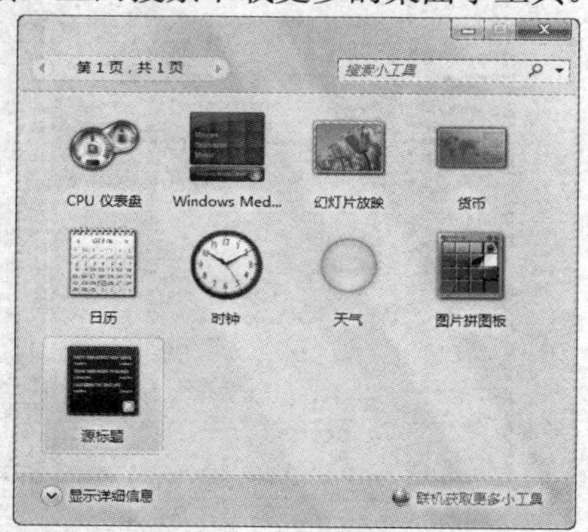

图 2-66　桌面小工具窗口

图 2-67　显示桌面小工具

2.7.2 设置桌面小工具

桌面上添加了小工具后，可以对小工具的外观、显示效果等进行设置，下面以设置【时钟】小工具为例进行介绍。

【例 2-7】在 Windows 7 中设置【时钟】桌面小工具。

(1) 将鼠标光标移动到【时钟】上，时钟右边浮现出按钮群，如图 2-68 所示。

(2) 单击【时钟】右上角的【设置】按钮，打开【时钟】对话框，单击时钟下方的三角箭头，可以设置时钟的外观；在【时钟名称】文本框中可以输入时钟的名称；在【时区】下拉列表框中可以选择当前的时区；选中【显示秒针】复选框，显示秒针的轨迹，如图 2-69 所示。

(3) 单击【确定】按钮，返回桌面，此时，桌面上【时钟】小工具如图 2-70 所示。

(4) 在【时钟】上右击鼠标，在弹出的快捷菜单中选择【不透明度】|【40%】命令，如图

2-71 所示。此时【时钟】则会呈现半透明状态。

图 2-68　时钟按钮群

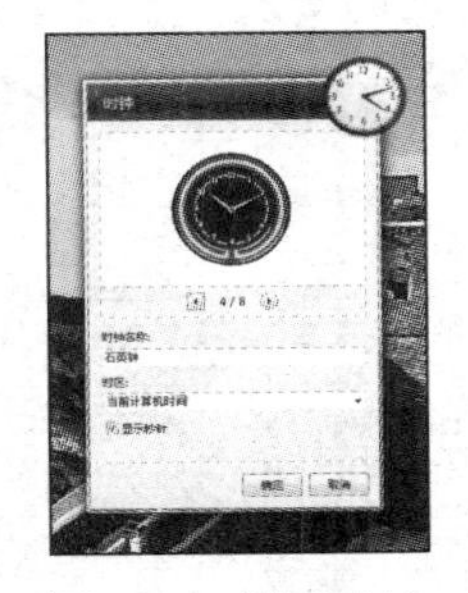

图 2-69　设置时钟

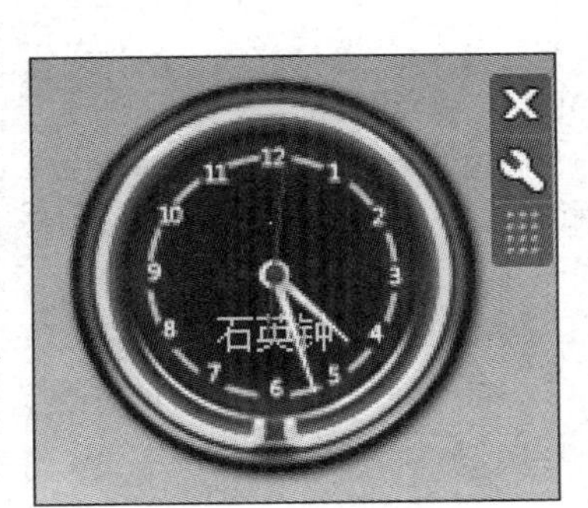

图 2-70　时钟改变外形

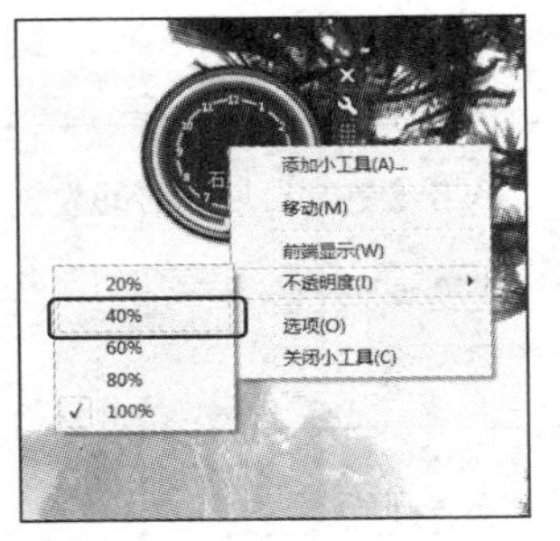

图 2-71　设置透明度

(5) 鼠标左键按住按钮群最下面的按钮▦不放，可以移动【时钟】小工具。单击按钮群最上面的按钮☒，则会关闭【时钟】小工具。

2.8　上机练习

本章的上机练习主要是设置 Windows 7 系统时间和设置屏幕保护程序，使用户更好地掌握个性化设置 Windows 7 操作系统的操作方法和技巧。

2.8.1　设置系统时间

在默认情况下，系统日期和时间将显示在任务栏的通知区域，用户可根据实际情况更改系统的日期和时间设置。

(1) 单击任务栏最右侧的时间显示区域，打开日期和时间的窗口，然后单击【更改日期和时间设置】链接，如图 2-72 所示。

(2) 打开【日期和时间】对话框，单击【更改日期和时间】按钮，如图 2-73 所示。

(3) 在日期选项区域设置系统的日期为 2012 年 1 月 1 日，在时间文本框中设置时间为 0:00:00，如图 2-74 所示。

(4) 设置完成后，单击【确定】按钮，返回【日期和时间】对话框，再次单击【确定】按钮，完成日期和时间的更改，如图 2-75 所示。

图 2-72　单击【更改日期和时间设置】链接

图 2-73　单击【更改日期和时间】按钮

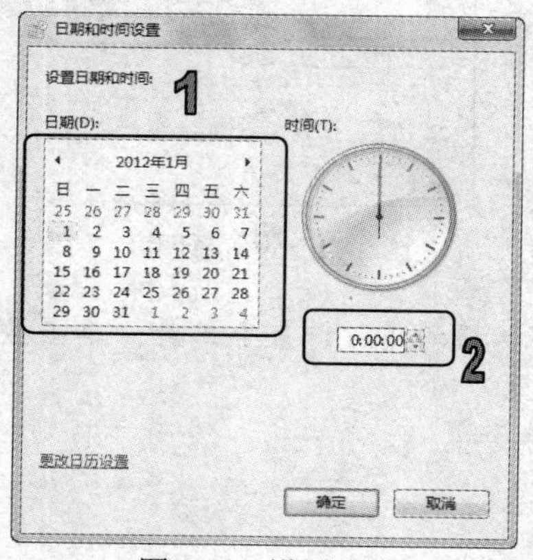

图 2-74　设置时间

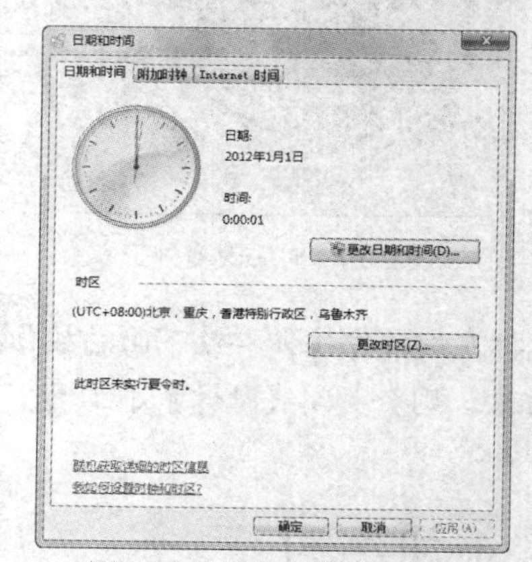

图 2-75　单击【确定】按钮

知识点

在【日期和时间】对话框中，用户还可以设置时区、添加系统时钟以及更新 Internet 时间等。

2.8.2　设置屏幕保护程序

屏幕保护程序简称为“屏保”，是用于保护计算机屏幕的程序，当用户暂时停止使用计算机时，它能让显示器处于节能状态。

Windows 7 提供了多种样式的屏保，用户可以设置屏保等待时间，在这段时间内如果没有对计算机进行任何操作，显示器就进入屏保状态；当用户要重新开始操作计算机时，只需移动一下鼠标或按下键盘上的任意键，即可退出屏保。如果屏保设置了密码，则需要输入密码，才

可以退出屏保。若用户不想使用屏保的话，可以将屏保设置为【无】。

(1) 在桌面上右击，在弹出的快捷菜单中选择【个性化】命令，如图 2-76 所示，打开【个性化】窗口。

(2) 单击【屏幕保护程序】链接，如图 2-77 所示，打开【屏幕保护程序设置】对话框。

图 2-76　选择【个性化】命令

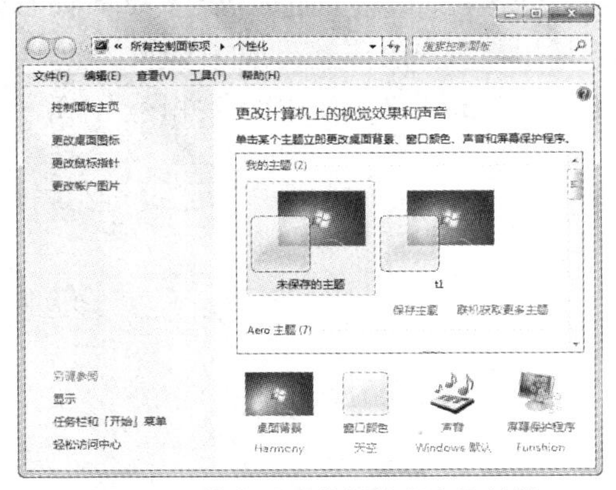

图 2-77　单击【屏幕保护程序】链接

(3) 选择【屏幕保护程序】下拉列表框中【三维文字】选项，在【等待】微调框内设置时间为【5】分钟，选中【在恢复时显示登录屏幕】复选框。此 3 项操作分别表示屏保样式为【三维文字】；在不操作计算机 5 分钟后启动；如果设置登录密码则退出屏保时需要输入密码。如图 2-78 所示。

(4) 单击【设置】按钮，进入【三维文字设置】对话框，可以详细设置屏保的文字大小、旋转速度、字体颜色等，如图 2-79 所示。

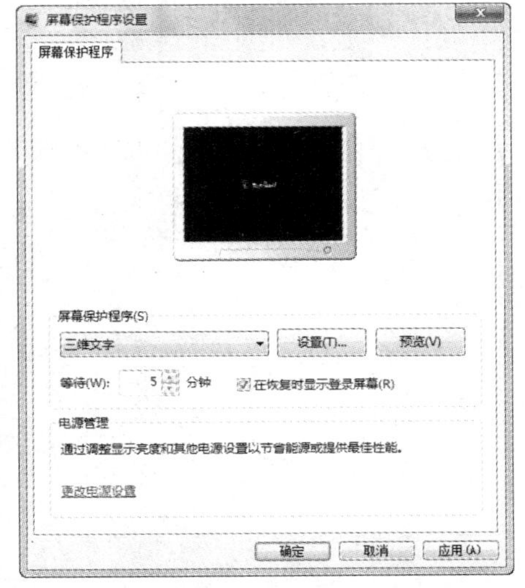

图 2-78　【屏幕保护程序设置】对话框

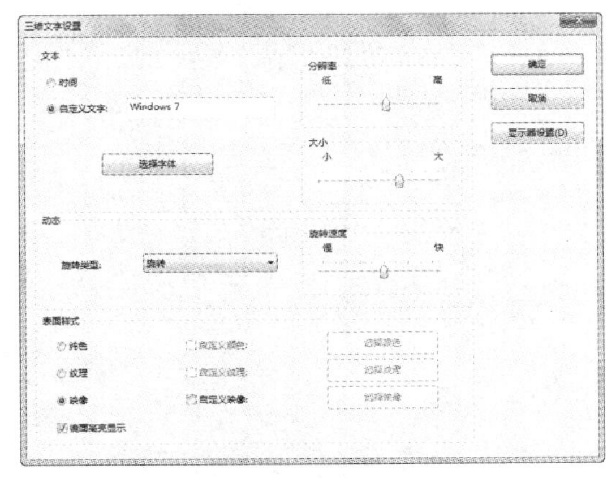

图 2-79　详细设置

(5) 设置完成后，单击【确定】按钮，返回【屏幕保护程序设置】对话框，然后单击【确定】按钮即可。

2.9 习题

1. 改变桌面图标的大小有几种方法?
2. Windows 7 中的【主题】包含什么?如何更换【主题】?
3. 简述用户账户的分类及各自区别。
4. 设置 Windows 7 系统时间,并设置计算机时间和 Internet 时间一致。

第3章 Windows 7资源管理

学习目标

Windows 7中的资源是以文件或文件夹的形式存储在硬盘中，这些资源包括文字、图片、音乐、游戏以及各种软件等。Windows 7新增了有关【库】的概念，本章将详细介绍管理文件资料和有关【库】的相关操作，帮助用户管理计算机中的各种资源。

本章重点

- 文件和文件夹的基本操作
- 设置文件和文件夹
- 使用库和回收站

3.1 磁盘、文件和文件夹

文件是储存在计算机磁盘内的一系列数据的集合。而文件夹则是文件的集合，用来存放单个或多个文件。文件和文件夹都包含在计算机的磁盘内。

3.1.1 认识磁盘、文件和文件夹

磁盘、文件和文件夹三者存在着包含和被包含的关系，下面将分别介绍这三者的概念和相关关系。

1. 磁盘

磁盘，通常就是指计算机硬盘上划分出来的分区，用来存放计算机的各种资源。磁盘由盘

符来加以区别，盘符通常由磁盘图标、磁盘名称和磁盘使用信息组成，用大写英文字母加一个冒号来表示，如 C:，简称为 C 盘。各个磁盘在计算机的显示状态如图 3-1 所示。

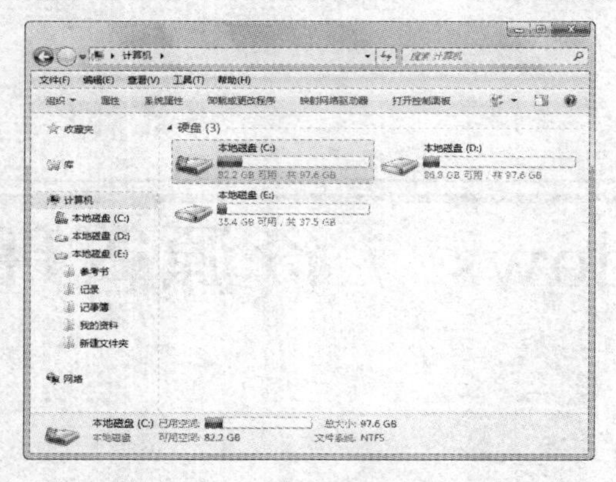

图 3-1　计算机的各个磁盘

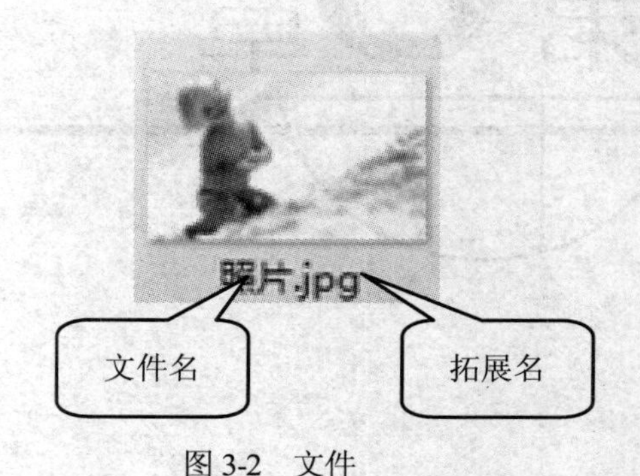

图 3-2　文件

2．文件

文件是 Windows 中最基本的存储单位，它包含文本、图像及数值数据等信息。Windows 中的任何文件都由文件名来标识的。文件名的格式为：“文件名.扩展名”。通常，文件类型是用文件的扩展名来区分的，根据保存的信息和保存方式的不同，将文件分为不同的类型。如图 3-2 所示的文件图标，“照片”为文件名，“jpg”为文件的拓展名，中间用间隔号隔开。

用户给文件命名时，必须遵循以下规则：

- 文件名不能用“？”“*”“/”“<”“、”等符号。
- 文件名不区分大小写。
- 文件名开头不能为空格。
- 文件或文件夹名称不得超过 225 个字符。

3．文件夹

文件夹就是文件的集合，用来存放计算机中的多个文件。文件夹的外观由文件夹图标和文件名组成，如图 3-3 所示。

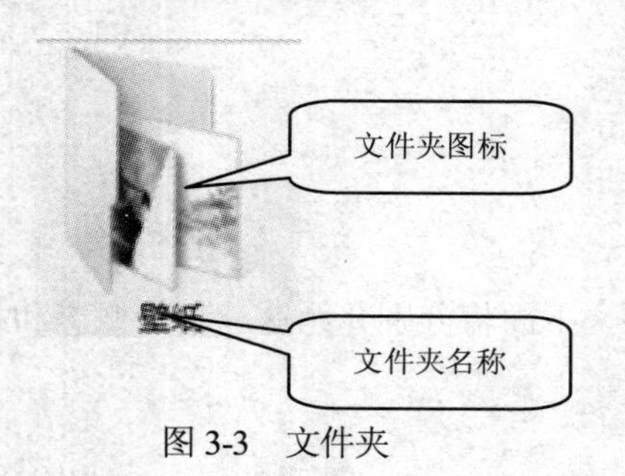

图 3-3　文件夹

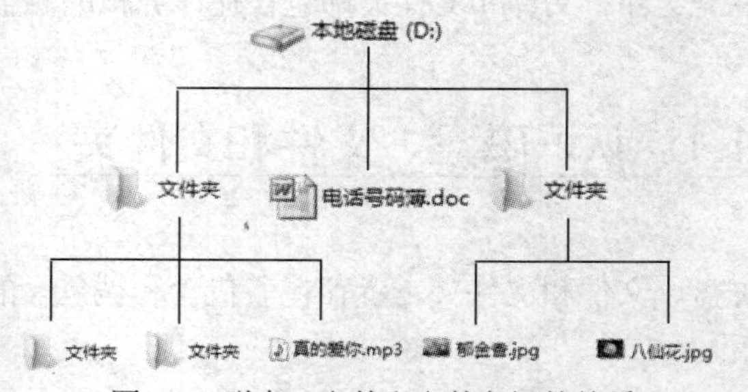

图 3-4　磁盘、文件和文件之间的关系

文件和文件夹都是存放在计算机的磁盘中，文件夹中可以包含文件和子文件夹，子文件夹中又可以包含文件和子文件夹。以此类推，即可形成文件和文件夹的树形关系，如图 3-4 所示。

3.1.2 Windows 7 资源管理器

与 Windows XP 相比，Windows 7 的资源管理器在界面和功能上有了很大的改进。例如增加了【预览窗格】以及内容更加丰富的【详细信息栏】等功能。

要在 Windows 7 中打开资源管理器，用户可以选择【开始】|【所有程序】|【附件】|【Windows 资源管理器】命令，打开【库】窗口。或者直接单击任务栏中【Windows 资源管理器】图标，最后打开【库】窗口，如图 3-5 所示。

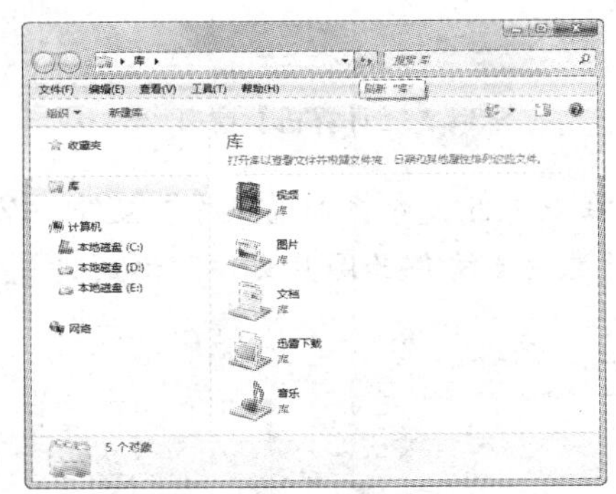

图 3-5　从任务栏打开资源管理器

提示

资源管理器窗口的基本组成部分和前面章节所述的窗口组成部分基本一致，用户可以对照学习。而【库】窗口的内容将在本章的后面进行详述。

3.1.3 查看文件和文件夹

Windows 7 系统一般用【计算机】窗口来查看磁盘、文件和文件夹等计算机资源，用户主要通过窗口工作区、地址栏、导航窗格等 3 种方式进行查看。

1. 通过窗口工作区查看

窗口工作区是窗口最主要的组成部分，通过窗口工作区查看计算机中的资源是最直观最常用的查看方法。下面将举例介绍如何在窗口工作区内查看文件。

【例 3-1】 通过窗口工作区查看 E 盘中的文件。

(1) 选择【开始】|【计算机】命令(或者双击桌面上的【计算机】图标)，打开【计算机】窗口，如图 3-6 所示。

(2) 在该窗口工作区内双击磁盘符【本地磁盘(E:)】，打开 E 盘窗口。找到并双击【壁纸】文件夹，如图 3-7 所示，打开【壁纸】文件夹。

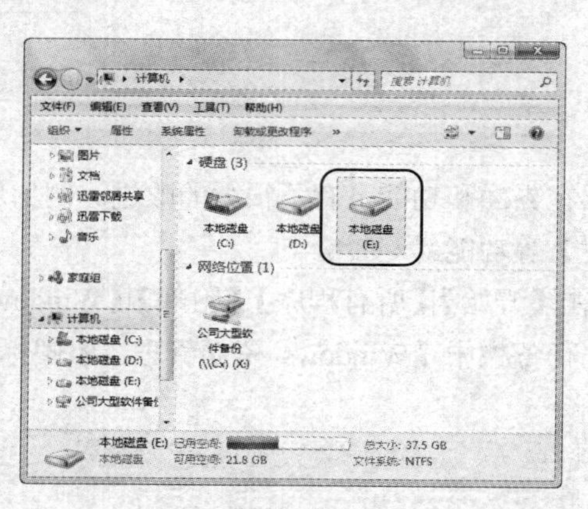

图 3-6 【计算机】窗口

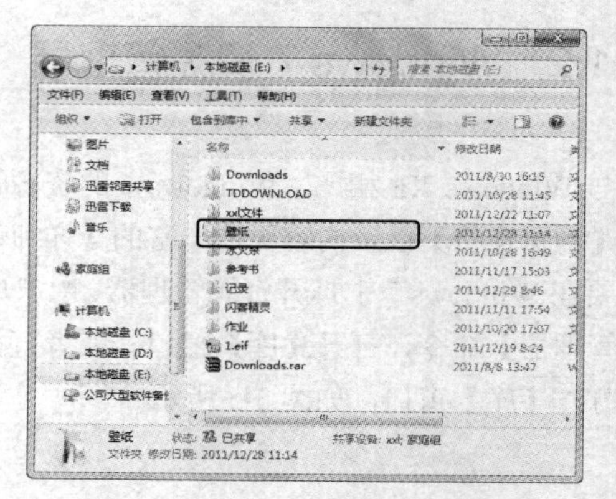

图 3-7 双击【壁纸】文件夹

(3) 在该文件夹内找到【照片】文件，双击打开【照片】文件，如图 3-8 所示。

(4)【照片】文件为图片文件，格式为 jpg，打开的文件如图 3-9 所示。

图 3-8 【壁纸】窗口

图 3-9 打开【照片】文件

2. 通过地址栏查看

Windows 7 的窗口地址栏用【按钮】的形式取代了传统的纯文本方式，并且在地址栏周围取消了【向上】按钮，仅有【前进】和【后退】按钮。用户通过地址栏可以轻松跳转与切换磁盘和文件夹目录，地址栏只能显示文件夹和磁盘目录，不能显示文件。

用户可以双击桌面【计算机】图标，打开【计算机】窗口，单击该窗口地址栏中【计算机】文本后的▸按钮，在弹出的下拉列表中选择所需的磁盘盘符，如选择 E 盘，如图 3-10 所示，此时在地址栏中已自动显示【本地磁盘(E:)】文本和其后的▸按钮，单击该按钮，在弹出的下拉菜单中选择【壁纸】文件夹，如图 3-11 所示。用户若想返回到原来的文件夹，可以单击地址栏左侧的⬅按钮。

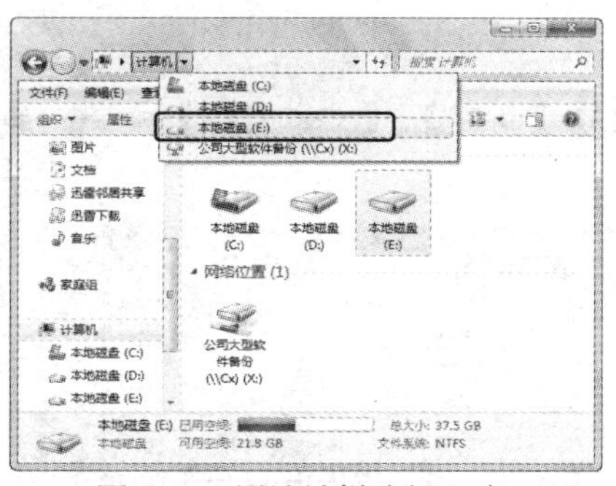

图 3-10 用地址栏选择 E 盘

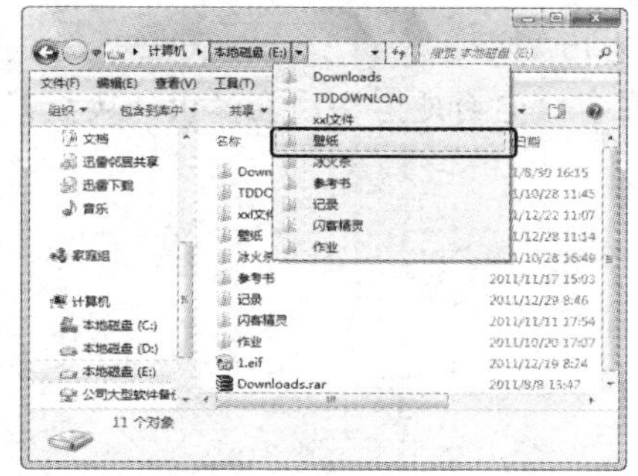

图 3-11 选择【壁纸】文件夹

3. 通过导航窗格查看

Windows 7 系统【计算机】窗口里的导航窗格功能比 Windows XP 的更强大实用，其增加了【收藏夹】、【库】、【网络】等树形目录。用户可以通过导航窗格查看磁盘目录下的文件夹，以及文件夹下的子文件夹，如图 3-12 所示。

图 3-12 用导航窗格查看文件夹

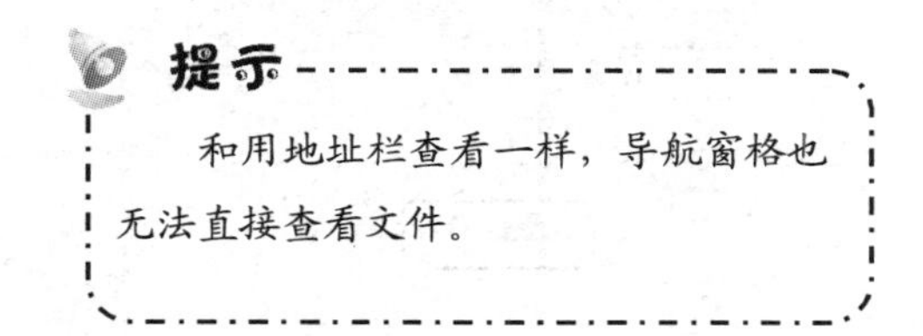

3.2 文件和文件夹的基本操作

要想把计算机中的资源管理的井然有序，首先要掌握文件和文件夹的基本操作方法。文件和文件夹的基本操作主要包括新建文件和文件夹、文件和文件夹的选定、重命名、复制、删除等操作。

3.2.1 创建文件和文件夹

在使用应用程序编辑文件时，通常需要新建文件。用户也可以根据自己的需求，创建文件夹来存放相应类型的文件。下面举例介绍如何创建文件和文件夹。

【例 3-2】 在 E 盘新建一个名为【看电影】的文件，和一个名为【娱乐休闲】的文件夹。

(1) 双击桌面图标【计算机】，打开【计算机】窗口，双击【本地磁盘(E:)】盘符，打开 E

盘，如图 3-13 所示。

(2) 在窗口空白处右击，在弹出的快捷菜单中选择【新建】|【文本文档】命令，如图 3-14 所示。

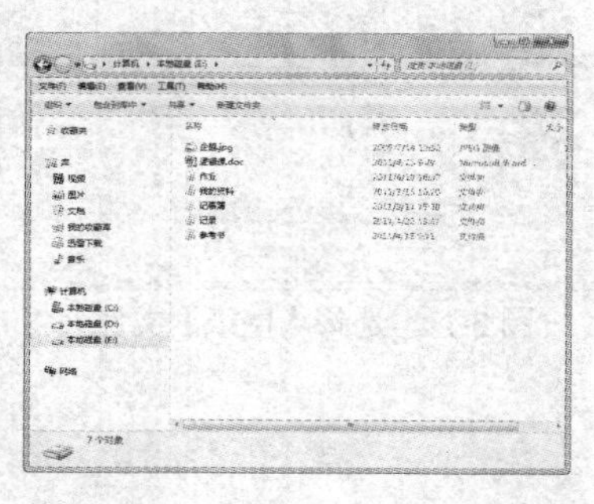

图 3-13 打开 E 盘窗口

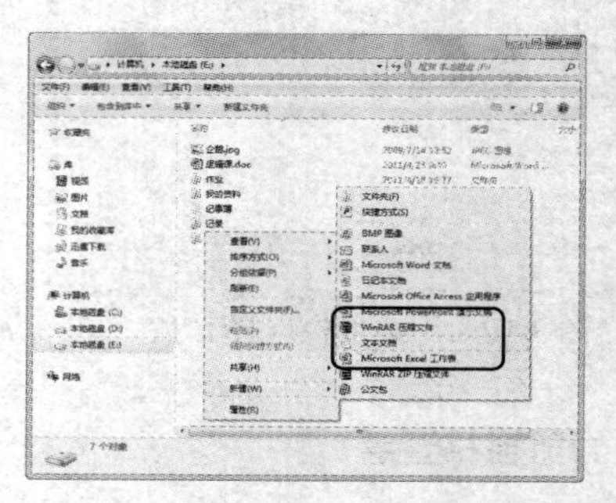

图 3-14 选择命令

(3) 此时，窗口出现【新建文本文档.txt】文件，并且文件名【新建文本文档】呈可编辑状态，如图 3-15 所示。

(4) 用户输入“看电影”文件名，则变为“看电影.txt”文件，如图 3-16 所示。

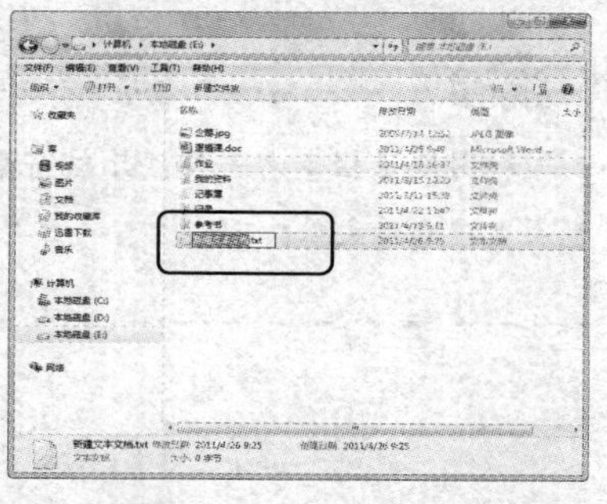

图 3-15 新建文本文档

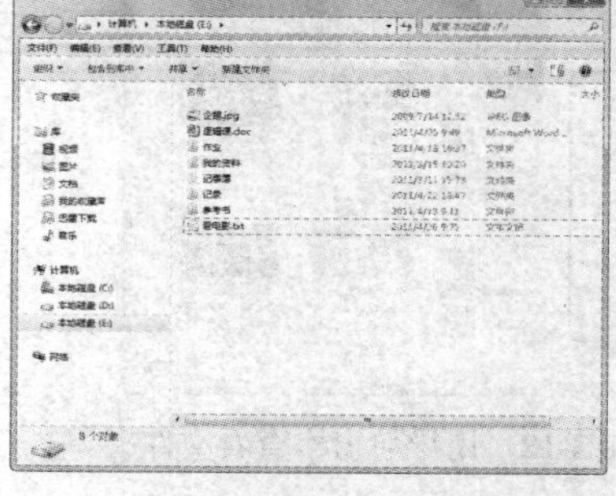

图 3-16 输入文件名

(5) 在窗口空白处右击，在弹出的快捷菜单中选择【新建】|【文件夹】命令，如图 3-17 所示。

(6) 出现【新建文件夹】文件夹，由于文件夹名是可编辑状态，直接输入“娱乐休闲”，则变成【娱乐休闲】文件夹，如图 3-18 所示。

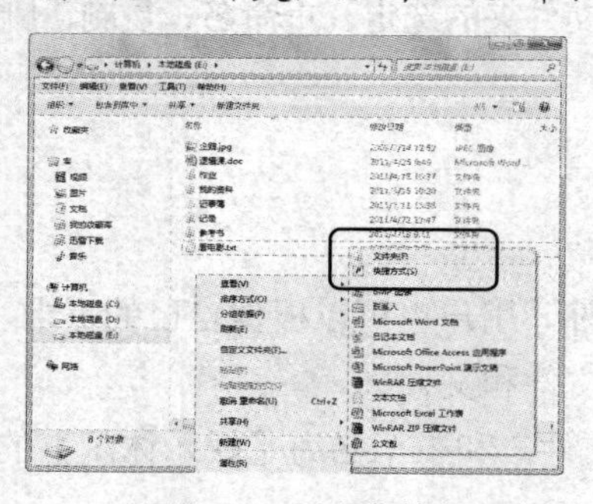

图 3-17 新建文件夹

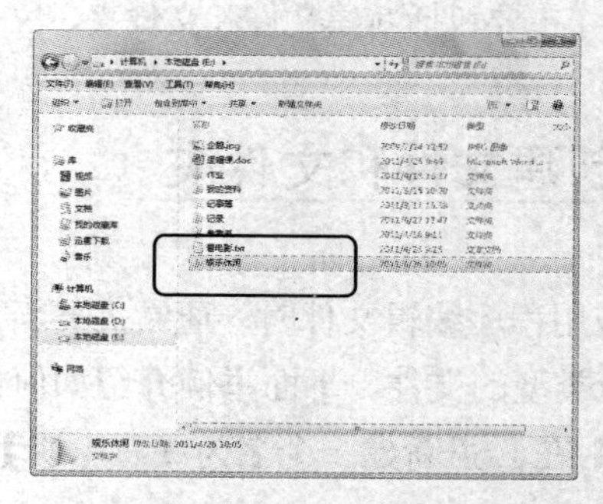

图 3-18 输入文件夹名

3.2.2　选择文件和文件夹

用户对文件和文件夹进行操作之前，先要选定文件和文件夹，选中的目标在系统默认下呈蓝色状态显示。Windows 7 系统提供了以下几种选择文件和文件夹的方法。

- 选择单个文件或文件夹：单击文件或文件夹图标即可将其选择。
- 选择多个相邻的文件或文件夹：选择第一个文件或文件夹后，按住 Shift 键，然后单击最后一个文件或文件夹，效果如图 3-19 所示。
- 选择多个不相邻的文件和文件夹：选择第一个文件或文件夹后，按住 Ctrl 键，逐一单击要选择的文件或文件夹，效果如图 3-20 所示。

图 3-19　选择多个相邻文件或文件夹

图 3-20　选择多个不相邻文件或文件夹

- 选择所有的文件或文件夹：按 Ctrl+A 组合键即可选中当前窗口中所有文件或文件夹，如图 3-21 所示。
- 选择某一区域的文件和文件夹：在需选择的文件或文件夹起始位置处按住鼠标左键进行拖动，此时在窗口中出现一个蓝色的矩形框，当该矩形框包含了需要选择的文件或文件夹后松开鼠标，即可完成选择，如图 3-22 所示。

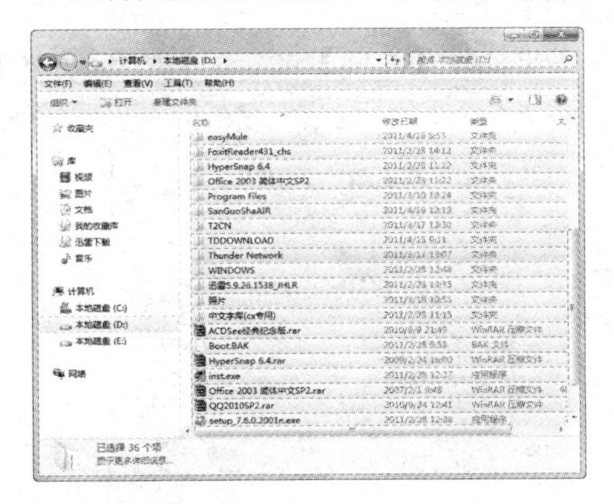

图 3-21　选择所有文件或文件夹

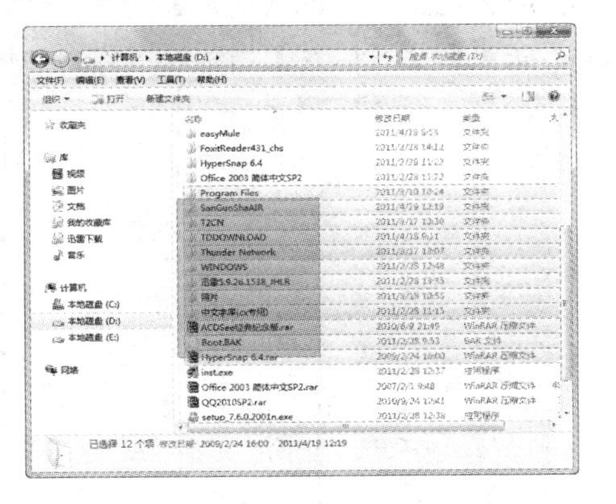

图 3-22　选择某一区域的文件或文件夹

3.2.3 重命名文件和文件夹

用户在新建文件和文件夹后，已经给文件和文件夹命名了。不过在实际操作过程中，为了方便用户管理与查找文件和文件夹，可能要根据用户需求对其重新命名。

用户可以将【例 3-2】中新建的【看电影】文件和【娱乐休闲】文件夹分别改名为【午夜场】文件和【影视剧】文件夹。其步骤很简单，用户只需右击该文件或文件夹，在弹出的快捷菜单中选择【重命名】命令，如图 3-23 所示，则文件名变为可编辑状态，此时输入要改的名称即可，如图 3-24 所示。

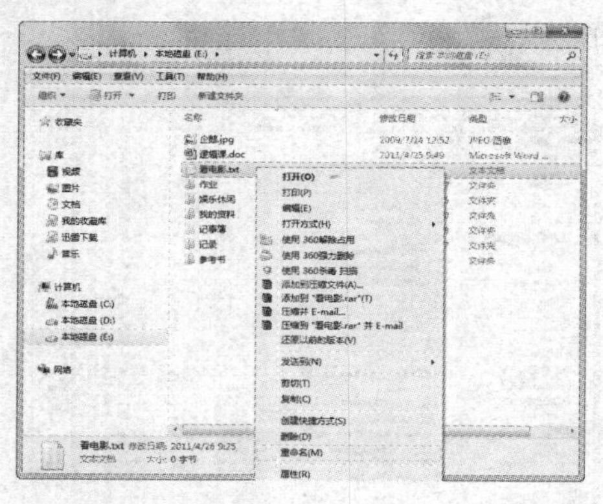

图 3-23 选择【重命名】命令

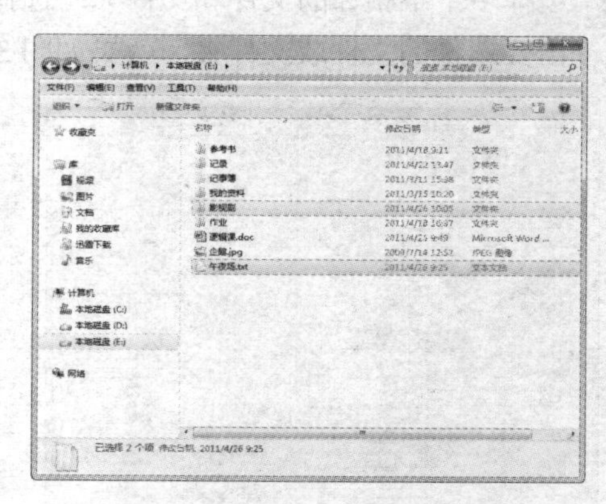

图 3-24 重命名文件和文件夹

3.2.4 复制文件和文件夹

复制文件和文件夹是为了将一些比较重要的文件和文件夹加以备份，也就是将文件或文件夹复制一份到硬盘的其他位置上，使文件或文件夹更加安全，以免丢失资料。

【例 3-3】 将桌面上的【照片】图片文件复制到 D 盘下。

(1) 右击桌面上【照片】图片，在弹出的快捷菜单中选择【复制】命令，如图 3-25 所示。

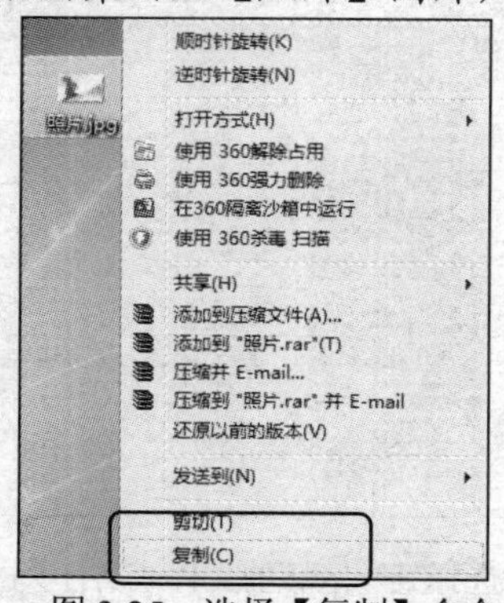

图 3-25 选择【复制】命令

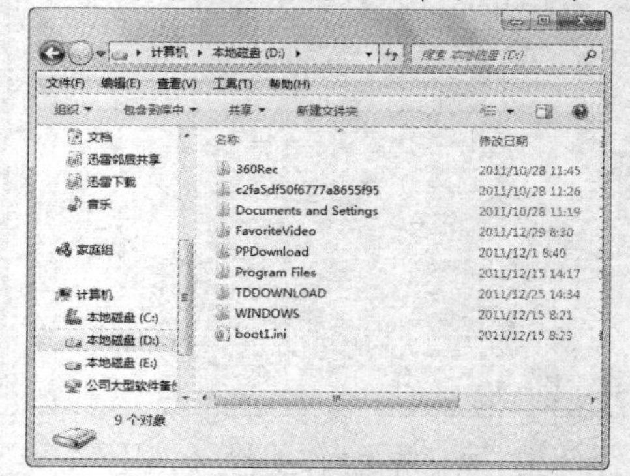

图 3-26 打开 D 盘

(2) 双击桌面上的【计算机】图标，打开【计算机】窗口，然后双击【本地磁盘(D:)】盘符进入到 D 盘的窗口，如图 3-26 所示。

(3) 右击窗口空白处，在弹出的快捷菜单中选择【粘贴】命令，即可将【照片】文件复制到 D 盘下，如图 3-27 所示。

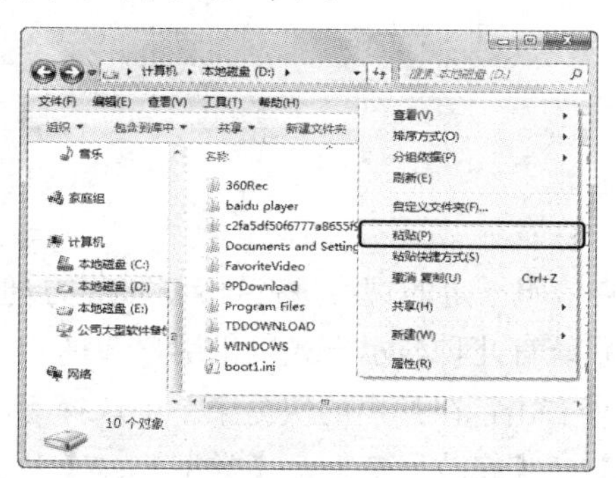

图 3-27　粘贴文件

在上例中，用户还可以选择【剪切】命令和【粘贴】命令，对文件或文件夹进行移动操作，这里所说的移动不是指改变文件或文件夹的摆放位置，而是指改变文件或文件夹的存储路径。

3.2.5　删除文件和文件夹

为了保持计算机中文件系统的整洁、有条理，同时也为了节省磁盘空间，用户经常需要删除一些已经没有用的或损坏的文件和文件夹。

删除文件和文件夹的方法有以下几种。

- 选中想要删除的文件或文件夹，然后按键盘上的 Delete 键。
- 用鼠标右击要删除的文件或文件夹，然后在弹出的快捷菜单中选择【删除】命令，如图 3-28 所示。
- 用鼠标将要删除的文件或文件夹直接拖动到桌面的【回收站】图标上，如图 3-29 所示。
- 选中想要删除的文件或文件夹，单击窗口工具栏中的【组织】按钮，在弹出的下拉菜单中选择【删除】命令。

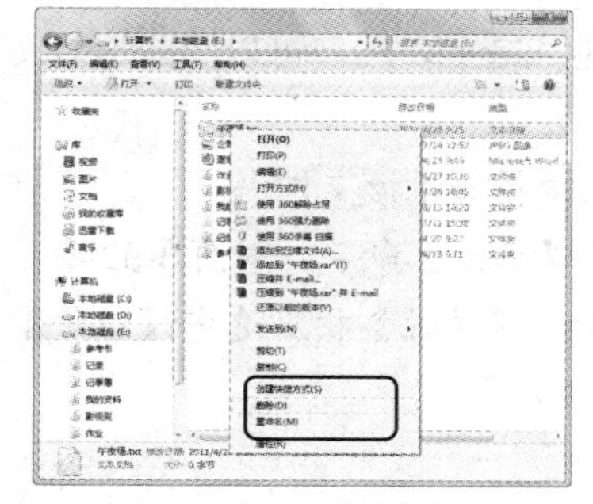

图 3-28　选择【删除】命令

图 3-29　鼠标拖动删除

3.3 设置文件和文件夹

除了文件和文件夹的基本操作，用户还可以对文件和文件夹进行各种设置，以便于更好地管理文件和文件夹。

3.3.1 文件和文件夹的排序和显示

在 Windows 7 系统中，用户可以对文件或文件夹依照一定的规律进行排列顺序，方便查看。用户还可以对文件和文件夹的显示方式进行改变，系统有几种显示方式以供用户选择。

文件和文件夹排序的具体方法就是在窗口空白处右击，在弹出的快捷菜单中选择【排序方式】子菜单中相应的命令即可。排序方式有【名称】、【修改日期】、【类型】、【大小】等几种，如图 3-30 所示。

在窗口中查看文件和文件夹时，系统提供了多种显示方式。用户可以单击工具栏右侧的按钮，在弹出的快捷菜单中有 8 种排列方式可供选择，如图 3-31 所示。

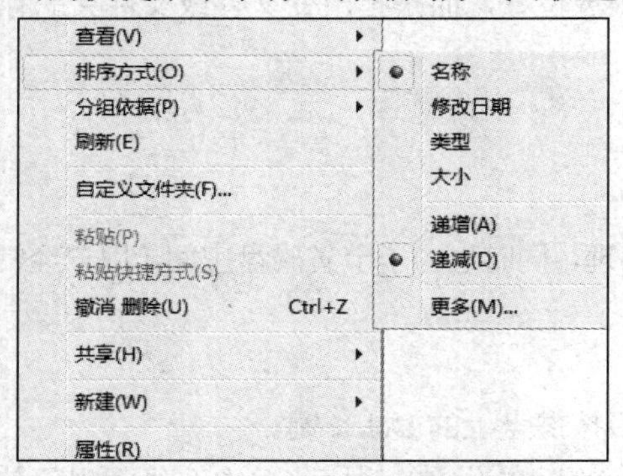

图 3-30　文件和文件夹排序方式

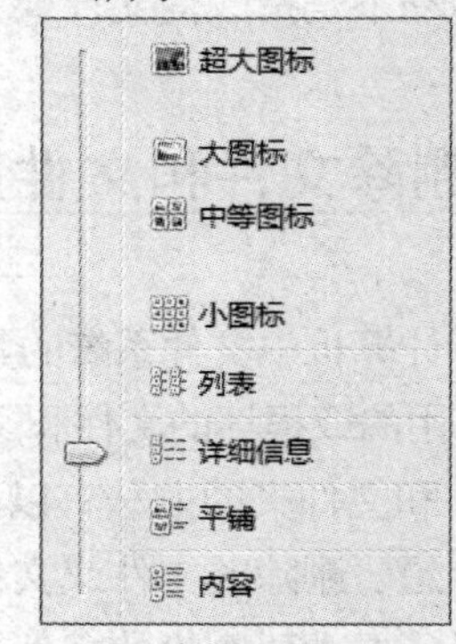

图 3-31　文件和文件夹显示方式

3.3.2 隐藏文件和文件夹

如果用户不想让计算机的某些文件或文件夹被其他人看到，用户可以隐藏这些文件或文件夹。当用户想查看时，再将其显示出来。

【例 3-4】隐藏名为【影视剧】的文件夹，然后再重新显示该文件夹。

(1) 右击选中该文件夹，在弹出的快捷菜单中选择【属性】命令，如图 3-32 所示。

(2) 在打开的【属性】对话框的【常规】选项卡中，【属性】栏里选中【隐藏】复选框，如图 3-33 所示。

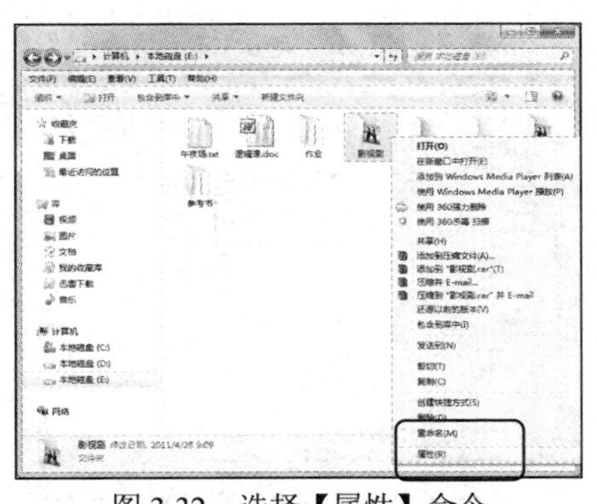
图 3-32 选择【属性】命令

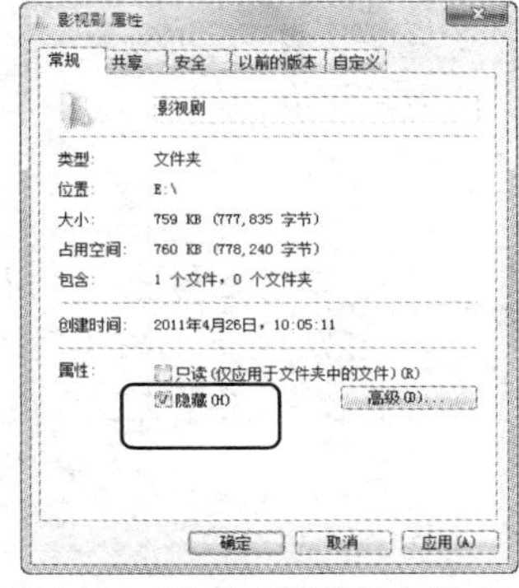
图 3-33 选中【隐藏】复选框

(3) 单击【确定】按钮，即可完成隐藏该文件夹的设置。

(4) 若用户想再显示该文件夹，则先打开【资源管理器】窗口，单击工具栏上的【组织】按钮，在弹出菜单中选择【文件夹和搜索选项】命令，如图 3-34 所示。

(5) 在打开的【文件夹选项】对话框中，切换至【查看】选项卡，在【高级设置】列表框中【隐藏文件和文件夹】选项组中选中【显示隐藏的文件、文件夹和驱动器】单选按钮，如图 3-35 所示，单击【确定】按钮即可显示被隐藏文件夹。

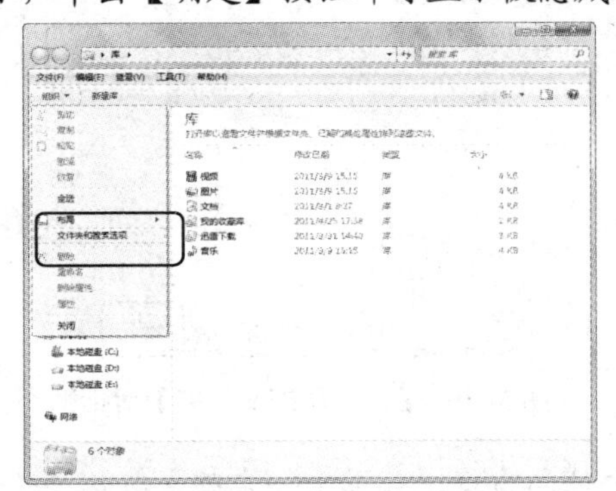
图 3-34 选择【文件夹和搜索选项】命令

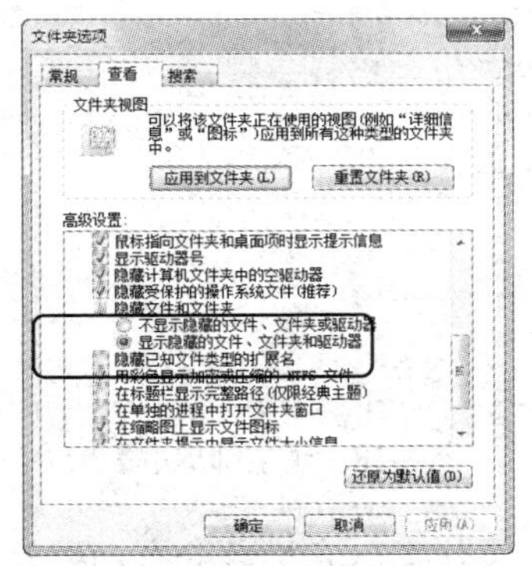
图 3-35 【文件夹选项】对话框

3.3.3 压缩文件和文件夹

通常在使用计算机传输文件或保存文件及文件夹时，常常遇到文件或文件夹容量太大，造成传输不便和浪费存储空间的问题，用户这时可以压缩文件或文件夹使其减小体积，以后若再次使用被压缩的文件或文件夹时可以将其解压缩。

【例 3-5】新建压缩文件夹然后再将其解压缩。

(1) 在窗口空白处右击，在弹出的快捷菜单中选择【新建】命令，在打开的子菜单中选择【压缩文件夹】命令，如图 3-36 所示。

(2) 新建的压缩文件夹名字处于可编辑状态，输入“压缩包”后按 Enter 键即可，如图 3-37 所示。

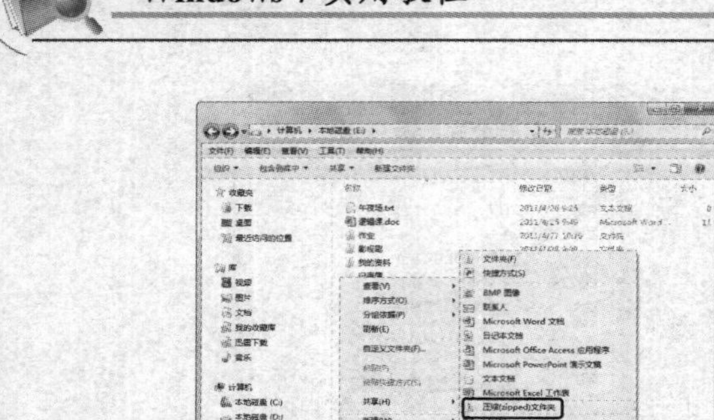

图 3-36　选择【压缩文件夹】命令

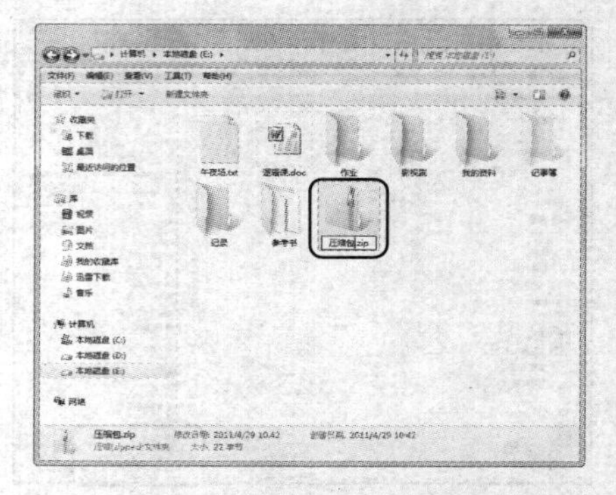

图 3-37　命名为【压缩包】文件夹

(3) 右击压缩文件夹【压缩包】，从弹出的快捷菜单中选择【全部提取】命令，如图 3-38 所示。

(4) 打开【提取压缩文件夹】对话框，可以单击【浏览】按钮更改提取文件夹的路径，然后单击【提取】按钮，如图 3-39 所示。

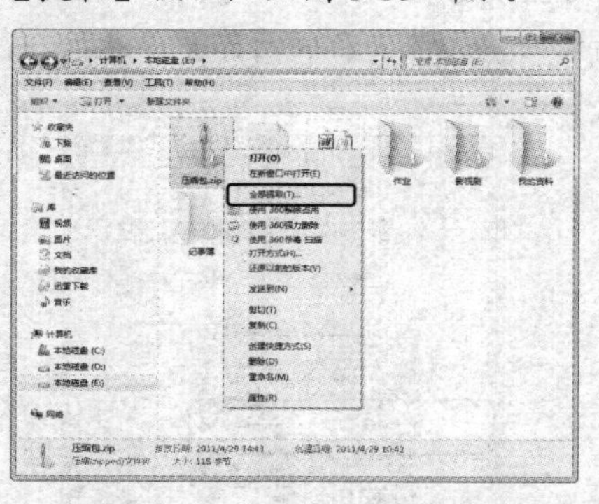

图 3-38　【全部提取】命令

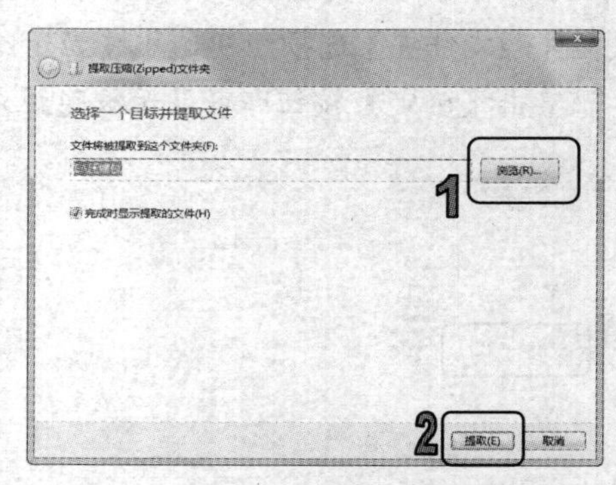

图 3-39　【提取压缩文件夹】对话框

(5) 当文件提取完毕后会自动打开存放提取文件的窗口，如果上一步骤未做路径改变，则会默认新建一个和原压缩文件夹同名的普通文件夹，压缩文件夹内的文件会被提取出并存储于该普通文件夹内。

3.3.4　共享文件和文件夹

现在的家庭或办公生活环境里经常使用多台计算机，而多台计算机中的文件和文件夹可以通过局域网多用户共同享用。用户只需将文件或文件夹设置为共享属性，就可以供其他用户查看、复制或者修改该文件或文件夹。

【例 3-6】共享【影视剧】文件夹。

(1) 右击【影视剧】文件夹，从弹出的快捷菜单中选择【属性】命令，如图 3-40 所示。

(2) 打开【影视剧 属性】对话框，选择【共享】选项卡，单击【高级共享】按钮，如图 3-41 所示。

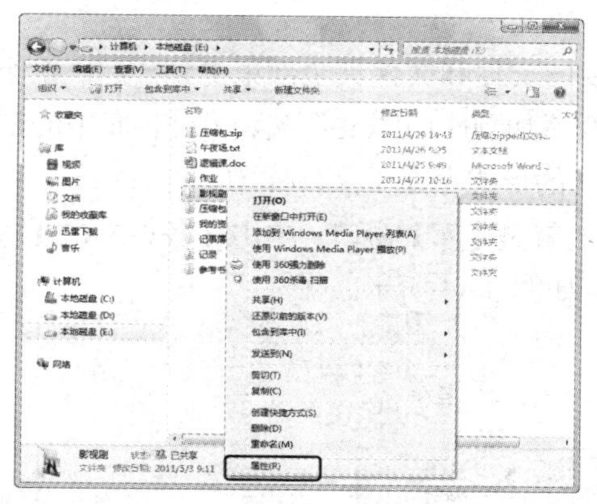

图 3-40　选择【属性】命令

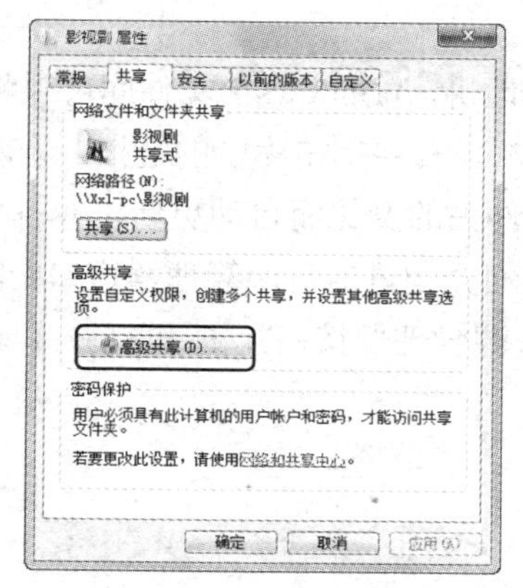

图 3-41　【共享】选项卡

(3) 打开【高级共享对话框】，选中【共享文件夹】复选框，【共享名】、【共享用户数量设置】、【注释】都可以自己设置，也可以保持默认状态，然后单击【权限】按钮，如图 3-42 所示。

(4) 打开【影视剧的权限】对话框，可以在【组或用户名】区域里看到组里成员，默认为 Everyone，即所有的用户。在 Everyone 的权限里，【完全控制】是指其他用户可以删除修改本机上共享文件夹里的文件；【更改】可以修改，不可以删除；【读取】只能浏览复制，不得修改。这里选择在【读取】后选中【允许】复选框，如图 3-43 所示。

(5) 最后单击【确定】按钮，【影视剧】文件夹即成为共享文件夹。

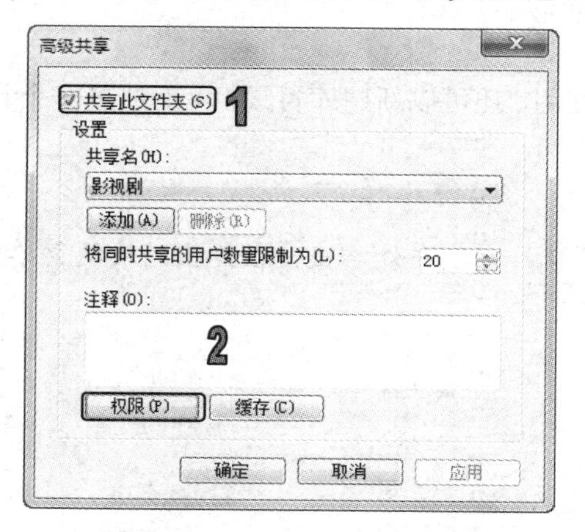

图 3-42　【高级共享】对话框

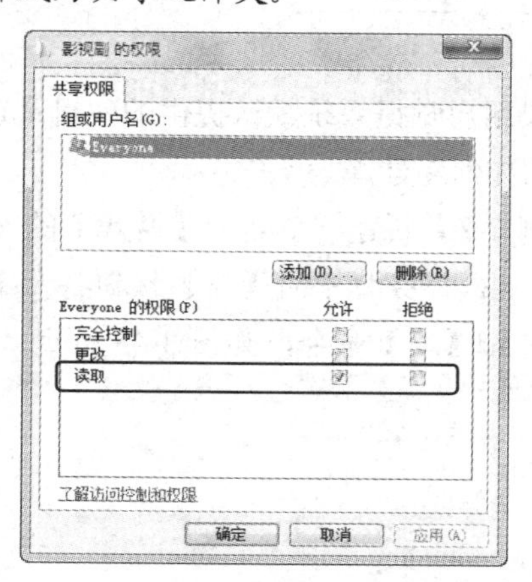

图 3-43　【权限】对话框

3.4　使用 Windows 7 的库

在 Windows 7 中新引入了一个库的概念，运用库可以大大提高用户使用电脑的方便程度。

3.4.1 认识库

简单地讲，Windows 7 文件库可以将用户需要的文件和文件夹全部集中到一起，就像是网页收藏夹一样，只要单击库中的链接，就能快速打开添加到库中的文件夹。另外，库中的链接会随着原始文件夹的变化而自动更新，并且可以以同名的形式存在于文件库中。

在前面介绍过的资源管理器窗口中默认显示的就是【库】窗口，单击任务栏中的【库】文件夹按钮(资源管理器按钮)，即可打开【库】窗口，如图 3-44 所示。

图 3-44　打开【库】窗口

3.4.2 新建库

如果用户觉得系统默认提供的库目录还不够使用，还可以新建库目录，下面通过一个具体实例来介绍如何新建库。

【例 3-7】新建一个名为【游戏】的库。

(1) 单击任务栏中的【库】按钮打开【库】窗口，在空白处右击，在弹出的快捷菜单中选择【新建】|【库】命令，如图 3-45 所示。

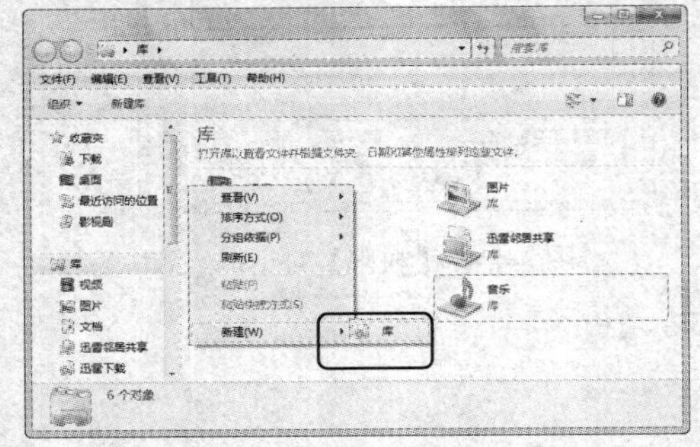

图 3-45　新建库命令

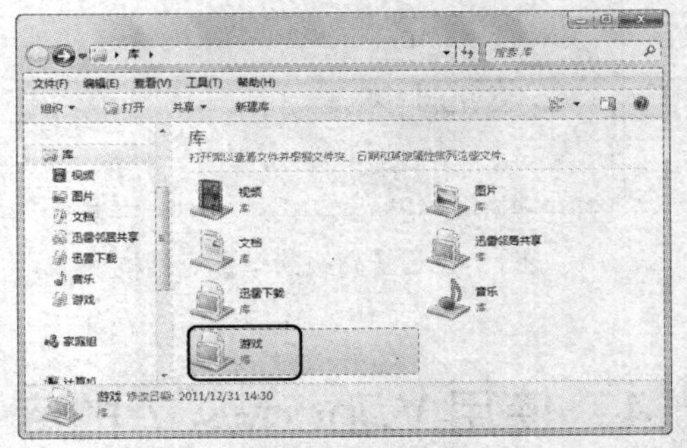

图 3-46　创建【游戏】库

(2) 此时，在【库】窗口中即可自动出现一个名为【新建库】的库图标，并且其名称处于可编辑状态。

(3) 直接输入新库的名称“游戏”，然后按下 Enter 键，即可新建一个库，如图 3-46 所示。

3.5　管理 Windows 7 回收站

回收站是系统默认存放删除文件的场所，一般文件和文件夹删除的时候，都自动移动到回收站里，而不是从磁盘里彻底的删除，这样可以防止文件的误删除，随时可以从回收站里还原文件和文件夹。

3.5.1　回收站还原文件

从回收站中还原文件有两种方法，一种是右击准备还原的文件，在弹出的快捷菜单中选择【还原】命令，即可将该文件还原到被删除之前文件所在的位置。另一种是直接使用回收站窗口中的菜单命令还原文件。

【例 3-8】在回收站中还原文件。

(1) 双击桌面上的【回收站】图标，打开【回收站】窗口，如图 3-47 所示。

(2) 右击【回收站】中要还原的文件，在弹出的快捷菜单中选择【还原】命令，即可将该文件还原到删除前的位置，如图 3-48 所示。

图 3-47　双击【回收站】图标

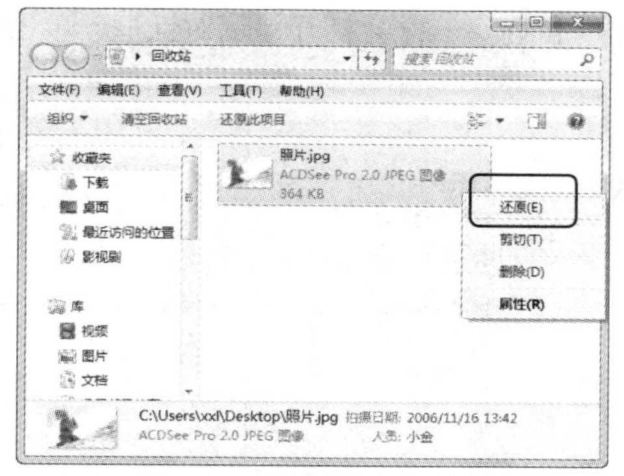

图 3-48　选择【还原】命令

(3) 此外，选中要还原的文件后，单击【还原此项目】按钮，也可将文件还原，还原后【回收站】窗口内将失去该文件，如图 3-49 所示。

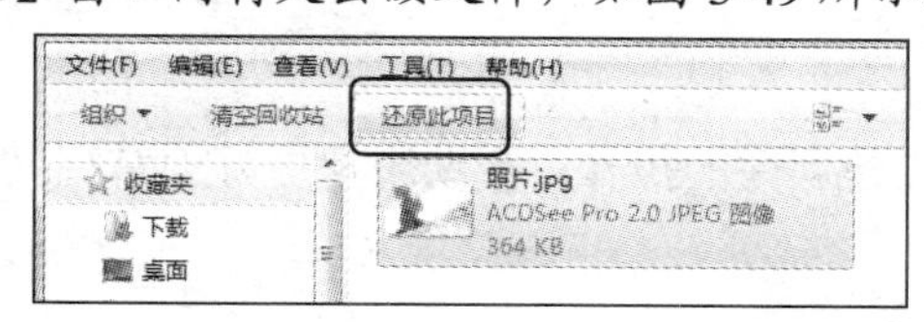

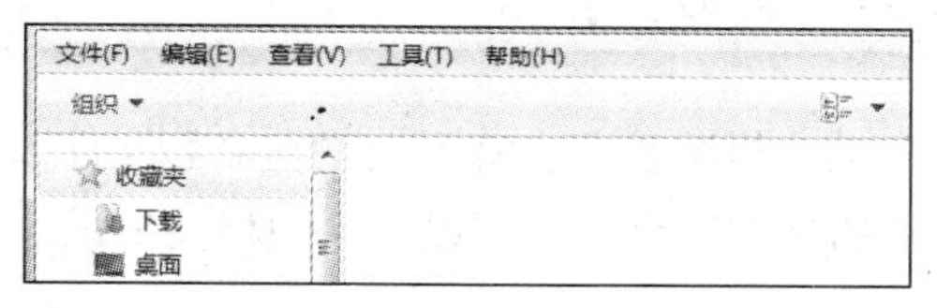

图 3-49　单击【还原此项目】按钮还原文件

3.5.2 回收站删除文件

在回收站中删除文件和文件夹是永久删除，方法是右击要删除的文件，在弹出的快捷菜单中选择【删除】命令，如图 3-50 所示。此时，将打开【删除文件】对话框，单击【是】按钮，即可将文件删除，如图 3-51 所示。

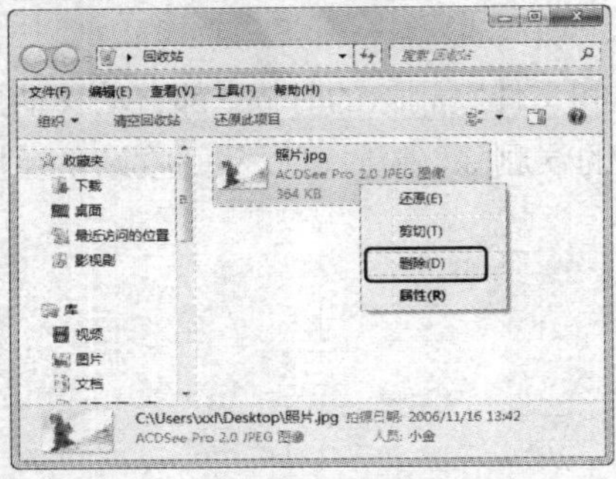

图 3-50　选择【删除】命令

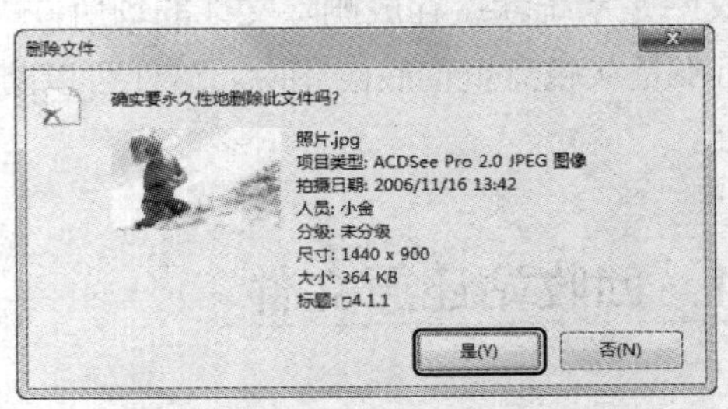

图 3-51　【删除文件】对话框

3.5.3 清空回收站

清空回收站即将回收站里的所有文件和文件夹全部永久删除，此时用户就不必去选择要删除文件，直接右击桌面【回收站】图标，在弹出的快捷菜单中选择【清空回收站】命令，如图 3-52 所示。此时也和删除一样会打开提示对话框，单击【是】即可清空回收站，如图 3-53 所示。

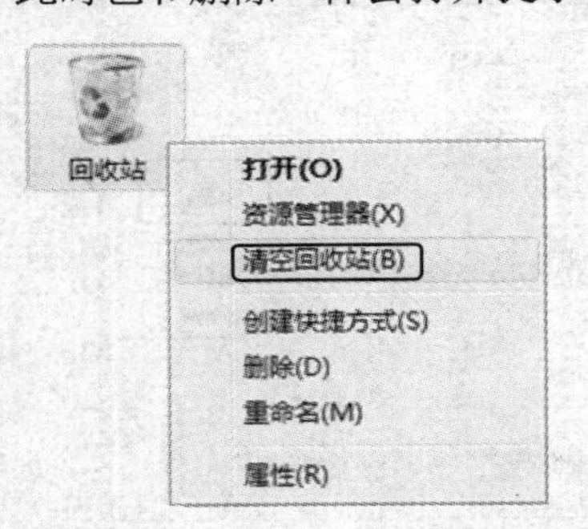

图 3-52　选择【清空回收站】命令

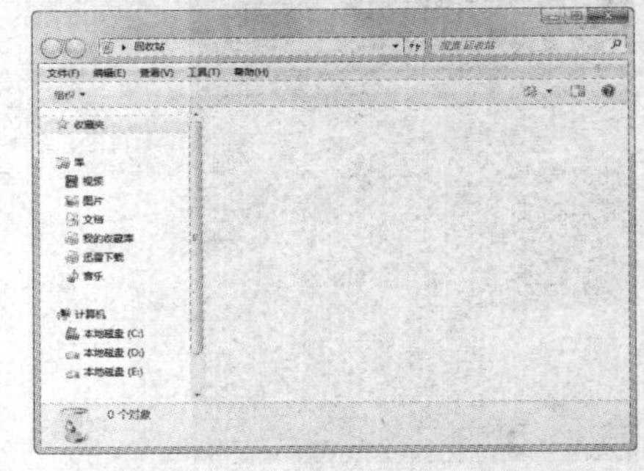

图 3-53　清空后回收站效果

3.6 上机练习

本章的上机实验主要练习批量重命名文件以及创建新库的操作，帮助用户更好地掌握文件和文件夹的基本操作方法，以及库的相关知识。

3.6.1　批量重命名文件

【例 3-9】新建文件夹和多个文档文件，并对新建文档进行批量重命名。

(1) 右击桌面空白处，在弹出的快捷菜单中选择【新建】|【文件夹】命令，如图 3-54 所示。

(2) 创建一个文件夹，双击该文件夹，打开【新建文件夹】窗口，右击窗口空白处，在弹出的快捷菜单中选择【新建】|【文本文档】命令，在如图 3-55 所示。

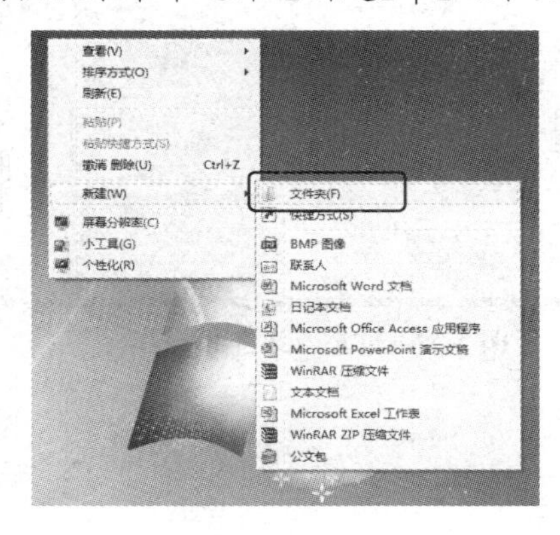

图 3-54　新建文件夹

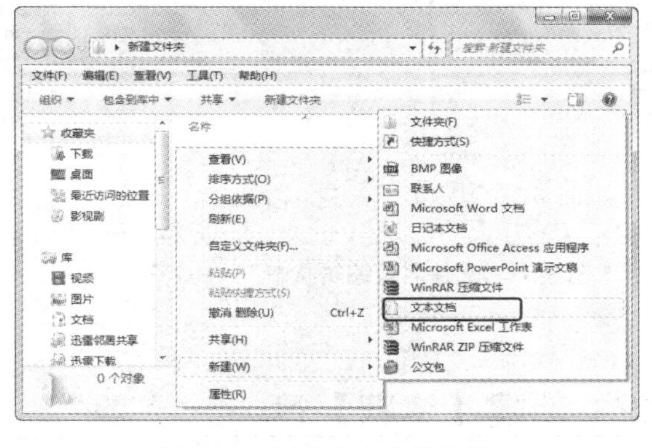

图 3-55　新建文本文档文件

(3) 创建【新建文本文档】文件，选择该文件，按 Ctrl+C 组合键复制该文件，然后按 Ctrl+V 组合键粘贴文件，执行 4 次粘贴操作，此时文件夹内有 5 个文档，如图 3-56 所示。

提示

除了使用组合键，用户也可以使用右击打开快捷菜单选择【复制】和【粘贴】命令进行操作。

(4) 拖曳鼠标选中所有文件，然后右击，在弹出的快捷菜单中选择【重命名】命令，如图 3-57 所示。

图 3-56　复制粘贴文件

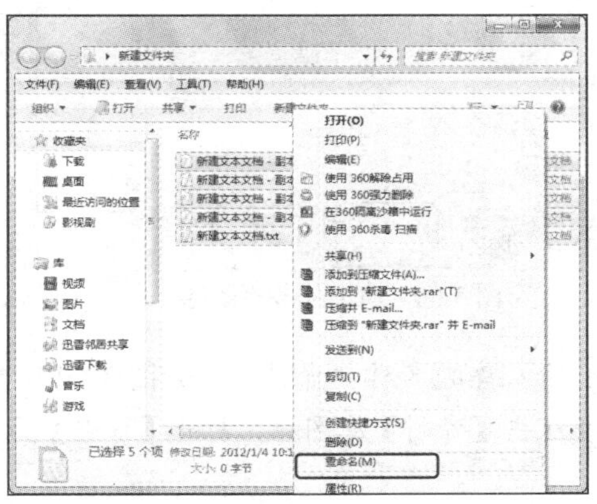

图 3-57　选择【重命名】命令

(5) 此时其中一个文档文件名变为可编辑状态，如图 3-58 所示。

(6) 输入“重命名文件”修改名称，并单击任意区域完成重命名操作，所有的文件被批量命名成【重命名文件(1)】至【重命名文件(5)】，如图 3-59 所示。

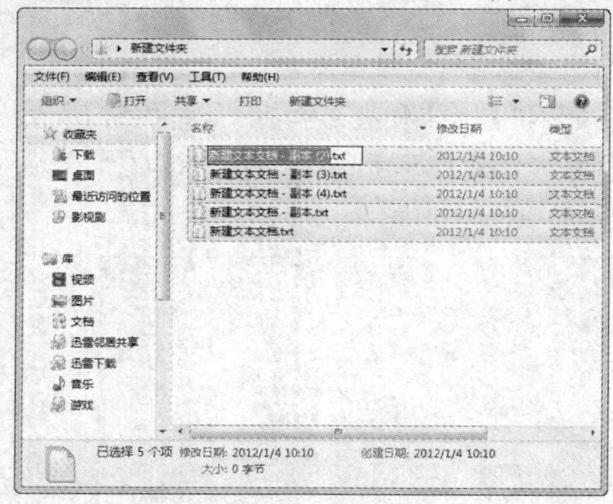

图 3-58　文件名可编辑状态

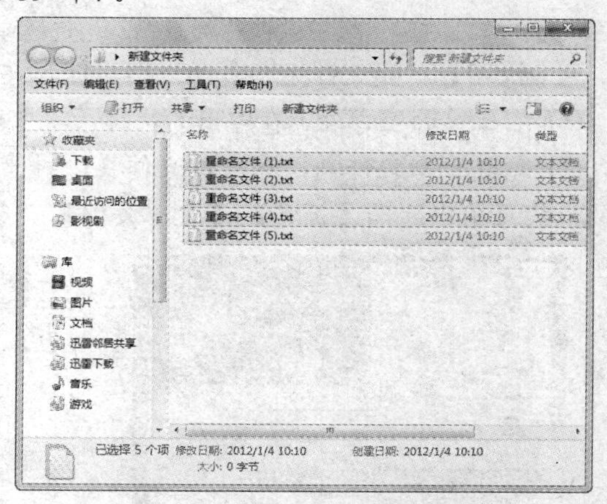

图 3-59　批量改文件名

3.6.2　新建【资料】库

【例 3-10】新建一个名为【资料】的库，然后将文件和文件夹加入该库中。

(1) 单击任务栏中的【Windows 资源管理器】图标，如图 3-60 所示。

(2) 打开【库】窗口，右击窗口空白处，在弹出的快捷菜单中选择【新建】|【库】命令，如图 3-61 所示。

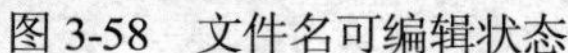

图 3-60　单击任务栏图标

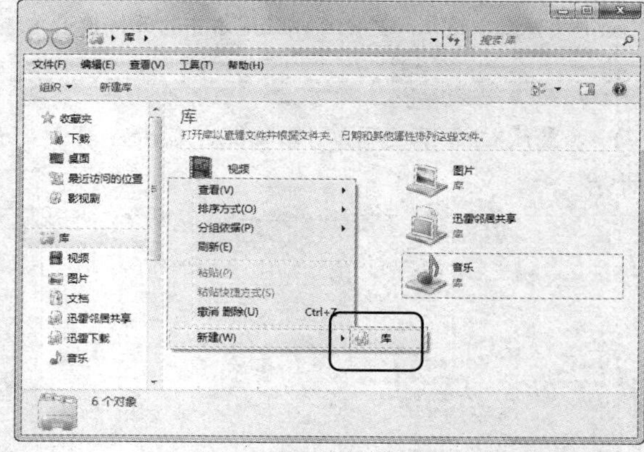

图 3-61　新建库命令

(3) 输入库的名称“资料”，如图 3-62 所示。

(4) 双击【资料】库图标，打开【资料】库，然后单击【包括一个文件夹】按钮，如图 3-63 所示。

图 3-62　【资料】库图标

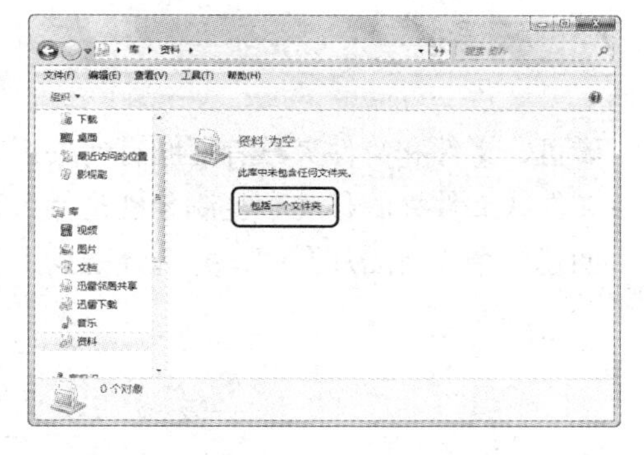

图 3-63　单击【包括一个文件夹】按钮

(5) 在打开的【将文件夹包括在“资料”中】窗口中，单击导航窗格里的【本地磁盘(E:)】盘符，然后再单击窗口中的【作业】文件夹，最后单击【包括文件夹】按钮，如图 3-64 所示。

(6) 打开【更新库】对话框，显示更新过程，如图 3-65 所示。

图 3-64　选择库里的文件夹

图 3-65　更新库

(7) 更新库过程完毕后，此时在【资料】库中包含【作业】文件夹，双击【作业】图标，可以打开【作业】文件夹里面的文件或文件夹内容，如图 3-66 所示。

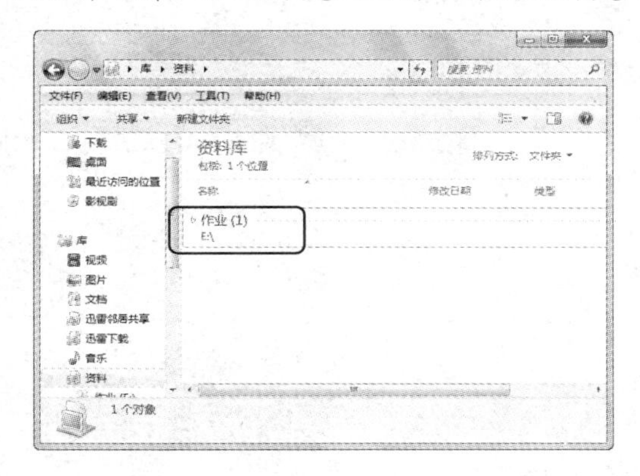

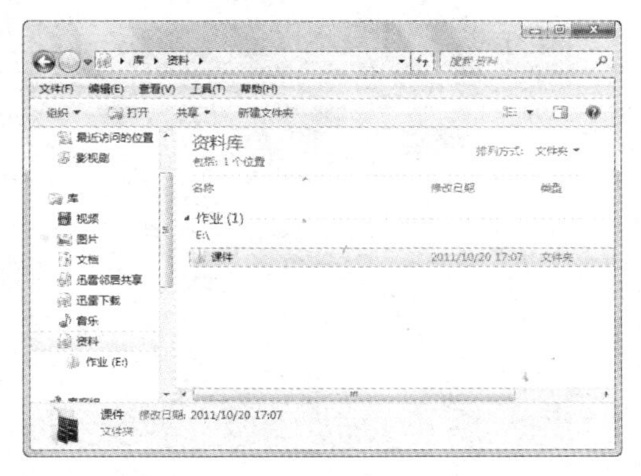

图 3-66　打开【资料】库

3.7 习题

1．磁盘、文件和文件夹三者之间有何关系？

2．文件或文件夹的移动和复制分别是什么？

3．创建一个【新图片】库，并选择磁盘上有关图片的文件和文件夹加入该库中。

第4章 管理软件和硬件

学习目标

一个完整的计算机系统是由软件和硬件组成的，用户在使用计算机的过程中经常会遇到安装和卸载软件以及为计算机添加新的硬件等操作。只有管理好软件和硬件，计算机才能正常运行工作，发挥出应有的作用。本章将介绍 Windows 7 中常用的软硬件使用和管理方法。

本章重点

- 软件的安装和卸载
- 管理软件程序
- 管理硬件设备
- 使用打印机

4.1 软件的安装和卸载

使用计算机离不开软件的支持，操作系统和应用程序都属于软件的范畴。Windows 7 操作系统中提供了一些用于文字处理、编辑图片、多媒体播放等应用程序组件，但是这些程序还无法满足实际应用的需求，所以在安装操作系统软件之后，用户会经常安装其他的应用软件或删除不适合的软件。

4.1.1 安装软件

用户首先要选择好满足自己的需求和硬件允许安装的软件，然后再去选择安装方式和步骤来安装应用程序软件。

1. 安装软件前的准备

安装软件前，首先要了解硬件能否支持该软件，然后获取软件安装文件和安装序列号等准备，只有做足了准备工作，才能有针对性的安装用户所需的软件。

- 首先，用户需要检查当前计算机的配置，是否能够运行该软件，一般软件尤其是大型软件，对硬件的配置要求是不尽相同的。除了硬件配置，操作系统的版本兼容性也要考虑。
- 然后，用户需要获取软件的安装程序，可以通过两种方式来获取安装程序：第一种是从网上下载安装程序，第二种是购买安装光盘。
- 正版的软件一般都有安装的序列号，也叫注册码。安装软件时必须要输入正确的序列号，才能够正常安装。序列号可通过以下途径找到：如果用户是购买的光盘，应用软件的安装序列号一般印刷在光盘的包装盒上；如果用户是从网上下载软件，一般是通过网络注册或手机注册的方式来获得安装序列号。

2. 安装软件程序

经过准备之后就可以安装软件了，用户可以在安装程序目录下找到安装可执行文件：Setup 或 Install，双击运行该文件，然后按照打开的安装向导窗口中根据提示进行操作。

【例 4-1】在 Windows 7 系统中安装暴风影音软件。

(1) 双击【暴风影音】安装文件，启动安装程序向导，如图 4-1 所示。

(2) 单击【下一步】按钮，打开【许可证协议】界面，单击【我接受】按钮，如图 4-2 所示。

图 4-1　开始安装

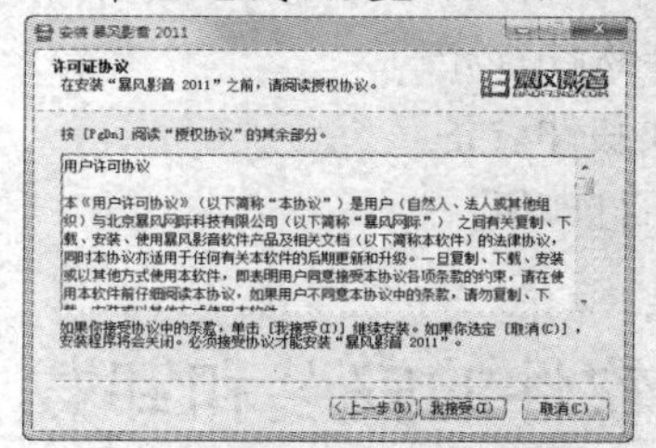

图 4-2　同意协议

(3) 打开【选择组件和需要创建的快捷方式】界面，根据需要选择各个选项，这里保持默认选择不变，单击【下一步】按钮，如图 4-3 所示。

(4) 打开【选择安装位置】界面，单击【浏览】按钮，如图 4-4 所示。

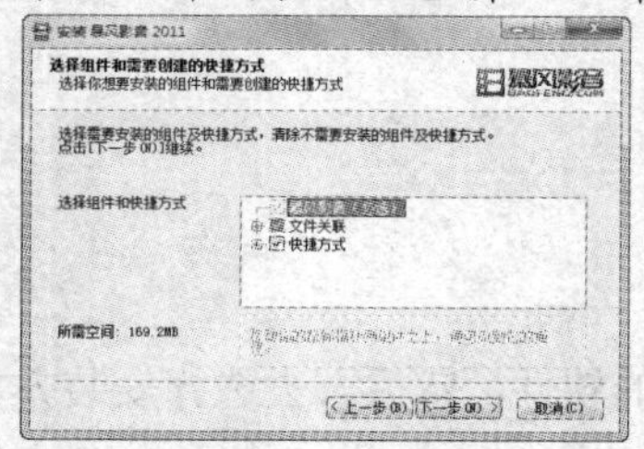

图 4-3　选择组件和需要创建的快捷方式

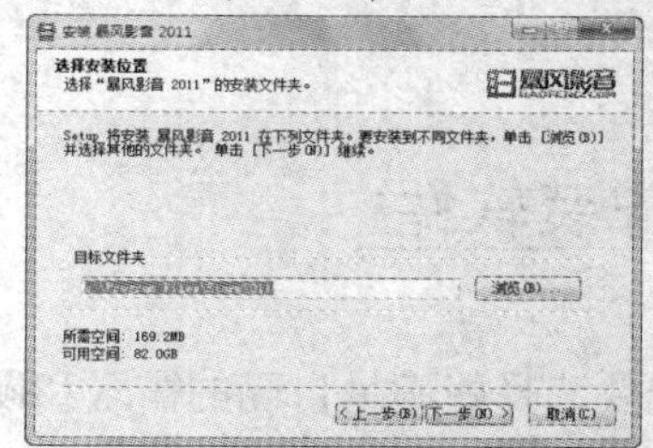

图 4-4　单击【浏览】按钮

(5) 打开【浏览文件夹】对话框，选择要安装的硬盘目录位置(这里选择 D 盘)，单击“确

定”按钮，如图 4-5 所示。

(6) 返回【选择安装位置】界面，在【目标文件夹】文本框的“D:\”后添加上“暴风影音 2011”文本，表示在 D 盘下建立该名称文件夹，如图 4-6 所示。

图 4-5　【浏览文件夹】对话框

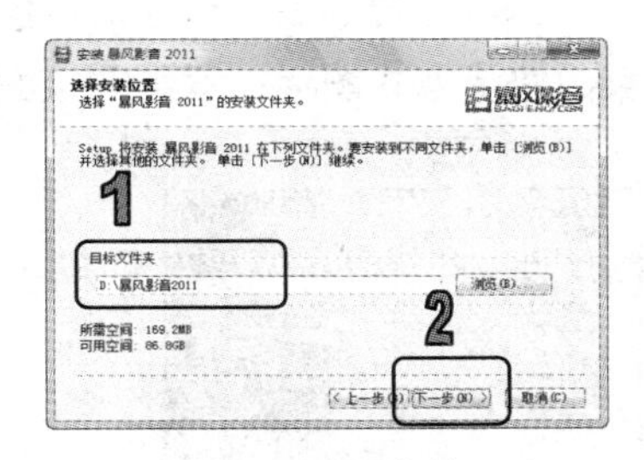

图 4-6　确定安装目录

(7) 单击【下一步】按钮，显示【免费的百度工具栏】，这是程序附带的安装附件，用户根据需求选择是否安装，这里不选中复选框安装，直接单击【安装】按钮，如图 4-7 所示。

(8) 进入正在安装的状态，等待安装进度条结束，如图 4-8 所示。

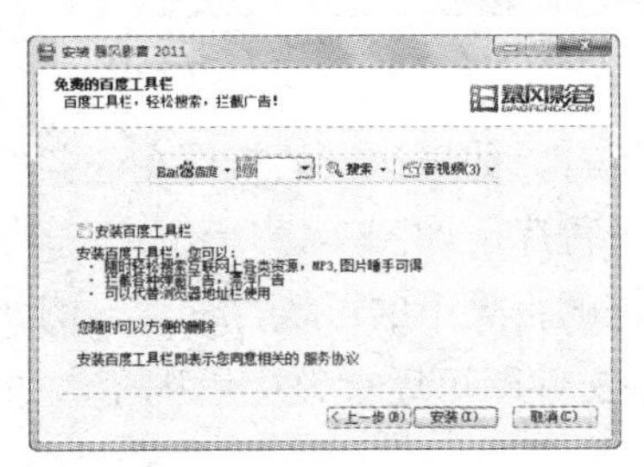

图 4-7　附带的安装附件

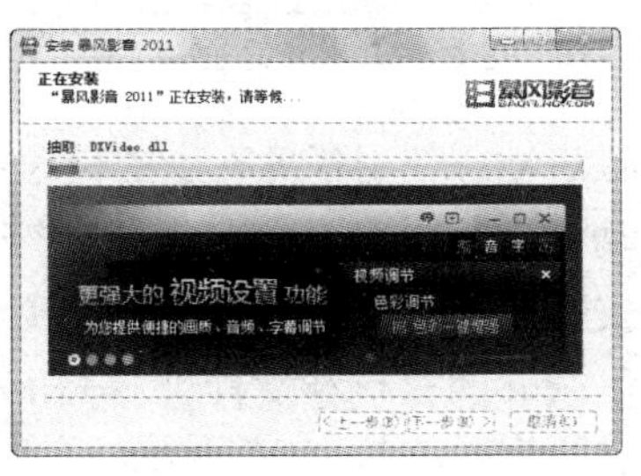

图 4-8　正在安装

(9) 安装进度条结束后，进入【选择需要下载的播放组件】界面，保持默认选择，单击【下一步】按钮，如图 4-9 所示。

(10) 等安装完毕的界面出现，可以取消选中【运行暴风影音 2011】复选框，单击【完成】按钮，即可完成安装。如图 4-10 所示。

图 4-9　【选择需要下载的播放组件】界面

图 4-10　安装完成

4.1.2 运行软件

在 Windows 7 操作系统中，用户可以有多种方式来运行安装好的软件程序。下面将以“暴风影音”软件为例，介绍应用程序软件启动的方式。

- 选择【开始】|【所有程序】命令，然后在程序列表中找到要打开软件的快捷方式即可，例如打开暴风影音的启动程序，如图 4-11 所示。
- 双击桌面快捷方式图标：双击在桌面上的暴风影音快捷方式图标，即可打开该程序，如图 4-12 所示。

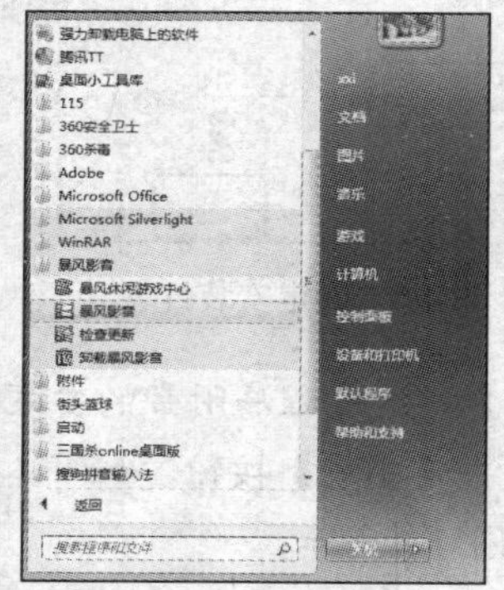

图 4-11 【开始】菜单运行软件

图 4-12 桌面图标运行软件

- 任务栏启动：使用任务栏上的快速启动工具栏运行，如果运行的软件在任务栏中的快速启动栏上有快捷图标，单击该图标即可启动该程序，如图 4-13 所示。
- 双击安装目录下的可执行文件：找到软件安装好的目录下的可执行文件，例如【暴风影音】软件的可执行文件为 Storm.exe，双击该文件即可运行该应用程序，如图 4-14 所示。

图 4-13 任务栏上启动软件

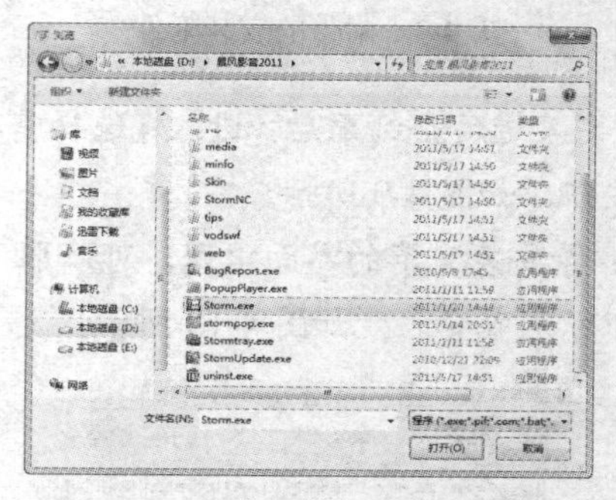

图 4-14 双击可执行文件运行软件

4.1.3 卸载软件

如果用户不想再使用某个软件了，可以将其卸载。要卸载软件，用户可采用两种方法，一种

是通过软件自身提供的卸载功能；另一种是通过【程序和功能】窗口来完成。

1. 使用软件自带卸载功能

大部分软件都提供了内置的卸载功能，一般都是以 uninstall.exe 为文件名的可执行文件。例如，用户需要卸载【迅雷 7】软件，可以选择【开始】|【所有程序】|【迅雷软件】|【迅雷 7】|【卸载迅雷】命令，如图 4-15 所示。此时，系统会打开如图 4-16 所示的对话框，选中该对话框中的【卸载迅雷 7】单选按钮，单击【下一步】按钮即可开始卸载软件，然后按照卸载界面的提示一步步往下做，迅雷软件将会从当前计算机中删除。

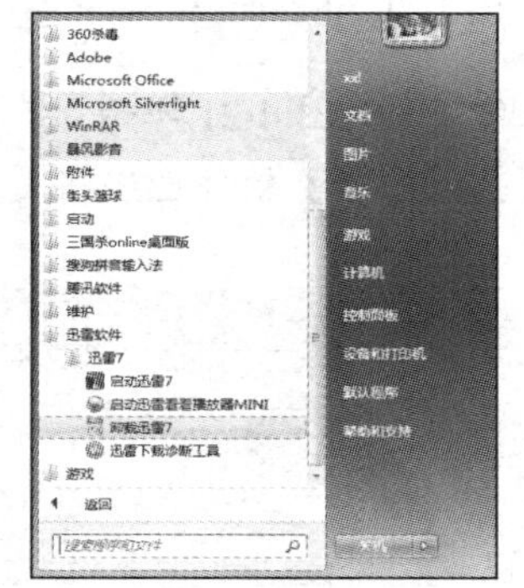

图 4-15　【开始】菜单选择卸载命令

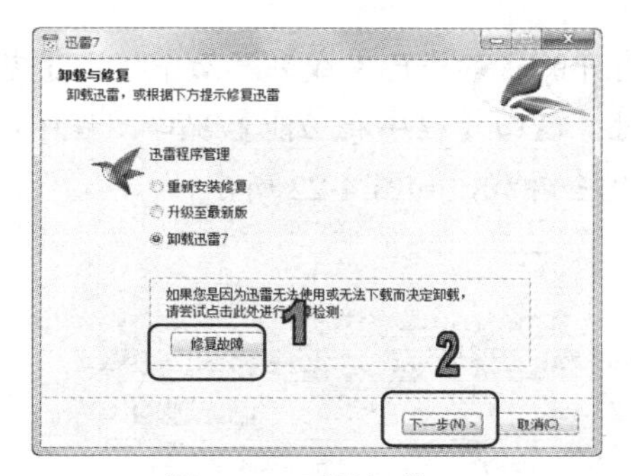

图 4-16　开始卸载

2. 通过控制面板卸载

用户还可以通过控制面板中的【程序和功能】窗口来卸载该程序，下面举例说明。

【例 4-2】在 Windows 7 系统中卸载【暴风影音】软件。

(1) 选择【开始】|【控制面板】命令，打开【控制面板】窗口，然后单击其中的【程序和功能】图标，如图 4-17 所示。

图 4-17　单击【程序和功能】图标

图 4-18　选择【卸载/更改】命令

(2) 打开【程序和功能】窗口，右击【暴风影音】选项，在弹出的菜单中选择【卸载/更改】命令，如图 4-18 所示。

(3) 在打开的【暴风影音 2011 卸载】窗口中单击【卸载】按钮，如图 4-19 所示。

(4) 系统开始卸载软件，等绿色的进度条读完，即卸载成功，如图 4-20 所示。

图 4-19　确定卸载

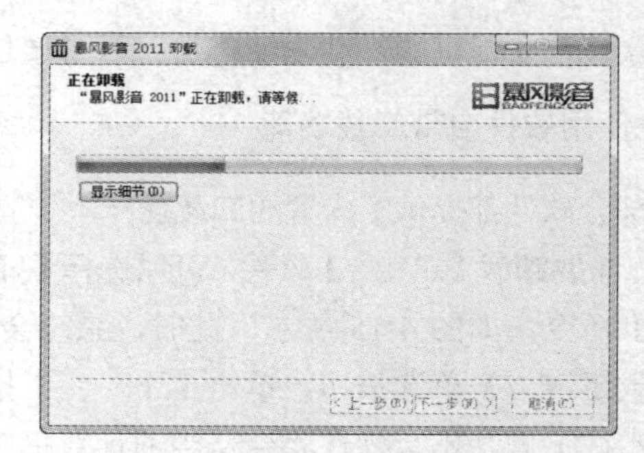

图 4-20　正在卸载

(5) 在打开的【卸载已完成】界面中单击【完成】按钮即可，如图 4-21 所示。

(6) 此时，返回【程序和功能】窗口，程序列表里的【暴风影音】软件已经消失，说明该软件已经被完全卸载，如图 4-22 所示。

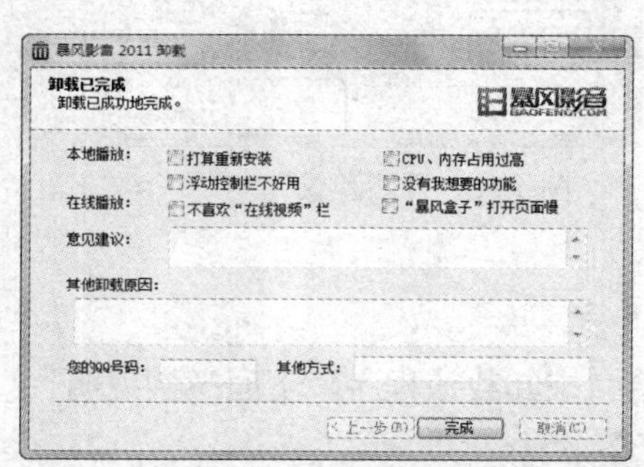

图 4-21　单击【完成】按钮

图 4-22　完成卸载

提示

有时卸载后软件仍然在计算机磁盘内有残留文件，用户可以用【删除】命令手动删除，或者使用其他专门的删除工具软件进行清除。

4.2　管理软件程序

用户在使用软件的过程中常常遇到一些问题，比如应用程序有时发生错误需要修复、如何使用在 Windows 7 系统下不兼容的软件、联网更新软件的最新版本等。只有管理好软件的这些设置，软件才能随用户的意愿正确无误的运行。

4.2.1　修复和更新软件

有些应用软件提供了修复功能，如果使用该软件时经常出现问题，那么有可能是该软件的

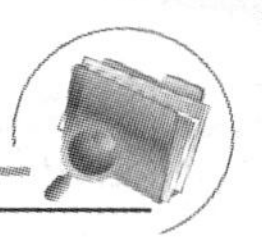

某些程序文件发生了损害，用户可以对其进行修复。应用软件常常会推出更新版本，使软件的功能愈加完善和强大。

1. 修复软件

如果应用软件有修复功能，用户可以在控制面板中的【程序和功能】窗口里进行设置修复。比如要修复 Office 软件，打开【程序和功能】窗口，在列表框中右击要修复的 Microsoft Office Professional Edition 2003，在弹出快捷菜单中选择【修复】命令，如图 4-23 所示。出现显示修复进度的对话框，如图 4-24 所示，修复完成后自动关闭对话框。

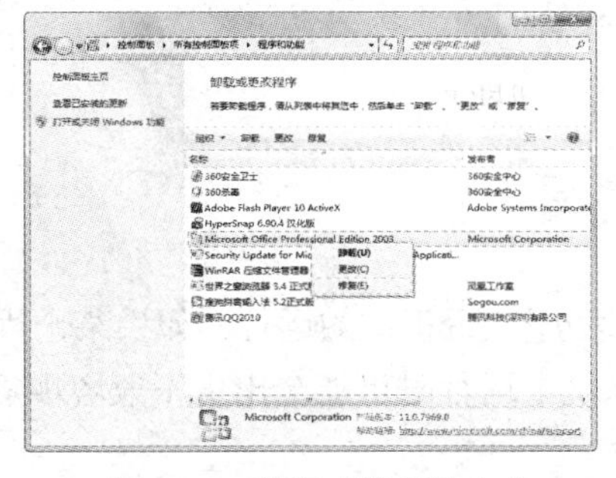

图 4-23　选择【修复】命令

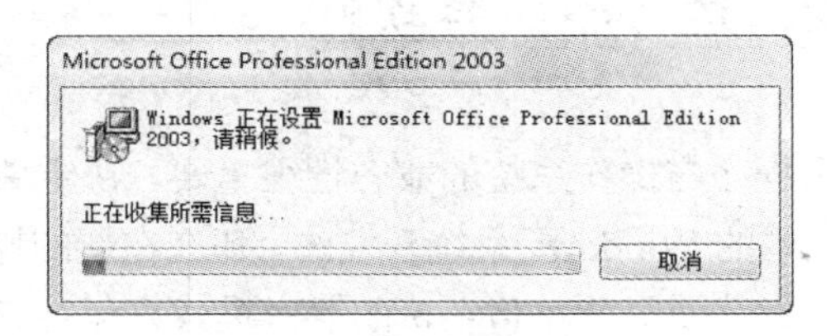

图 4-24　进行修复

2. 更新软件

由于硬件的更新或对操作需求的提升，有些软件会推出更新版本。更新软件可以防止、解决、增强计算机安全性，还可以提高计算机性能。应用软件的更新可以在网上得到下载版本，而 Windows 7 操作系统的更新则建议用户启用 Windows 自动更新功能。

【例 4-3】启动 Windows 7 的自动更新。

(1) 选择【开始】|【控制面板】命令，打开【控制面板】窗口，然后单击该窗口中的 Windows Update 按钮，如图 4-25 所示。

(2) 打开 Windows Update 窗口，单击左边的【更改设置】链接，打开【更改设置】窗口，在【重要更新】下拉列表栏里选择【自动安装更新】选项，如图 4-26 所示。

图 4-25　单击 Windows Update 按钮

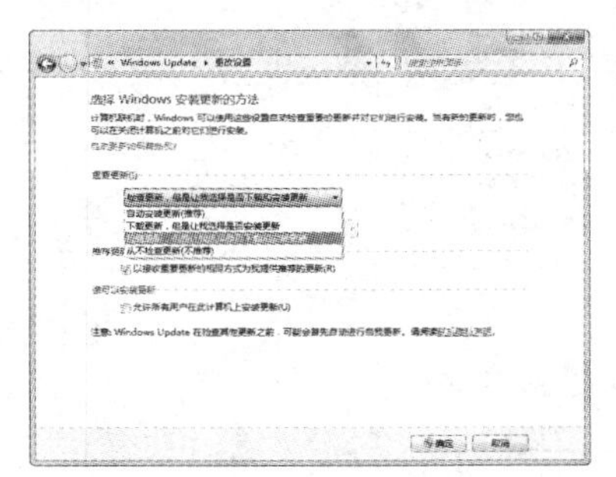

图 4-26　【更改设置】窗口

(3) 单击【确定】按钮，返回 Windows Update 窗口，单击【安装更新】按钮，即可自动下载系统更新并安装更新，如图 4-27 所示。

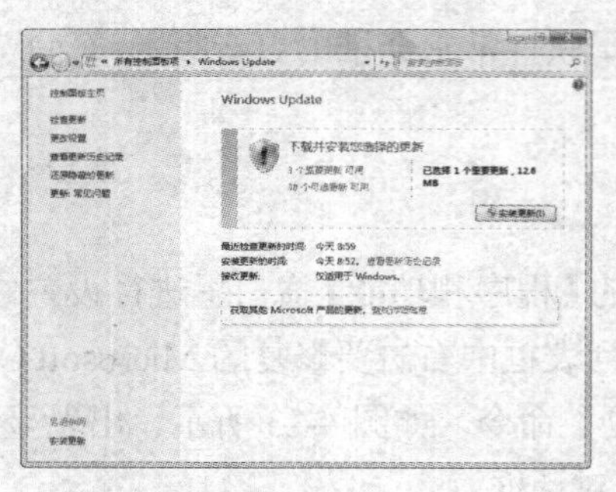

图 4-27　安装更新

> **知识点**
>
> Windows 7 自动更新里有【可选更新】和【重要更新】，用户一般仅选择【重要更新】进行更新即可。

4.2.2　运行不兼容软件

应用程序与操作系统的兼容性很重要，决定着应用程序能否正常的运行。如果某个程序是针对老版本的 Windows 系统开发的，那么在新的操作系统上运行时可能会出现不兼容现象，此时用户可尝试使用 Windows 7 的兼容模式来运行该程序。

1．手动选择兼容模式

如果用户知道某个软件是针对旧版本操作系统开发，就可以手动选择该操作系统的兼容模式，使该软件能够在 Windows 7 系统下运行。

【例 4-4】为程序选择一种操作系统兼容模式。

(1) 右击应用程序快捷图标，在弹出的快捷菜单中选择【属性】命令，如图 4-28 所示。

(2) 打开【属性】对话框，选择【兼容性】选项卡，选中【以兼容模式运行这个程序】复选框，在其下拉列表中选择 Windows XP(Service Pack 3)兼容模式，如图 4-29 所示。

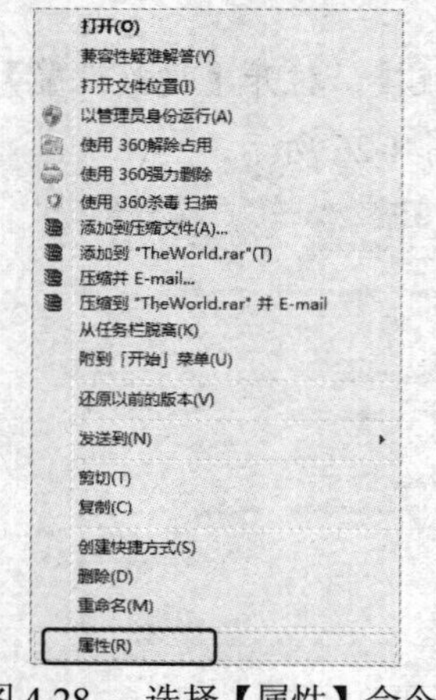

图 4-28　选择【属性】命令

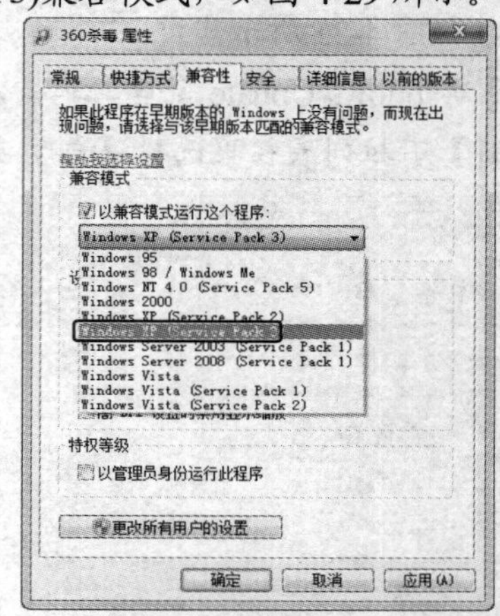

图 4-29　选择兼容模式

(3) 如果用户想让该设置对所有用户都有效，可单击【更改所有用户的设置】按钮，打开【所有用户的兼容性】对话框。

(4) 在该对话框中选中【以兼容模式运行这个程序】复选框，在其下拉列表中选择 Windows XP(Service Pack 3)选项，然后单击【确定】按钮，如图 4-30 所示。

(5) 返回【属性】对话框，然后单击【确定】按钮即可，如图 4-31 所示。

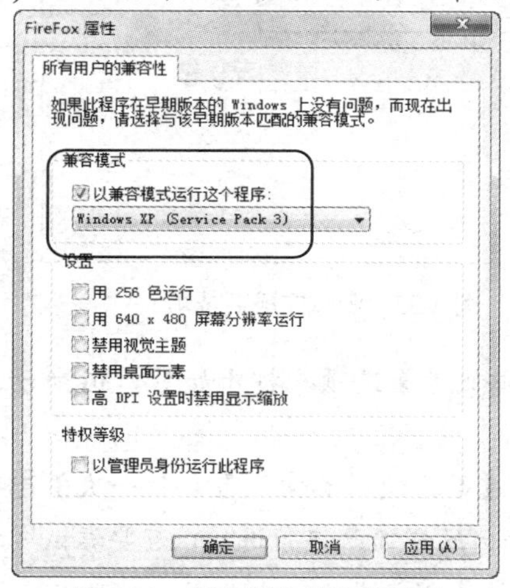

图 4-30　所有用户兼容性设置

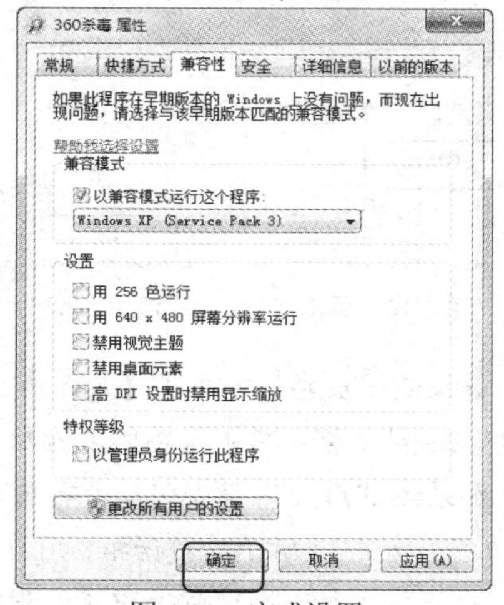

图 4-31　完成设置

2. 系统自动选择兼容模式

如果用户不知道软件的兼容模式，可以让系统自动查找和设置该软件的兼容模式。

【例 4-5】 让 Windows 7 系统自动选择软件的兼容模式。

(1) 右击应用程序快捷图标，在弹出的快捷菜单中选择【兼容性疑难解答】命令，此时系统开始自动检测程序兼容性问题，如图 4-32 所示。

(2) 打开【程序兼容性】对话框，单击【尝试建议的设置】按钮，如图 4-33 所示。

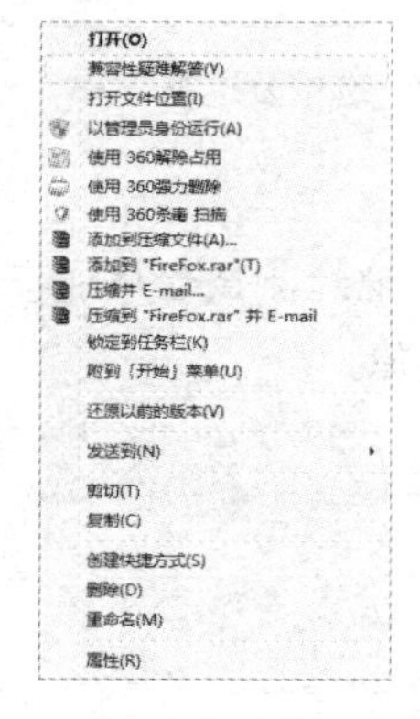

图 4-32　选择【兼容性疑难解答】命令

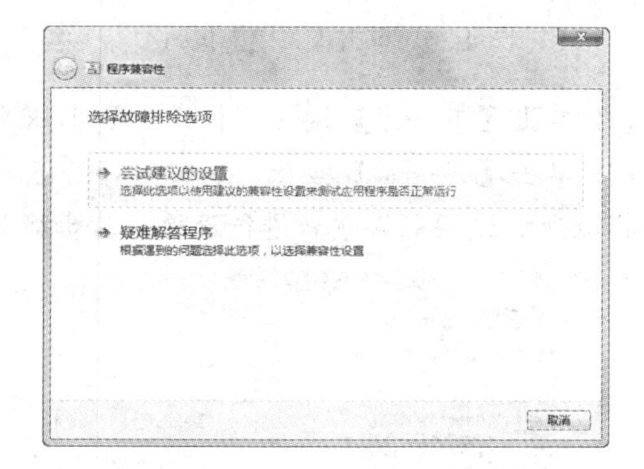

图 4-33　【程序兼容性】对话框

(3) 系统会测试程序的兼容性，这里提供了 Windows XP(Services Pack 2)兼容模式，用户可以单击【启动程序】按钮来测试程序是否正常运行，如图 4-34 所示。

(4) 完成测试后，单击【下一步】按钮，进入如图 4-35 所示的界面。

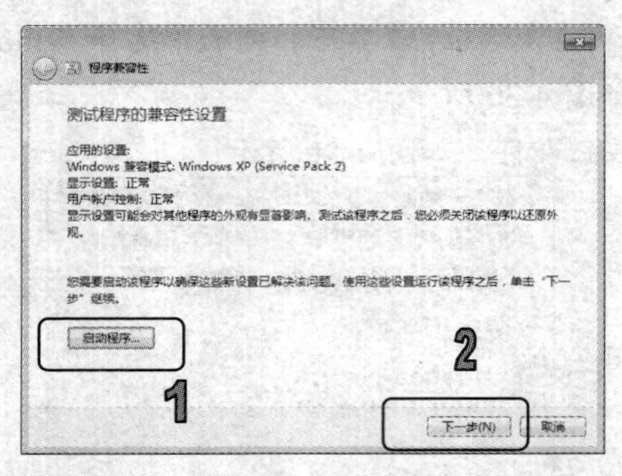

图 4-34　单击【启动程序】按钮测试

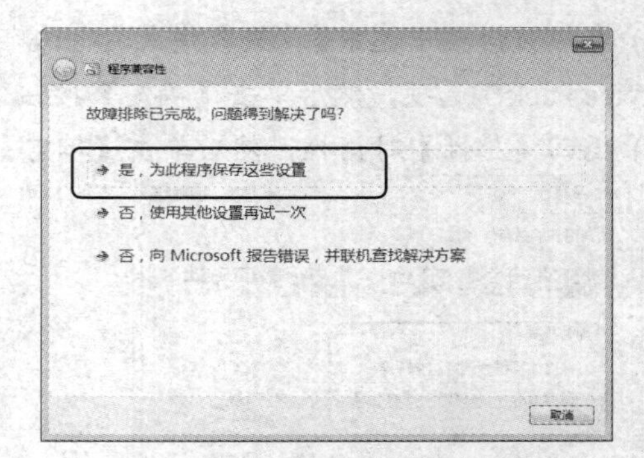

图 4-35　测试完成后选项

(5) 如果测试成功，可单击【是，为此程序保存这些设置】选项，打开如图 4-36 所示的对话框，并在该对话框中单击【关闭】按钮，完成设置。

(6) 如果测试后应用程序仍然没有正常运行，单击【否，使用其他设置再试一次】选项，随后会转到如图 4-37 所示的对话框，用户应根据提示给出的描述来进行选择，若要尝试增加权限以便程序正常运行，则可以选中【该程序需要附加权限】复选框。

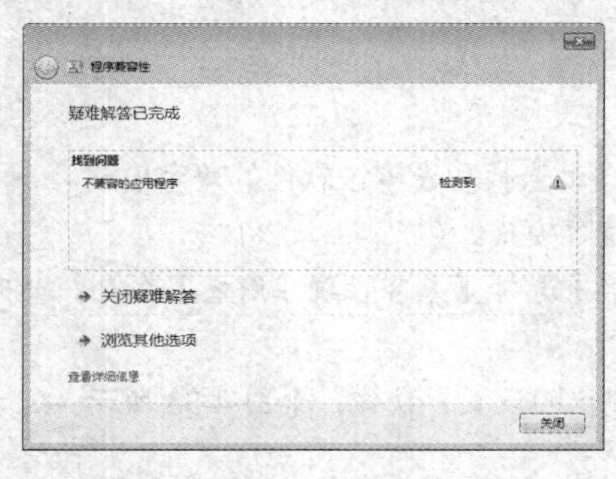

图 4-36　单击【关闭】按钮

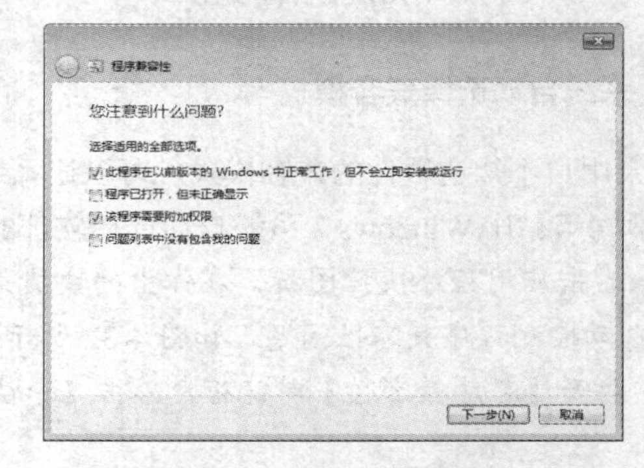

图 4-37　选中复选框

(7) 单击【下一步】按钮，打开如图 4-38 所示的对话框。

(8) 单击【下一步】按钮，返回原对话框，如图 4-39 所示，继续测试程序能否正常运行，然后根据所遇到问题再重新进行设置，其步骤与步骤(4)～ (7)类似。

图 4-38　选择 Windows 版本

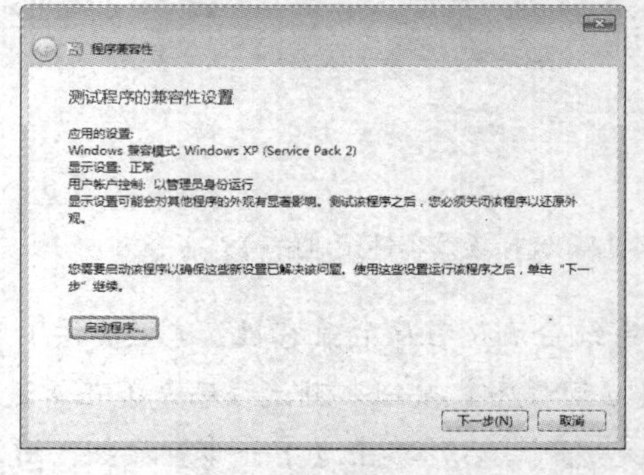

图 4-39　重新测试

4.2.3　设置文件关联软件

设置文件与软件相关联是指用户设置某类文件指定由某个软件启动，当同一类型的文件能被多个软件打开时，用户可以为该文件类型设置文件关联软件。下面将举例说明文件关联软件的操作。

【例 4-6】在 Windows 7 中设置文件关联软件。

(1) 选择【开始】|【默认程序】命令，如图 4-40 所示。

(2) 在打开的【默认程序】窗口中单击【将文件类型或协议与程序关联】链接，如图 4-41 所示。

图 4-40　选择【默认程序】命令

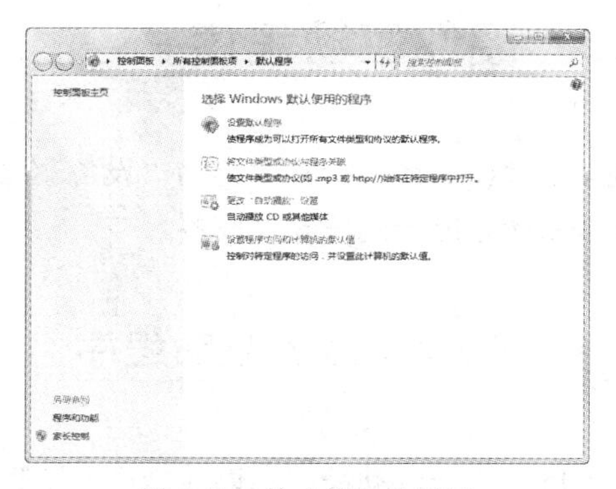

图 4-41　单击第 2 个链接

(3) 打开【设置关联】窗口，在列表框中选择所需关联的扩展名选项，例如选择.bmp 文件类型选项，然后单击【更改程序】按钮，如图 4-42 所示。

(4) 打开【打开方式】对话框，在【推荐的程序】栏中选择文件关联的程序选项，这里选择 ACDSee Pro 2 程序，如图 4-43 所示。

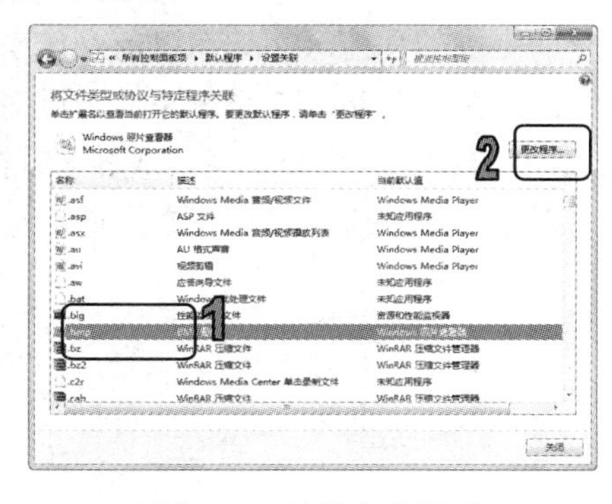

图 4-42　选择文件类型

图 4-43　选择关联程序

(5) 单击【确定】按钮，返回【设置关联】窗口，上方的程序项目发生变化，单击【关闭】按钮，即可完成设置，如图 4-44 所示。

图 4-44　完成文件关联软件的设置

提示

【默认程序】窗口，也可通过选择【控制面板】|【默认程序】命令来打开。

4.3　硬件驱动程序

驱动程序(Device Diver)全称为“设备驱动程序”，其作用就是将硬件的功能传递给操作系统，操作系统才能控制好硬件设备。

4.3.1　Windows 7 驱动程序

Windows 7 的驱动程序和以前操作系统版本相比有很大改变。以往的操作系统将驱动程序安置在系统的内核模式下，在安装新的驱动时，会对整个系统产生影响，如果安装的驱动程序发生错误，可能会导致操作系统产生严重故障。而 Windows 7 系统的驱动程序是安置在用户模式下，驱动程序只是被当做一个普通的程序，一个错误的驱动程序仅仅不能发挥自身的作用，而无法对操作系统本身带来影响。

由于 Windows 7 的驱动程序放置于用户模式下，从而开放了更多用户对驱动程序的控制和管理权限，用户可以对某些硬件的驱动程序进行控制，获取更多的功能。例如在以前操作系统中听歌和系统提示声音是同时播放的，无法单独对其控制；而在 Windows 7 系统下，通过对驱动程序进行控制，可以单击任务栏中的【扬声器】按钮，在打开的面板中单击【合成器】链接，如图 4-45 所示，打开【音量合成器-扬声器】对话框，可以单独调整【系统声音】，而不会影响其他音乐程序的音量，如图 4-46 所示。

图 4-45　单击【合成器】链接

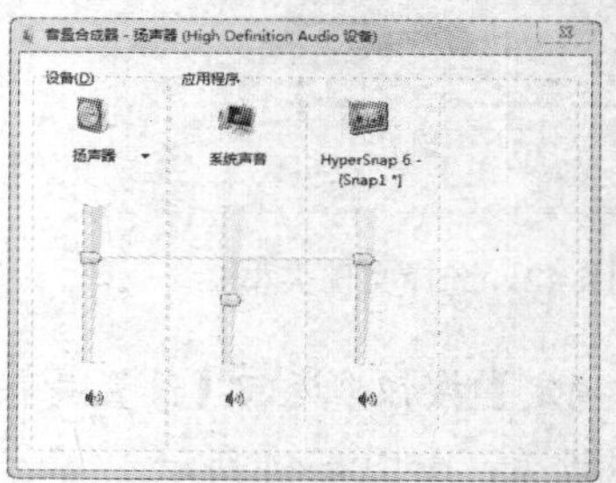

图 4-46　调整【系统声音】

4.3.2　安装更新驱动程序

通常在安装新硬件设备时，系统会提示用户需要为硬件设备安装驱动程序，此时可以使用光盘、本机硬盘、联网等方式寻找与硬件相符的驱动程序。安装驱动程序时可以先打开【设备管理器】窗口，选择菜单栏上的【操作】|【扫描检测硬件改动】命令，系统会自动寻找新安装的硬件设备，如图 4-47 所示为安装高清晰度音频设备驱动程序。

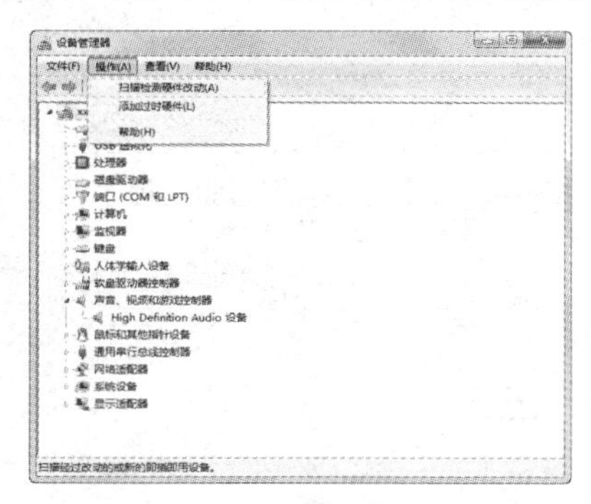

图 4-47　安装驱动程序

随着系统软硬件的更新，软件厂商会对相应的驱动程序进行版本升级，通过更新驱动程序来完善计算机的硬件性能。

【例 4-7】更新监视器的驱动程序版本。

(1) 打开【设备管理器】窗口，单击【监视器】类型前的 ▷ 按钮。展开该类型设备的【通用即插即用监视器】选项，如图 4-48 所示。

(2) 右击该选项，从弹出的快捷菜单中选择【更新驱动程序软件】命令，如图 4-49 所示。

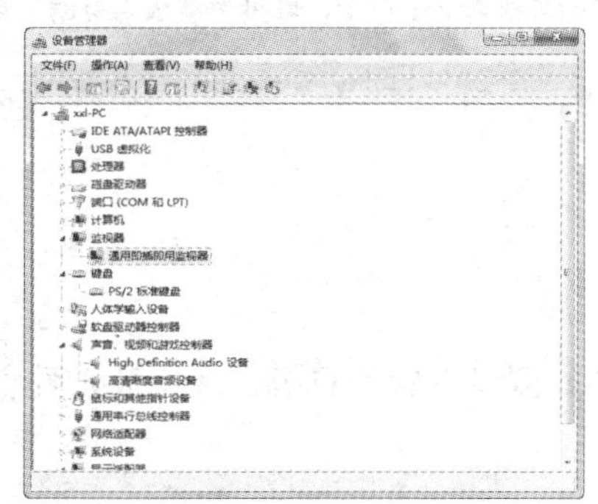

图 4-48　展开【监视器】设备

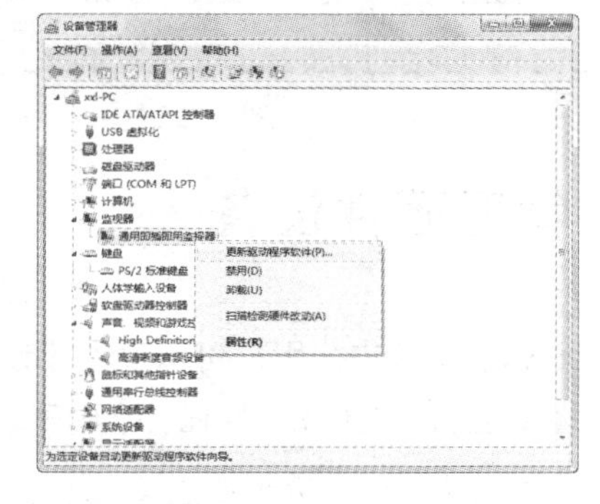

图 4-49　选择【更新驱动程序软件】命令

(3) 在打开的【更新驱动程序软件-通用即插即用监视器】对话框中，选择【自动搜索更新的驱动程序软件】选项，如图 4-50 所示。

(4) 系统会自动联网搜索更新的驱动程序版本，并下载安装，如图 4-51 所示。

(5) 安装好更新的驱动程序后，单击【关闭】按钮，返回到【设备管理器】窗口可以看到

原来的【通用即插即用监视器】设备变成 Dell E177FP 设备，此设备为当前使用的显示器型号，如图 4-52 所示。

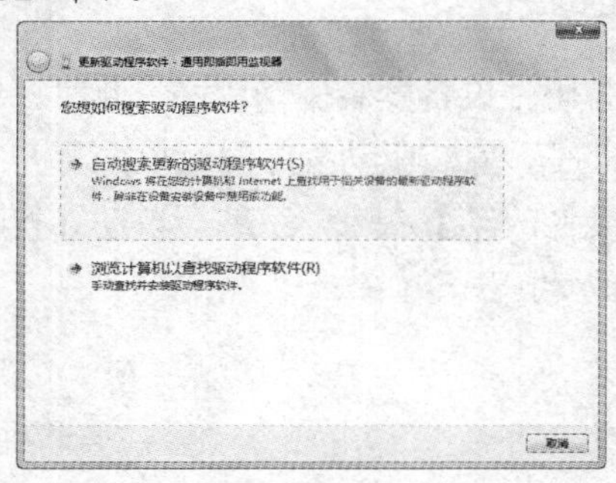

图 4-50　选择第一个选项

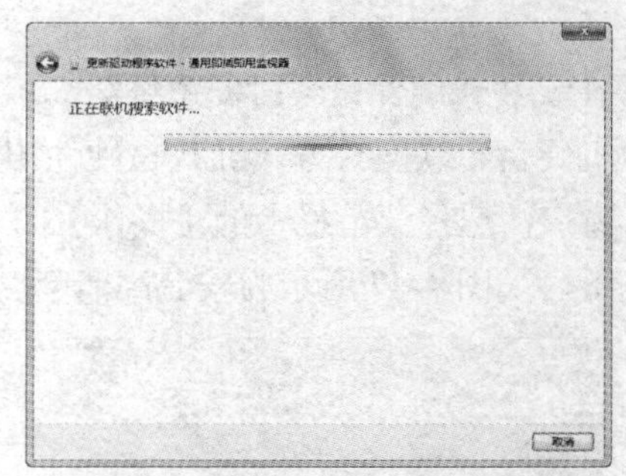

图 4-51　系统自动搜索驱动程序

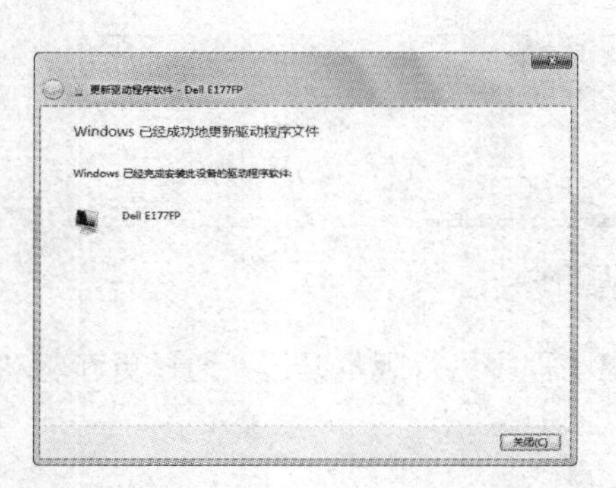

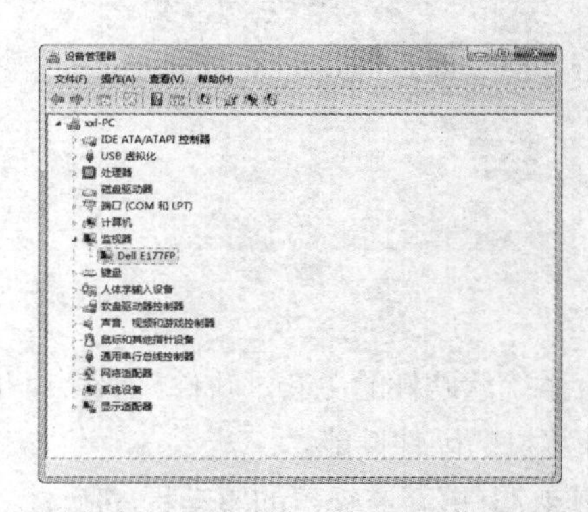

图 4-52　成功更新驱动程序

知识点

要卸载驱动程序，可以右击设备选项，在弹出的菜单中选择【卸载】命令，即可卸载该设备的驱动程序。

4.4　管理硬件设备

在 Windows 7 系统中，用户可以通过【设备管理器】窗口查看计算机已经安装硬件设备的各项属性，此外还能更改硬件设备的高级设置等操作。

4.4.1　查看硬件属性

用户可以右击桌面上的【计算机】图标，在弹出的快捷菜单中选择【属性】命令，打开【系统】窗口。然后单击该窗口左侧任务列表中的【设备管理器】链接，打开【设备管理器】窗口，如图 4-53 所示。

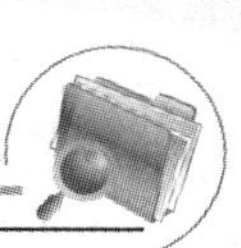

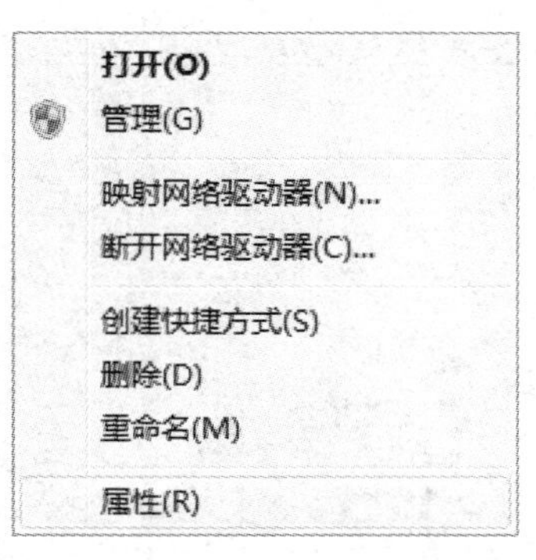

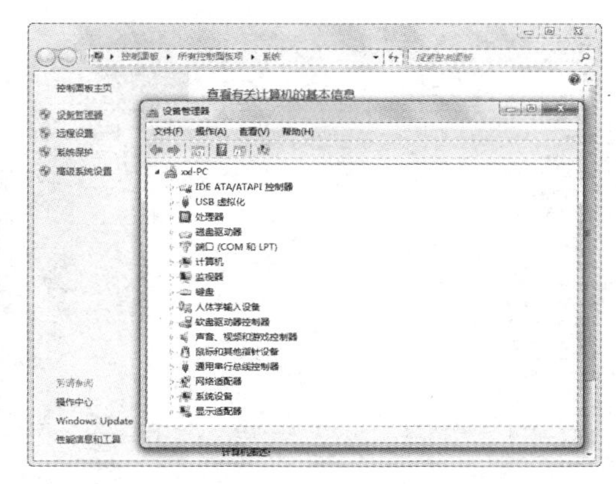

图 4-53　打开【设备管理器】窗口

在【设备管理器】窗口中，单击每一个类型前的▷按钮即可展开该类型的设备，并查看属于该类型的具体设备，双击该设备就可以打开相应设备的【属性】对话框，如图 4-54 所示。在具体设备上右击，则可以在弹出的快捷菜单中执行相关的一些命令，如图 4-55 所示。

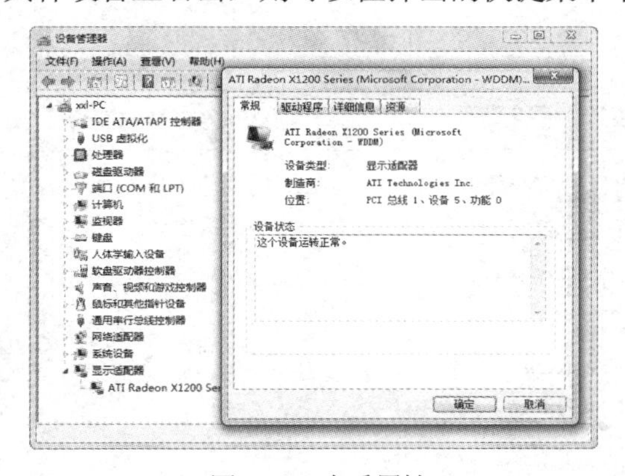

图 4-54　查看属性

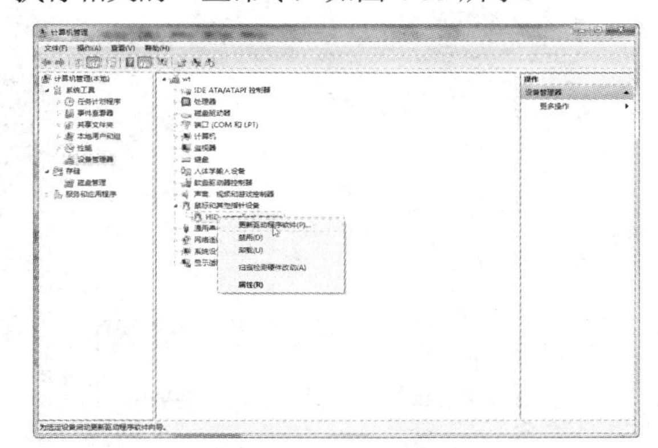

图 4-55　快捷菜单命令

4.4.2　启用和禁用硬件设备

在使用计算机的过程中，如果遇到某些已安装的硬件设备暂时不需要，或者为了系统分配给该硬件的资源，用户可以禁用硬件设备。等到需要使用的时候，再重新启用。用户可以使用【设备管理器】窗口设置硬件的启用和禁用。

【例 4-8】先禁用【高清晰度音频】设备，再将其重新启用。

(1) 打开【设备管理器】窗口，单击【声音、视频和游戏控制器】类型前的▷按钮。展开该类型所有设备，如图 4-56 所示。

(2) 右击【高清晰度音频设备】选项，在弹出的快捷菜单中选择【禁用】命令，如图 4-57 所示。

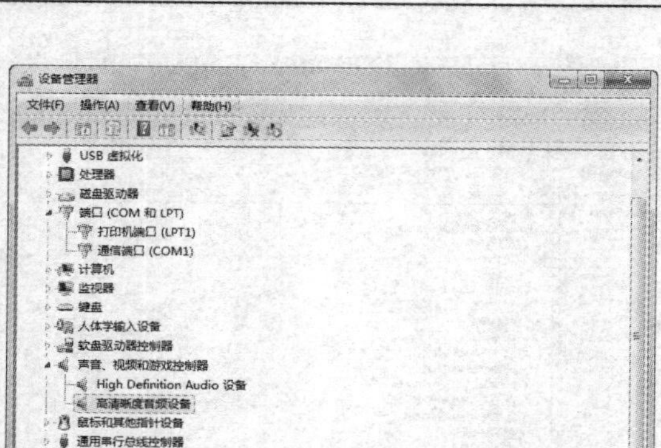

图 4-56　设备管理器查看设备

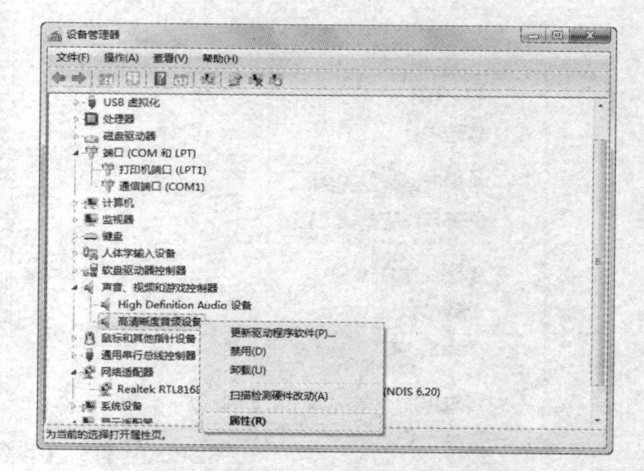

图 4-57　选择【禁用】命令

(3) 在打开的【禁用】对话框中单击【是】按钮，可将硬件设备停止使用，如图 4-58 所示。

(4) 此时被禁用的设备显示出一个黑色向下箭头，右击该设备，在弹出的快捷菜单中选择【启用】命令，稍等片刻该硬件便可重新恢复正常使用状态，如图 4-59 所示。

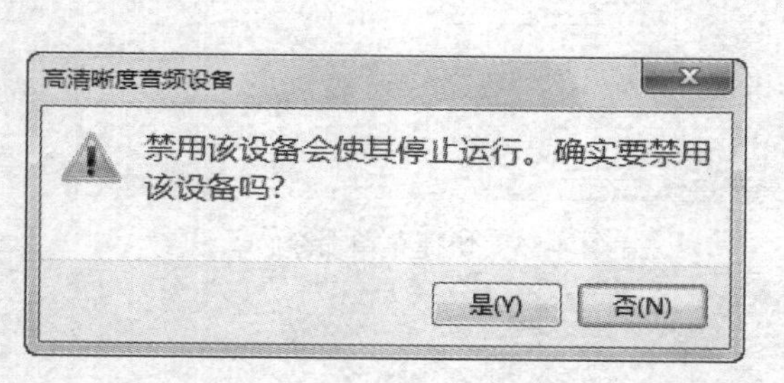

图 4-58　【禁用】对话框

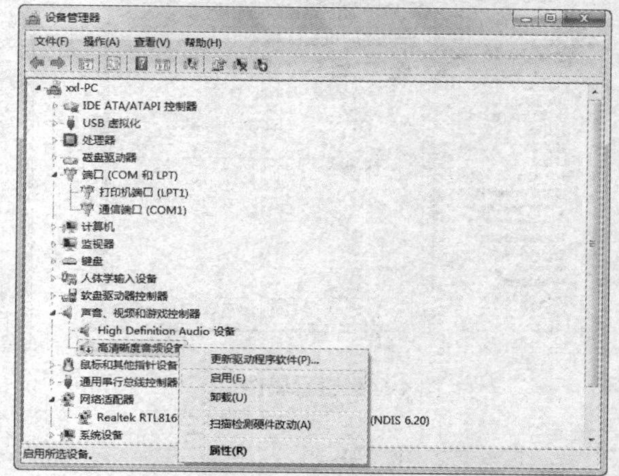

图 4-59　选择【启用】命令

4.4.3　卸载硬件设备

在使用计算机的过程中，如果某些硬件暂时不需要运行，或者该硬件同其他硬件设备产生冲突而导致无法正常运行计算机的时候，用户可以在 Windows 7 系统中卸载该硬件。

卸载硬件设备的步骤很简单，用户只需打开【设备管理器】窗口，右击要卸载的硬件设备选项，在弹出的快捷菜单中选择【卸载】命令，如图 4-60 所示，然后在打开的对话框中单击【确定】按钮即可开始卸载，如图 4-61 所示。当卸载完成后，被卸载设备将显示为不可用状态。

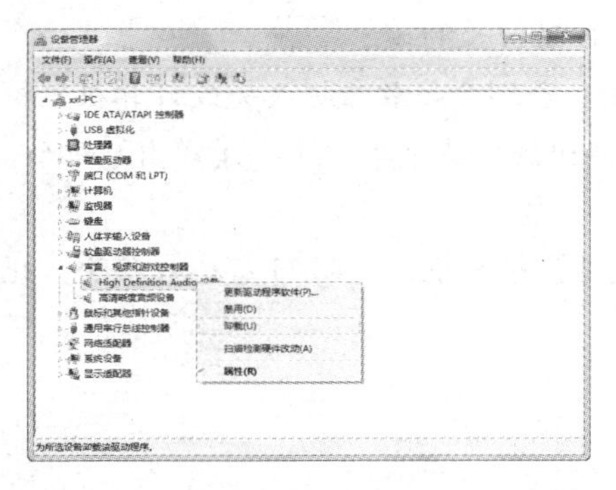

图 4-60　选择【卸载】命令

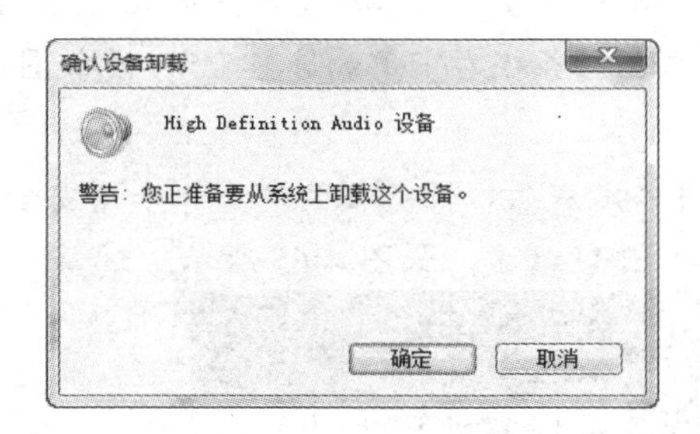

图 4-61　【确认设备卸载】对话框

4.5　使用硬件外设

计算机的硬件设备主要由主机和外设组成，主机是由机箱、主板、CPU、内存、显卡、硬盘、声卡等硬件组成；外设也就是外部设备主要由键盘、鼠标、显示器、打印机、U 盘等硬件组成。本节将主要介绍一些常用硬件外设，如 U 盘和打印机的安装和操作。

4.5.1　使用 U 盘

U 盘是计算机用户常用的移动存储设备。U 盘也称作闪存，是以闪存(Flash Memory)芯片为信息载体记录保存数据，具有体积小易携带、快速读写、断电后仍能保存信息的特点。

U 盘的使用很简单，属于即插即用外设，将 U 盘的插口插入到计算机的 USB 接口里即可使用，用户可以按照下例使用 U 盘。

【例 4-9】 使用 U 盘。

(1) 将 U 盘插入计算机的 USB 接口上，在任务栏右下角会显示连接 USB 设备的图标，如图 4-62 所示。

(2) 当 U 盘成功连接后，系统会自动打开【自动播放】对话框，如图 4-63 所示。

图 4-62　显示连接 USB 设备图标

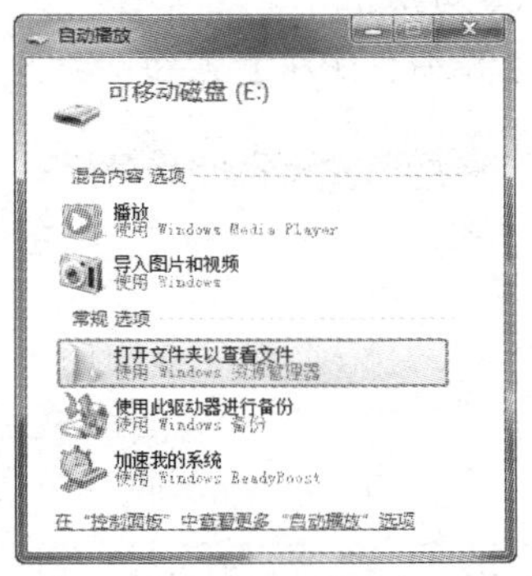

图 4-63　【自动播放】对话框

(3) 选择【打开文件夹以查看文件】选项，此时系统自动打开 U 盘。

(4) 使用完 U 盘后，不要直接将其从 USB 接口中拔出，否则会导致数据丢失或计算机死机等故障。右击任务栏右下角的连接 USB 设备图标，从弹出的快捷菜单中选择【弹出】命令，如图 4-64 所示。

(5) 卸载完成后，任务栏会弹出一个【安全地移除硬件】对话框，说明 U 盘已被移除，此时就可以拔出 U 盘了，如图 4-65 所示。

图 4-64　选择【弹出】命令

图 4-65　安全移除 U 盘

4.5.2　安装打印机

打印机是计算机经常使用的外部设备，属于基本输出设备。其作用是将计算机的文本、图像等信息输出并打印在纸张和胶片等介质上，以便用户传递和使用信息内容。目前家庭与办公最常用的是喷墨打印机和激光打印机。

在 Windows 7 系统下安装打印机，可以使用控制面板中的添加打印机向导，指引用户按照步骤来安装适合的打印机。要使用打印机还需要安装驱动程序，用户可以通过安装光盘和联网下载获得驱动程序。此外，用户还可以选择 Windows 7 系统下自带的相应型号打印机驱动程序来安装打印机。下面将举例介绍使用系统自带驱动程序的方式来安装打印机。

【例 4-10】安装打印机。

(1) 首先关闭计算机，然后通过数据线将计算机和打印机连接起来。

(2) 正确连接之后，启动计算机，选择【开始】|【设备和打印机】命令，打开【打印机】窗口，如图 4-66 所示。

(3) 单击【添加打印机】按钮，打开【选择本地或网络打印机】对话框，如图 4-67 所示。

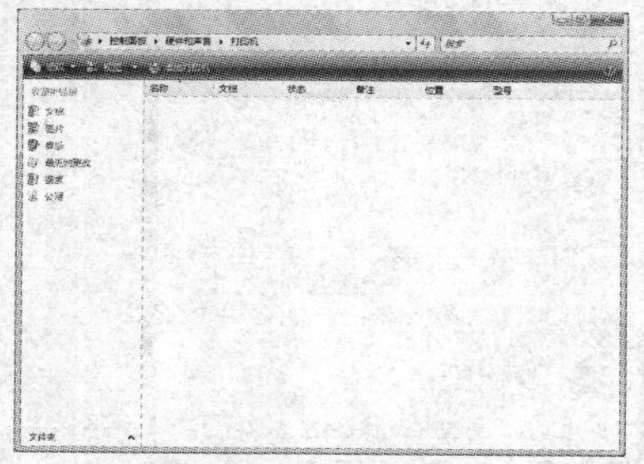

图 4-66　【打印机】窗口

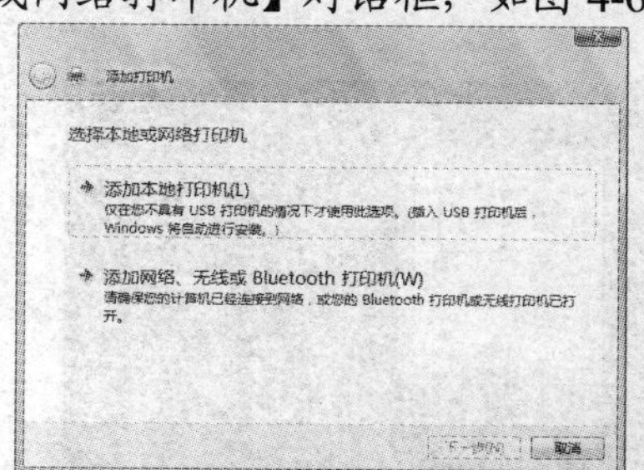

图 4-67　添加打印机向导

(4) 选择【添加本地打印机】选项，打开【选择打印机端口】对话框，如图 4-68 所示。

(5) 选中【使用现有的端口】单选按钮后，单击【下一步】按钮，打开【安装打印机驱动程序】对话框，如图 4-69 所示。

图 4-68　【选择打印机端口】对话框

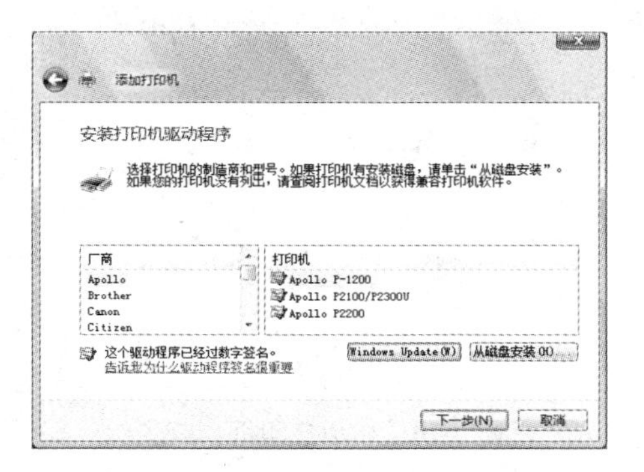

图 4-69　【安装打印机驱动程序】对话框

(6) 选择打印机的正确型号，这里为“HP Desk jet 9800 Printer”型号，如图 4-70 所示。

(7) 单击【下一步】按钮，打开【键入打印机名称】对话框，如图 4-71 所示。

图 4-70　选择打印机型号

图 4-71　键入打印机名称

(8) 输入打印机的名称后，单击【下一步】按钮，将显示如图 4-72 所示的界面。

(9) 驱动程序安装完毕后，Windows 7 系统将自动打开成功添加打印机向导对话框，如图 4-73 所示。

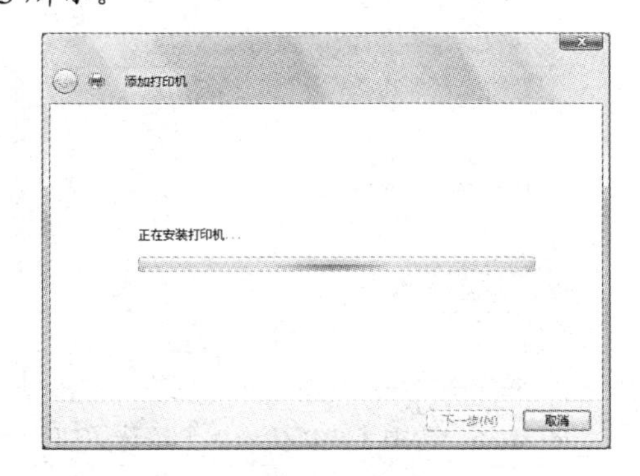

图 4-72　安装打印机驱动

图 4-73　成功添加打印机

(10) 单击【完成】按钮即可添加打印机，此时在【打印机】窗口中，将显示刚刚添加的打印机图标，如图 4-74 所示。

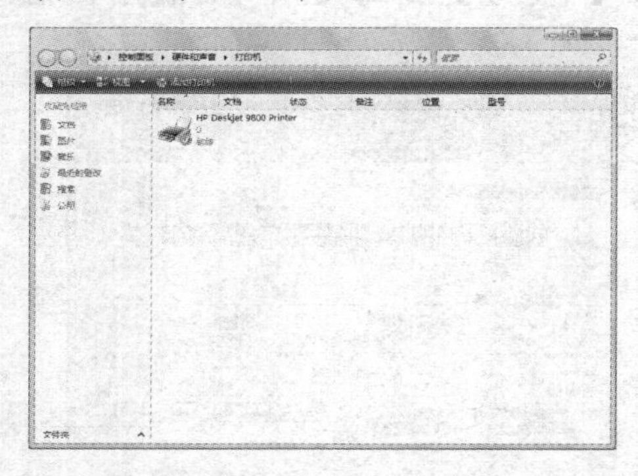

图 4-74　显示打印机

提示

安装好打印机后，一般能查看文档和图片的软件都可以进行打印，如 Office 软件等。

4.6　上机练习

本章的上机实验主要练习安装鲁大师软件和使用打印机打印 Word 文档，使用户更好地掌握软件的安装和使用，以及打印机的使用方法。

4.6.1　安装鲁大师软件

【例 4-11】鲁大师软件是一款可以查看电脑硬件设备的软件，用户安装软件后并使用鲁大师查看硬件配置信息。

(1) 双击【鲁大师】软件的安装文件，打开欢迎安装界面，然后单击【继续】按钮，如图 4-75 所示。

(2) 选中【我接受协议】单选按钮，然后单击【继续】按钮，如图 4-76 所示。

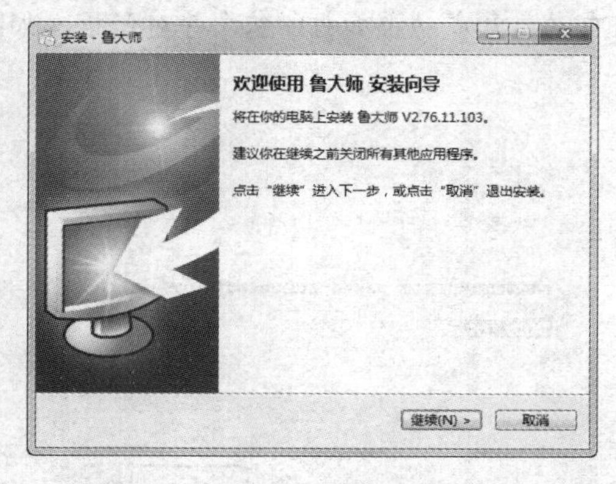

图 4-75　欢迎安装界面

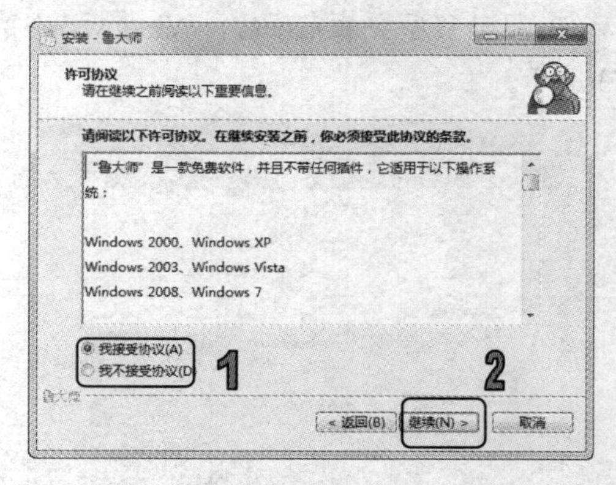

图 4-76　选中【我接受协议】单选按钮

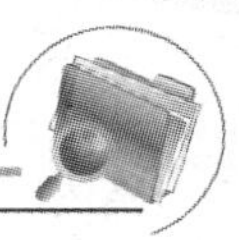

(3) 打开【选择目标位置】对话框，单击【浏览】按钮，可以选择软件的安装位置，这里保持默认设置，单击【继续】按钮，如图 4-77 所示。

(4) 打开【选择附加任务】对话框，选中【创建桌面图标】复选框后，单击【继续】按钮，如图 4-78 所示。

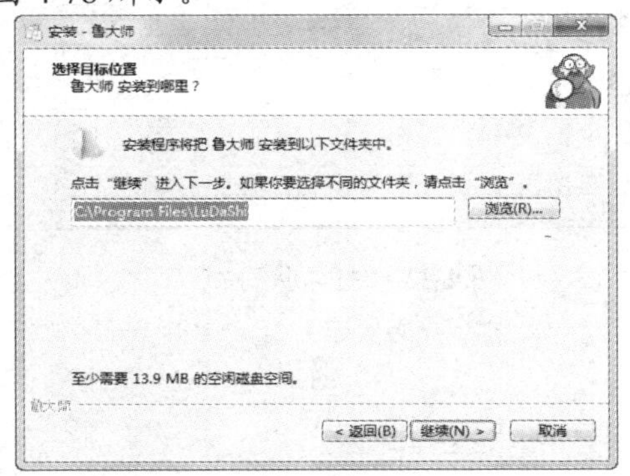

图 4-77　【选择目标位置】对话框

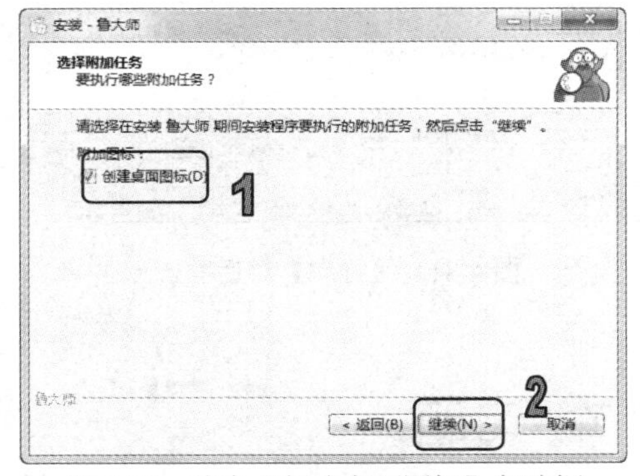

图 4-78　选中【创建桌面图标】复选框

(5) 开始安装软件，软件安装完成后，在打开的对话框中单击【完成】按钮，完成软件的安装，如图 4-79 所示。

(6) 启动【鲁大师】软件，单击【硬件检测】按钮，软件开始对硬件进行检测，检测完成后，显示本机硬件的配置信息，如图 4-80 所示。

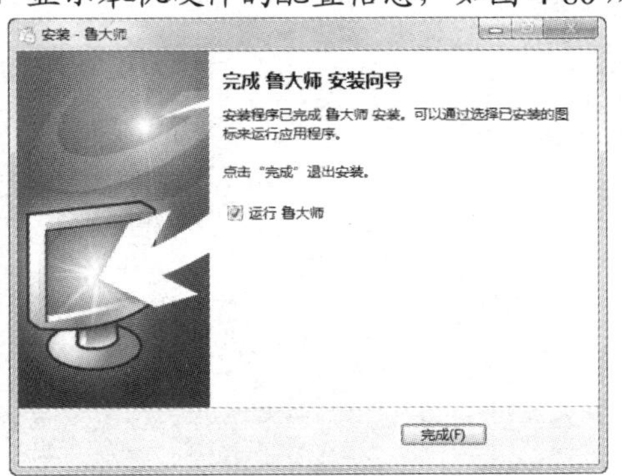

图 4-79　完成安装

图 4-80　硬件检测

4.6.2　打印文档

【例 4-12】使用打印机打印 Word 文档。

(1) 打开 Word 文档，选择【文件】|【打印】命令，打开【打印】对话框，进行打印设置，包括设置打印页面范围、打印份数、打印模式等内容，单击【确定】按钮后，打印机就开始打印文档，如图 4-81 所示。

(2) 如果打印机当时正在打印之前的某个作业，此时准备打印的文件将作为一个任务被列队到打印机队列中，等待前面的任务完成后才能执行后面的任务，如图 4-82 所示。

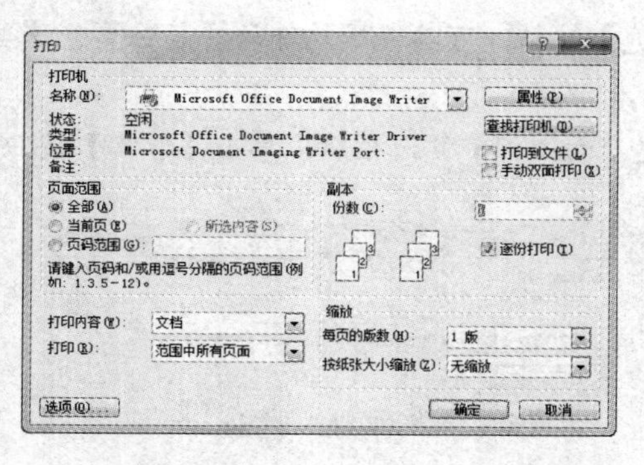

图 4-81 【打印】对话框

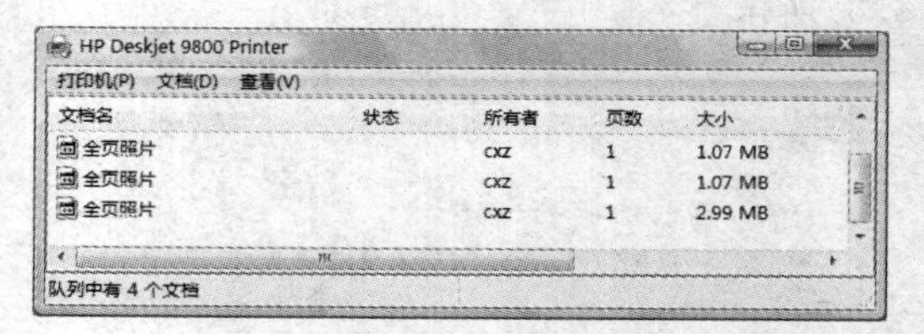

图 4-82 打印队列

4.7 习题

1．安装软件前需要准备什么？

2．可以用几种方法来运行不兼容的软件？

3．将 MP3 播放器连接到计算机上，拷贝本机音乐文件。

第5章 Windows 7 中的常用附件

学习目标

Windows 7 系统自带了很多附件工具，这些附件包括写字板、便签、画图程序、计算器等。用户可以使用这些附件工具处理日常的编辑文本、绘制图像、计算数值、手写输入等生活办公的操作，这些实用附件让用户在 Windows 7 系统中处理日常办公更加得心应手。

本章重点

- 使用写字板
- 使用计算器
- 使用画图程序
- 使用轻松访问中心

5.1 使用便签

Windows 7 系统中提供了一个简便而小巧的工具——便签，顾名思义它的作用相当于平常使用的小便条，可以帮助用户记录一些事务或起到一个提醒和留言的作用。

5.1.1 新建便签

要使用便签，应先打开便签程序，下面将举例介绍如何新建便签，并书写便签的操作步骤。

【例 5-1】 在 Windows 7 中启动便签程序并书写便签内容。

(1) 选择【开始】|【所有程序】|【附件】|【便签】命令，启动【便签】程序，如图 5-1 所示。

(2) 此时在桌面的右上角将出现一个黄色的便签纸，将光标定位在便签纸中，直接输入要提示的内容即可，如图 5-2 所示。

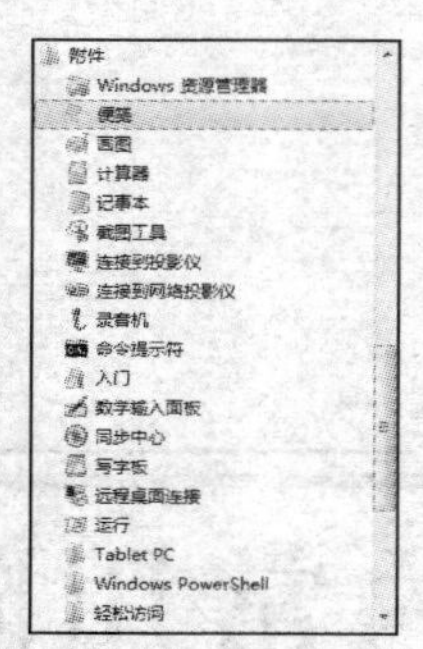

图 5-1　选择【便签】命令

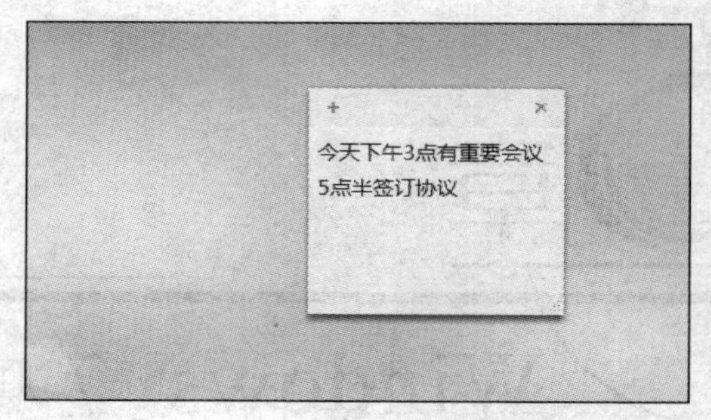

图 5-2　在便签中输入内容

(3) 如果用户想书写更多的便签，可单击便签左上角的【新建便签】按钮+，来新建一个或多个便签，如图 5-3 所示。

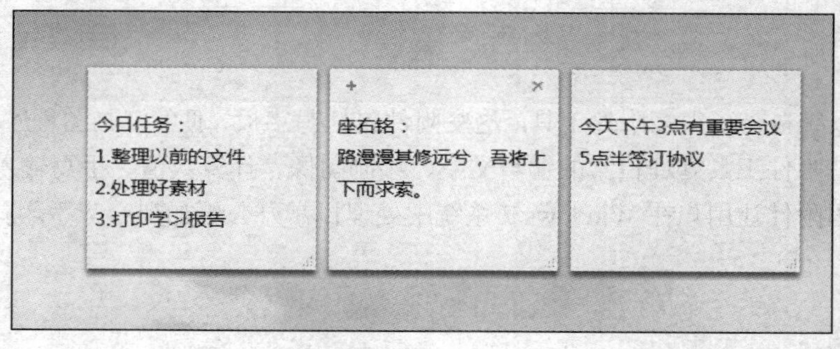

图 5-3　打开多个便签

5.1.2　设置便签

便签的样式并非是固定不变的，用户还可根据需要对便签的大小和颜色进行设置，以方便提醒不同类型的事务。另外对于已经不需要的便签，用户还可将其删除。

【例 5-2】设置便签颜色和大小，然后删除便签。

(1) 将鼠标指针移至便签的下边缘处，当鼠标光标变为⇕的形状时，按住鼠标左键不放向下拖动鼠标，即可改变便签的高度，同理也可以改变便签的宽度，如图 5-4 所示。

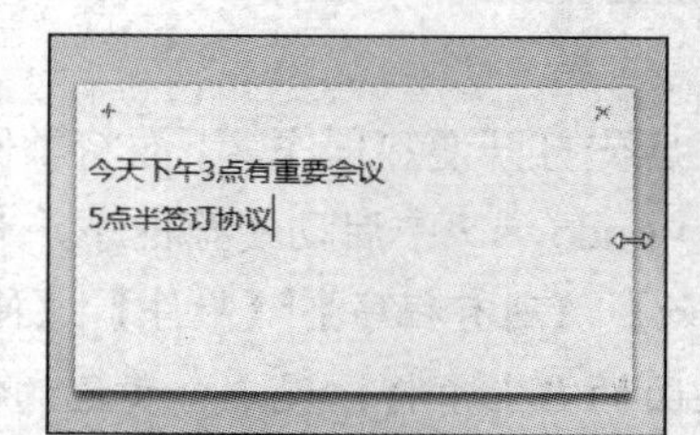

图 5-4　改变便签大小

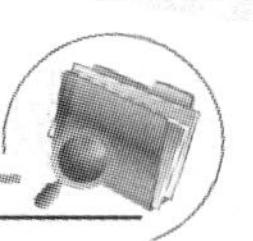

(2) 在便签的空白处右击，在弹出的下拉菜单中选择【紫】命令，即可将便签的底色设置为紫色，如图 5-5 所示。

(3) 要删除不需要的便签，用户可直接单击便签右上角的【删除便签】按钮，即可删除便签，如图 5-6 所示。

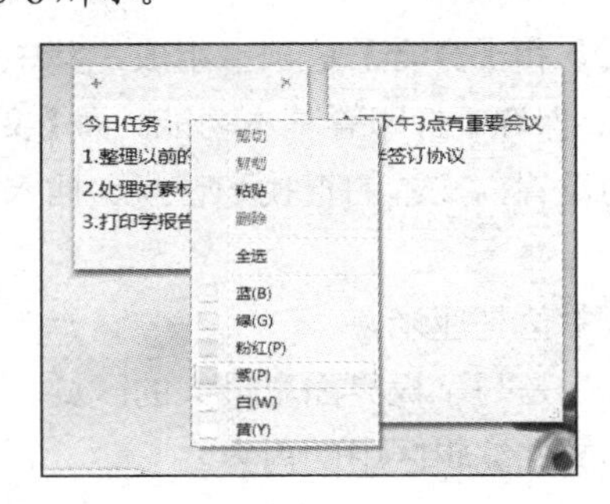

图 5-5　改变便签颜色

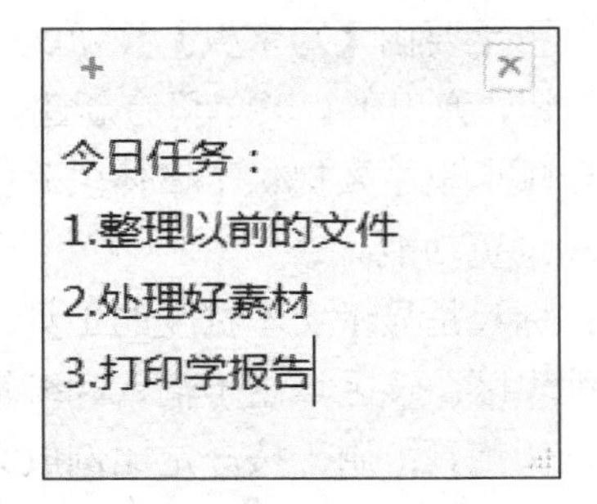

图 5-6　删除便签

5.2　使用写字板

写字板是包含在 Windows 7 系统中的一个基本文字处理程序，它可以用来创建、编辑、查看和打印文档。用户使用写字板可以编写信笺、读书报告和其他简单文档，还可以更改文本的外观、设置文本的段落、在段落以及文档内部和文档之间复制并粘贴文本。

5.2.1　写字板操作界面

用户可以选择【开始】|【所有程序】|【附件】|【写字板】命令，启动写字板程序。写字板的操作界面如图 5-7 所示。

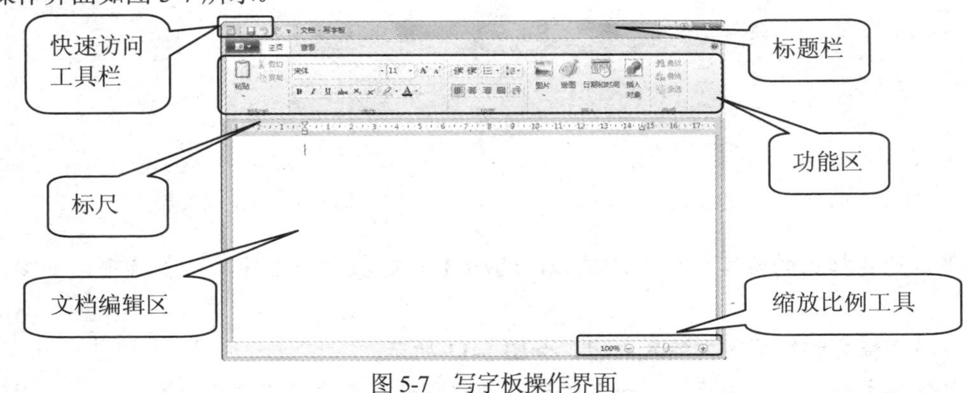

图 5-7　写字板操作界面

下面简单介绍写字板界面的组成部分。

- 快速访问工具栏：这是 Windows 7 新添加到写字板上的功能栏，它将用户常用的操作如保存、打印、撤销、重做等以快捷命令显示于该栏中，方便用户快速操作。
- 标题栏：和窗口的标题栏一样，都有最小化、最大化、关闭按钮，还有相应的应用程序按钮——写字板按钮，提供标题栏的基本操作。
- 功能区：主要由【写字板】按钮、【主页】和【查看】选项卡组成，其中单击【写字板】按钮，弹出下拉菜单里有新建、打开、保存、打印等基本功能。而【文本】和【查看】选项卡里主要提供了字体段落格式的设置、文本的查找和替换、插入图片等编辑功能和浏览功能。
- 标尺：标尺是显示文本宽度的工具，默认单位是厘米。
- 文档编辑区：该区域用于输入和编辑文本，是写字板界面里最大的区域。
- 缩放比例工具：用于按一定比例放大缩小文档编辑区中的内容。

5.2.2 输入文档

写字板可以创建文档，并在文档内输入文本，或者插入图片，然后保存在计算机里，如果用户有需要还可以将其打印出来。

【例 5-3】在写字板程序里创建文档并输入内容。

(1) 打开写字板程序，单击【写字板】按钮，在弹出的菜单中选择【新建】命令，如图 5-8 所示。

(2) 新建【文档 1】文件，在文档编辑区内单击鼠标定位插入点，如图 5-9 所示。

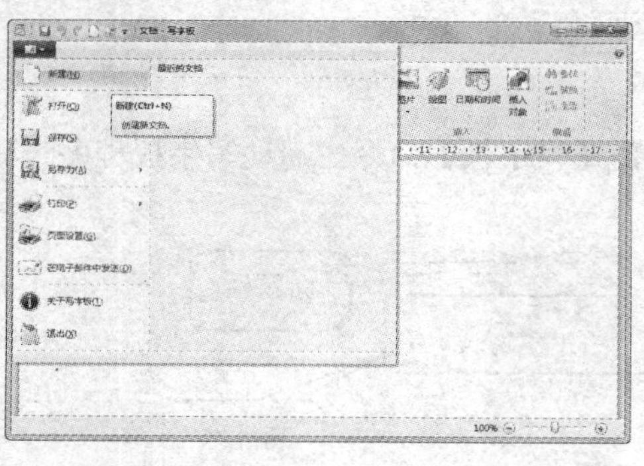

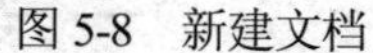

图 5-8　新建文档

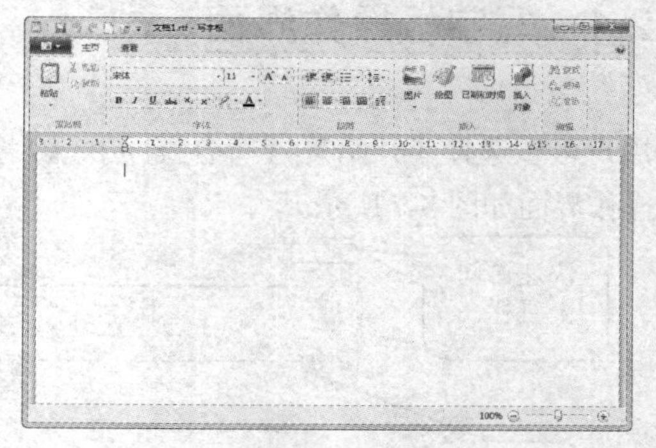

图 5-9　定位插入点

(3) 单击任务栏上的语言栏输入法按钮，选择【中文-搜狗拼音输入法】选项，如图 5-10 所示。

(4) 在写字板文档编辑区内输入内容，如图 5-11 所示。

(5) 要保存文档可以单击【写字板】按钮，在弹出的菜单中选择【保存】命令，如图 5-12 所示。

(6) 打开【保存为】对话框，用户选择保存的磁盘目录如 E 盘，也可以修改文件名，最后

单击【保存】按钮即可完成保存，如图 5-13 所示。

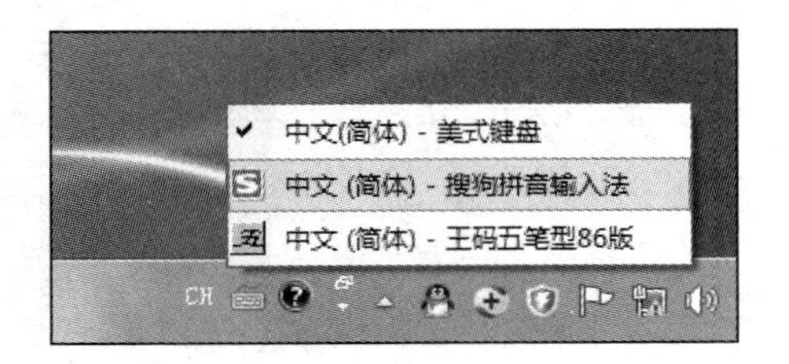

图 5-10　选择输入法

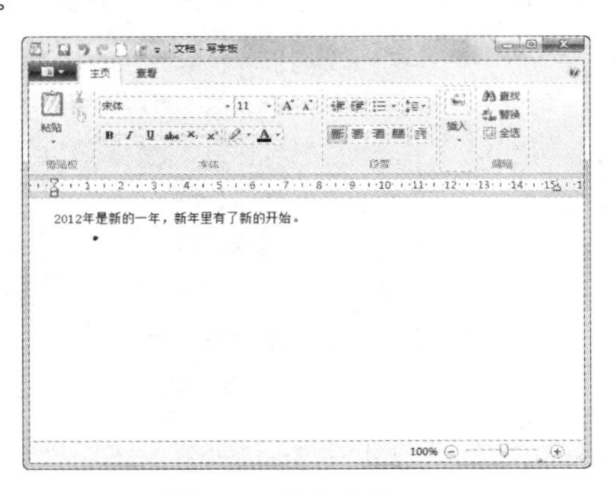

图 5-11　输入文字

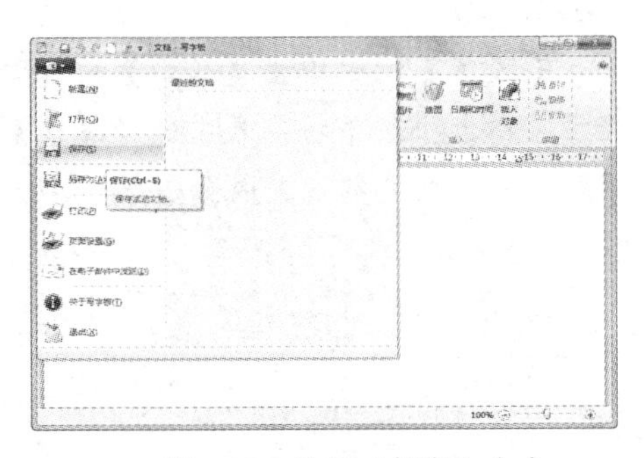

图 5-12　选择【保存】命令

图 5-13　保存文档

5.2.3　编辑文档

输入文本以后，用户就可以对文档进行编辑。编辑文档包括文本的选择、复制、粘贴，以及插入对象和格式设置等操作。

【例 5-4】在写字板程序里打开文档并进行编辑。

(1) 打开写字板程序，打开一个文档。

(2) 要选择文本，将鼠标光标移动到需要选择的文本开始处，按住鼠标左键拖动所要选择的文本内容直至全部呈蓝底白字显示，最后释放鼠标即可，如图 5-14 所示。

知识点

将鼠标光标移动到需要选择的一段文本中间任意处，单击 3 次，即可将该段落选中。

(3) 要复制文本，可以先选中需要复制的文本，然后在其上右击，在弹出的快捷菜单上选择【复制】命令，再将光标插入点移动到目标位置，右击弹出快捷菜单，选择【粘贴】命令即可，如图 5-15 所示。

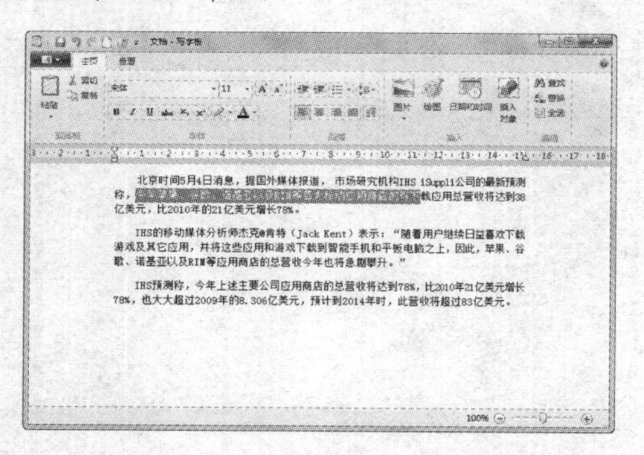

图 5-14　选择文本

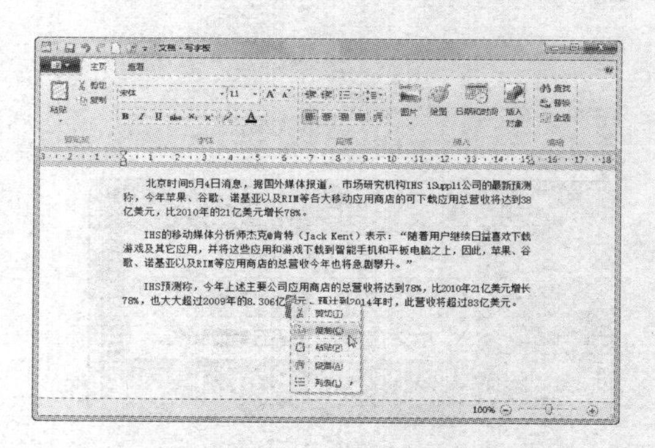

图 5-15　复制文本

(4) 要插入对象，将鼠标光标定位至文档中要插入对象的位置，在【主页】功能选项卡的【插入】栏中单击不同的按钮，即可插入不同的对象，如图 5-16 所示。

(5) 要设置文档格式，可以在【主页】功能选项卡的【段落】栏中单击【居中】按钮；在字体栏的【字体】下拉列表中选择【黑体】选项，在【字体大小】下拉列表中选择【16】选项，单击【字体颜色】按钮下拉列表中选择【鲜绿】选项，则文本设置成如图 5-17 所示。

图 5-16　插入对象

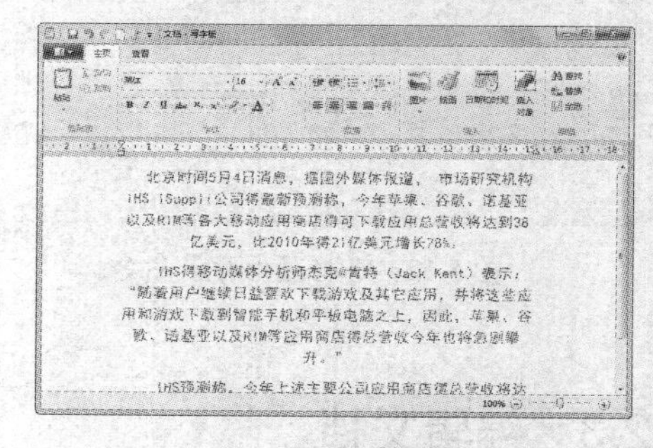

图 5-17　设置格式

5.3 使用计算器

计算器是 Windows 7 系统中的一个数学计算工具，它的功能和日常生活中看到的小型计算器类似。计算器程序具有【标准型】和【科学型】等多种模式，用户可根据需要选择特定的模式进行计算。

5.3.1 标准型计算器

用户选择【开始】|【所有程序】|【附件】|【计算器】命令，即可启动计算器程序。在第

一次打开计算器程序时，计算器在标准型计算器模式下工作。这个模式可以满足用户大部分日常简单计算的要求。

Windows 7 中的计算器的使用与现实中的计算器使用方法大致相同，不过有些运算符号和现实计算器有所区别，比如现实计算器中的“×”和“÷”分别在计算机计算器中变为“*”和“/”。

【例 5-5】使用标准型计算器计算 54×2÷3+79 的结果。

(1) 启动计算器程序，依次单击【5】、【4】按钮，然后单击【*】、【2】按钮，此时文本框内如图 5-18 所示。

(2) 继续单击【/】 按钮，此时计算器算出 54*2 的结果为 108，如图 5-19 所示。

图 5-18　输入“54*2”

图 5-19　输入“/”

(3) 单击【3】按钮，在文本框内显示出 54*2/3，单击【+】按钮，文本框显示出 54*2/3 的结果 36，如图 5-20 所示。

(4) 依次单击【7】、【9】按钮，最后按【=】按钮，算出此题的结果为 115，如图 5-21 所示。

图 5-20　输入“3+”

图 5-21　计算结果

5.3.2　科学型计算器

当用户需要计算比较复杂的数学公式时，可以将标准型计算器转换为科学型计算器。转换的方法就是单击计算器【查看】按钮，弹出下拉菜单，选择其中的【科学型】命令即可，如图 5-22 所示。

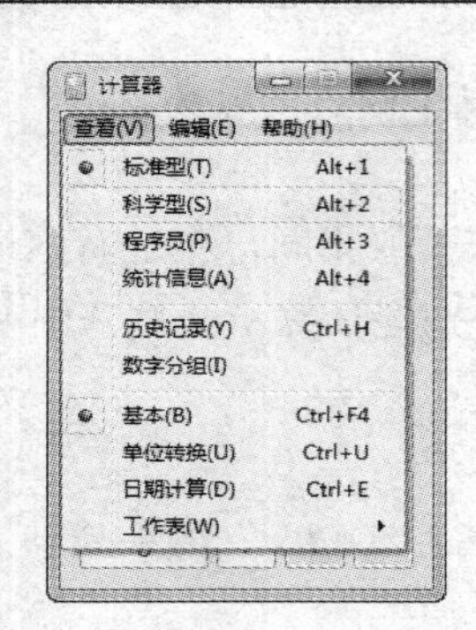

图 5-22 转换成科学型计算器

例如要计算 145°角的余弦值，就可以在【科学型】计算器中依次单击【1】、【4】、【5】等按钮，即为输入 145°，如图 5-23 所示。然后单击计算余弦函数的按钮【cos】，即可计算出 145°角的余弦值，并显示在文本框内，如图 5-24 所示。

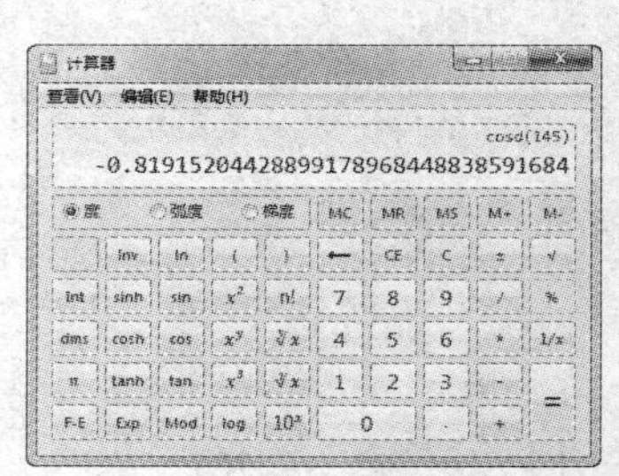

图 5-23 输入“145”

图 5-24 得出结果

5.4 使用画图程序

Windows 7 操作系统自带的画图程序是一个色彩丰富的图像绘制和处理程序。用户可以使用该程序绘制简单的图画，也可以将其他图片在画图程序里查看和编辑。

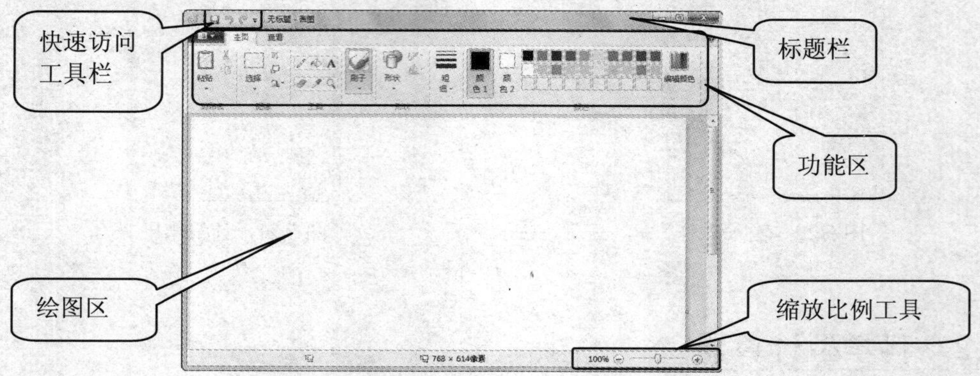

图 5-25 画图程序操作界面

画图程序的操作界面如图 5-25 所示，和写字板程序的界面外观和用法上很相似，用户可以

参考写字板操作界面学习使用。

5.4.1　绘制图形

用户可以随心所欲地用绘图工具在绘图区内绘制任意图形。在绘图中，用户需要注意各绘图工具的综合应用，如果将绘图工具搭配得当，画出来的图也会效果出众。

【例 5-6】使用绘图工具绘制一幅简单的【星空】图。

(1) 选择【开始】|【所有程序】|【附件】|【绘图】命令，启动画图程序。

(2) 将颜色栏中的【颜色 2】设置为【黑色】，单击工具栏中的按钮再右击绘图区，将背景填充为黑色，如图 5-26 所示。

(3) 将颜色栏中的【颜色 1】设置为【黄色】，单击形状栏中的按钮弹出下拉菜单，选择其中的【四角星形】，然后单击粗细按钮选择第二种粗细程度，再将鼠标移动到绘图区，鼠标光标变成一个空心十字形状，按住鼠标左键拖动，画出一个轮廓为黄色的四角星，如图 5-27 所示。

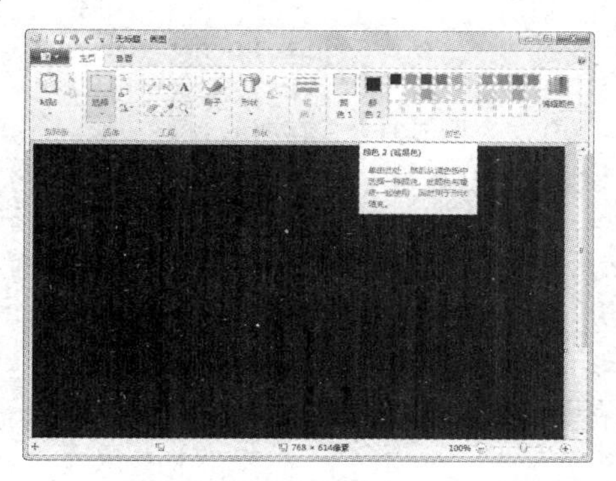

图 5-26　设置背景色为黑色

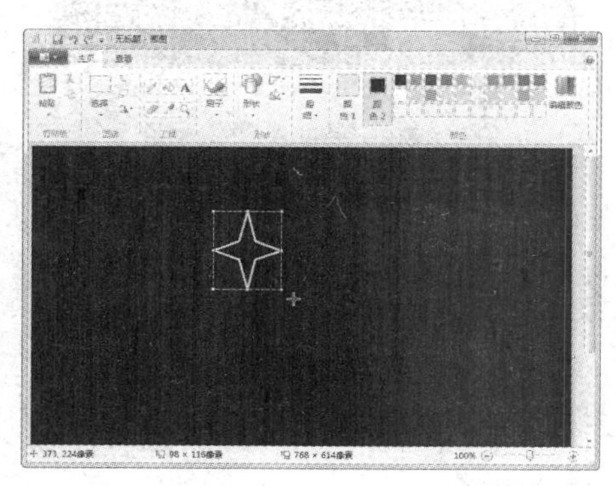

图 5-27　画出一个轮廓为黄色的四角星

(4) 单击工具栏中的【填充】按钮再单击四角星内部，将四角星填充为黄色，按照以上步骤，再画出大小不一的几个黄色四角星，如图 5-28 所示。

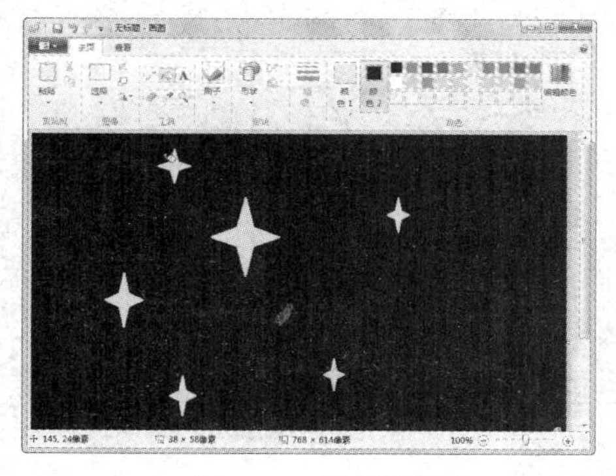

图 5-28　填充四角星

图 5-29　用【铅笔】画出月亮并填充

(5) 单击工具栏上的【铅笔】按钮，再单击【粗细】按钮选择第二种粗细程度，将鼠标

移动绘图区，鼠标光标变成一个铅笔形状，按住鼠标左键拖动，画出一个月亮，然后填充为黄色，如图 5-29 所示。

(6) 单击【刷子】按钮，选择其下拉列表中的【喷枪】选项，再单击【粗细】按钮选择其中的第四种粗细程度，将鼠标移动到绘图区，鼠标变成喷枪形状，按住鼠标左键拖动，画上细密的星河，至此这幅图像全部完成，如图 5-30 所示。

(7) 单击快速访问工具栏里的按钮，弹出【保存为】窗口，在【保存类型】里选择 JPEG 格式，在【文件名】里改名为【星空.jpg】，最后单击【保存】按钮，将【星空】图保存，如图 5-31 所示。

图 5-30　完成“星空”图

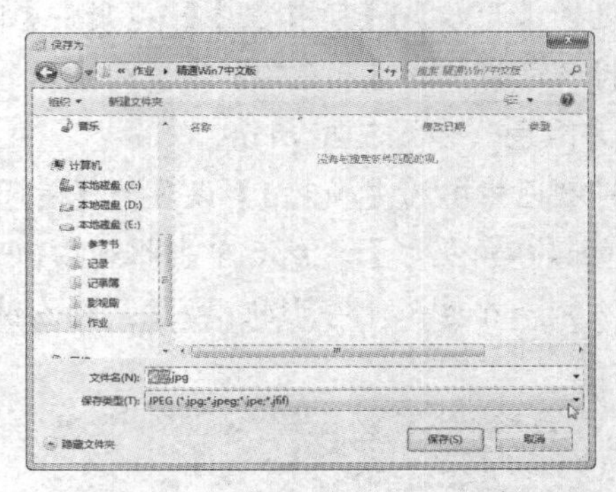

图 5-31　保存图形

5.4.2　编辑图形

画图程序除了能绘制图形以外，还可以对已有的图形进行编辑修改。

1. 旋转图形

图像栏里的【旋转】命令可以将图片进行翻转编辑。单击【图像】下方按钮，单击其中的【旋转】按钮，在下拉菜单中包含了【向右旋转 90 度】、【向左旋转 90 度】、【旋转 180 度】、【垂直翻转】、【水平翻转】等 5 个命令，如图 5-32 所示为选择【向右旋转 90 度】命令。

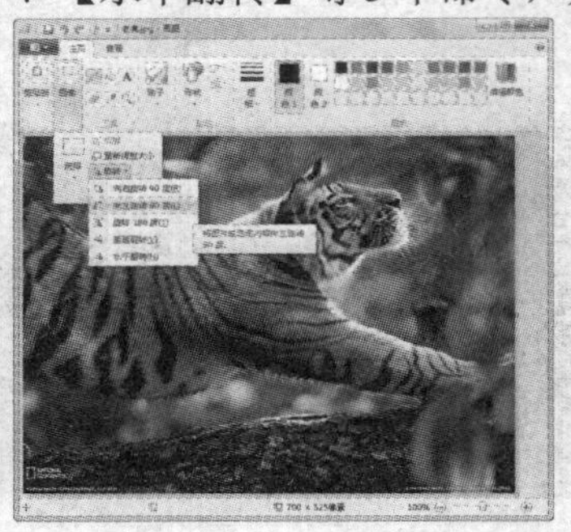

图 5-32　将图片向右旋转 90°

2．调整大小和扭曲图形

在图像栏里单击【调整大小和扭曲】按钮，打开【调整大小和扭曲】对话框，如图 5-33 所示。比如在【重新调整大小】栏的【水平】文本框内输入 50(可以输入 1～500 之间的任意数值)，【垂直】文本框也随之变为 50，这是因为【保持纵横比】复选框一直被选中，图片不会变形，结果调整图形大小为原图的一半，如图 5-34 所示。

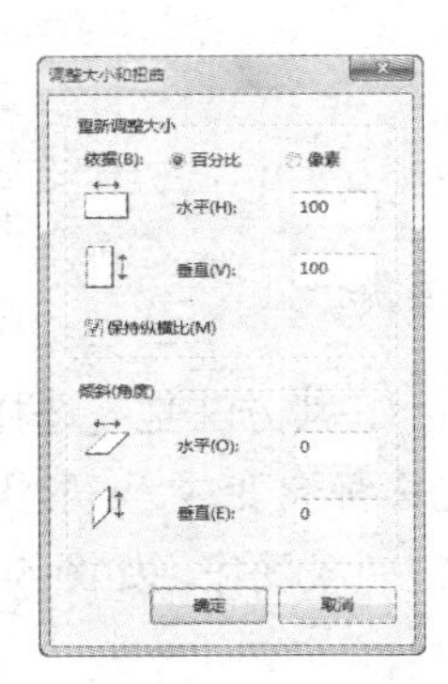

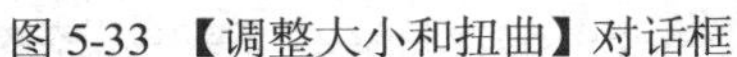
图 5-33 【调整大小和扭曲】对话框

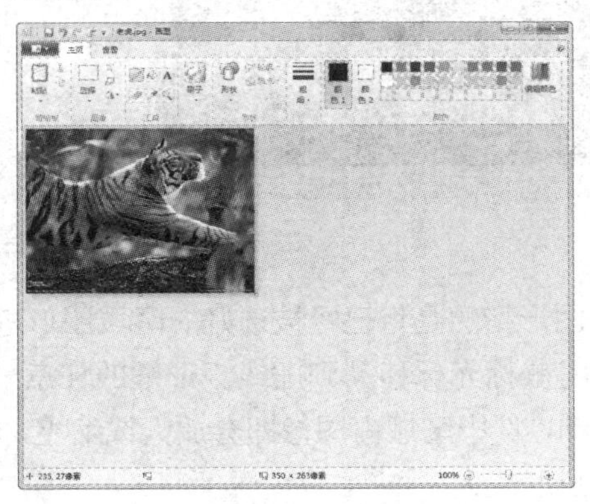

图 5-34　图形变小一半

扭曲图形是指调整【调整大小和扭曲】对话框里【倾斜】栏里的数值来达成图形的扭曲，在【水平】或【垂直】文本框内输入角度数值，比如 50(可以输入-89～89 之间的任意数值)，完成扭曲图形操作，如图 5-35 所示。

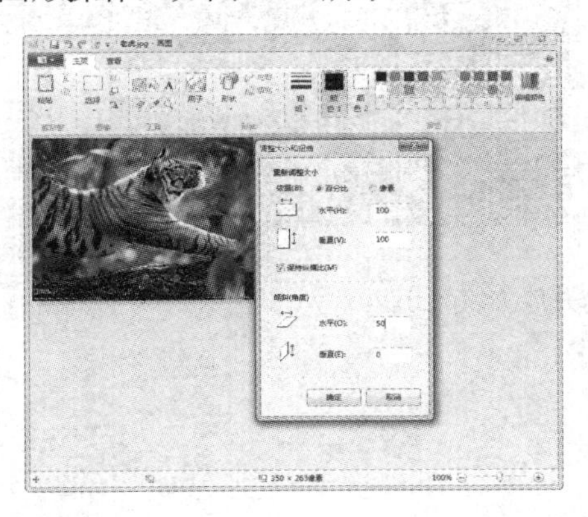

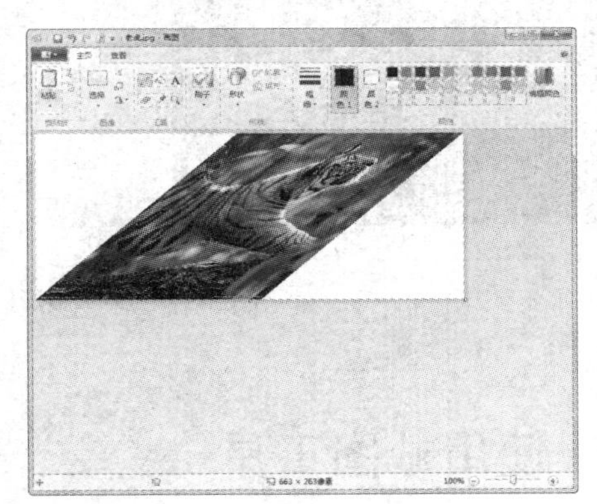

图 5-35　将图片水平扭曲 50 度

3．选择区域后编辑图形

图形栏里的【选择】命令用于选择图形的某一部分，然后用户可以对该部分进行裁剪和缩放等编辑操作。

裁剪图形的步骤就是单击【选择】下面的 按钮，选择【矩形选择】选项，在图片中按住鼠标左键拖动，拉出一个虚线矩形框，框住需要保留的部分，此时图像栏里的【裁剪】按钮 被激活，单击【裁剪】按钮，即可裁掉框外所有多余的部分，如图 5-36 所示。

图 5-36　选择矩形区域并裁剪多余部分

缩放图形指的是将已经被选好的区域图形进行放大或缩小，其方法是先选择好图形的某区域，然后将鼠标光标移动到虚线矩形框的任意一个角上，光标都会变成 ⤡ 形状，按住鼠标左键随意拖动，选中区域内图像即会放大或缩小，释放鼠标左键完成操作，如图 5-37 所示为选中区域部分图形放大。

图 5-37　选择矩形区域并放大该部分

5.5　使用截图工具

截图工具是 Windows 7 系统新增的附件工具，它能够方便快捷地帮助用户截取计算机屏幕上显示的任意画面，包括任意区域的截图、全屏截图和窗口截图等多种截图方式。

5.5.1　任意格式截图

选择【开始】|【所有程序】|【附件】|【截图工具】命令，即可打开截图工具。

单击【新建】旁的˙按钮，在弹出的下拉菜单中选择【任意格式截图】命令，如图 5-38 所

示。此时屏幕画面变成蒙上一层白色的样式，鼠标指针变为剪刀形状，然后在屏幕上按住鼠标左键拖动，鼠标轨迹为红线状态，如图 5-39 所示。当释放鼠标时，即可将红线内部分截取到截图工具中。

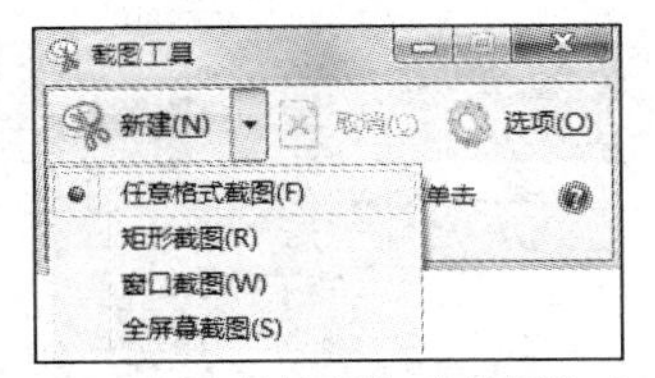

图 5-38　选择【任意格式截图】命令

图 5-39　鼠标任意截图操作

提示

矩形截图和任意格式截图类似，只是选定的区域是以矩形显示，本节不再介绍。

5.5.2　窗口和全屏截图

窗口截图能截取所有打开窗口中某个窗口的内容画面。其步骤很简单，打开截图工具后选择【窗口截图】命令，此时当前窗口周围出现红色边框，表示该窗口为截图窗口，单击该窗口后，打开【截图工具】编辑窗口，该窗口内所有内容画面都被截取下来，如图 5-40 所示。

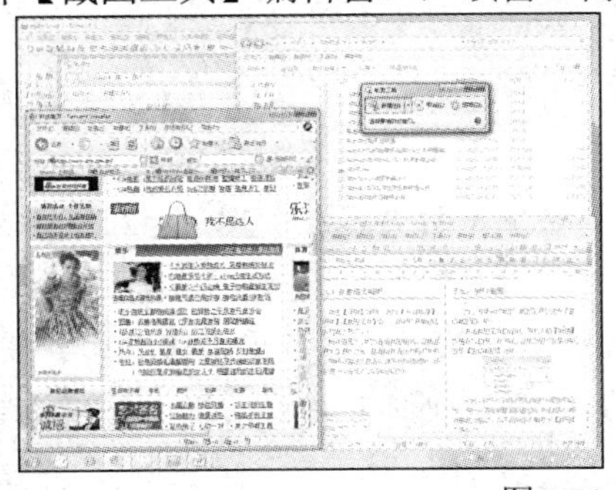

图 5-40　窗口截图过程

全屏截图和窗口截图类似，也是打开截图工具后选择【全屏截图】命令，程序会立刻将当前屏幕所有内容画面存放到【截图工具】编辑窗口中。

5.6　使用轻松访问中心

在 Windows 7 系统里的附件中提供了一些具有辅助功能的工具，它们可以给一些具有特殊情况的用户提供帮助。这些工具总称为【轻松访问中心】，其中包括放大镜工具可以帮助视力不好的用户查看信息、讲述人工具可以开启语音操作提示、屏幕键盘工具可以让用户不用键盘来打字等功能。

用户只需从【附件】菜单中选择【轻松访问】命令，选择其子菜单中的【轻松访问中心】命令即可打开【轻松访问中心】窗口，如图 5-41 所示。

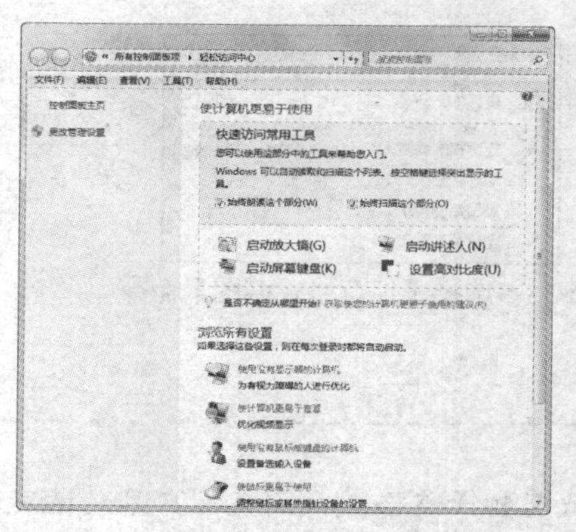

图 5-41　打开【轻松访问中心】窗口

5.6.1　使用放大镜

放大镜主要适用于视力较差的用户，它可以将屏幕上需要查看的内容局部放大。启动放大镜只需在【轻松访问中心】窗口里，选择【启动放大镜】选项，就能打开放大镜操作界面。

【例 5-7】使用放大镜工具。

(1) 在 Windows 7 中，选择【开始】|【所有程序】|【附件】|【轻松访问】|【放大镜】命令，启动放大镜程序。

(2) 放大镜程序启动后，将自动全屏放大当前屏幕中显示的内容，如图 5-42 所示为放大 300%后的效果。

(3) 单击【放大镜】面板中的【缩小】按钮，可减小缩放的倍数，单击【放大】按钮，可放大显示的倍数，单击【视图】按钮，选择【镜头】命令，此时可将放大镜调整成为镜头的形式，如图 5-43 所示。

图 5-42　放大效果

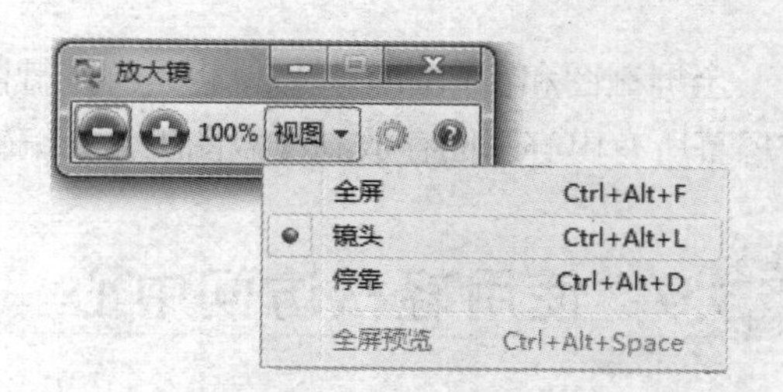

图 5-43　选择【镜头】命令

(4) 此时，用户只需将镜头移至要查看的目标上，即可放大查看，如图 5-44 所示。

(5) 单击【放大镜】面板中的【选项】按钮，可打开【放大镜选项】对话框，在该对话框中，用户可对放大镜的各项参数进行设置，如图 5-45 所示。

图 5-44　放大效果

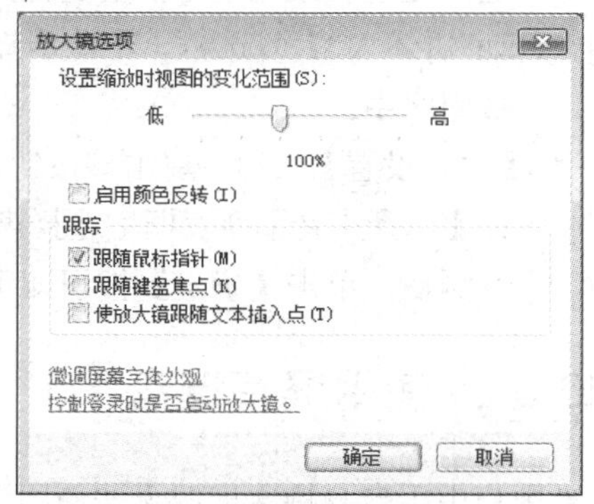

图 5-45　【放大镜选项】对话框

知识点

放大镜还可以选择【全屏】和【停靠】命令，【全屏】即是指对当前的整个屏幕进行缩放，而【停靠】是指在屏幕上方出现一个矩形放大区，但不跟随鼠标移动，在该矩形放大区里放大鼠标移动位置的部分。

计算机基础与实训教材系列

5.6.2　使用讲述人

使用讲述人功能可以将屏幕上的文本转换为语音，要使用该功能，计算机需要配置耳机或音箱。开启该功能后，系统会开启语音提示功能，提示用户输入的操作内容和当前窗口的信息。

在【轻松访问中心】窗口中选择【启动讲述人】选项，即可启动讲述人程序，打开【Microsoft 讲述人】窗口，如图 5-46 所示。在该窗口中可以完成讲述人的大部分设置，各设置用途如下。

图 5-46　【Microsoft 讲述人】窗口

图 5-47　【语言设置-讲述人】对话框

◉【主要“讲述人”设置】列表框：在该列表框里，选中【回显用户的按键】复选框，讲述人将朗读用户输入的内容；选中【宣布系统消息】复选框，讲述人将朗读后台事件；选中【宣布滚动通知】复选框，讲述人将朗读屏幕滚动公告；选中【以最小化方式启动“讲述人”】复选框，下次启动讲述人时，将以程序图标的形式显示在任务栏的程序按钮区中。

◉【语言设置】按钮：单击该按钮，将弹出【语言设置-讲述人】对话框，如图 5-47 所示。在【选择声音】列表框里选择声音的语言类型，根据用户个人需求来设置速度、音量、音调后，单击【确定】按钮即可。

5.6.3　使用屏幕键盘

当用户由于自身特殊情况无法使用键盘或者键盘发生故障时，可以启用 Windows 7 中的屏幕键盘功能，它是一种模拟键盘程序，能通过鼠标单击来模拟键盘操作。

在【轻松访问中心】窗口中选择【启动屏幕键盘】选项，打开如图 5-48 所示的屏幕键盘操作界面，此时单击屏幕键盘上的按钮即可完成对应字符的输入。

单击屏幕键盘右下角的 Fn 按钮，该键变为白色，最上一排的数字键就会变为功能键 F1～F12，如图 5-49 所示。再次单击该键，恢复数字键原样。

图 5-48　屏幕键盘操作界面

图 5-49　切换数字键和功能键

单击屏幕键盘右下角的【选项】按钮，会打开如图 5-50 所示的【选项】对话框，在此对话框中可以对屏幕键盘进行设置。选中该对话框中的【打开数字小键盘】复选框，并单击【确定】按钮后，屏幕键盘将会多出数字小键盘区，如图 5-51 所示。

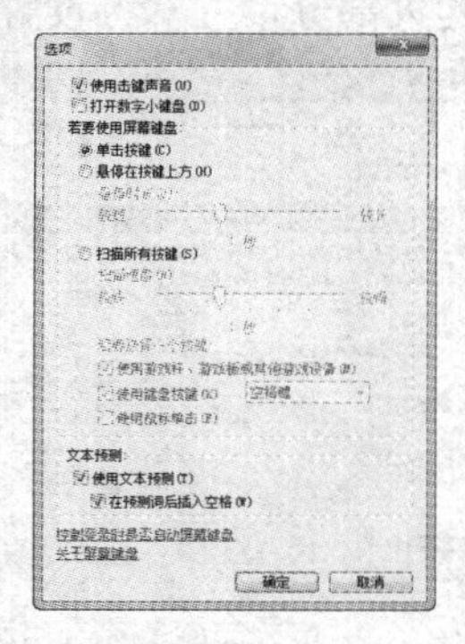

图 5-50　【选项】对话框

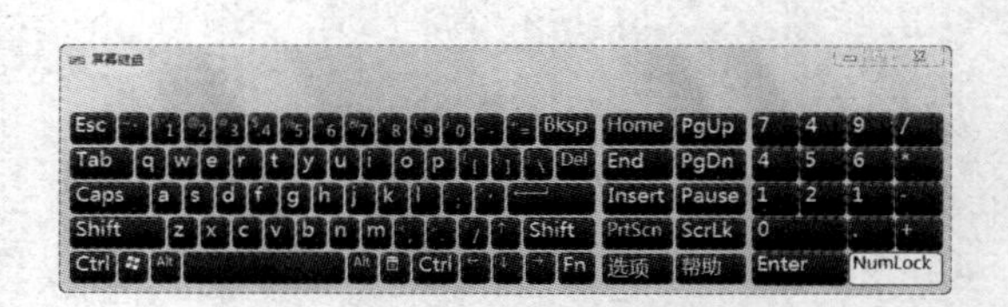

图 5-51　加上数字小键盘的屏幕键盘

使用屏幕键盘输入文本和使用实际键盘输入相似，只不过前者是用鼠标单击相应键盘按键进行输入。下面举例说明屏幕键盘输入文本的操作。

【例 5-8】使用屏幕键盘在写字板内输入“Windows 7 系统文件”这句文本。

(1) 选择【开始】|【所有程序】|【附件】|【写字板】命令，启动写字板程序，如图 5-52 所示。

(2) 选择【开始】|【所有程序】|【附件】|【屏幕键盘】命令，启动屏幕键盘程序，如图 5-53 所示。

图 5-52　打开写字板

图 5-53　打开屏幕键盘

(3) 将鼠标光标插入点定位于写字板内，用鼠标左键单击屏幕键盘的 Shift 键，切换成大写字母，单击 W 键后，键盘自动返回小写字母模式，继续单击 i、n、d、o、w、s 键，再单击空格键，然后单击数字键 7，写字板上就输入了“Windows 7”， 如图 5-54 所示。

(4) 依次单击 Ctrl 键和空格键，切换出“搜狗拼音输入法”，继续单击 xi、tong、fu、jian 键，写字板内输入“系统文件”的中文文本， 如图 5-55 所示。

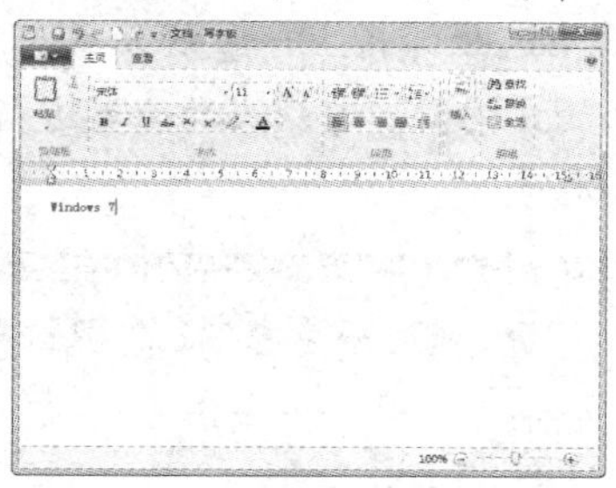

图 5-54　输入英文文本

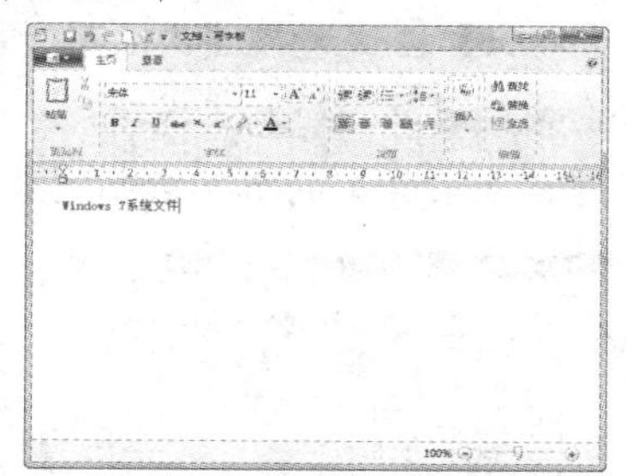

图 5-55　输入汉字文本

5.7　上机练习

本章的上机实验主要练习使用画图附件工具绘制图形和计算器附件工具的日期计算功能，使用户更好地掌握这些实用附件的基本操作方法和技巧，以及一些特殊功能的使用方法。

5.7.1　绘制图形

【例 5-9】使用画图工具绘制一个【禁止右转】的标志。

(1) 选择【开始】|【所有程序】【附件】|【画图】命令，打开画图程序。

(2) 在【形状】区域选择【椭圆形】图案，在【轮廓】下拉菜单中选择【纯色】选项，在【粗细】下拉列表中选择 8px 选项，然后在【颜色】区域选择【红色】选项，在按住 Shift 键的同时，使用鼠标在画布区域绘制出一个正圆形图案，如图 5-56 所示。

(3) 在【形状】区域选择【多边形】图案，其他选项保持上一步的设置，然后在正圆中绘制一条穿过圆心的斜线，如图 5-57 所示。

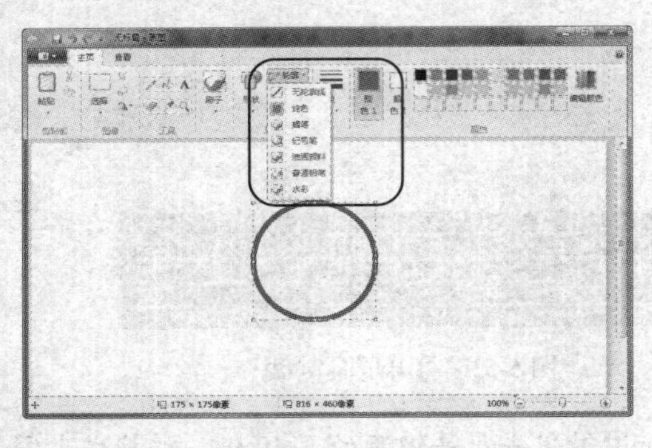

图 5-56　绘制圆形

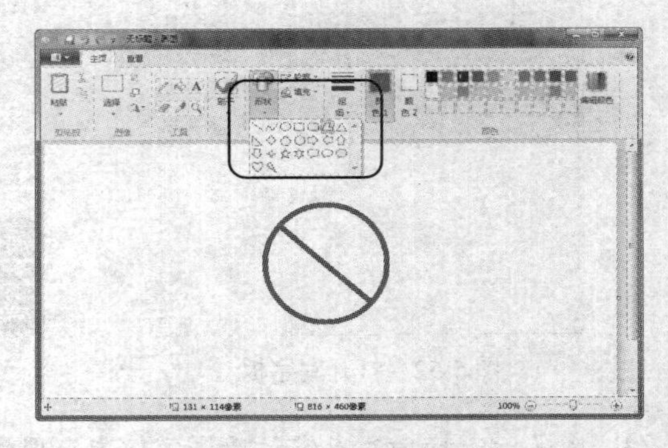

图 5-57　绘制斜线

(4) 在【形状】区域选择【矩形】图案，设置为【无轮廓线】，在【填充】下拉菜单中选择【纯色】选项，选中【颜色 2】按钮，然后在【颜色】区域选择【黑色】选项，在图形中绘制出一个实心矩形，如图 5-58 所示。

(5) 再次在【形状】区域选择【向右的箭头】图案，其他选项保持上一步的设置，然后在图形中绘制一个向右的箭头，绘制完成后，可使用小键盘上的方向键，对箭头的位置进行微调，最终一个简单的【禁止右转】的标志绘制完成，如图 5-59 所示。

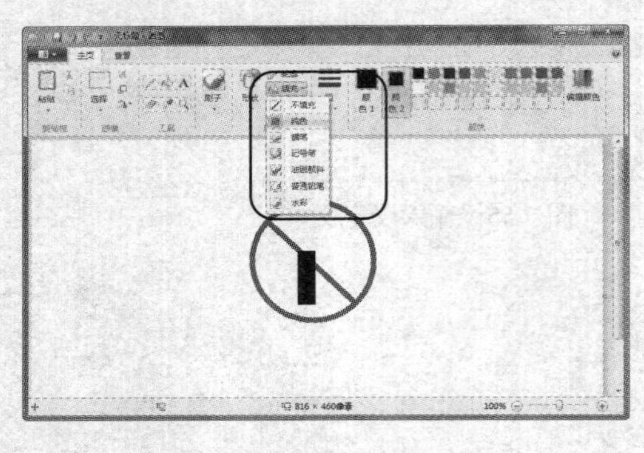

图 5-58　绘制实心矩形

图 5-59　完成标志图形

5.7.2　计算器日期计算

计算器工具提供了一个日期计算的功能，能够帮助用户方便的计算两个日期之间的天数。

【例 5-10】 这里计算从 2012 年 2 月 1 日到 2013 年 5 月 4 日之间相差几天。

(1) 在 Windows 7 中，选择【开始】|【所有程序】【附件】|【计算器】命令，如图 5-60 所示。

(2) 打开计算器程序，在计算器的菜单栏中选择【查看】|【日期计算】命令，如图 5-61 所示。

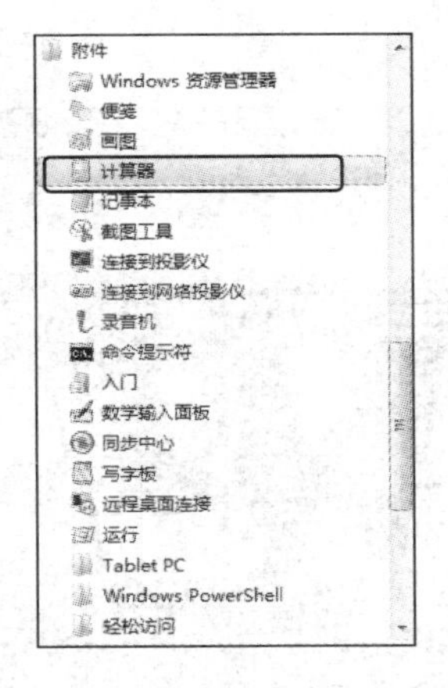

图 5-60　选择【计算器】命令

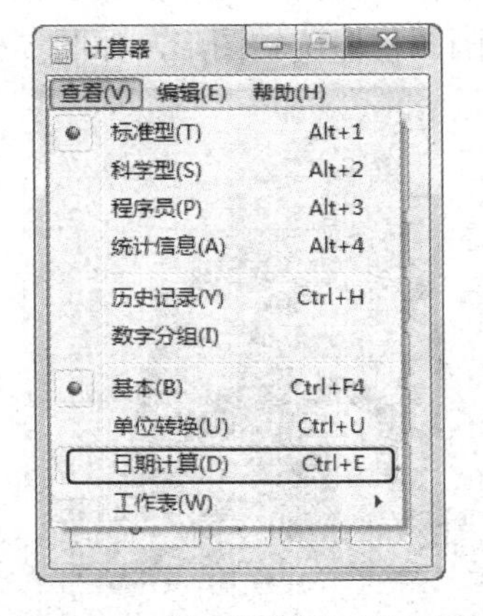

图 5-61　选择【日期计算】命令

(3) 打开日期计算面板，在【选择所需的日期计算】下拉菜单中，选择【计算两个日期之差】选项，如图 5-62 所示。

(4) 设置从“2012/2/1”到“2013/5/4”的日期，如图 5-63 所示。

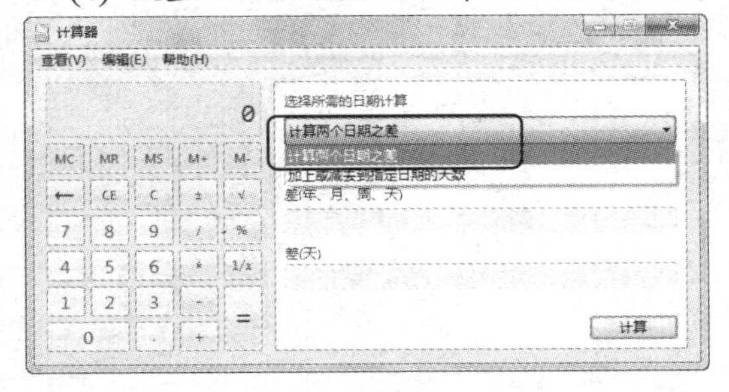

图 5-62　选择【计算两个日期之差】选项

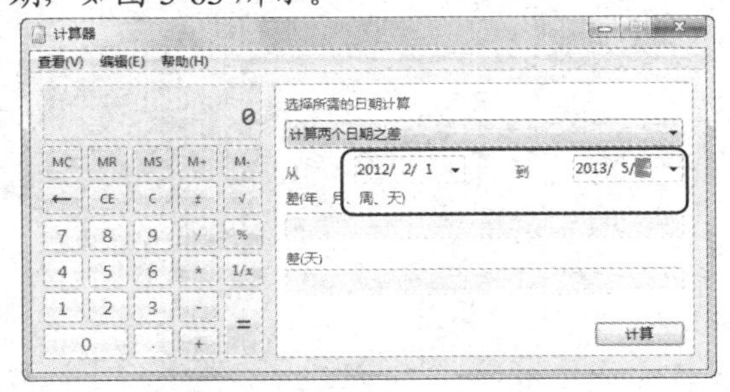

图 5-63　设置日期

(5) 单击【计算】按钮，即可计算出两个日期的天数之差，如图 5-64 所示。

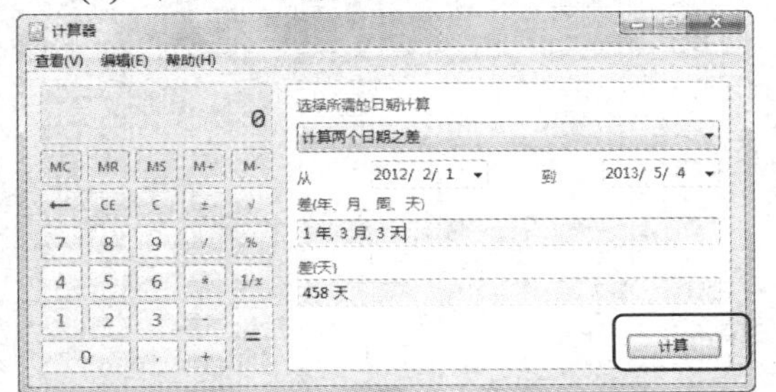

图 5-64　计算结果

提示

在步骤(3)里选择【加上或减去到指定日期的天数】选项可以计算从一个日期加减天数后的最终日期。

5.8 习题

1. 在 Windows 7 中如何打开多个便签？
2. 在写字板里如何剪切、复制、粘贴及删除文本？
3. 使用画图程序旋转图形，如图 5-65 所示。

图 5-65　旋转图形

第6章 Windows 7中的娱乐功能

学习目标

通过计算机绘画、听音乐、看电影、看图片、玩小游戏已经成为人们工作之余最为轻松的休闲方式。在 Windows 7 系统中，提供了很多多媒体软件，满足了用户视觉和听觉的感受，提供休闲和娱乐。本章将主要介绍 Windows 7 多媒体娱乐软件的使用方法。

本章重点

- 使用 Windows Media Player
- 使用 Windows Live 照片库
- 使用 Windows Media Center

6.1 使用 Windows Media Player

在 Windows 7 操作系统中，用户可以使用 Windows Media Player 实现听歌和看电影功能，它是系统自带的一款多功能媒体播放器，不但可以播放 CD、MP3、WAV 和 MIDI 等音频文件，而且还可以播放 AVI、WMV、VCD/DVD 光盘和 MPEG 等视频格式的文件。

6.1.1 Windows Media Player 操作界面

使用 Windows Media Player 可以播放和管理电脑中以及网络上的数字媒体文件，还可以收听全世界范围内的广播，从 CD 光盘上复制音乐文件等。选择【开始】|【所有程序】|Windows Media Player 命令，打开 Windows Media Player 窗口，该软件操作界面如图 6-1 所示。

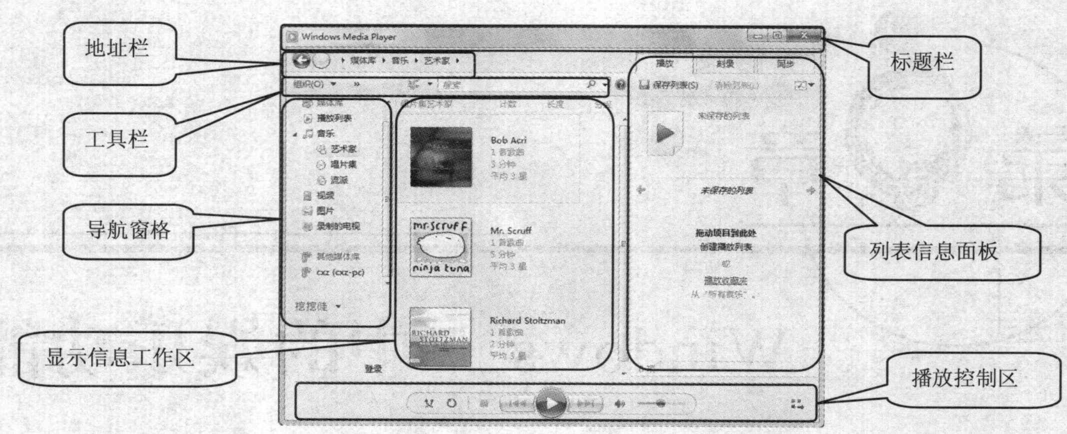

图 6-1　Windows Media Player 操作界面

下面分别介绍 Windows Media Player 软件操作界面的各组成部分。

- 标题栏：显示软件名称，和别的软件窗口一样，包含【最大化】、【最小化】、【关闭】等按钮。
- 地址栏：包含【前进】和【后退】按钮，以及切换地址按钮，用于在播放器各窗口间进行切换。
- 工具栏：包含了各种常用命令菜单，有【组织】菜单、【媒体流】菜单、【创建播放列表】菜单，以及【搜索框】和【帮助】按钮。
- 导航窗格：用于快速切换不同媒体信息的类别，如音乐、视频、图片等。
- 显示信息工作区：显示当前类别媒体的详细信息，并对这些信息进行操作管理。
- 列表信息面板：显示播放、刻录、同步列表信息内容。
- 播放控制区：提供播放媒体文件的控制按钮，播放模式和显示文件信息的播放状态。

6.1.2　媒体库的使用

Windows 7 为用户提供了一个媒体库，使用 Windows Media Player 播放多媒体文件时，需要用户将媒体文件导入到媒体库中，当要播放这些媒体文件时，直接在媒体库中双击这些媒体文件即可。

【例 6-1】将计算机 D 盘中【音乐】文件夹内的音乐文件导入到媒体库中。

(1) 启动 Windows Media Player，单击工具栏上的【组织】按钮，在弹出的下拉菜单里选择【管理媒体库】|【音乐】命令，如图 6-2 所示。

(2) 在打开的【音乐库位置】对话框中单击【添加】按钮，如图 6-3 所示。

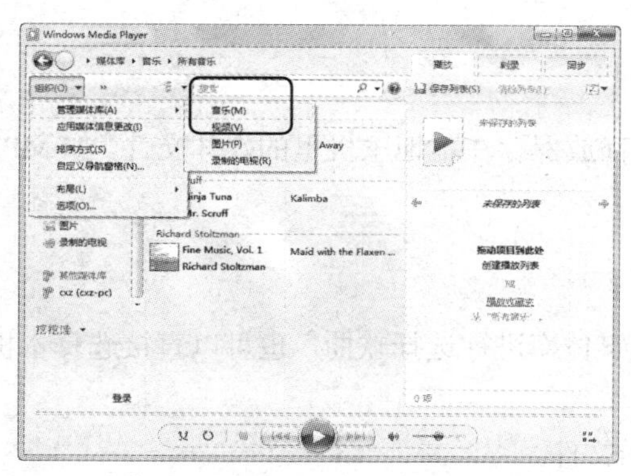

图 6-2 选择菜单中【音乐】命令

图 6-3 单击【添加】按钮

(3) 打开【将文件夹包括在“音乐”中】对话框，在该对话框中选中 D 盘的【音乐】文件夹，然后单击【包括文件夹】按钮，如图 6-4 所示。

(4) 返回到【音乐库位置】对话框，此时【音乐】文件夹会出现在该对话框中，单击【确定】按钮，如图 6-5 所示。

图 6-4 选择【音乐】文件夹

图 6-5 单击【确定】按钮

(5) 此时，可以将【音乐】文件夹中的音乐导入到媒体库中，如图 6-6 所示。

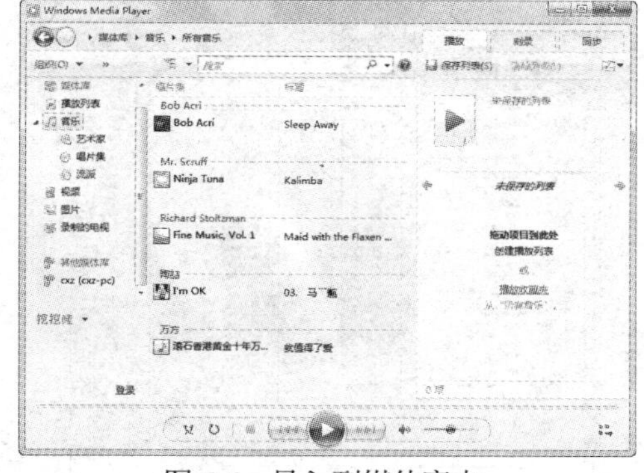

图 6-6 导入到媒体库中

知识点

要删除媒体库中的文件，可以选择该文件后右击，在弹出的快捷菜单中选择【删除】命令即可。

6.1.3 播放多媒体文件

用户可以用 Windows Media Player 播放器直接播放保存在本地主机里的媒体文件，如 MP3 音乐、AVI 视频等各种媒体格式文件。

1. 播放音乐

播放本机音乐媒体文件，可以使用前面介绍的媒体库进行选择歌曲，也可以直接选择本机硬盘路径里的音乐进行播放。

【例 6-2】在 Windows Media Player 中播放音乐文件。

(1) 启动 Windows Media Player，单击工具栏上的【组织】按钮，在弹出的下拉菜单里选择【布局】|【显示菜单栏】命令，如图 6-7 所示。

(2) 主界面显示【菜单栏】，选择【文件】|【打开】命令，如图 6-8 所示。

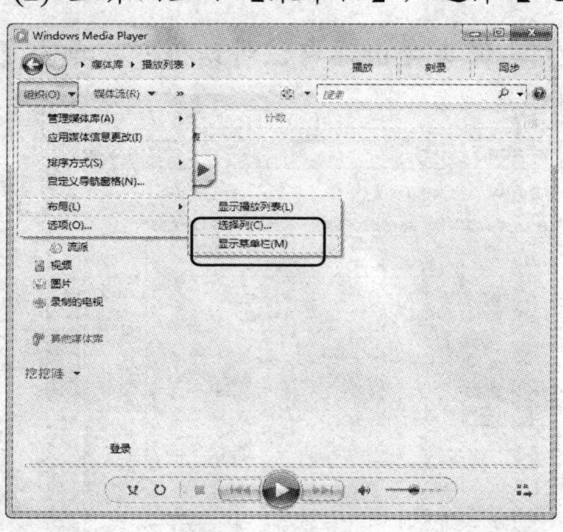

图 6-7　选择【显示菜单栏】命令

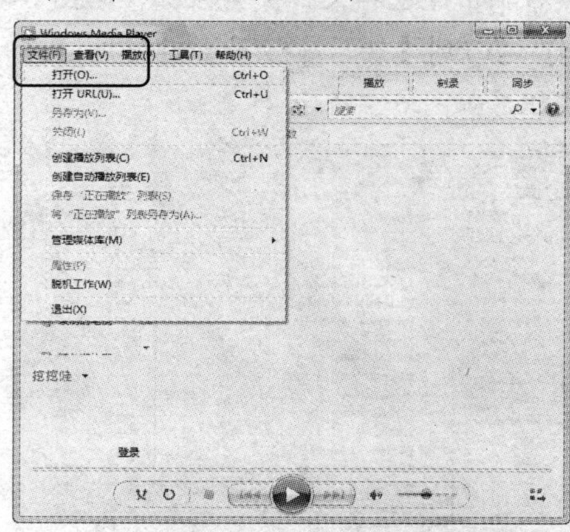

图 6-8　选择【打开】命令

(3) 在打开的【打开】对话框中选择【音乐】文件，单击【打开】按钮，如图 6-9 所示。

(4) 返回主界面，音乐已经开始播放，用户可以选择菜单栏上的【查看】|【外观】命令，如图 6-10 所示。

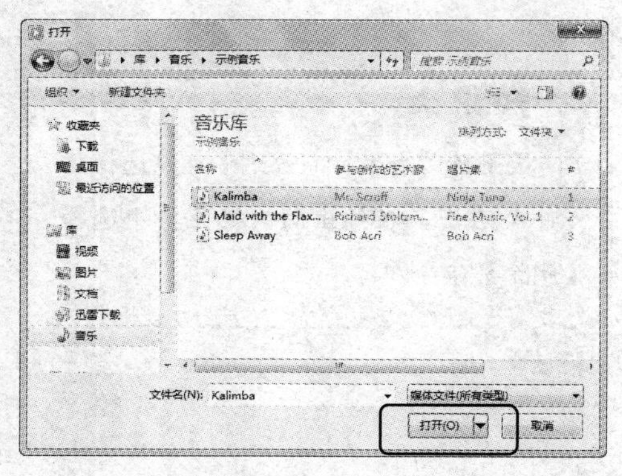

图 6-9　打开音乐文件

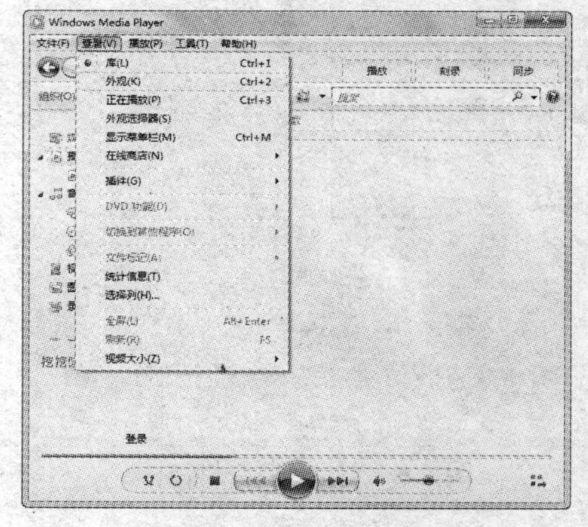

图 6-10　选择【外观】命令

(5) 打开【外观】界面，用户可以查看该音乐文件的文件名、播放时间以及控制播放的一些按钮界面，如图 6-11 所示。

(6) 用户还可以选择菜单栏上的【查看】|【正在播放】命令，打开【正在播放】界面，如图 6-12 所示。

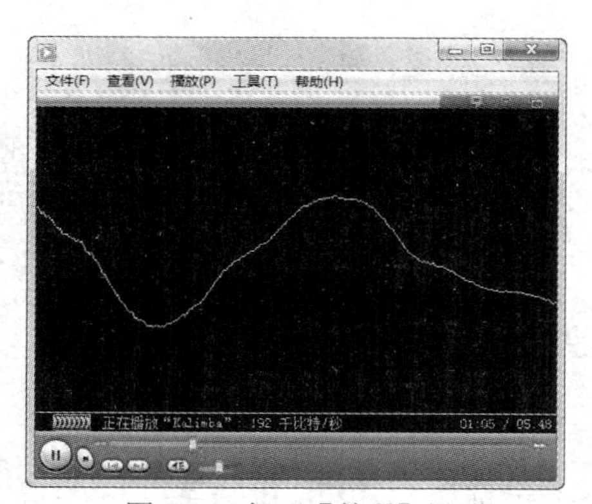

图 6-11　打开【外观】界面

图 6-12　打开【正在播放】界面

播放音乐文件，还可以通过其他方式进行操作，下面简单介绍其方法。

- 双击播放：双击要播放的音乐文件，即可播放该文件。
- 右键快捷菜单播放：右击要播放的音乐文件，在弹出的快捷菜单中选择【播放】命令即可播放该文件，如图 6-13 所示；选择【播放下一个】命令，可以将该音乐文件添加至当前播放音乐的下一首，如图 6-14 所示。

图 6-13　选择【播放】命令

图 6-14　选择【播放下一个】命令

- 使用播放控制区：选择要播放的音乐文件，单击播放控制区中的【播放】按钮，即可开始播放该文件。

2. 播放视频

在 Windows Media Player 播放器里播放视频，和播放音乐的方式相同。由于使用媒体库播放媒体文件方便快捷，用户也可以应用【库】来播放视频。

【例 6-3】在 Windows Media Player 中播放视频文件。

(1) 启动 Windows Media Player，单击导航窗格里的【视频】按钮，打开视频的媒体库，如图 6-15 所示。

(2) 右击视频文件，在弹出的快捷菜单中选择【播放】命令，如图 6-16 所示。

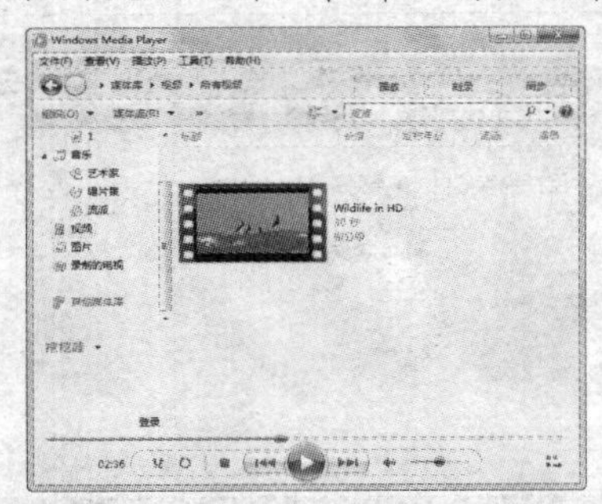

图 6-15　打开视频库

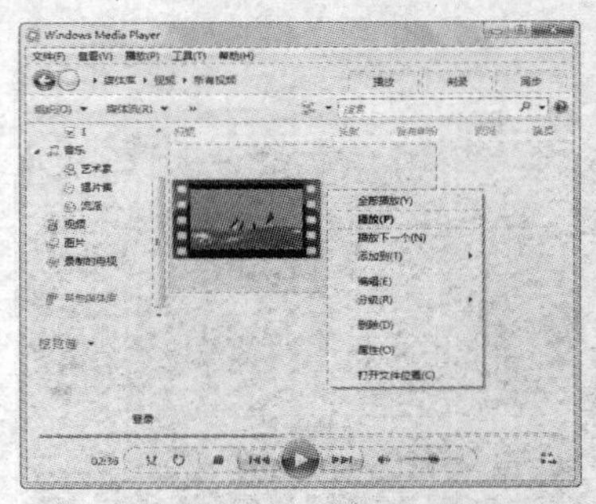

图 6-16　选择【播放】命令

(3) 开始播放视频文件，在播放窗口中不会显示播放控制区，如图 6-17 所示。

(4) 如果要进行播放控制，只需将鼠标光标移到视频窗口里，则会显示出播放控制区，如图 6-18 所示。

图 6-17　播放视频文件

图 6-18　显示播放控制区

(5) 在视频播放窗口里右击，弹出快捷菜单，选择【全屏】命令，可以使视频全屏播放，如图 6-19 所示。

(6) 在快捷菜单中选择【视频】|50%命令，可以使视频窗口缩小一半(50%比例)播放，如图 6-20 所示。

图 6-19　选择【全屏】命令

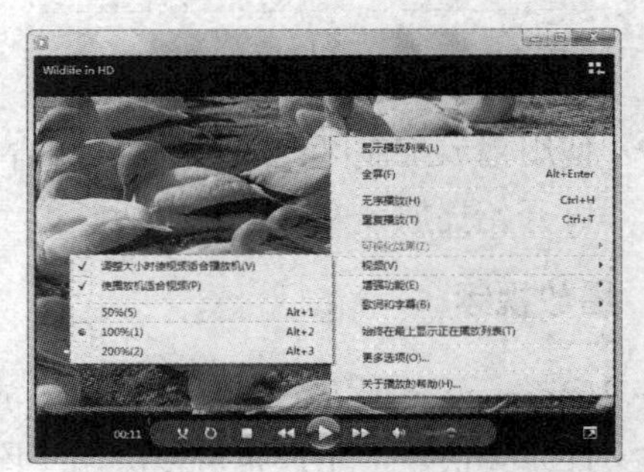

图 6-20　选择 50%命令

6.2　使用 Windows Live 照片库

很多用户的计算机中都会保存大量的图片，使用 Windows 7 系统中的【Windows Live 照片库】功能，不仅能够快速便捷地浏览各种图片资源，还能够让用户轻松地对照片进行整理和编辑操作，从而打造完全属于自己的图片资源库。

6.2.1　Windows Live 照片库操作界面

如果用户在安装 Windows Live 本地软件功能包时选择了【照片库】，就可以通过【开始】菜单来打开【Windows Live 照片库】程序。

选择【开始】|【所有程序】|Windows Live|【Windows Live 照片库】命令，打开【Windows Live 照片库】窗口，其操作界面如图 6-21 所示。

图 6-21　【Windows Live 照片库】操作界面

下面分别对该软件操作界面各组成部分进行介绍。

- 功能区：包括了功能选项卡和功能区按钮，单击选项卡中的某个标签可以打开相应的功能区，功能选项卡主要包括【开始】、【编辑】、【查找】、【创建】、【查看】等选项卡，用户可以选择不同功能进行编辑照片。
- 导航窗格：包含了本机硬盘上所有的照片和视频，并形成照片库，以便用户快捷打开照片进行查看或编辑。
- 主窗格：在导航窗格里选择的照片会显示在主窗格中，主要用于查看照片和选择照片进行编辑。
- 控件窗格：包括显示当前照片内容信息，如照片内容、总数量等，以及一些快捷操作照片的控件按钮等。

6.2.2 图片库的使用

Windows Live 照片库安装后，位于系统内置用户目录中的【图片】和【视频】文件夹中的媒体文件会添加到照片库中。用户可以添加其他路径的图片进入图片库，方便查看和浏览图片。

如果用户想将非系统预设的图片目录中的图片添加到图片库中，可以让 Windows Live 照片库与这些文件的路径进行关联，下面举例说明如何添加图片库中的图片。

【例 6-4】将 E 盘【壁纸】文件夹中的图片添加到图片库中。

(1) 启动【Windows Live 照片库】程序，单击功能区里的【文件】按钮，在弹出的菜单中选择【包括文件夹】命令，如图 6-22 所示。

(2) 打开【图片库位置】对话框，单击【添加】按钮，如图 6-23 所示。

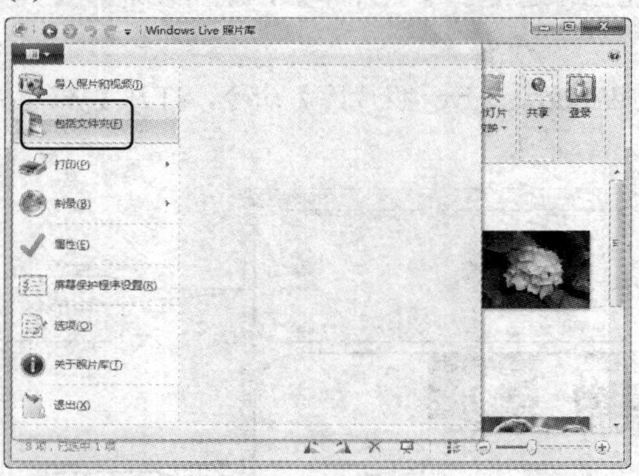

图 6-22　选择【包括文件夹】命令

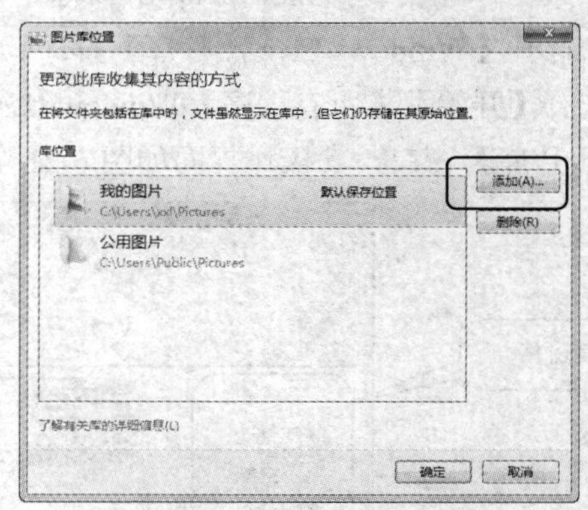

图 6-23　单击【添加】按钮

(3) 打开【将文件夹包括在"图片"中】对话框，选择 E 盘里的【壁纸】文件夹，然后单击【包括文件夹】按钮，如图 6-24 所示。

(4) 返回【图片库位置】对话框，在【库位置】选项区域里多了【壁纸】选项，单击【确定】按钮，如图 6-25 所示。

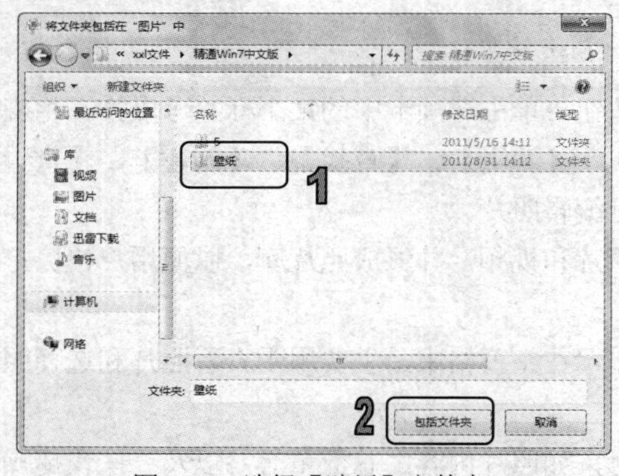

图 6-24　选择【壁纸】文件夹

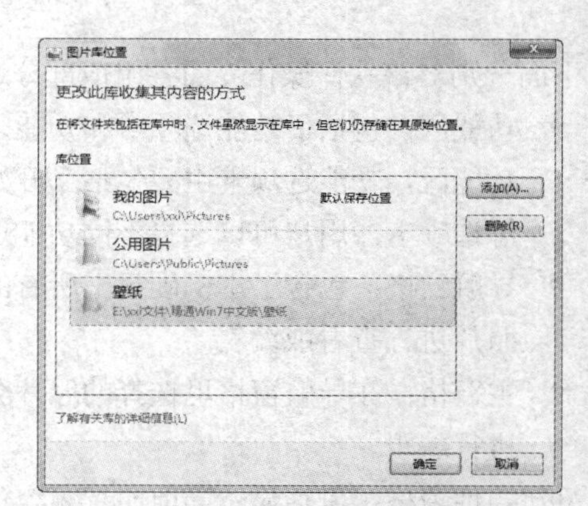

图 6-25　单击【确定】按钮

(5) 返回主操作界面，在导航窗格里的【图片】选项下，多了【壁纸】选项，选择该选项，在主窗格中显示【壁纸】文件夹下的所有图片，如图 6-26 所示。

图 6-26 【壁纸】图片库

知识点

导入图片库中的图片就可以进行浏览查看了，用户可以选择双击缩略图片，打开完整图片查看，也可以用幻灯片方式查看图片。

6.2.3 简单编辑图片

Windows 7 的照片库不仅具有浏览图片的功能，还可以对图片进行简单处理，如调整曝光、调整颜色、修复红眼等编辑操作。

【例 6-5】使用【Windows Live 照片库】对照片进行简单的处理。

(1) 启动【Windows Live 照片库】程序，双击要处理的照片，选择【编辑】选项卡，如图 6-27 所示。

(2) 单击【向左旋转】按钮或【向右旋转】按钮，图片则向左或向右旋转 90°，如图 6-28 所示。

图 6-27 【编辑】界面

图 6-28 旋转图片

(3) 单击【颜色】按钮，弹出下拉菜单，选择其中一个颜色方案，则图片颜色发生改变，如图 6-29 所示。

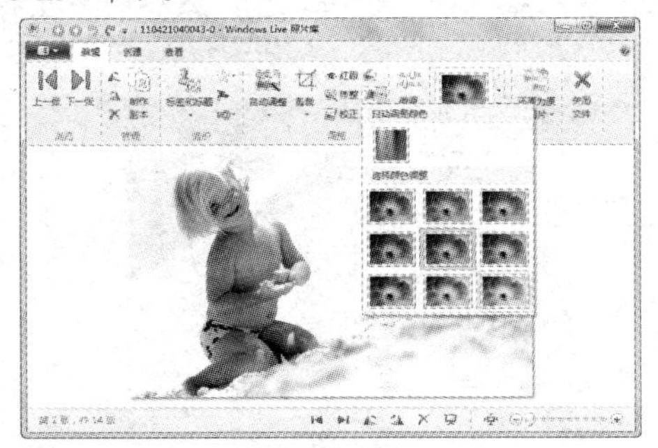

图 6-29 改变图片颜色

图 6-30 改变图片曝光

(4) 单击【曝光】按钮，在弹出下拉菜单中选择其中一个曝光方案，则图片调整了曝光度，如图 6-30 所示。

(5) 单击【剪裁】按钮，用户可通过拖动图片中的控制点来调整图片的裁剪范围，然后再次单击【剪裁】按钮，在下拉菜单中选择【应用剪裁】命令，即可裁剪图片，如图 6-31 所示。

(6) 单击【效果】按钮旁的按钮，在弹出下拉菜单中选择其中一个效果方案，则图片显示为调整后的效果，如图 6-32 所示。

图 6-31　裁剪图片

图 6-32　改变图片效果

计算机基础与实训教材系列

6.3　使用录音机

Windows 7 系统自带的录音机程序可以在计算机上将各种外部设备上输入的声音录制成媒体文件，并且和以往操作系统自带录音机程序相比有所改进，Windows 7 的录音机程序可以录制时间长于 1 分钟的媒体文件。

6.3.1　设置麦克风

录制声音除了需要系统自带的录音机程序，还需要外部硬件设备的准备，用户可以使用麦克风来进行声音输入。

【例 6-6】连接并设置麦克风。

(1) 用户先将麦克风的插头插入计算机机箱后声音输入插孔(一般为红色)，然后打开【控制面板】窗口，单击【声音】图标，如图 6-33 所示。

图 6-33　控制面板中的【声音】图标

图 6-34　【声音】对话框

(2) 打开【声音】对话框，选择【录制】选项卡，这时可以看到【麦克风】设备连接正常，选中【麦克风】选项，单击【属性】按钮，如图 6-34 所示。

(3) 打开【麦克风属性】对话框，在该对话框中用户可以对麦克风进行侦听、级别、格式等设置，如图 6-35 所示。

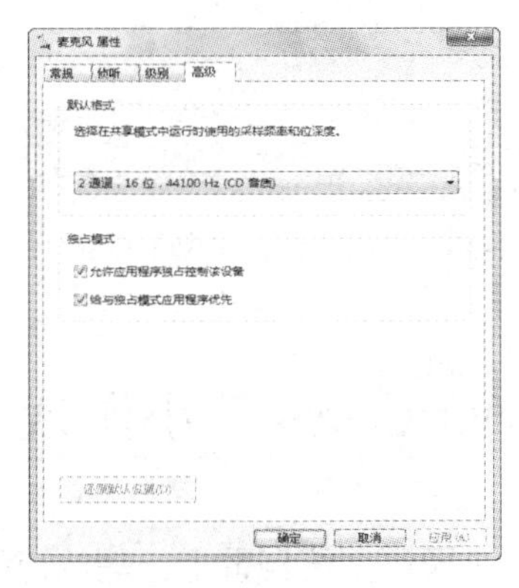

图 6-35　设置麦克风属性

6.3.2　开始录音

麦克风设置完毕后，用户就可以使用系统自带的【录音机】程序进行录音操作，下面将举例介绍录音的步骤。

【例 6-7】使用【录音机】程序进行录音。

(1) 选择【开始】|【所有程序】|【附件】|【录音机】选项，如图 6-36 所示。

(2) 在打开的【录音机】程序中单击【开始录制】按钮，则会开始录音，如图 6-37 所示。

图 6-36　打开【录音机】程序

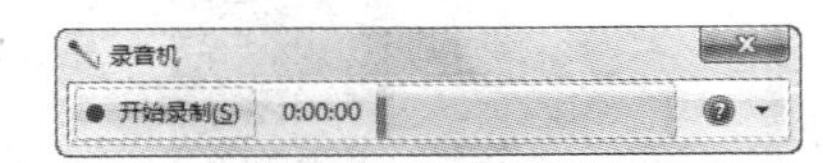

图 6-37　单击【开始录制】按钮

(3) 单击【停止录制】按钮，则会打开【另存为】对话框，如图 6-38 所示。

(4) 在打开的【另存为】对话框中单击【保存】按钮，即可保存录音的媒体文件，如图 6-39 所示。

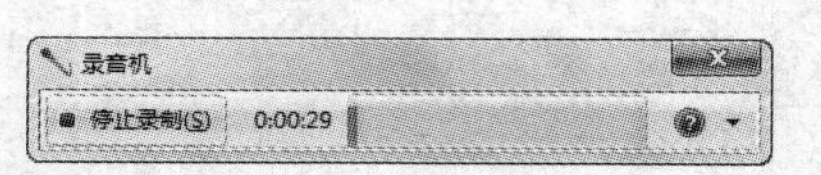

图 6-38　单击【停止录制】按钮

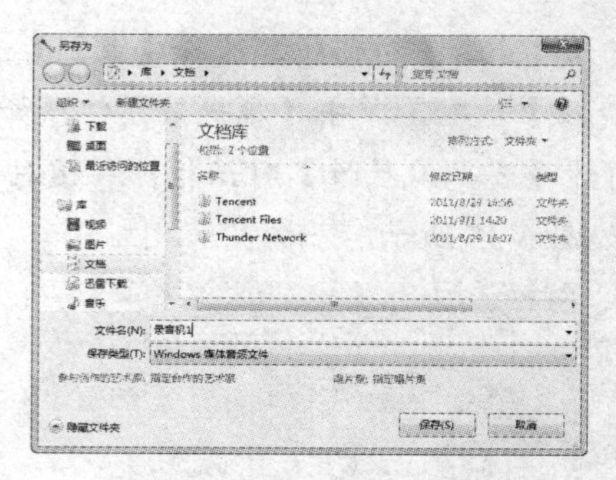

图 6-39　保存录音文件

6.4　Windows 7 小游戏

Windows 7 操作系统自带了一些益智型的小游戏，在繁忙的学习和工作之余，玩一下这些益智的小游戏也不失为一种放松身心的好方法。下面将给用户介绍几个锻炼脑力、放松精神的小游戏。

6.4.1　扫雷游戏

扫雷游戏是一款考验用户判断力的小游戏。扫雷的游戏目标是在不踩到地雷的情况下，找出雷区中的所有地雷。

用户可以选择【开始】|【游戏】命令，打开【游戏】窗口，如图 6-40 所示。双击【扫雷】图标，打开扫雷游戏，如图 6-41 所示。

图 6-40　选择【游戏】命令

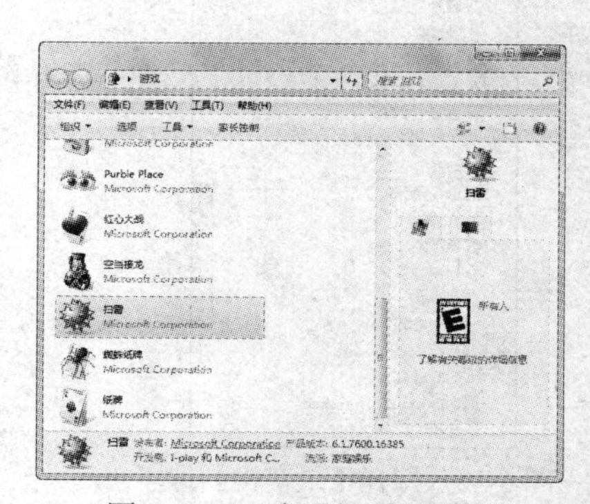

图 6-41　双击【扫雷】图标

一开始会打开【选择难度】对话框，选择一种难度后，开始进入扫雷游戏，如图 6-42 所示。

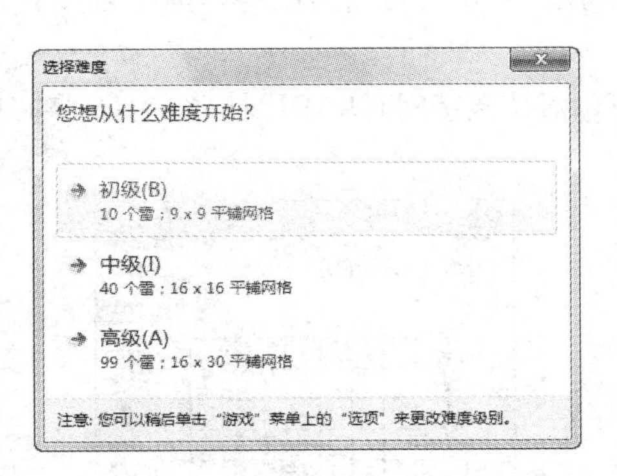

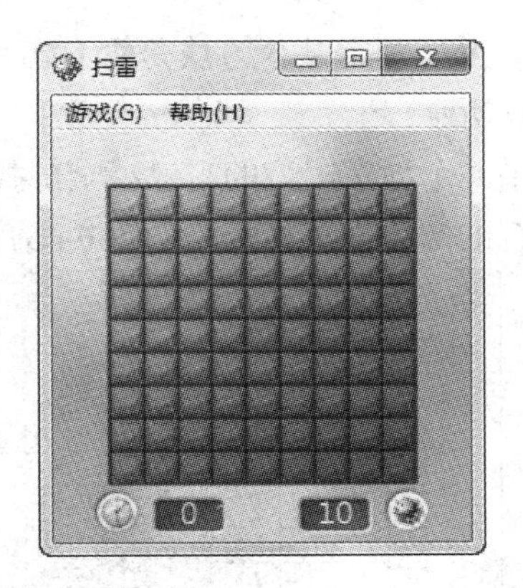

图 6-42　选择难度后进入扫雷游戏

1. 游戏规则

游戏共分 3 个级别，分别是初级、中级和高级。第一次启动游戏时，系统会让用户选择从什么样的级别开始。

刚开始游戏没有任何提示，试探地单击游戏区中的小方块，若运气好会展开一片无雷区，便于用户判断有雷区。

标记为 1 的方格表示其周围 8 个格子中有 1 个格子是地雷，标记为 2 则表示有 2 个地雷。以此类推，先判断出地雷的位置，再右击该位置标记地雷，然后点开其他非地雷的方块，继续根据数字来判断地雷，如图 6-43 所示。如果单击的方格内隐藏有地雷，则会引爆雷区中的所有地雷，游戏宣告失败并自动结束。

找出所有地雷后结束游戏，会打开【游戏胜利】对话框，单击【再玩一局】按钮可重新开始游戏，如图 6-44 所示。

图 6-43　玩扫雷游戏

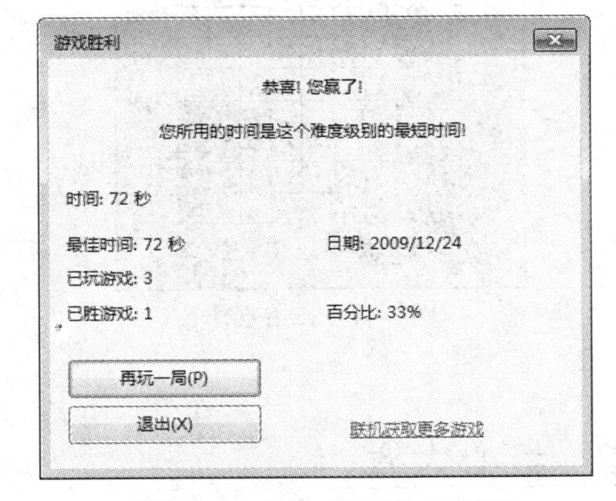

图 6-44　【游戏胜利】对话框

2. 游戏技巧

在扫雷游戏中掌握下面总结的技巧，用户可以快速提高扫雷的速度和准确性。

- 如果无法判定某个方块是否有雷，则可以在该方块处右击两次将其标注为"?"，如图6-45所示。
- 如果某个数字附近的雷已经全部找出，可以对该数字同时单击鼠标左右键，将其周围所有的方块全部打开，如图6-46所示。

图6-45　标注"？"号

图6-46　对数字"2"单击鼠标左右键

- 寻找常见的数字组合，如出现该组合则可判断方框内剩余的3个方格全有地雷。例如，在一组未挖开的方块边上相邻的3个数字2-3-2则表示这3个数旁边有一排有3个地雷，如图6-47所示。
- 玩家可以选择【游戏】|【选项】命令，来选择游戏的难度，如图6-48所示。

图6-47　扫雷规律

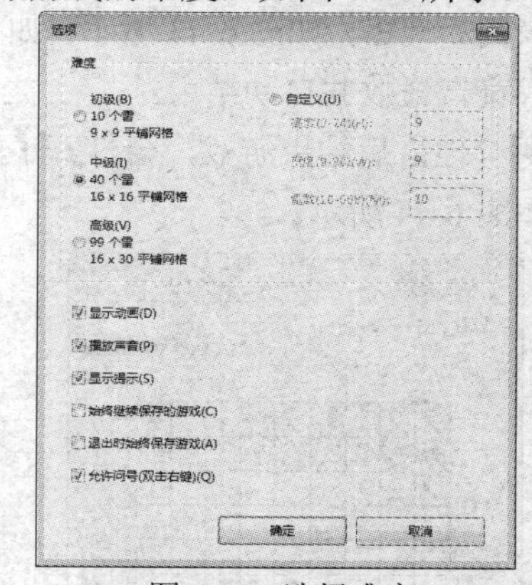

图6-48　选择难度

6.4.2　红心大战

红心大战属于纸牌类游戏，它类似于人们通常玩的【拱猪】游戏，只是计算得分的方法略有不同，玩法都大致相同。

双击【游戏】窗口中的【红心大战】图标，即可启动【红心大战】游戏。游戏的主操作界面如图6-49所示。

【例 6-8】【红心大战】游戏玩法。

(1) 玩家在每局开头将三张牌传给对手(第四局不传牌)。抓有梅花 2 的玩家首先出梅花 2 开始第一轮的出牌。

(2) 下家必须跟相同花色的牌。如果没有相同花色的牌，则可以出任何一张牌(唯一例外是不能在第一圈牌中出红桃或黑桃皇后)。

(3) 发牌花色牌中最大的牌会赢取这一圈，赢牌的玩家在下一圈中先出牌。在红心大战中，纸牌的大小顺序是从 A(大)到 2(小)。

(4) 玩家在后续各圈中可以使用任何花色的牌发牌。唯一例外是不能出红桃。只有在上一圈中出过红桃后才可以用红桃发牌(即，游戏用语中指已经“垫”过红桃)。

(5) 红心大战的目的是将所有红桃传给其他玩家(其他玩家也尝试将其红桃传给您)。当某个玩家得 100 分时游戏就会结束。这时，总分最少的玩家获胜。

(6) 当所有玩家手中的牌都出完后，本轮结束，系统会自动计算本轮各个玩家的得分，玩家赢取的每张红心加 1 分，黑桃 Q 加 13 分，得分最少的玩家为本轮的冠军。如果有一位玩家在一轮牌中赢得了黑桃 Q 和所有的红心(称之为“全收”)，则这位玩家得分为零，其他玩家每人加 26 分。

(7) 单击【开始下一局】按钮，继续开始下一轮，如图 6-50 所示。游戏将持续到其中某位玩家得分为 100 或庄家退出时，游戏结束。

(8) 该游戏的目标是在游戏结束的时候得分最低，得分最低的玩家为赢家。

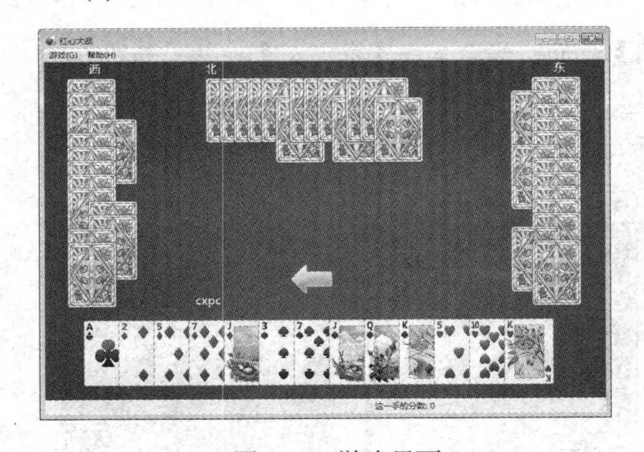

图 6-49 游戏界面

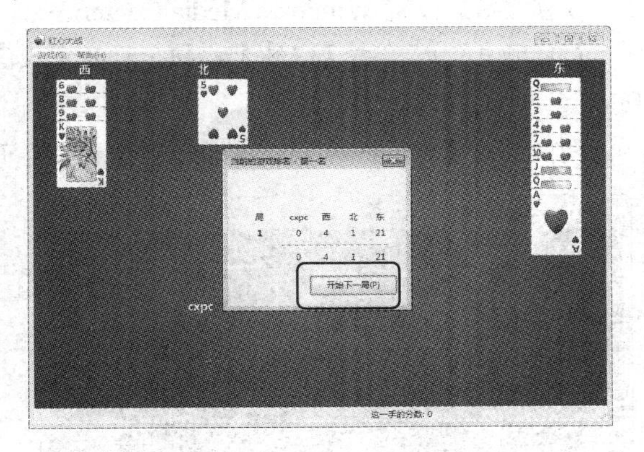

图 6-50 单击【开始下一局】按钮

6.5 使用 Windows Media Center

Windows Media Center 是 Windows 7 操作系统特有的组件程序，它将系统自带的多媒体娱乐程序集中在一起，包含了音乐和视频的播放、图片浏览、游戏等功能，让用户使用多媒体娱乐更加方便快捷。

6.5.1 设置 Windows Media Center

启动 Windows Media Center，用户可以选择【开始】|【所有程序】|Windows Media Center 命令，打开 Windows Media Center 的欢迎界面，如图 6-51 所示。

图 6-51　打开 Windows Media Center

下面举例说明设置 Windows Media Center 的步骤。

【例 6-9】设置 Windows Media Center。

(1) 用户可以单击【继续】按钮，打开【入门】界面，然后单击【自定义】按钮，如图 6-52 所示。

(2) 进入【Windows Media Center 设置】界面，单击【下一步】按钮，如图 6-53 所示。

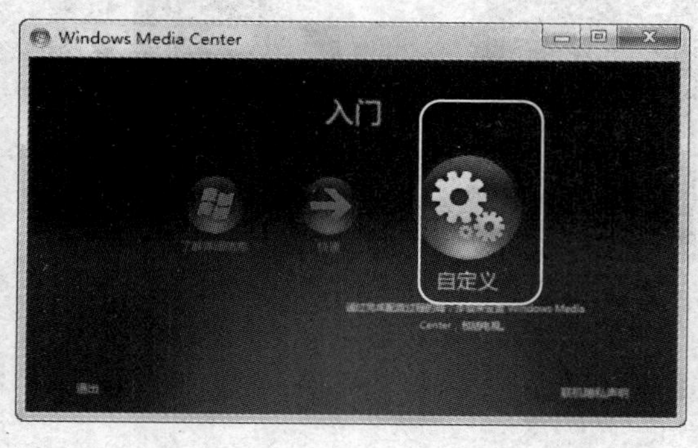

图 6-52　【入门】界面

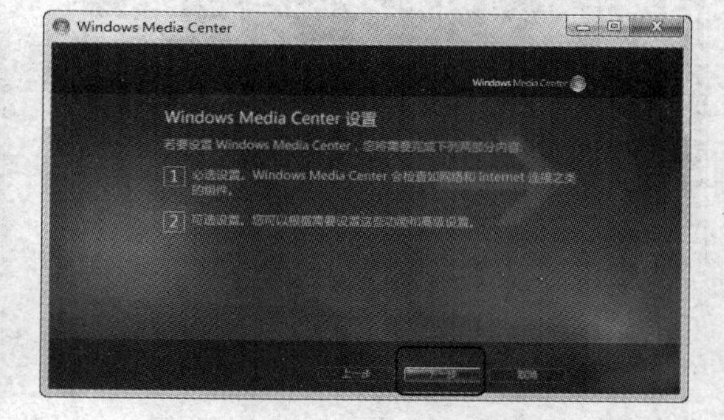

图 6-53　【Windows Media Center 设置】界面

(3) 进入【帮助改善 Windows Media Center】界面，这里选中【不，谢谢】单选按钮，表示不参与改善计划，然后单击【下一步】按钮，如图 6-54 所示。

(4) 进入【充分利用 Windows Media Center】界面，选中【是】单选按钮，然后单击【下一步】按钮，如图 6-55 所示。

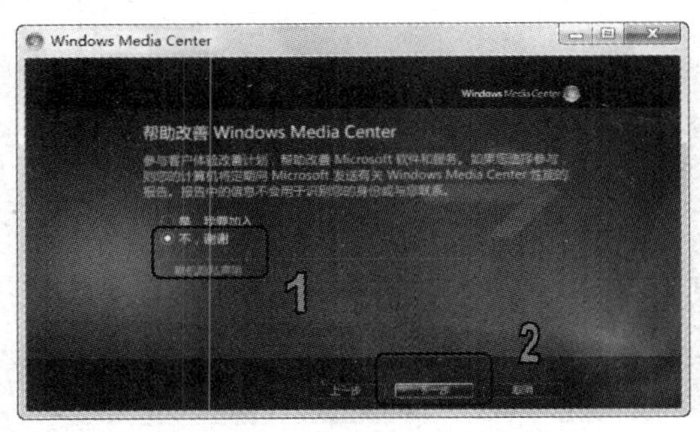

图 6-54　选择不参与改善计划

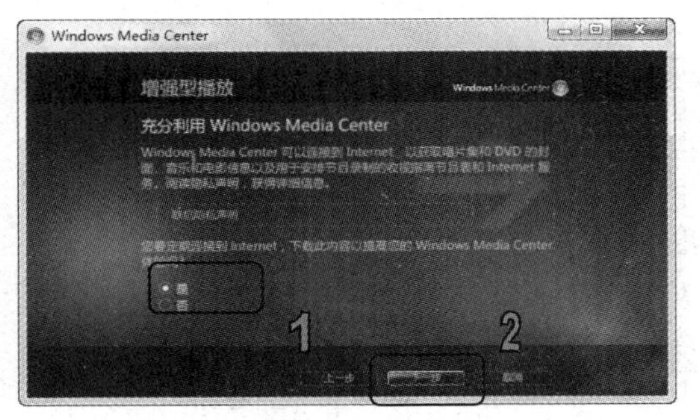

图 6-55　【充分利用 Windows Media Center】界面

(5) 打开【已设置必选组件】界面，窗口提示完成自定义的设置，单击【下一步】按钮，如图 6-56 所示。

(6) 打开【可选设置】界面，这里选中【已完成】单选按钮，不再进行设置，单击【下一步】按钮，如图 6-57 所示。

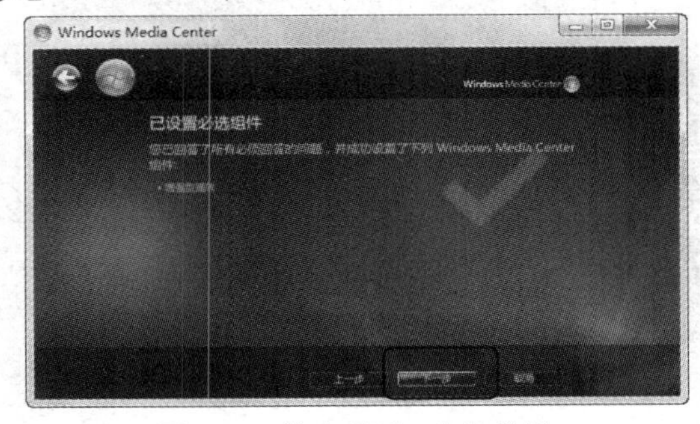

图 6-56　单击【下一步】按钮

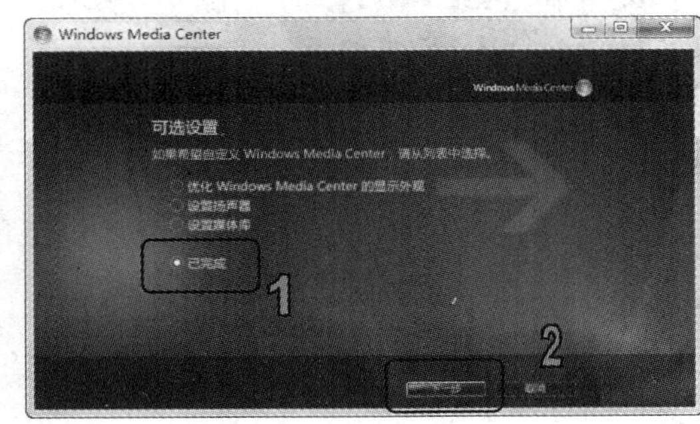

图 6-57　【可选设置】界面

(7) 设置完成，单击【完成】按钮，如图 6-58 所示。此时进入 Windows Media Center 操作界面，这样就可以开始使用 Windows Media Center 了，如图 6-59 所示。

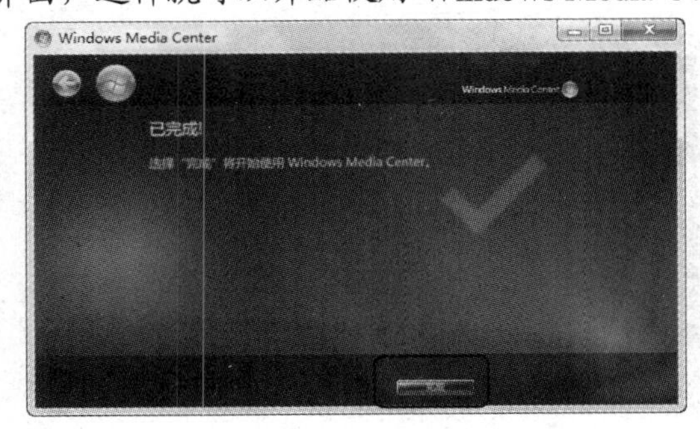

图 6-58　完成设置

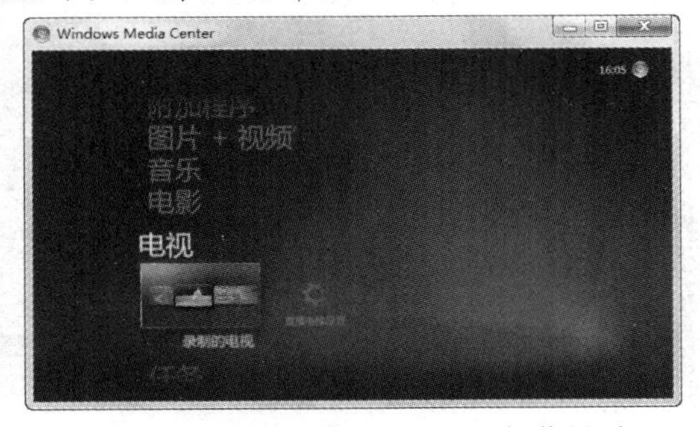

图 6-59　Windows Media Center 操作界面

(8) 用户还可以继续对启动和窗口行为、视觉和声音效果等项目进行设置，优化 Windows Media Center 的播放功能。比如要设置常规选项，用户可以在操作界面中滚动鼠标滑轮，选择【任务】选项，然后单击【设置】图标，如图 6-60 所示。

(9) 打开【设置】窗口，选择【常规】选项，如图 6-61 所示。

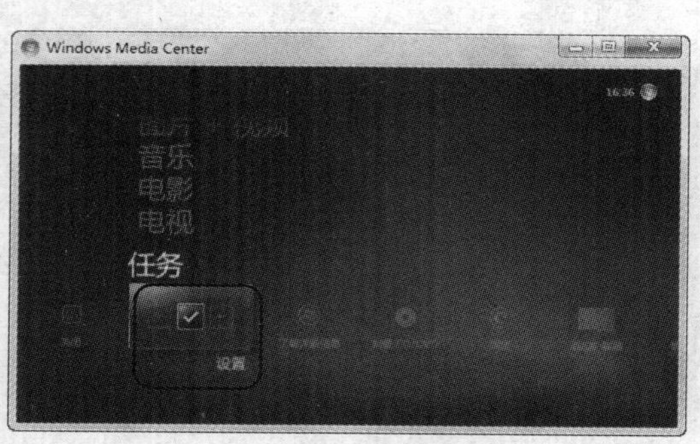

图 6-60　单击【设置】图标

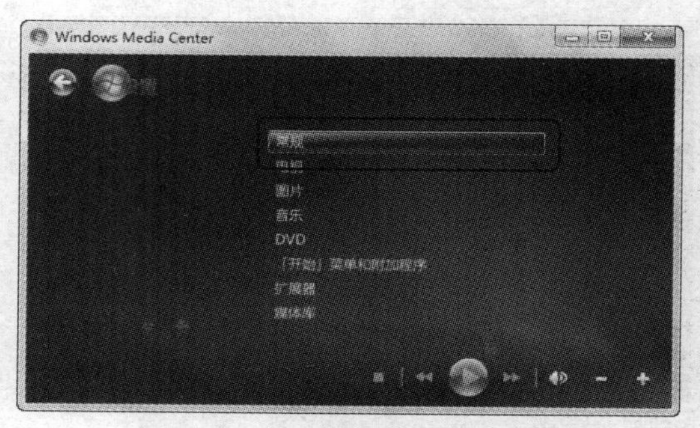

图 6-61　【设置】窗口

(10) 打开【常规】窗口，选择【启动和窗口行为】选项，如图 6-62 所示。

(11) 打开【启动和窗口行为】窗口，选中【在 Windows 启动时启动 Windows Media Center】复选框，单击【保存】按钮，如图 6-63 所示。

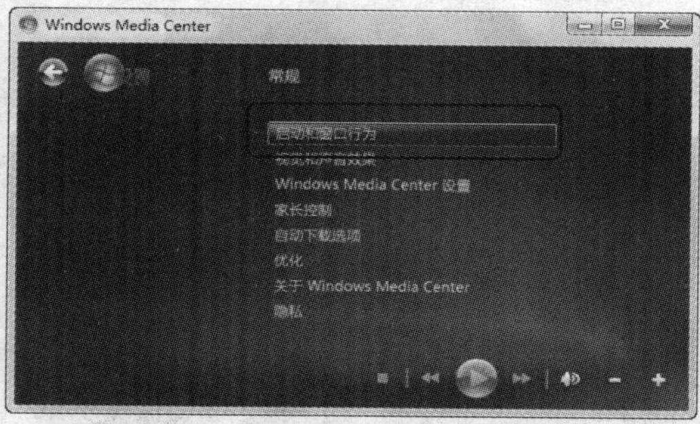

图 6-62　【常规】窗口

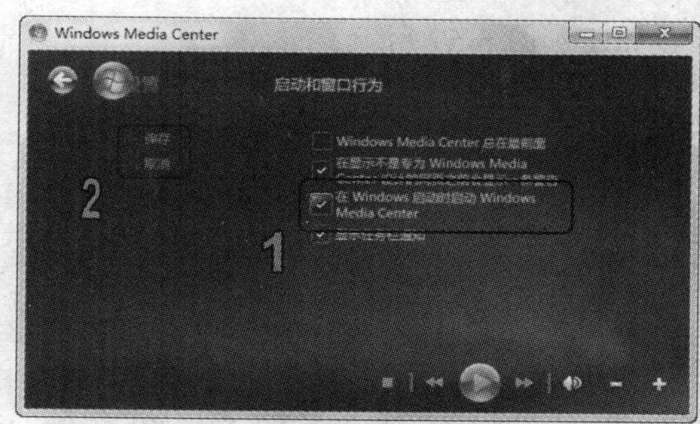

图 6-63　【启动和窗口行为】窗口

(12) 返回【常规】窗口，选择【视觉和声音效果】选项，如图 6-64 所示。

(13) 打开【视觉和声音效果】窗口，取消选中【在 Windows Media Center 中导航时播放声音】复选框，单击【保存】按钮，如图 6-65 所示。

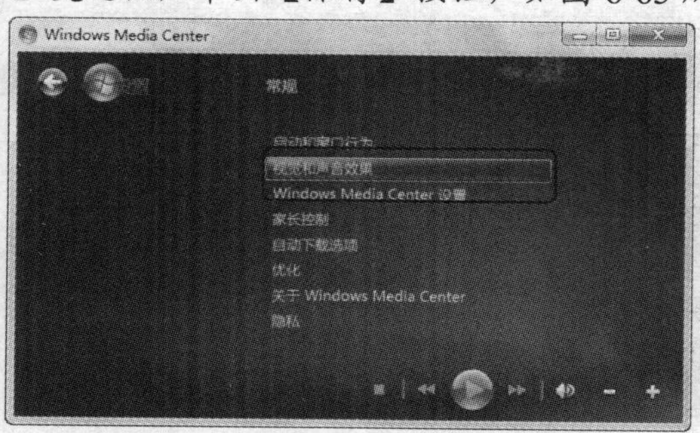

图 6-64　选择【视觉和声音效果】选项

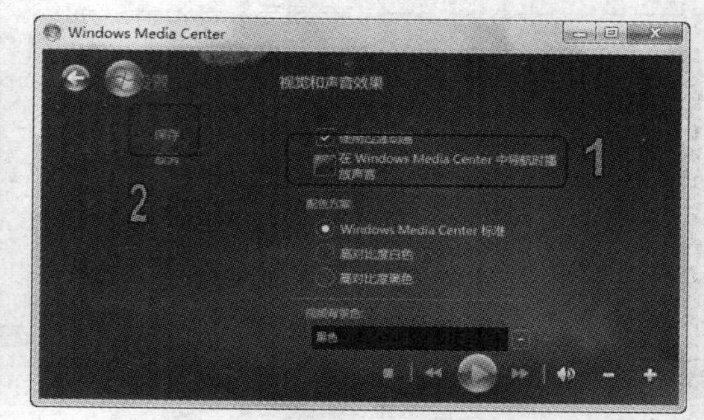

图 6-65　设置声效

提示

除了对声效和界面进行设置以外，还可以对 Windows Media Center 的网络链接、家长控制等设置进行调整和修改。

6.5.2　播放音乐

Windows Media Center 可以播放 Windows Media Player 媒体库中的音乐，并且按照音乐文件信息分类选择播放音乐文件。下面介绍在 Windows Media Center 里播放音乐的具体操作步骤。

【例 6-10】使用 Windows Media Center 播放音乐。

(1) 启动 Windows Media Center，用鼠标滑轮在程序窗口中上下滚动，选择【音乐】选项，并单击【音乐】选项下的图片按钮，如图 6-66 所示。

(2) 打开音乐库，显示媒体信息分类的选项，如按【唱片集】、【艺术家】、【流派】等分类方式，这里选择【唱片集】选项，如图 6-67 所示。

图 6-66　选择【音乐】选项

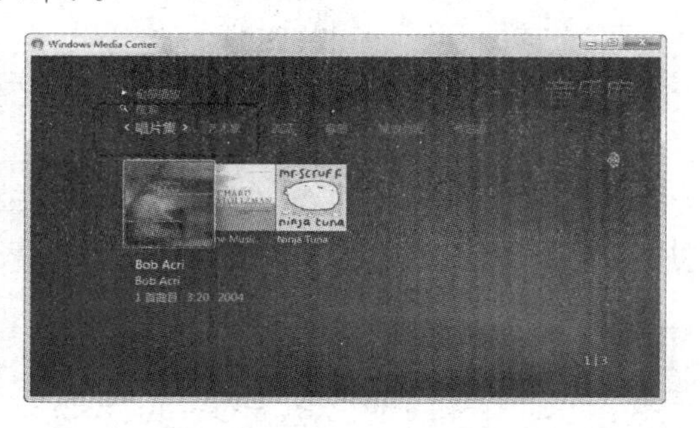

图 6-67　打开音乐库

(3) 单击选择的唱片集图片，打开唱片集的操作界面，单击【播放唱片集】链接，即可播放该唱片集里所有音乐，如图 6-68 所示。

(4) 在【播放音乐】的界面里，用户可以选择各种选项如【可视化】、【播放图片】、【无序播放】等，将鼠标光标移到播放界面的右下方，会显示音乐播放控制区，可以控制音乐的播放状态，如图 6-69 所示。

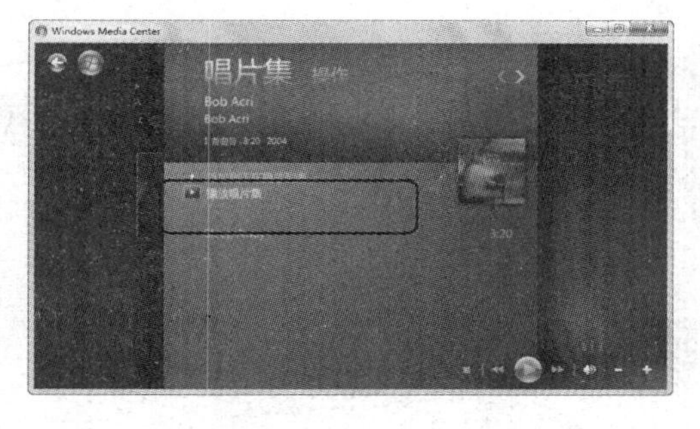

图 6-68 【唱片集】界面

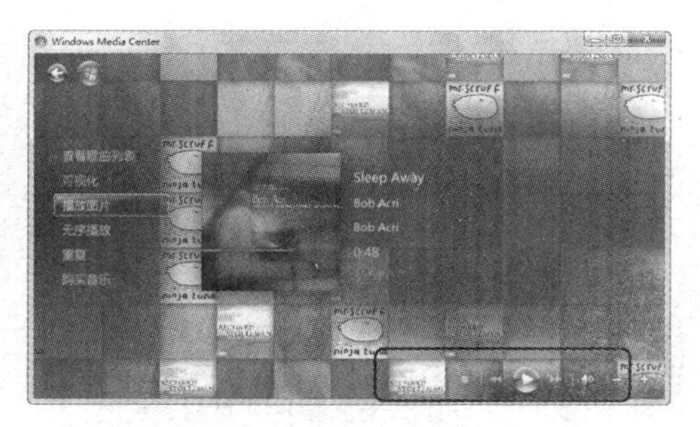

图 6-69　播放音乐

6.5.3　其他应用

Windows Media Center 除了可以播放音乐外，还能提供浏览图片、播放视频、玩系统自带的小游戏等功能。

1．浏览图片

用户如果想要浏览图片，可以在主操作界面里选择【图片+视频】选项，单击【图片库】图片，如图 6-70 所示，然后在【文件夹】选项下单击【壁纸】图片，如图 6-71 所示。

图 6-70　选择【图片库】

图 6-71　打开【壁纸】图片库

用户只需单击其中一张图片，即可显示该图片，如图 6-72 所示。

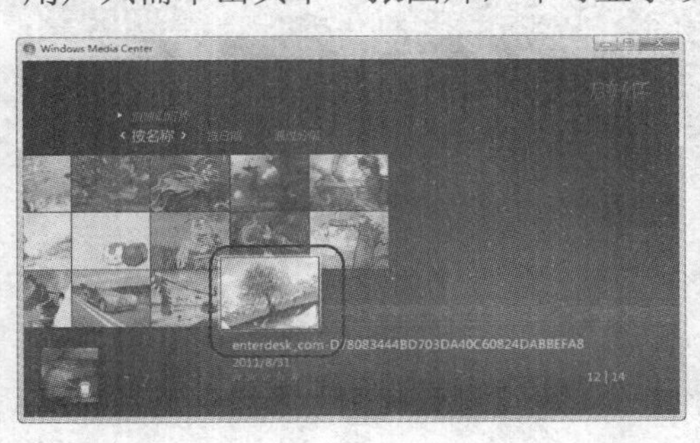

图 6-72　浏览图片

2．播放视频

要使用 Windows Media Center 播放视频，则可以在主操作界面中选择【图片+视频】|【视频库】命令，进入【视频库】界面，这里单击【示例视频】|Wildlife 图片，可以打开该视频，如图 6-73 所示。

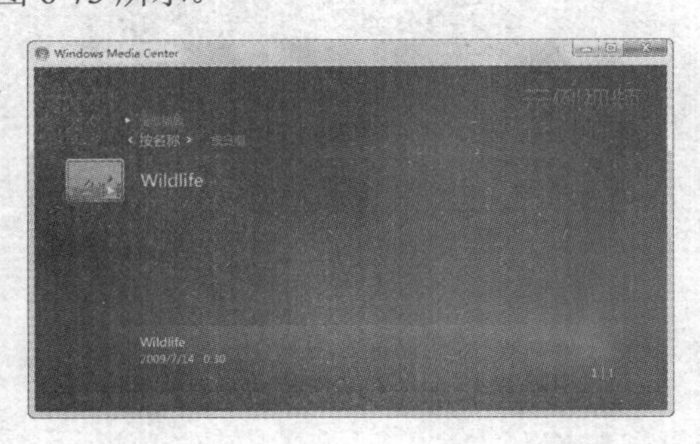

图 6-73　播放视频

知识点

如果计算机能够上网，则可以使用 Windows Media Center 在网络上点播电视或电影节目，如图 6-74 所示；选择【附加程序】，则可以运行系统自带小游戏，如图 6-75 所示。

图 6-74　播放网络电视节目

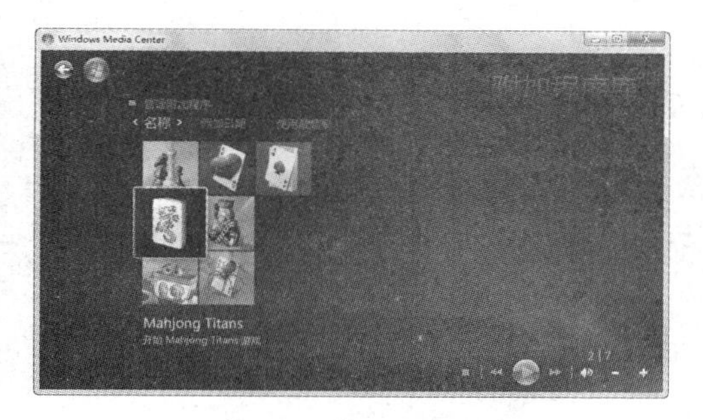

图 6-75　系统自带小游戏

6.6　上机练习

本章的上机实验主要练习在 Windows Media Player 中创建播放列表和将多媒体文件添加到 Windows Media Center 里，使用户更好地掌握 Windows 7 多媒体软件的基本操作方法和技巧。

6.6.1　创建播放列表

Windows Media Player 可以将音频和视频文件按照类别或者用户需要，存放在创建的不同播放列表中。

(1) 启动 Windows Media Player，单击工具栏上的【创建播放列表】按钮，在导航窗格将自动创建无标题的播放列表，在该文本框中输入此播放列表的名称“中文歌曲”，如图 6-76 所示。

(2) 双击导航窗格中的【音乐】按钮，显示所有媒体库音乐，这里可以把名为【陶喆】的歌曲用鼠标向右拖曳到【播放】列表信息面板里的【中文歌曲】列表中，如图 6-77 所示。

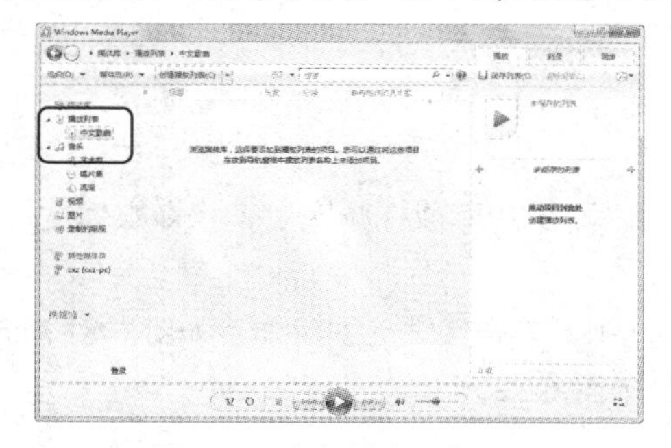

图 6-76　命名播放列表

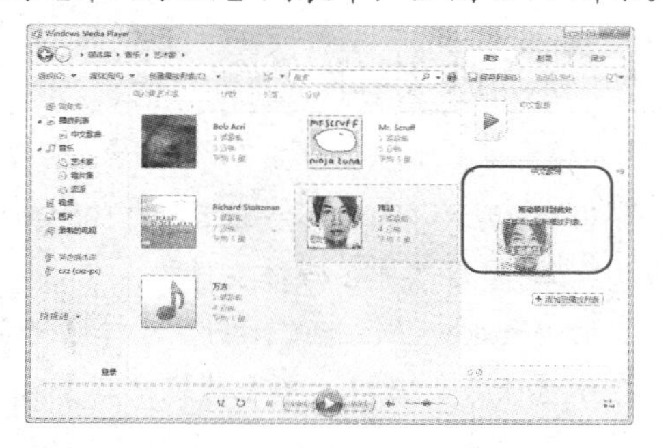

图 6-77　拖曳音乐文件至【中文歌曲】列表中

(3) 单击列表信息面板里的【保存列表】按钮，播放列表【中文歌曲】即创建完毕。如图6-78 所示。

(4) 单击列表信息面板里的【列表选项】按钮，弹出如图 6-79 所示的下拉列表，用户可以选择其中的命令对该播放列表进行编辑。

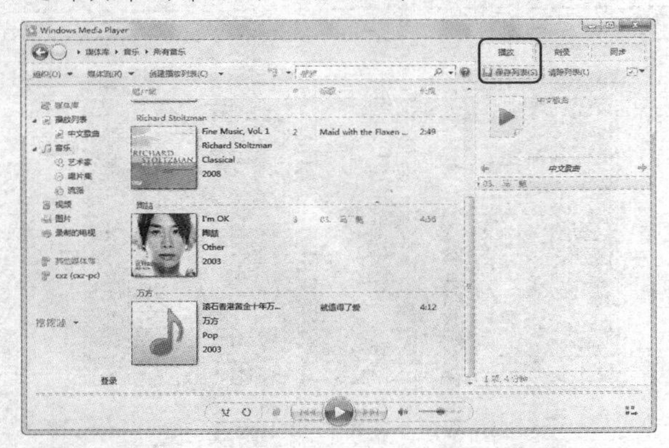

图 6-78　单击【保存列表】按钮

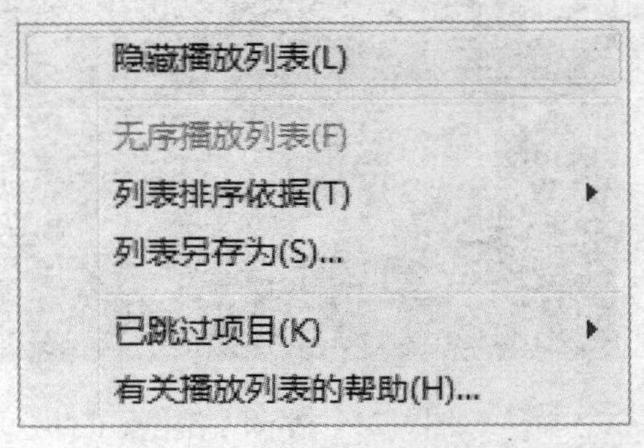

图 6-79　【列表选项】菜单命令

(5) 右击列表信息面板里的歌曲，会弹出快捷菜单命令，如选择【上移】命令，则该歌曲文件位置将上移一位，如图 6-80 所示。

图 6-80　编辑列表内单个文件

提示

在该快捷菜单中选择【从列表中删除】命令，可以删除列表里的歌曲，但不会删除硬盘里的歌曲文件。

6.6.2　添加多媒体文件

一般 Windows Media Center 启动后自动会在音乐库、图片库或视频库里查找多媒体文件，也可以根据用户的需要添加多媒体文件。

(1) 启动 Windows Media Center，选择【任务】选项，单击【设置】按钮，如图 6-81 所示。

(2) 打开【任务】窗口，单击【媒体库】按钮，如图 6-82 所示。

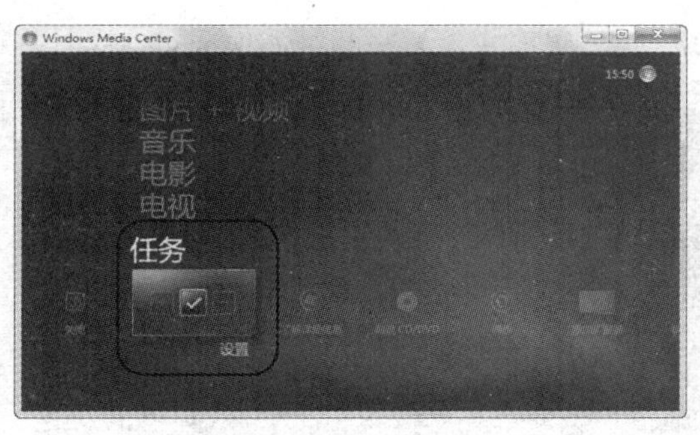

图 6-81　单击【设置】按钮

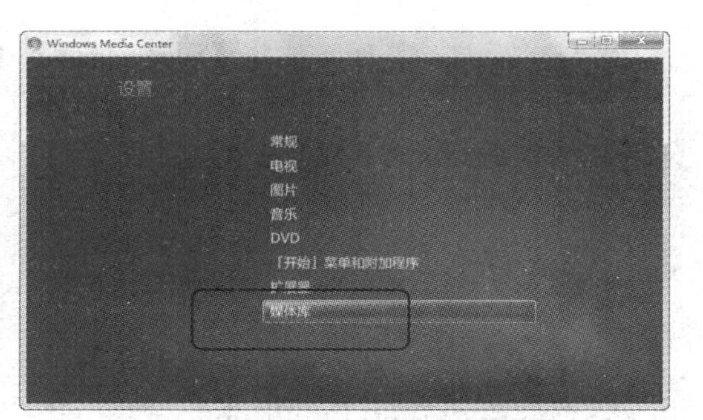

图 6-82　单击【媒体库】按钮

(3) 打开【选择媒体】窗口，选中【图片】单选按钮，然后单击【下一步】按钮，如图 6-83 所示。

(4) 在打开的【图片】窗口中选中【向媒体库中添加文件夹】单选按钮，然后单击【下一步】按钮，如图 6-84 所示。

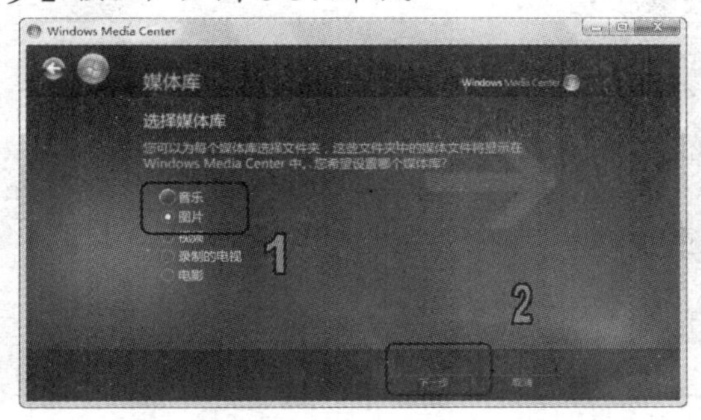

图 6-83　选中【图片】单选按钮

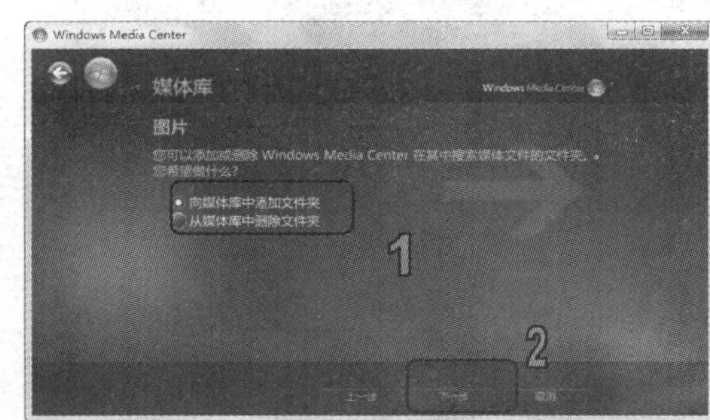

图 6-84　选中【向媒体库中添加文件夹】单选按钮

(5) 打开【添加图片文件夹】窗口，选中【在此计算机上】单选按钮，然后单击【下一步】按钮，如图 6-85 所示。

(6) 打开【选择包含图片的文件夹】窗口，选择要启用的文件夹，这里选择 D 盘里的【图片】文件夹，然后选中该文件夹左边的复选框，单击【下一步】按钮，如图 6-86 所示。

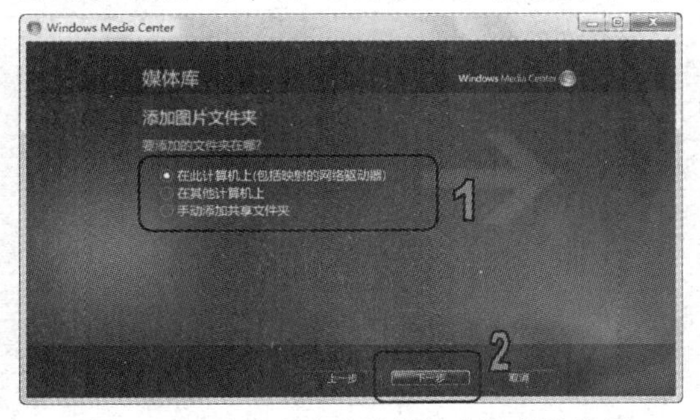

图 6-85　选中【在此计算机上】单选按钮

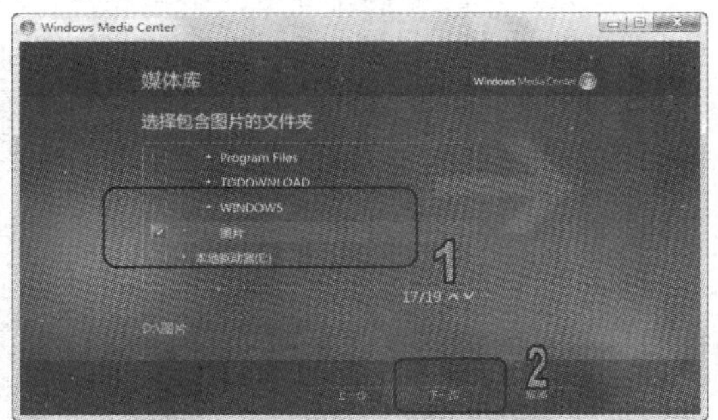

图 6-86　选中图片文件夹

(7) 打开【确认更改】窗口，选中【是，使用这些位置】单选按钮，单击【完成】按钮，如图 6-87 所示。

(8) 返回至启动界面，选择【图片+视频】选项，单击【图片库】按钮，如图 6-88 所示。

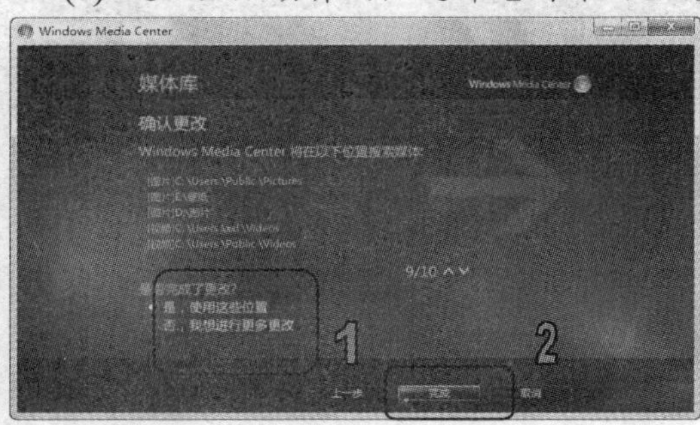

图 6-87　完成设置

图 6-88　单击【图片库】按钮

(9) 打开【放映幻灯片】窗口，选择【图片】选项，打开图片文件夹，单击里面的图片即可放大观看，如图 6-89 所示。

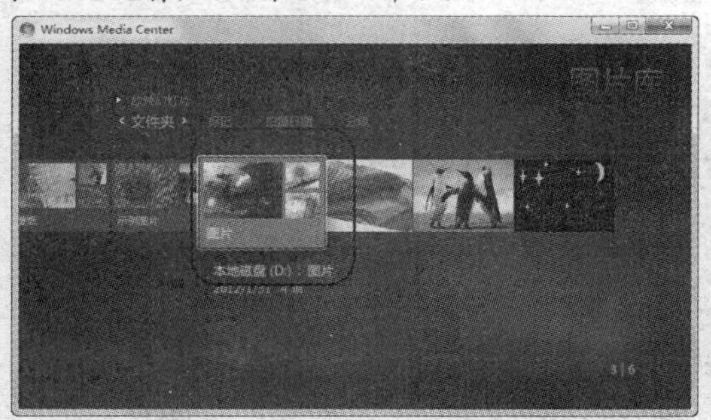

图 6-89　打开图片

6.7　习题

1．Windows 7 有哪些系统自带的软件可以进行多媒体播放？

2．Windows Live 照片库如何编辑图片？

3．如何通过 Windows Media Center 玩【扫雷】小游戏？

第7章 网络冲浪

学习目标

网络已经融入了人们生活的各个角落，用户通过计算机接入网络后，可以浏览网页，在网页中查找资料，搜索或者下载感兴趣的网上内容。Windows 7 自带了 IE 8.0 浏览器，用户可以对浏览器进行个性化设置，然后开始上网冲浪。本章就从最基础的知识入手，向读者介绍如何在 Windows 7 系统中畅游互联网。

本章重点

- 了解 Internet 基础知识
- 使用 IE 8.0 浏览器
- 设置 IE 8.0 浏览器
- 网络日常应用

7.1 Internet 基础知识

通常人们所说的“上网”，就是指使用 Internet(国际互联网，音译成“因特网”)。Internet 是目前全世界最大的计算机网络通信系统，它连接了全球的信息资源，人们可以通过它参与并交换信息或者共享网络资源。

7.1.1 认识 Internet

Internet 由全球的计算机通过通信线路和通信设备相互连接，最终形成起来的一个庞大网络。Internet 使人们摆脱了地域的限制，无论在地球上的什么地方，只要通过 Internet 网络，用户之间都可以相互实现实时交流、获取信息、下载资源，了解全世界的各种信息，使用相当快捷方便，而且获取信息的方式又是极其廉价。

Internet 最早出现在美国，起初发明它只是用于军事和国防上的需要，随后拓展到学术机构，由于其强大的功能，Internet 迅速发展至全球领域，渐渐由科研教育转变为商业化为主。目前，Internet 连接了超过 160 个国家和地区的网络资源，是世界上信息资源最为丰富的计算机网络，成为各个领域里不可缺少的一部分。

7.1.2 常用网络术语

在上网的时候，常常会看到一系列网络术语，如“IP 地址”、“域名”、“网址”等，下面简单介绍一些常见网络术语的含义。

- WWW(万维网)：它是 World Wide Web 的简称，是一种基于超文本技术的交互式信息的查询工具，通过它能够自动查询 Internet 网络上的各种资源。
- TCP/IP 协议：传输控制协议/因特网互联协议，这是 Internet 最基本的协议。TCP/IP 协议可以实现在不同的硬件、操作系统和网络上的通信，是计算机连接网络进行信息传播和交换的基础。
- HTTP 协议：超文本传输协议，用来将 Web 服务器上的网页代码编译成通常的网页效果，是 Internet 网络上应用最为广泛的一种网络协议。
- IP 地址：它是用来区分 Internet 网络中各台计算机的有效凭证，一台计算机可以拥有一个或多个 IP 地址，但一个 IP 地址不能同时分配给多台计算机，否则会发生通信错误。通常使用的 IP 地址，由 4 个十进制字段组成，中间用“.”号隔开，如“192.168. 1.10”。
- E-mail(电子邮件)：这是在网上常用一种通信方式，使用电子邮件客户程序来收发电子邮件，通过 Internet 写信件，十分方便快捷。
- 网页：它是浏览 Internet 时通过浏览器显示出来的直观页面，其工作原理就是将存放在网络服务器上的文档，通过一些协议传送到发出请求的各台计算机上。
- 域名：它是 Internet 中利用一些形象直观、方便记忆的名称代替复杂难记的 IP 地址的一种形式。域名系统采用层次结构，各层间用圆点“.”隔开，如“www.baidu.cn”，其中“baidu”表示网站名称，“cn”表示中国。
- 网址：是指网页或计算机的网络地址，包含了两个概念，即 IP 地址和域名地址。

7.2 Windows 7 上网方式

在上网冲浪之前，用户必须建立 Internet 连接，将自己的计算机同 Internet 连接起来，否则就无法获取网络上的信息。目前，我国个人用户上网接入方式主要有 ADSL 上网、3G 上网和无线上网等几种。

7.2.1　ADSL 上网

ADSL 上网是家庭用户耳熟能详的一种上网模式，它主要针对个人家庭用户或者小型单位。

一般情况下，在用户向当地电信运营商缴纳费用订购了上网服务后，会有工作人员上门配置网线、Modem 等设备，并提供上网所需的用户名和密码，用户就可以使用它们采用 PPPoE 宽带连接方式连接上网了。

【例 7-1】使用用户名和密码进行 ADSL 上网。

(1) 选择【开始】|【控制面板】命令，打开【控制面板】窗口，单击【网络和共享中心】链接，如图 7-1 所示。

(2) 打开【网络和共享中心】窗口，单击【设置新的连接或网络】链接，如图 7-2 所示。

图 7-1　控制面板窗口

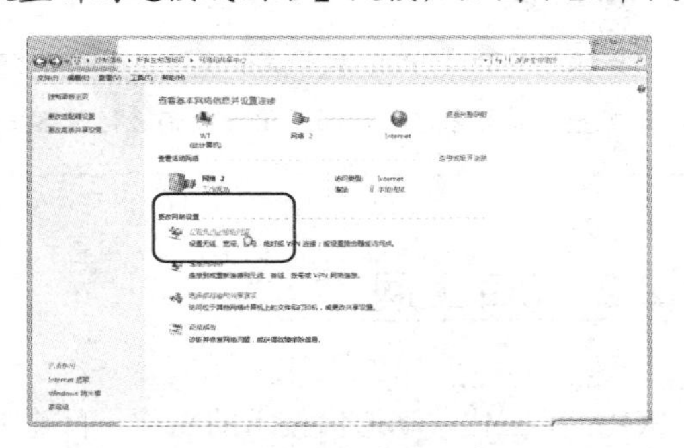

图 7-2　网络和共享中心窗口

(3) 在打开的对话框中，选择【连接到 Internet】选项，然后单击【下一步】按钮，如图 7-3 所示。

(4) 在打开的对话框中，单击【宽带(PPPoE)】链接，如图 7-4 所示。

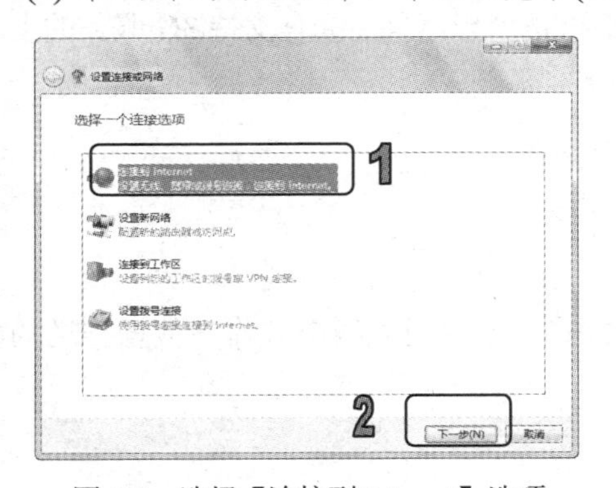

图 7-3　选择【连接到 Internet】选项

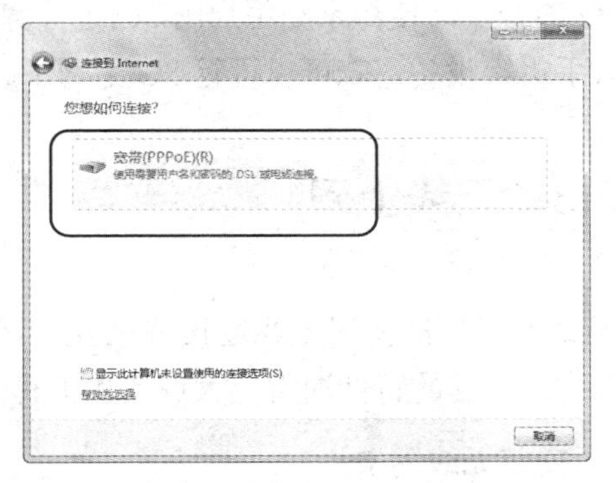

图 7-4　单击【宽带(PPPoE)】链接

(5) 在打开的对话框中，在【用户名】文本框中输入电信运营商提供的用户名，在【密码】文本框中输入提供的密码，然后单击【连接】按钮，如图 7-5 所示。

(6) 此时，如图 7-6 所示系统开始连接到网络，连接成功后用户即可上网了。

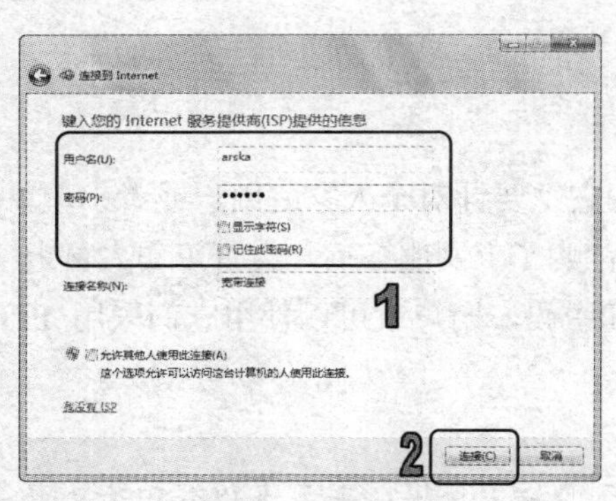

图 7-5　输入用户名和密码

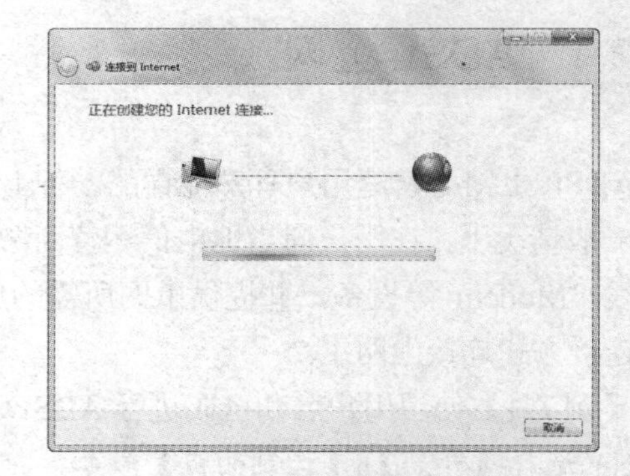

图 7-6　开始连接网络

知识点

如果创建的 PPPoE 拨号宽带连接创建成功，则可以创建一个快捷连接方式。用户在下次使用时只需从该连接方式登录即可，而不用每次都进行网络设置。

7.2.2　3G 上网

3G 是第三代移动通信技术的简称，目前国内支持国际电联确定的 3 个无线接口标准，分别是中国电信的 CDMA2000，中国联通的WCDMA，中国移动的TD-SCDMA。GSM 设备采用的是时分多址，而 CDMA 使用码分多址技术，先进功率和话音激活至少可提供大于 3 倍 GSM 网络容量，业界将 CDMA 技术作为 3G 的主流技术，国际电联确定 3 个无线接口标准，分别是美国的CDMA2000，欧洲的 WCDMA 和中国的 TD-SCDMA。

3G 的普及，使得家庭用户用 3G 进行宽带上网不再是梦想。只要拥有支持 3G 服务的上网本或者手机等设备，就可以进行 3G 上网了。

7.2.3　无线上网

无线上网是指使用无线连接登录互联网的上网方式。它使用无线电波作为数据传送的媒介，以方便快捷的特性深得广大商务人士喜爱。

1. 安装无线网卡

无线网卡，也称为无线网络适配器，是无线局域网中最重要的连接设备，计算机通过无线网卡连接无线网络。一般的笔记本电脑都会带有无线网卡，而大部分家用台式计算机是不带无线网卡的，因此用户需要自行安装无线网卡。

目前台式机常用的无线网卡有 PCI 无线网卡和 USB 无线网卡两种，如图 7-7 所示。

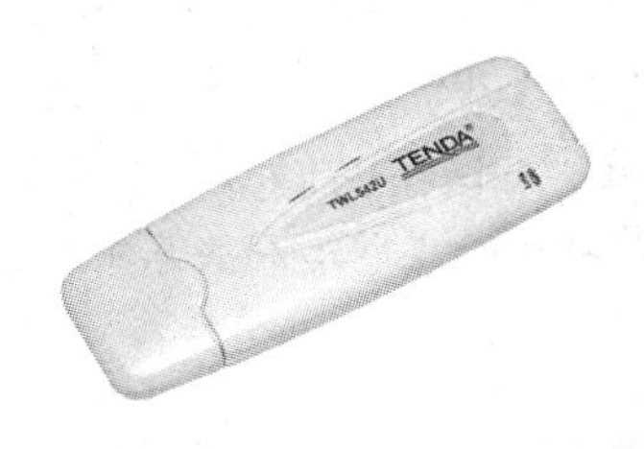

图 7-7　无线网卡

在 Windows 7 操作系统中，安装无线网卡的方法与安装普通网卡的方法类似。首先，按照正确步骤关闭计算机，并断开电源。然后打开机箱，在主板上找到与待安装无线网卡相匹配的插槽，将无线网卡插入插槽中，最后盖好机箱外壳。如果需要安装的是 USB 或者 PCMICA 网卡，则更为方便，只需将它们插入相应的接口和扩展口中即可。

提示

无线网卡连接完毕后，用户就可以打开计算机，这时候计算机会提示用户发现新硬件。一般情况下，系统会自动完成无线网卡驱动的安装，但是也有一些系统没有内置驱动程序，就需要用户手动安装。

2. 安装无线访问点

无线访问点是无限网络的核心设备，也是无线网和有线网之间沟通的桥梁。无线访问点是移动计算机用户进入有线以太网骨干的接入点，该设备可以简便地安装在天花板或墙壁上，它在开放空间最大覆盖范围可达 300 米，传输速率可以高达 11Mb/s。

在实际生活中，安装无线访问点的方法很简单，在安装无线访问点之前，用户必须规划建筑中无线网络设备(如图 7-8 所示的无线路由器)的摆放。原因是因为无线访问点每穿过一道墙壁所发出的信号大约会下降 35%，因此用户必须找出一个最合适的位置摆放无线访问点。

紧接着的工作就是将无线访问点连接好电源，并将天线拧到无线访问点上，然后将天线搬到垂直向下的位置(如桌角上)。此时需要注意是，不要将太厚或金属物体挡住天线，以免信号被屏蔽。无线访问点摆放后，如果用户家中本来就有固定的有线局域网，还可以用一根网线将无线访问点和有线网络连接起来，形成无线和有线网络的互联即可。

图 7-8　无线路由器

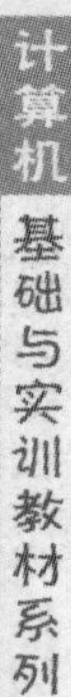

3. 连接至无线网络

【例 7-2】使用无线网络上网。

(1) 选择【开始】|【控制面板】命令，打开【控制面板】窗口，单击其中的【网络和共享中心】链接，如图 7-9 所示。

(2) 在打开的【网络和共享中心】窗口中，单击【设置新的连接或网络】链接，如图 7-10 所示。

图 7-9　控制面板窗口

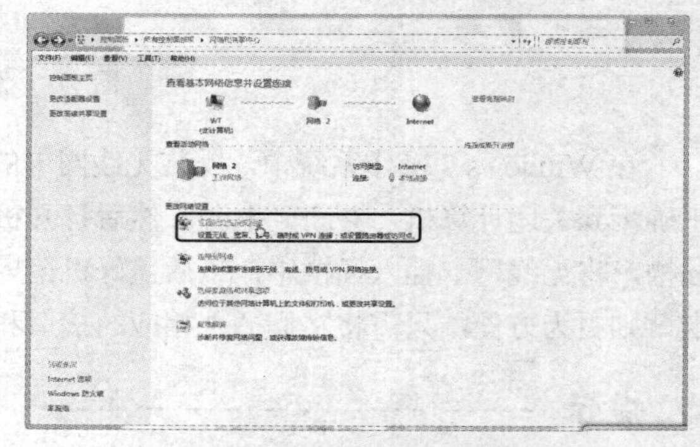

图 7-10　【网络和共享中心】窗口

(3) 在打开的对话框中，选择【连接到 Internet】选项，然后单击【下一步】按钮，如图 7-11 所示。

(4) 在打开的对话框中，单击【无线】链接，如图 7-12 所示。

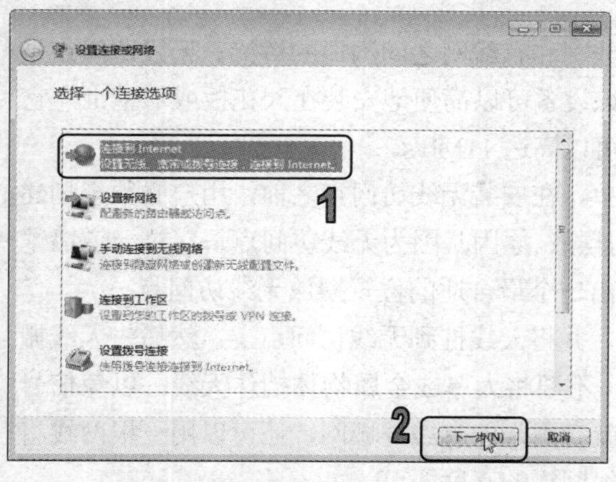

图 7-11　选择【连接到 Internet】选项

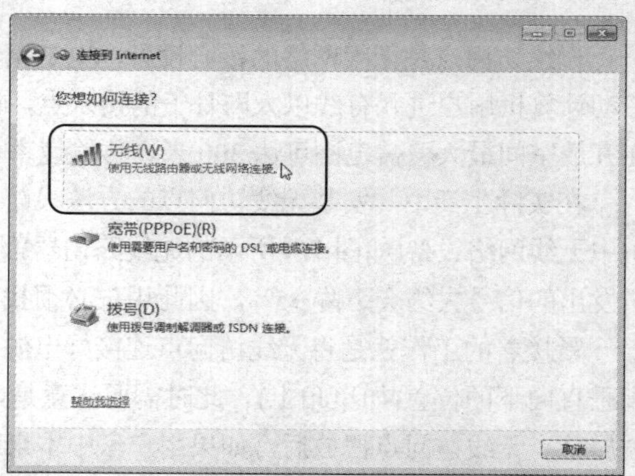

图 7-12　单击【无线】链接

(5) 此时，在桌面的右下角自动弹出一个窗口，窗口中显示所有可用的无线网络信号，并按照信号强度从高到低的方式排列，这里单击 qhwknj 链接，然后单击【连接】按钮，如图 7-13 所示。

(6) 如果无线网络设置了密码，则会打开【键入网络安全密钥】窗口，用户需要在【安全密钥】文本框中输入密码，然后单击【确定】按钮进行连接，如图 7-14 所示。

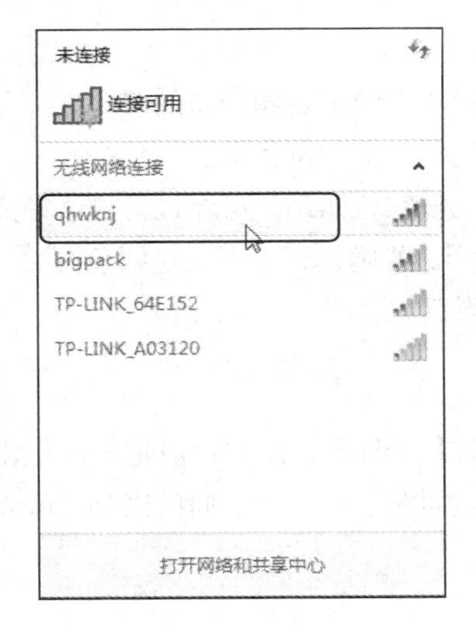

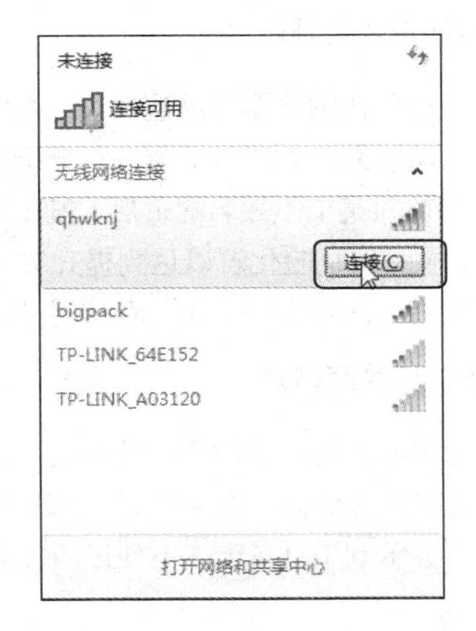

图 7-13　选择无线网络连接

(7) 此时，开始连接到当前的无线网络，连接成功后，在【网络和共享中心】窗口中可查看网络的连接状态，如图 7-15 所示。

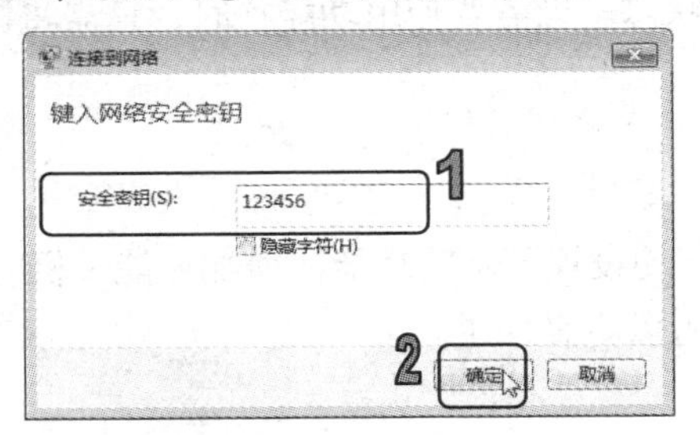

图 7-14　输入密码

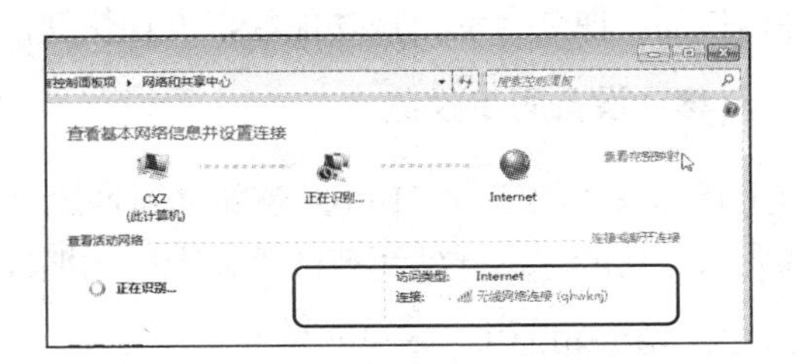

图 7-15　无线网络连接状态

7.3　使用 IE 8.0 浏览器

要上网浏览信息必须安装浏览器程序，在 Windows 7 系统中自带了 IE 8.0 浏览器软件，用户可以使用它在 Internet 上浏览网页，还能够利用其内建的功能在网上进行多种操作。

7.3.1　认识 IE 8.0

IE 8.0 浏览器的全称是 Internet Explorer 8.0，它与 Windows 7 操作系统绑定，这种浏览器功能强大、使用简单，是目前最常用的浏览器之一。

IE 8.0 是在 IE 7.0 的基础上，经过多方面的改良而产生的，总的来说其主要的改进有以下几个方面。

1. 有效防范钓鱼网站

IE 8.0 针对现在浏览器容易被病毒攻击和绑架，导致上网浏览和交易的安全性变差，特设计了【反钓鱼功能】，对浏览页面进行分析检测，以达到正常浏览状态。

当浏览器访问某个不知名网页后，发生了错误或疑似钓鱼网站，可通过检测该站点的方法进行安全性检测，将危险化解以达到提升 IE 安全性作用。若确认某个网站是钓鱼网站，还可以通过报告不安全的网站进行上报，对该网站进行访问限制。

2. 快捷访问收藏网站

IE 8.0 对收藏夹进行了调整，独立设置了【收藏夹】工具条，用户可以把平时最常访问的网站收藏到这里单击访问，更加快捷，如图 7-16 所示。而对于不经常访问的网站，可以将它收藏起来，但不显示到工具条上，方便以后需要时使用。

3. 全屏浏览

IE 8.0 以前的浏览器真正做到全屏浏览的还是很少，就连 IE 7.0 也不是真正的全屏浏览，而是精简功能栏、地址栏，并非真正的全屏。IE 8.0 此次做到了真正全屏浏览，让上网冲浪更爽了。打开浏览页面，按 F11 后屏幕会处于全屏浏览状态。当需要使用功能栏时，只需将鼠标放到屏幕顶部，便会自动出现功能栏，方便快捷。

4. 与移动设备同步收藏

由于移动设备的盛行，IE 8.0 也随之新增加了与移动设置同步的功能，增加智能手机与 IE 的收藏夹同步功能，这样使用智能手机上网的朋友就可以更轻松了。

5. 二次搜索和加工

使用 IE 8.0 搜索资源之后，对页面中的内容可进行二次搜索和加工，这样不用重复搜索，节约时间和操作。打开一个页面，然后选中该页面中的文字，此时弹出一个正方形二次操作菜单按钮，单击后提供二次操作，包括关键词搜索、地图查找、发电邮等功能，使 IE 的扩展功能更加强大，如图 7-17 所示。

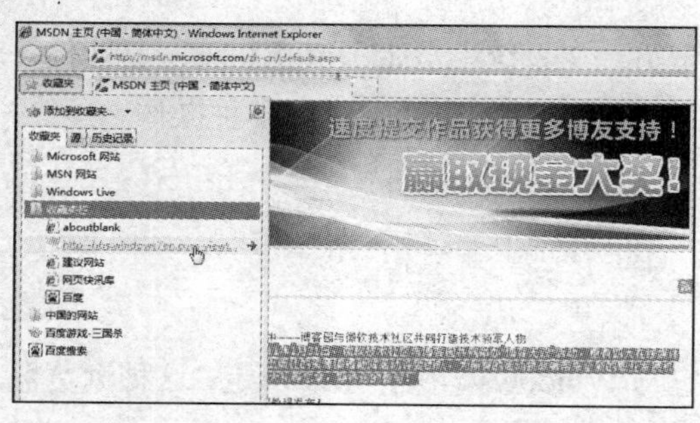

图 7-16　使用收藏夹

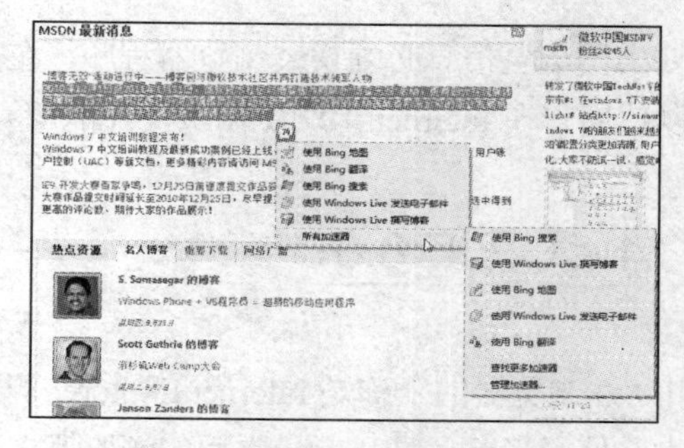

图 7-17　二次操作

7.3.2　IE 8.0 窗口界面

IE 8.0 是 Windows 7 系统自带的网页浏览器，双击桌面的浏览器图标或单击任务栏左下角的浏览器图标都可以打开 IE 浏览器窗口。它由标题栏、前进和后退按钮、地址栏等各组件所组成，如图 7-18 所示。

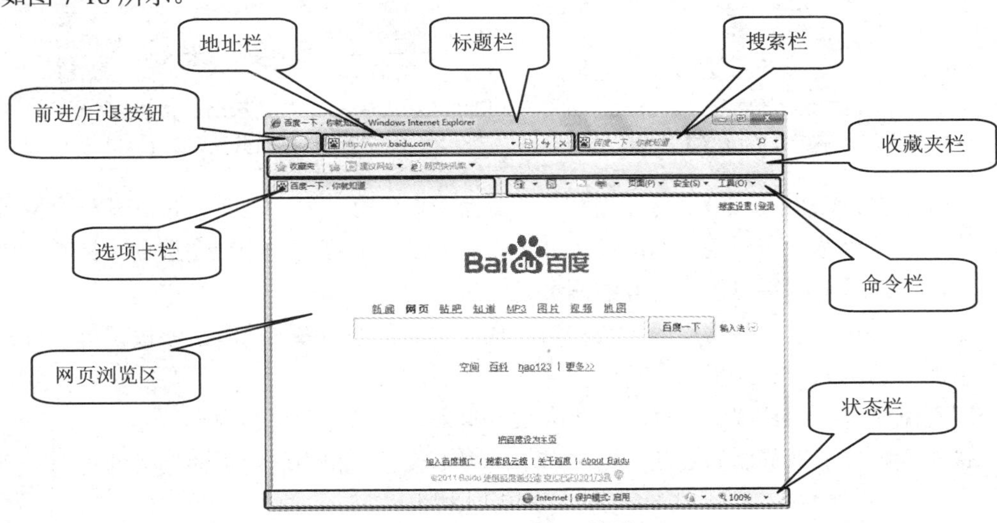

图 7-18　IE 8.0 窗口界面

IE 8.0 窗口的各组成部分的作用分别如下。

- 标题栏：位于窗口界面的最上端，用来显示打开的网页名称，以及窗口控制按钮。
- 前进/后退按钮：使用前进和后退按钮可以快速地在浏览过的网页之间进行切换，单击【后退】按钮可以返回到前一个浏览的网页页面；单击【前进】按钮可以返回到单击【后退】按钮之前的网页页面；单击右边的按钮，可以弹出下拉菜单，从中选择某个浏览过的网页。
- 地址栏：地址栏是用来输入网站的网址，当用户打开网页时显示正在访问的页面地址。单击地址栏右侧的按钮，可以在弹出的下拉列表中选择曾经访问过的网址；单击右侧的【刷新】按钮，可以重新载入当前网页；单击右侧的【停止】按钮，将停止当前网页的载入。
- 搜索栏：用户可以在其文本框中输入要搜索的内容，按 Enter 键或单击按钮，即可搜索相关内容。
- 收藏夹栏：用来收藏用户常用的网站。单击【收藏夹】按钮，会打开一个窗格，其中包括【收藏夹】、【源】、【历史记录】等 3 个选项卡，分别显示收藏的网站、更新的网站内容和浏览历史记录，如图 7-19 所示。单击【添加到收藏夹栏】按钮，可以在收藏夹栏中添加一个当前网页的超链接按钮，单击此按钮可以快速进入相应的网页，如图 7-20 所示。

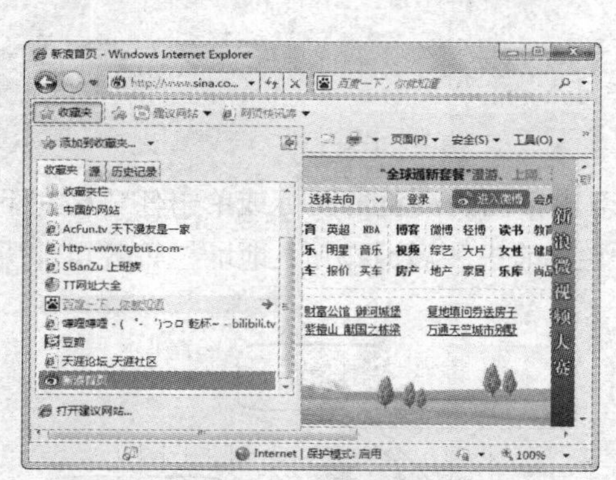

图 7-19 单击【收藏夹】按钮

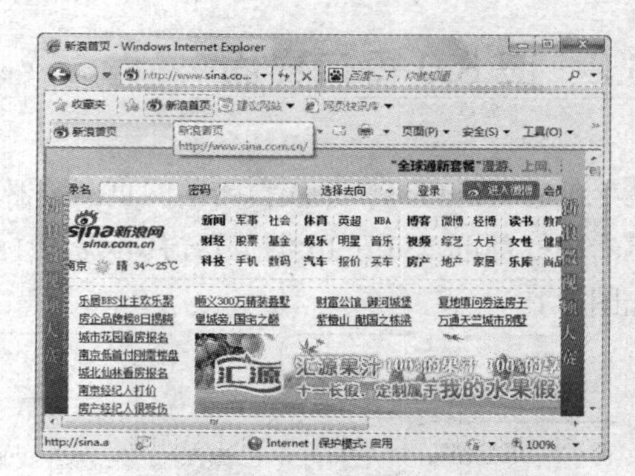

图 7-20 添加超链接按钮

- 选项卡栏：因为 IE 8.0 支持在同一个浏览器窗口中打开多个网页，每打开一个网页对应增加一个选项卡标签，单击【新选项卡】按钮能打开一个空白选项卡标签，单击相应的选项卡标签可以在打开的网页之间进行切换。
- 命令栏：包含了一些常用的工具按钮，如【主页】按钮，单击该按钮可以打开设置的主页页面。
- 网页浏览区：这是浏览网页的主要区域，用来显示当前网页的内容。
- 状态栏：位于浏览器的底部，用来显示网页下载进度和当前网页的相关信息。

7.3.3 浏览网页

通过 IE 浏览器，可以浏览在 Internet 上的网页信息。IE 8.0 在浏览网页方面有了很多改进，采用了当下流行的选项卡浏览模式为基础。

【例 7-3】在 IE 8.0 中使用选项卡浏览网页。

(1) 启动 IE 8.0 浏览器，在地址栏中输入网址“www.163.com”，然后按下 Enter 键，打开网易的主页，如图 7-21 所示。

(2) 单击【新选项卡】按钮，打开一个新的选项卡，如图 7-22 所示。

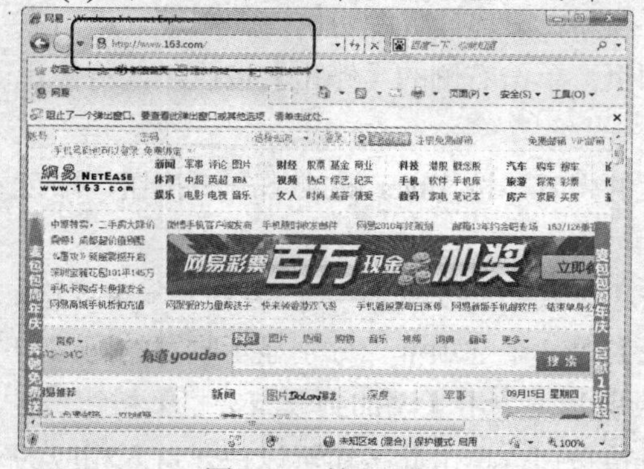

图 7-21 输入网址

图 7-22 单击【新选项卡】按钮

(3) 在地址栏中输入网址“www.sina.com.cn”，然后按下 Enter 键，打开新浪网的主页，

如图 7-23 所示。

(4) 右击某个超链接，然后在弹出的快捷菜单中选择【在新选项卡中打开】命令，即可在一个新的选项卡中打开该链接，如图 7-24 所示。

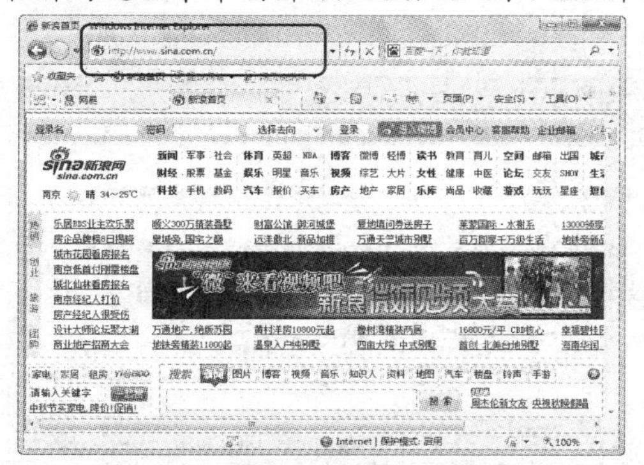

图 7-23　打开新浪网页面

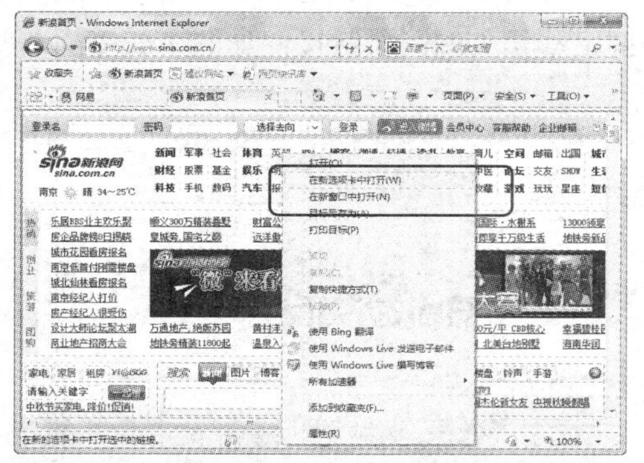

图 7-24　选择【在新选项卡中打开】命令

(5) 按照上面的方法，用户可在一个 IE 窗口中打开多个选项卡。

(6) 单击【快速导航选项卡】按钮，可使当前 IE 窗口内的所有选项卡对应的页面以缩略图的方式平铺显示，如图 7-25 所示。

(7) 单击其中的某个缩略图，即可放大查看该网页，如图 7-26 所示。

图 7-25　单击【快速导航选项卡】按钮

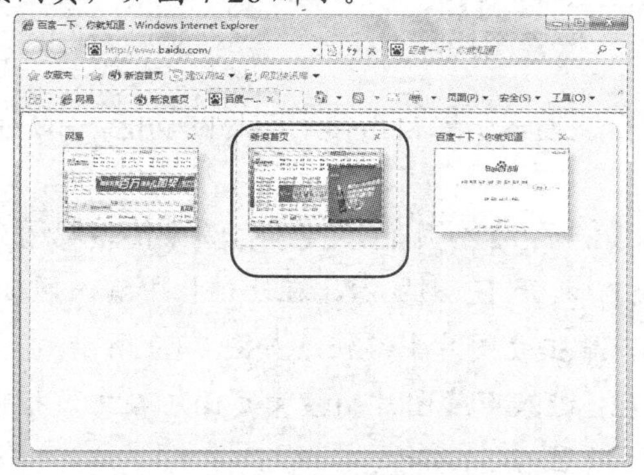

图 7-26　单击缩略图

7.3.4　搜索信息

搜索是上网查资料信息经常会用到的操作，现在的搜索引擎也很多，包括谷歌、百度、搜狗等等，它们都有着自身的特点和优势。作为全球最大的中文搜索引擎，百度被中国绝大多数的家庭用户所使用，本节主要介绍使用百度搜索常用信息。

1. 搜索关键词

如果用户想要搜索包含某个关键字的网页，可在百度网的主页中直接输入该关键字即可进行搜索。如果要搜索的内容有多个关键字，可用空格将多个关键字隔开。

例如，用户启动 IE 8.0 浏览器，在地址栏中输入网址“www.baidu.com”，然后按下 Enter 键，打开百度搜索引擎的主页，在文本框中输入“李白 诗歌”两个关键词，中间用空格键隔开，如图 7-27 所示。按 Enter 键或者单击【百度一下】按钮，即可搜索出与【李白】和【诗歌】两个关键字都相关的网页链接，如图 7-28 所示。

图 7-27 输入关键字

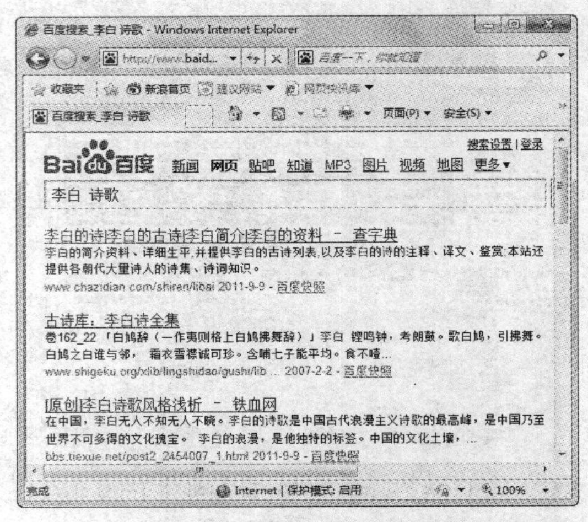

图 7-28 搜索出的网页链接

2. 搜索图片

百度搜索引擎自带搜索图片的功能，用户可以通过该功能方便快捷的在网上找到自己所需的图片。

【例 7-4】使用百度搜索有关【伦敦奥运会】的图片。

(1) 打开 IE 浏览器，在地址栏中输入网址“www.baidu.com”，打开百度首页。在首页页面中，单击【图片】链接，如图 7-29 所示。

(2) 进入百度图片的搜索页面，在文本框中输入“伦敦奥运会”文字，单击【百度一下】按钮，如图 7-30 所示。

图 7-29 单击【图片】链接

图 7-30 输入关键词

(3) 搜索出来的都是跟伦敦奥运会有关的图片，单击其中一张，可以放大显示该图片，如图 7-31 所示。

(4) 把鼠标光标放在图片上端，出现向上箭头，单击可以看上一张图片；放在图片下端，出现向下箭头，单击可以看下一张图片，如图 7-32 所示。

图 7-31 放大显示图片

图 7-32 看上一张图片

3. 搜索音乐

使用百度的 MP3 搜索功能，可以使用户方便的搜索到想听的音乐。

【例 7-5】使用百度搜索有关【刘若英】的音乐。

(1) 打开 IE 8.0 浏览器，在地址栏中输入网址“www.baidu.com”，打开百度首页。在首页页面中，单击【MP3】链接，如图 7-33 所示。

图 7-33 单击【MP3】链接

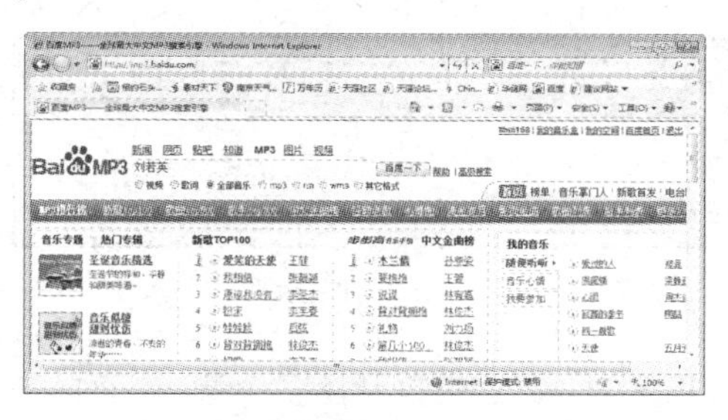

图 7-34 输入关键字

(2) 打开 MP3 搜索界面，然后在【百度一下】文本框中输入【刘若英】关键字，如图 7-34 所示。

(3) 在文本框的下方选择【全部音乐】单选按钮，然后单击【百度一下】按钮，即可搜索出关于【刘若英】的音乐，如图 7-35 所示。

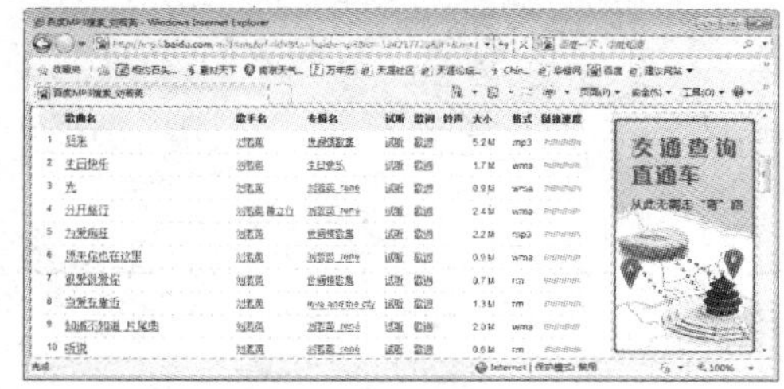

图 7-35 搜索音乐

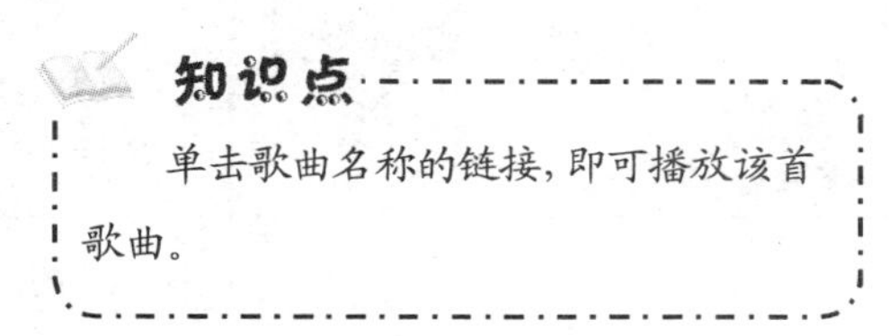

提示

使用百度，还可以很方便地搜索到所需的视频，这些视频主要来源于优酷、土豆、酷6等视频网站。

7.3.5 收藏网页

IE 8.0 浏览器具备更加强大的收藏功能，可以将浏览器中浏览的页面添加至收藏夹中，还可将收藏的网站链接以按钮的形式摆放在浏览器的上方，以便在需要时可以快速地打开并查看这些网页的内容。

1. 收藏站点链接

要将站点的链接添加到收藏夹中，只需在网页的空白处右击，在弹出的快捷菜单中选择【添加到收藏夹】命令即可。另外用户还可使用以下几种方法收藏站点链接。

- 打开一个网页后，直接单击收藏夹栏左端的【添加到收藏夹栏】按钮，即可将该网页链接添加到收藏夹栏中，如图 7-36 所示。
- 打开某个网页后，在地址栏的左侧都有一个网站的 Logo 图标或 Internet Explorer 关联图标，用户只需将该图标拖曳到收藏夹栏就可以实现该链接的收藏，如图 7-37 所示。

图 7-36　单击【添加到收藏夹栏】按钮

图 7-37　拖曳图标到收藏夹栏上

在 IE 8.0 浏览器中打开了多个选项卡时，如果用户想要同时将这些选项卡都添加到收藏夹中，可直接按下 Alt+Z 键，在弹出的快捷菜单中选择【将当前选项卡添加到收藏夹】命令，然后在打开的对话框中设置存放链接的文件夹名称，并选择存放的位置，最后单击【添加】按钮即可完成收藏，如图 7-38 所示。

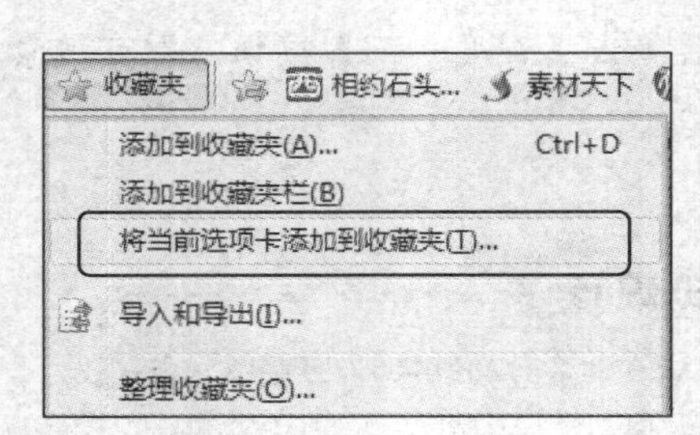

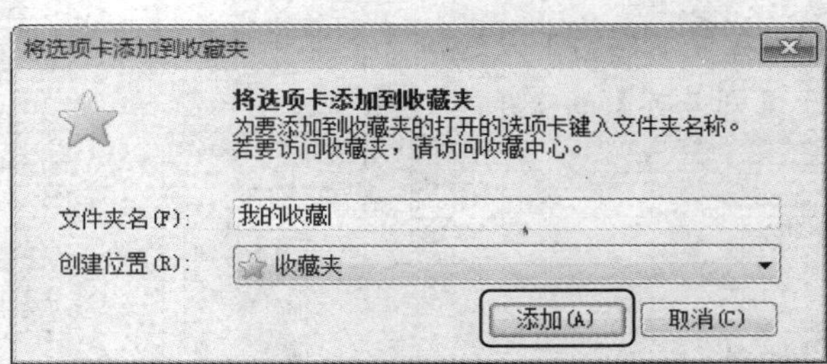

图 7-38　收藏多个选项卡

2. 导入和导出收藏夹

IE 8.0 浏览器提供了收藏夹的导入和导出功能，使用该功能用户可方便的对收藏夹进行备份和恢复。

【例 7-6】在 IE 8.0 中导出收藏夹。

(1) 启动 IE 8.0 浏览器，直接按下 Alt+Z 快捷键，在弹出的快捷菜单中选择【导入和导出】命令，如图 7-39 所示。

(2) 打开【导入/导出设置】对话框，选中【导出到文件】单选按钮，然后单击【下一步】按钮，如图 7-40 所示。

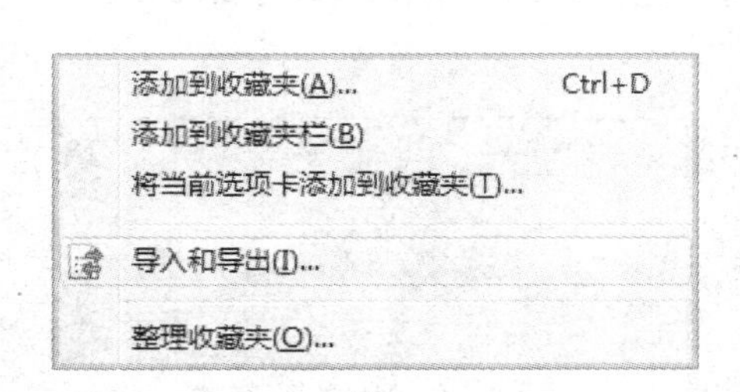

图 7-39　选择【导入和导出】命令

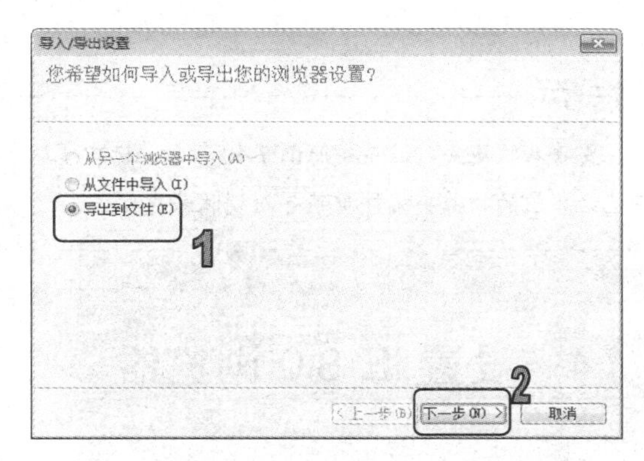

图 7-40　选中【导出到文件】单选按钮

(3) 打开【您希望导出哪些内容？】对话框，选中想要导出的内容复选框，如【收藏夹】、【源】以及 Cookie 复选框，这里选中【收藏夹】复选框，然后单击【下一步】按钮，如图 7-41 所示。

(4) 打开【选择您希望从哪个文件夹导出收藏夹】对话框，用户可选择导出整个收藏夹或导出部分收藏夹，然后单击【下一步】按钮，如图 7-42 所示。

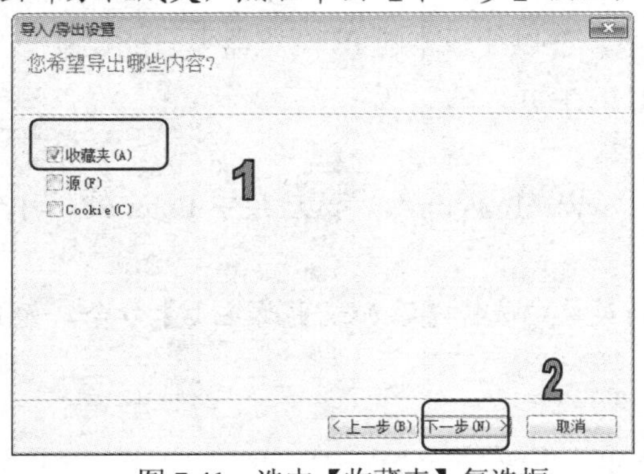

图 7-41　选中【收藏夹】复选框

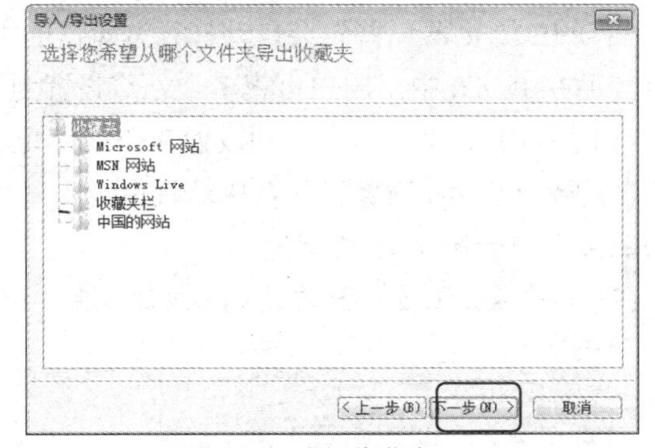

图 7-42　选择收藏夹

(5) 打开【您希望将收藏夹导出至何处？】对话框，用户可选择收藏夹的导出路径，然后单击【导出】按钮，如图 7-43 所示。

(6) 开始导出收藏夹，随后提示导出成功。单击【完成】按钮，完成收藏夹的导出，如图 7-44 所示。

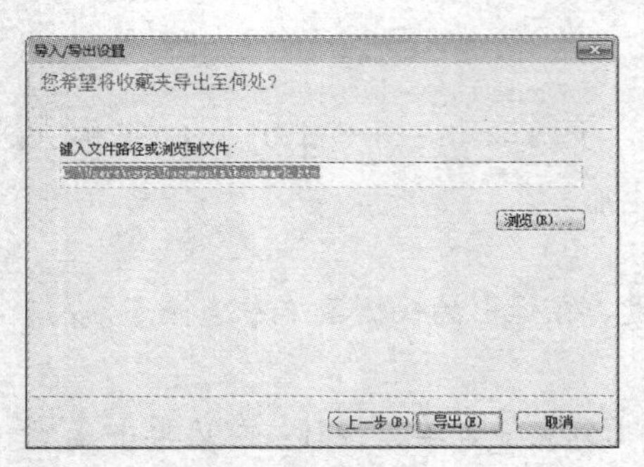

图 7-43　选择导出路径

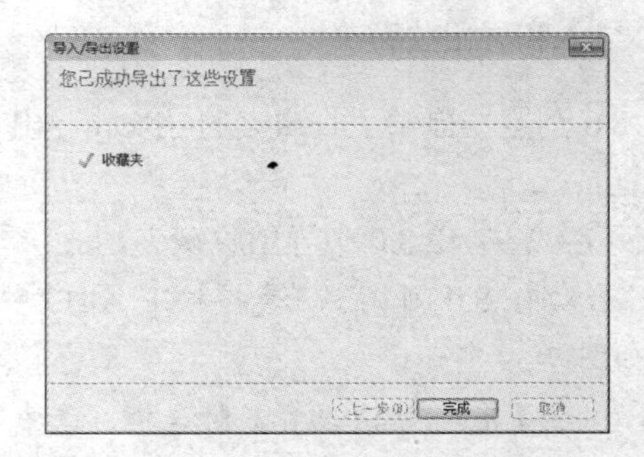

图 7-44　完成收藏夹导出

提示

要导入收藏夹，只需按照图 7-40 所示，选中【从文件导入】单选按钮，然后步骤和导出收藏夹类似，将已经导出的收藏夹文件重新导入到收藏夹栏里。

7.4　设置 IE 8.0 浏览器

为了更加方便地浏览网页，以及保护用户网上账户和密码的安全，用户可以根据自己的需要和习惯对 IE 8.0 浏览器进行设置。

7.4.1　设置主页

启动 IE 浏览器，首先会自动打开浏览器的主页，在以往版本的 IE 浏览器中只能设置一个主页，而在 IE 8.0 中，用户可将多个站点设置为 IE 的主页。

【例 7-7】在 IE 8.0 中分别设置 3 个站点为主页。

(1) 启动 IE 8.0 浏览器，在地址栏中输入网址“www.163.com”，然后按下 Enter 键，打开网易的主页，如图 7-45 所示。

(2) 单击【主页】按钮右边的▾按钮，在弹出的菜单中选择【添加或更改主页】命令，如图 7-46 所示。

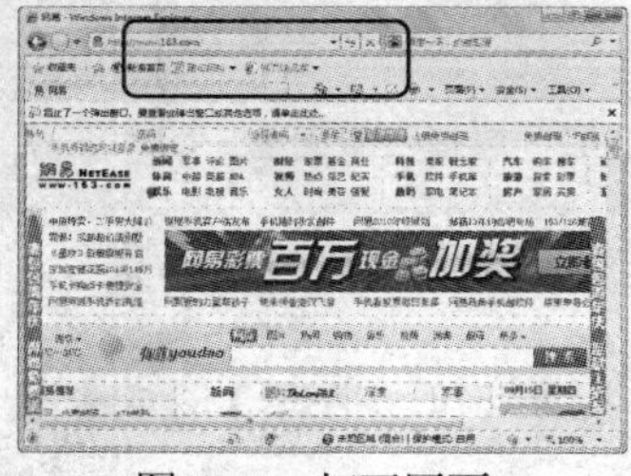

图 7-45　打开网页

图 7-46　选择【添加或更改主页】命令

计算机基础与实训教材系列

(3) 打开【添加或更改主页】对话框，选中【将此网页添加到主页选项卡】单选按钮，然后单击【是】按钮，完成一个主页的设置，如图 7-47 所示。

(4) 按照同样的方法，用户可添加另外两个主页，添加后的效果如图 7-48 所示。

(5) 当用户单击【主页】按钮时，将同时打开这三个网页。

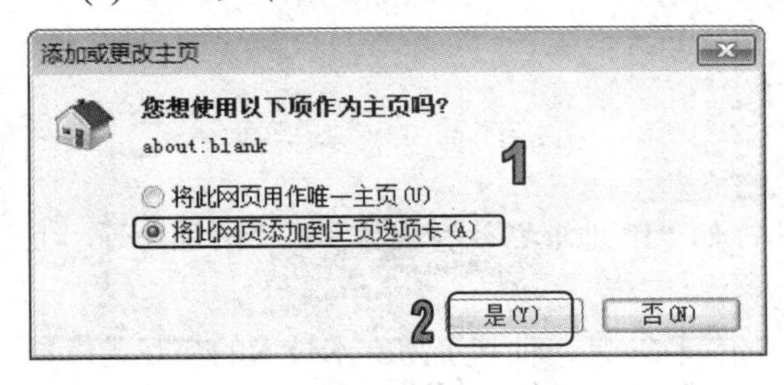

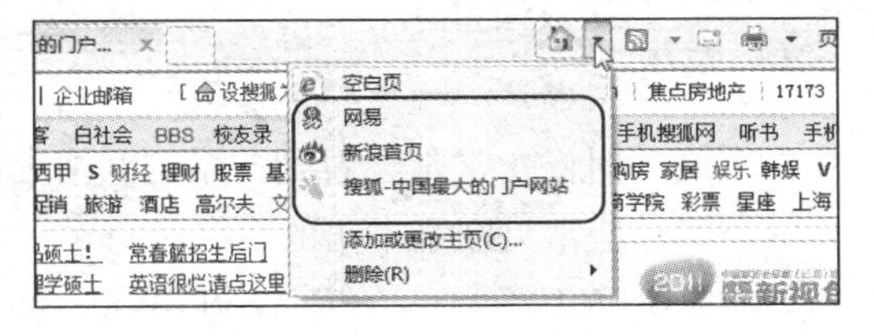

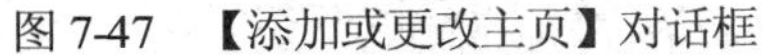

图 7-47　【添加或更改主页】对话框　　　　图 7-48　添加了 3 个主页

用户也可以在 IE 8.0 浏览器窗口中单击【工具】按钮，在弹出的下拉菜单中选择【Internet 选项】命令，如图 7-49 所示。打开【Internet 选项】对话框，选择【常规】选项卡，在【主页】文本框中输入主页的网址，如图 7-50 所示。最后单击【确定】按钮，重新启动 IE 8.0 浏览器，即可显示主页页面。

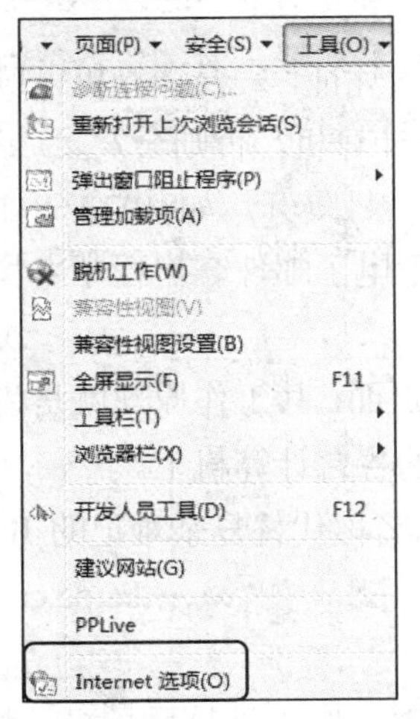

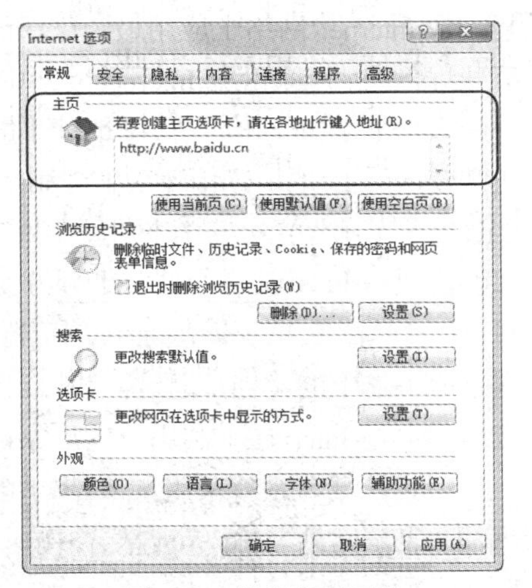

图 7-49　选择【Internet 选项】命令　　　　图 7-50　输入主页网址

7.4.2　管理历史记录

在使用 IE 8.0 浏览器时，系统会自动将打开的网站资料保存在电脑硬盘中。用户可以利用浏览器的这个特点，通过打开 IE 浏览器【历史纪录】，来检查浏览器在 Internet 中曾访问过的网页，从而实现管理浏览器的网上记录。

【例 7-8】在 IE 8.0 中查看浏览器的历史记录。

(1) 启动 IE 8.0 浏览器，单击【收藏夹】按钮，在打开的面板中选择【历史记录】选项卡，单击下拉列表，选中【按站点查看】选项，如图 7-51 所示。

(2) 此时在历史记录面板中将显示曾经访问过的网址的历史记录，单击其中的某个链接，即可打开该网页，如图 7-52 所示。

图 7-51　选中【按站点查看】选项

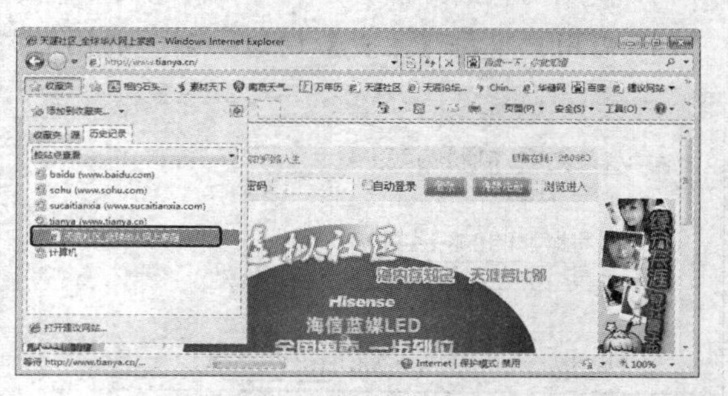

图 7-52　单击网址链接

7.4.3　屏蔽网页不良信息

Internet 网络在向访问者提供信息和资源的同时，也充斥着大量的色情和暴力内容。对于这些网上存在的不良信息，用户可以利用 IE 8.0 浏览器【分级审查】功能，对浏览器能够打开的网站页面信息进行选择性屏蔽，以确保上网时不会受到包含不良信息站点的骚扰。

【例 7-9】在 IE 8.0 中屏蔽网页不良信息。

(1) 启动 IE 8.0 浏览器，单击【工具】按钮，在弹出的下拉菜单中选择【Internet 选项】命令，如图 7-53 所示。

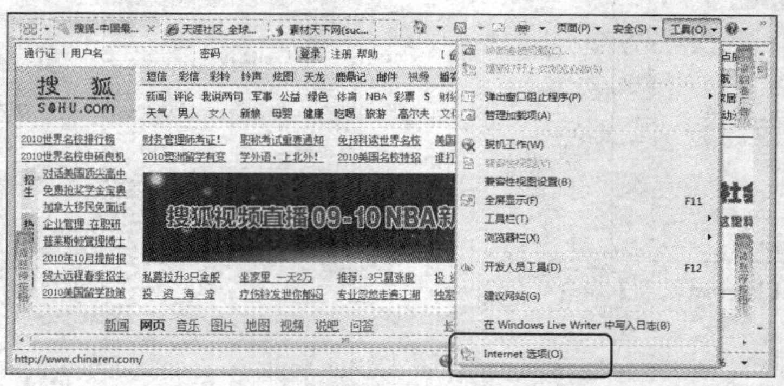

图 7-53　选择【Internet 选项】命令

(2) 打开如图 7-54 所示的【Internet 选项】对话框，选择【内容】选项卡，单击【内容审查程序】区域的【启用】按钮，打开【内容审查程序】对话框。

(3) 在【分级】选项卡中，用户可在类别列表中选择要设置的审查内容，然后拖动下方的滑块来设置内容审查的类别，如图 7-55 所示。

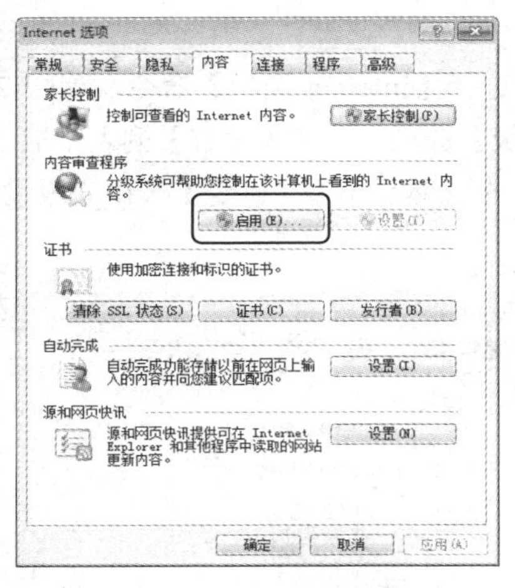

图 7-54　单击【启用】按钮

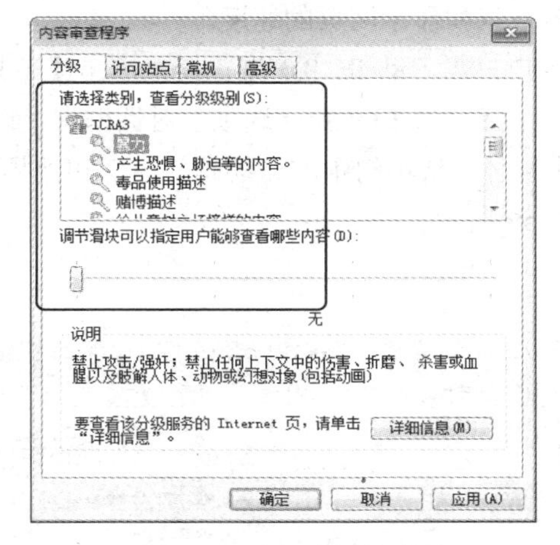

图 7-55　选择分级的类别

(4) 切换至【许可站点】选项卡，在该选项卡中，用户可设置始终信任的站点和限制访问的站点。例如，用户可在【允许该网站】文本框中输入网址“www.baidu.com”，然后单击【始终】按钮，即可将该网站加入到始终信任的列表中，如图 7-56 所示。单击【从不】按钮，可将该网站加入到限制访问的列表中。

(5) 选择【常规】选项卡，选中【监护人可以键入密码允许用户查看受限制的内容】复选框后，单击【创建密码】按钮为分级审查功能设置密码，如图 7-57 所示。这样，不知道密码的用户将不能通过 IE 8.0 浏览器浏览这些内容。

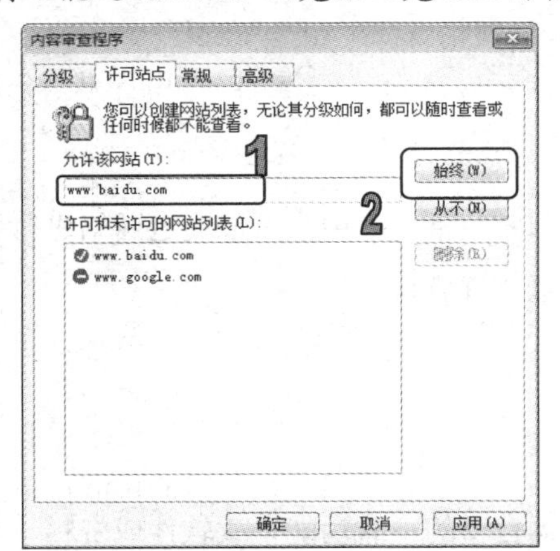

图 7-56　【许可站点】选项卡设置

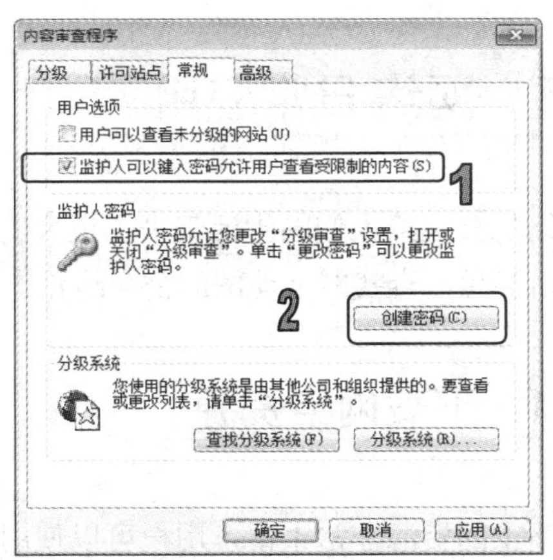

图 7-57　【常规】选项卡设置

7.4.4　提高上网速度

在使用 IE 浏览器上网时，如果网页中存在着大量的动画、视频和音乐等信息，网页的打开速度会比较慢，如果用户只想查看文字信息，可将这些动画信息屏蔽，可以极大地提高 IE

浏览器下载和显示网页的速度。

用户只需启动 IE 8.0 浏览器，单击【工具】按钮，选择【Internet 选项】命令，如图 7-58 所示。在打开的【Internet 选项】对话框中，切换至【高级】选项卡，在【设置】列表中取消选中【多媒体】选项组中的与动画、声音和视频相关的复选框，然后单击【确定】按钮完成设置，如图 7-59 所示。

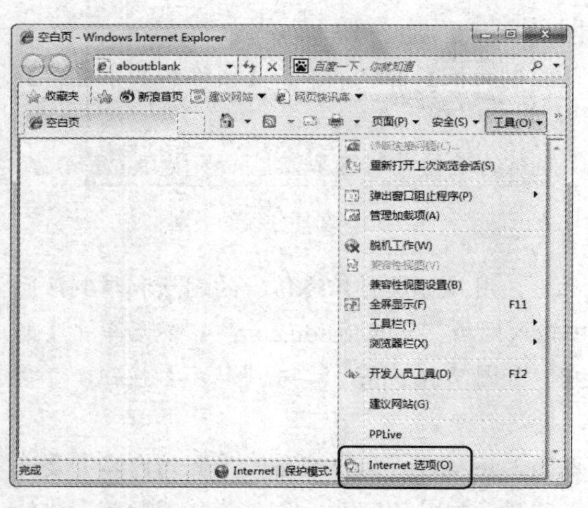

图 7-58　选择【Internet 选项】命令

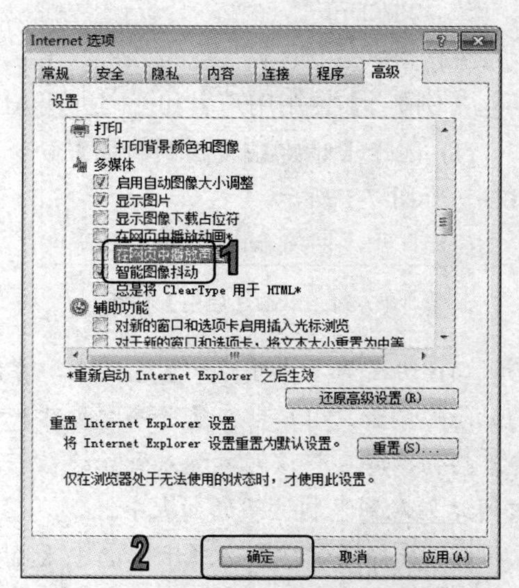

图 7-59　屏蔽设置

7.5　网络日常应用

网络的普及给人们的生活带来了极大的方便，在日常生活中，用户可以通过网络进行下载各种网络资源、查找网上地图的公交线路、在线网络游戏等操作。

7.5.1　下载网络资源

网络上的资源非常丰富，用户可以使用 IE 浏览器自带的下载功能下载软件或资料，当用户单击网页中有下载功能的超链接时，IE 浏览器即可自动开始下载文件。

【例 7-10】使用 IE 浏览器下载音乐播放软件【千千静听】。

(1) 打开 IE 浏览器，在地址栏中输入网址“http://ttplayer.qianqian.com/”，然后按下 Enter 键，打开该网页。

(2) 单击【立即下载最新版】按钮，如图 7-60 所示。系统即可自动打开【文件下载-安全警告】对话框。

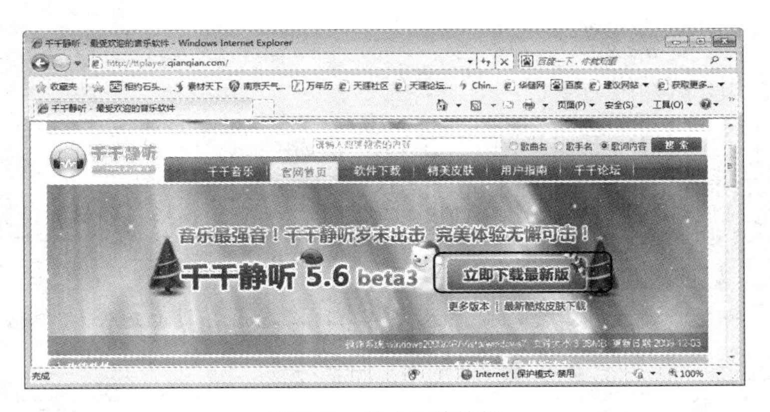

图 7-60　单击下载按钮

(3) 单击【保存】按钮，如图 7-61 所示。

(4) 打开【另存为】对话框，在该对话框中用户可设置软件在电脑中保存的位置和名称，然后单击【保存】按钮，如图 7-62 所示。

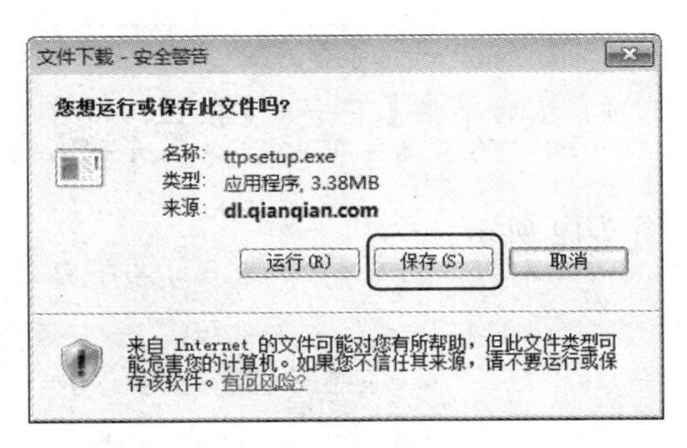

图 7-61　单击【保存】按钮

图 7-62　【另存为】对话框

(5) 开始下载文件，并显示下载进度和下载完成所需的时间，如图 7-63 所示。

(6) 下载完成后，打开【下载完毕】对话框，单击【运行】按钮，可直接运行该安装程序，单击【打开文件夹】按钮可打开软件所在的文件夹，单击【关闭】按钮，关闭该对话框，如图 7-64 所示。

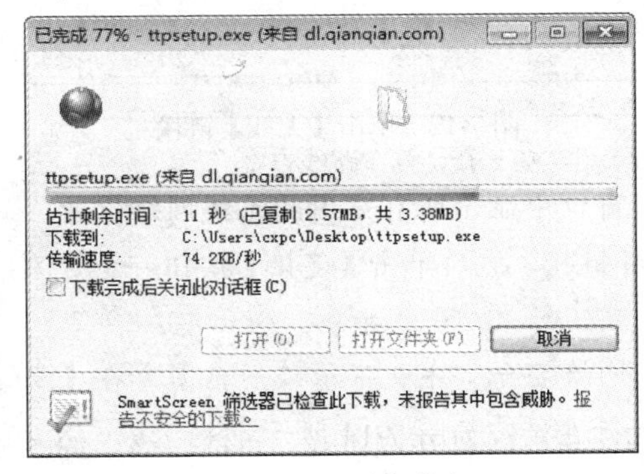

图 7-63　下载进度

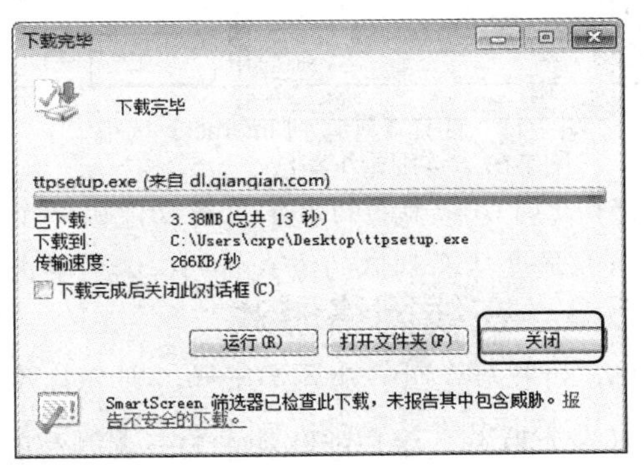

图 7-64　下载完毕

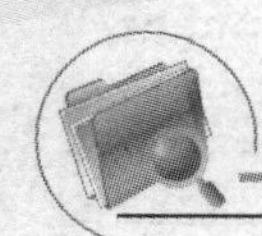

7.5.2 查询公交路线

通过互联网，可以查看全国各地的电子地图，而在电子地图上可以查询公交路线。

【例 7-11】查询南京市的乌龙潭公园到清凉山公园的公交路线。

(1) 打开百度地图首页，单击文本框下的【公交】标签，输入【乌龙潭公园】到【清凉山公园】，然后单击【百度一下】按钮，如图 7-65 所示。

(2) 搜索出从乌龙潭公园到清凉山公园的公交路线，显示在页面地图的右侧，列举了几种乘车的方案，用户可以选择使用，如图 7-66 所示。

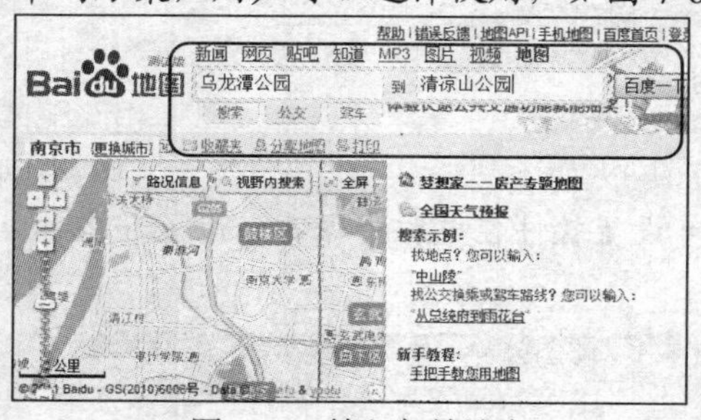

图 7-65　输入起始地点

图 7-66　查询乘车方案

(3) 单击这些乘车方案按钮，打开下拉列表，里面详细介绍了乘车的路线以及可能需要走路的路程，如图 7-67 所示。

(4) 用户还可以单击【百度一下】文本框下面的【驾车】标签，这样会显示自驾车或出租车的最短路线行程，如图 7-68 所示。

图 7-67　详细乘车路线

图 7-68　查询驾车路线方案

7.5.3 在线网络游戏

通过互联网，用户能够和来自五湖四海的网络用户进行各种在线游戏。目前网络上的游戏十分丰富，有网页游戏、大型网络游戏，以及网络平台游戏等各种类型。

1. 网页游戏

网页游戏又称 Web 游戏，其实就是用浏览器玩的游戏，它不用下载客户端，用户可以在任何地方任何时间使用任何一台能上网的电脑进行游戏。目前比较常见的网页游戏有三国杀、七雄争霸和弹弹堂等，如图 7-69 所示为三国杀网页游戏。

2. 大型网络游戏

除了网页游戏平台外，用户还可以下载并玩一些热门的大型 3D 网络游戏，例如魔兽世界、永恒之塔、神魔大陆等。这些大型网络游戏可玩性高，画面也非常优美，适合对游戏有一定要求的用户，如图 7-70 所示为魔兽世界网络游戏。

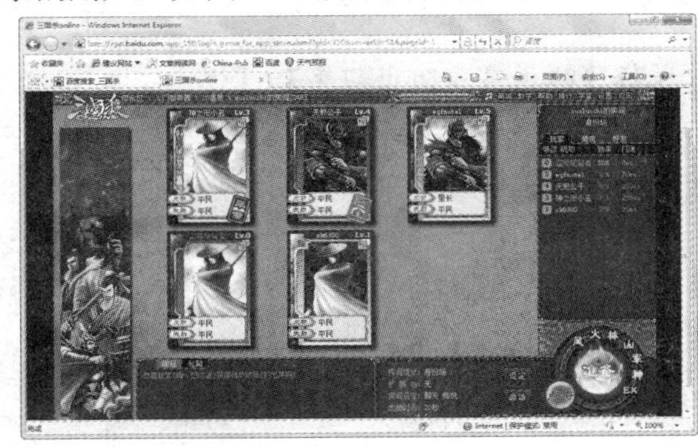

图 7-69　网页游戏

图 7-70　大型网络游戏

3. 网络平台游戏

在网络上有很多游戏平台提供多人游戏对战，如浩方电竞平台。浩方电竞平台是国内最大的游戏对战平台之一，它能够为玩家提供基于互联网的多人联机游戏服务，可以进行诸如 CS，魔兽争霸，SC，FIFA 等多种游戏。

要使用浩方电竞平台，首先要有一个账号，用户可打开网址“http://register.sdo.com”，在该页面中注册盛大通行证，使用盛大通行证即可登录电竞平台。

用户启动浩方电竞平台，选择【盛大通行证】登录，输入账号和密码然后单击【登录】按钮，登录浩方电竞平台，如图 7-71 所示。在浩方电竞平台的主界面中，单击左侧的【竞技】按钮，打开竞技游戏列表，然后单击游戏选项，如【寒冰王座】，展开其专区列表，用户可根据自己的实际情况选择相应的专区进入开始游戏，如图 7-72 所示。

图 7-71　登录界面

图 7-72　选择游戏和专区

7.6 上机练习

本章的上机实验主要练习设置拦截弹出广告窗口，以及使用百度搜索电子地图，使用户更好地掌握 IE 浏览器的设置和使用搜索引擎的基本操作方法和技巧。

7.6.1 拦截弹出广告窗口

【例 7-12】现在很多网站都设置有弹出式的广告程序，为了防止广告骚扰，可以在 IE 浏览器里设置。

(1) 启动 IE 8.0 浏览器，单击【工具】按钮，选择【弹出窗口阻止程序】|【弹出窗口阻止程序设置】命令，如图 7-73 所示。

(2) 在打开的【弹出窗口阻止程序设置】对话框中，选中如图 7-74 所示的两个复选框。

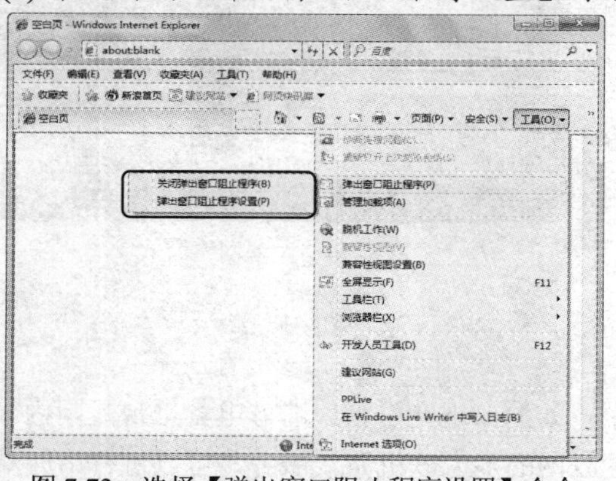

图 7-73 选择【弹出窗口阻止程序设置】命令

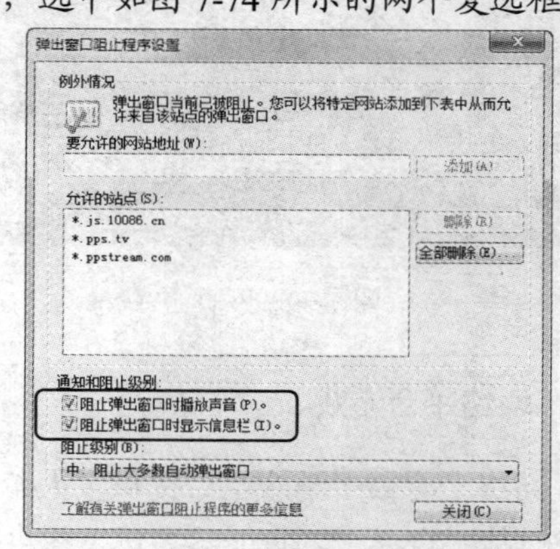

图 7-74 选中复选框

(3) 选中【阻止级别】下拉列表中的【中：阻止大多数自动弹出窗口】选项，单击【关闭】按钮，完成阻止自动弹出窗口的设置，如图 7-75 所示。

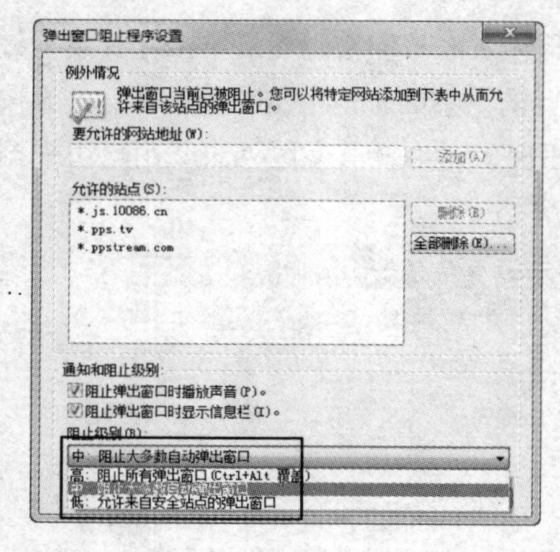

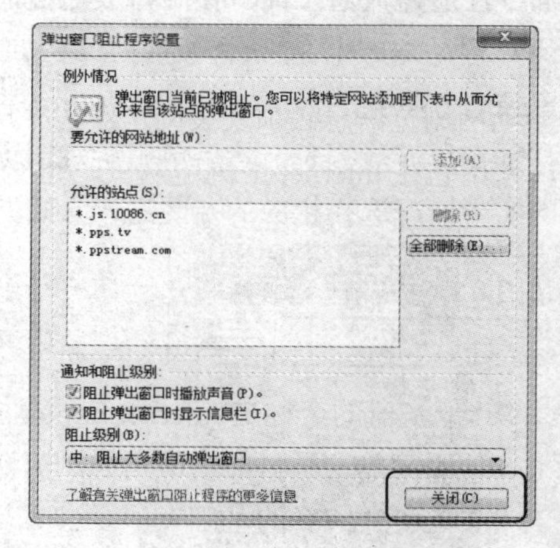

图 7-75 完成设置

7.6.2 搜索地图

【例 7-13】在百度搜索引擎中搜索查看南京夫子庙所在的地点。

(1) 打开 IE 8.0 浏览器，打开百度首页，单击【地图】链接，如图 7-76 所示。

(2) 进入【百度地图】页面，在搜索对话框中输入文字【南京 夫子庙】，关键字之间用空格键隔开，然后单击【百度一下】按钮，如图 7-77 所示。

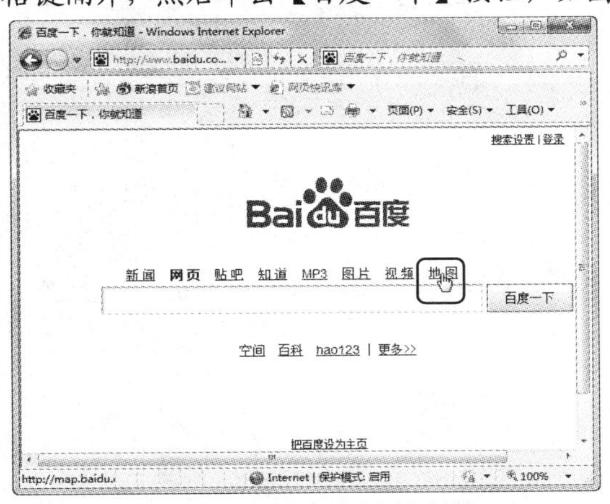

图 7-76 单击【地图】链接

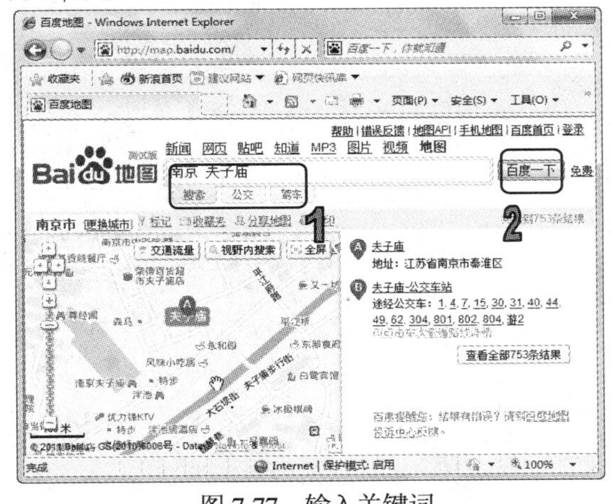

图 7-77 输入关键词

(3) 显示地址所在的地图，这时把鼠标光标放置在地图上，呈现为手掌形状，进行拖曳操作，可以将地图移动；拖动地图左上角的滑块，可放大或缩小电子地图，如图 7-78 所示。

(4) 如果用户想查看其他城市的地图，可单击【更换城市】链接，在打开的窗口中选择目标城市即可，如图 7-79 所示。

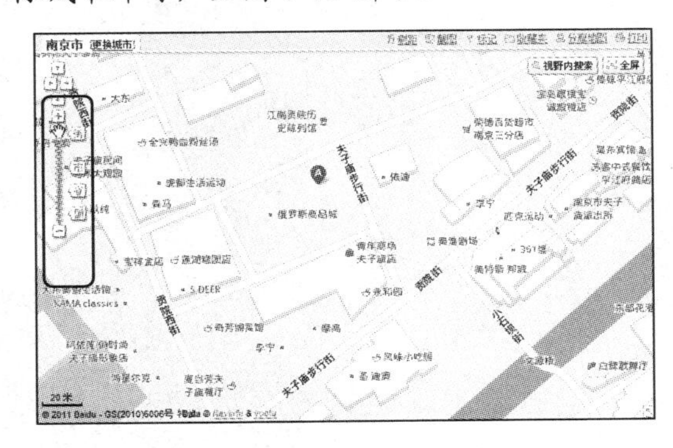

图 7-78 地图上操作

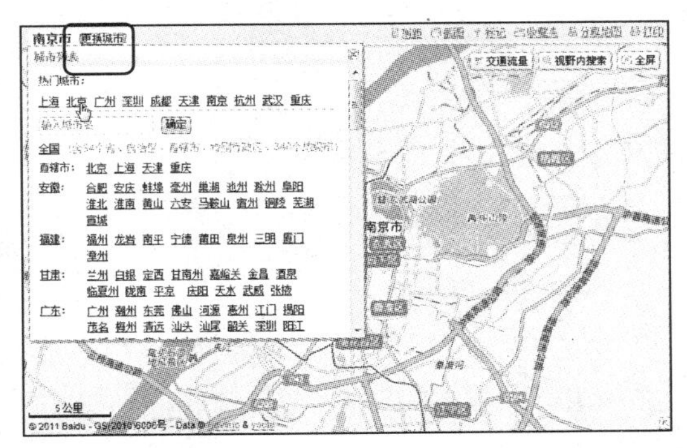

图 7-79 切换城市

提示

搜索地图的地址后，还可以参照【例 7-11】的搜索乘车路线，能够更加详细地查看地图中相关地址的路线。

7.7 习题

1. 简述几个网络常用术语。
2. Windows 7 有哪几种上网方式？
3. 如何提高上网速度？
4. 使用百度搜索引擎搜索【奥运会】相关的视频资料。

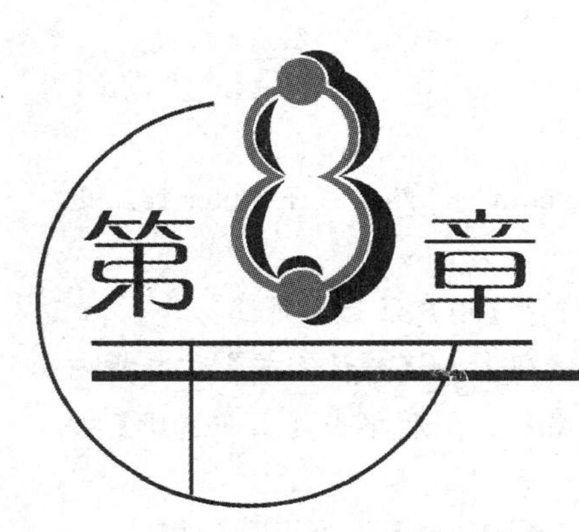

网络交流

学习目标

网络的普及使人与人之间的沟通交流变得更加方便快捷。通过 Windows 7 自带的 Live 服务组件，用户可以使用收发电子邮件、即时消息等有关互联网的多种服务。除此以外，本章还将介绍 QQ 聊天工具的使用以及网上购物的相关知识。

本章重点

- 使用 Windows Live Mail
- 使用 Windows Live Messenger
- 使用 QQ 工具
- 学会网络购物

8.1 使用 Windows Live Mail

Windows Live 是 Windows 7 系统新增加的一个服务组件程序，它作为一个 Web 服务平台，通过互联网向计算机终端提供各种应用服务。本节将主要介绍网上交流的相关软件，如 Windows Live Mail 和 Windows Live Messenger。

8.1.1 申请电子邮箱

Windows Live Mail 使电子邮件的管理不再是一件繁琐复杂的事情，当用户拥有多个电子邮箱的时候，可以通过 Windows Live Mail 软件管理和查看邮件。

电子邮件(E-mail)指的是通过网络发送的邮件，和传统的邮件相比，电子邮件具有方便、快捷和廉价的优点。电子邮箱是接收和发送电子邮件的终端，目前有很多网站提供免费邮箱服务。

本节以 126 免费邮箱为例，说明申请电子邮箱的方法和步骤。

【例 8-1】申请 126 免费电子邮箱。

(1) 打开 IE 8.0 浏览器，在地址栏内输入“http://www.126.com”，然后按下 Enter 键，进入 126 电子邮箱的首页。

(2) 单击主页下方的【立即注册】按钮，如图 8-1 所示，打开【用户注册】页面。

(3) 在【邮件地址】文本框中输入设置的用户名称，在【密码】和【确认密码】文本框内输入设置的密码，在【验证码】文本框内输入系统给出的验证字符，然后单击【立即注册】按钮，如图 8-2 所示。

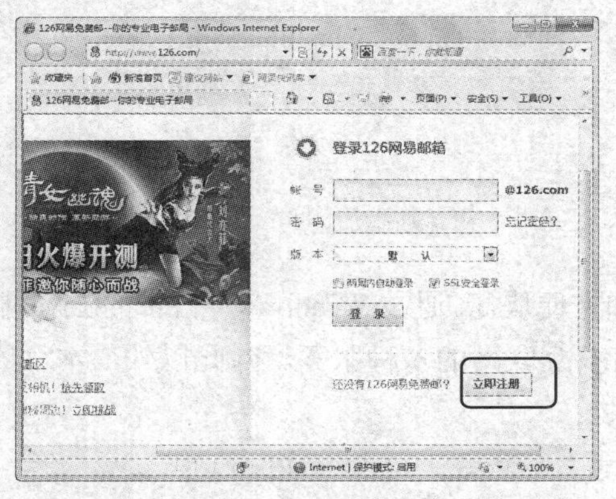

图 8-1　单击【立即注册】按钮

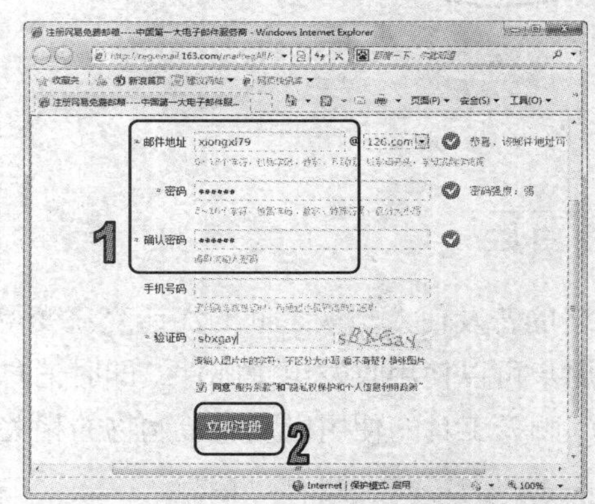

图 8-2　输入注册内容

(4) 在打开页面的文本框中输入图片中的文字，然后单击【确定】按钮，如图 8-3 所示。

(5) 注册成功后，将打开电子邮箱页面，如图 8-4 所示。

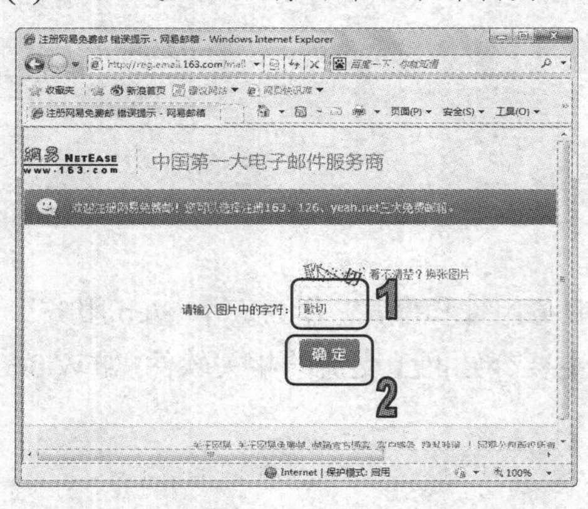

图 8-3　输入验证文字

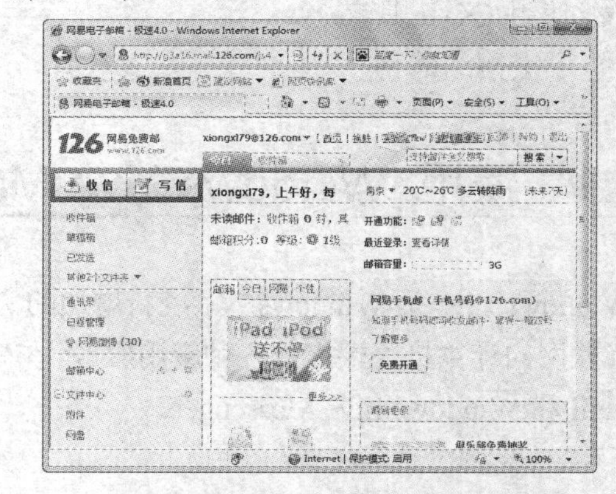

图 8-4　显示电子邮箱页面

知识点

电子邮箱地址的格式为：用户名@主机域名，主机域名指的是 POP3 服务器的域名，用户名指的是用户在该 POP3 服务器上申请的电子邮件账号。例如，用户在 126 网站上申请了用户名为 xiongxl79 的电子邮箱，那么该邮箱的地址就是“xiongxl79@126.com”。

8.1.2 添加电子邮件账户

有了电子邮箱地址，用户就可以使用 Windows Live Mail 添加该邮箱地址。首次启动 Windows Live Mail 时，都会打开【添加电子邮件账户】对话框，通过它可以完成电子邮件账户的创建。

【例 8-2】在 Windows Live Mail 添加电子邮件账户。

(1) 选择【开始】|【所有程序】|Windows Live Mail 命令，启动 Windows Live Mail。

(2) 选择【账户】选项卡，然后单击【电子邮件】按钮，如图 8-5 所示，打开【添加您的电子邮件账户】对话框。

(3) 在【电子邮件地址】文本框内输入已经申请好的邮箱地址，在【密码】文本框内输入邮箱密码，在【发件人显示名称】内输入设置的显示名称，然后单击【下一步】按钮，如图 8-6 所示。

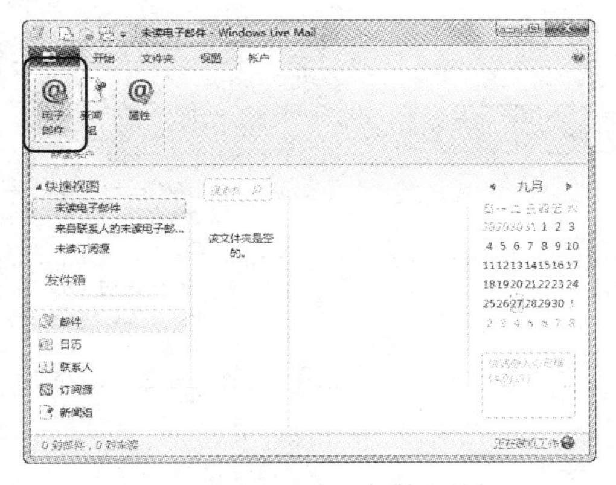

图 8-5　单击【电子邮件】按钮

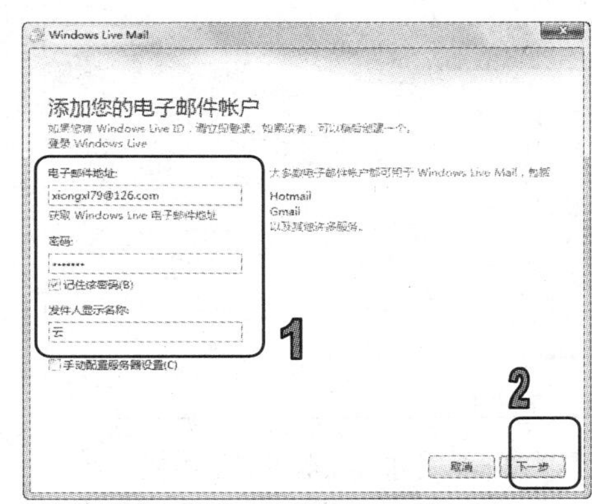

图 8-6　设置电子邮件账户

(4) 显示【您的电子邮件账户已添加】对话框，单击【完成】按钮即可，如图 8-7 所示。

(5) 此时返回 Windows Live Mail 主界面，在左侧窗格中显示添加的 126 邮箱，也就是新添加的电子邮件账户，如图 8-8 所示。

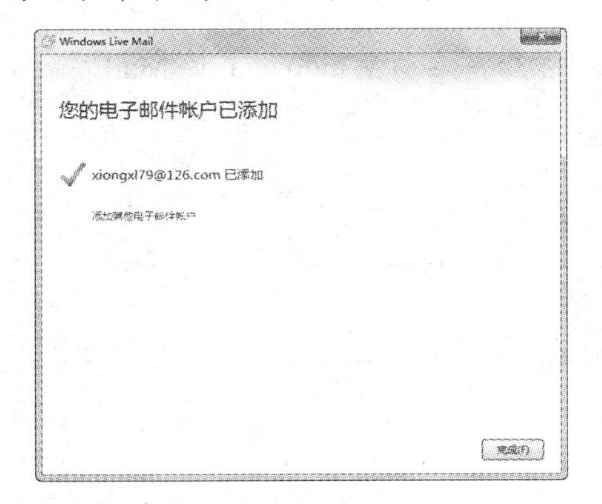

图 8-7　单击【完成】按钮

图 8-8　Windows Live Mail 主界面

8.1.3 收发电子邮件

Windows Live Mail 的主要功能就是接收和发送电子邮件，创建电子邮件账户的电子邮箱之后，就可以使用 Windows Live Mail 来操作各个电子邮箱中的电子邮件了。

1. 接收电子邮件

使用 Windows Live Mail 接收电子邮件很简单，只要设置了电子邮件账户后，软件将自动接收发往该邮箱的电子邮件。比如【例 8-2】里的 xiongxl79 电子邮箱，用户只需单击左侧窗格中的【收件箱】按钮后，在 Windows Live Mail 窗口中就会出现接收到的邮件列表，如图 8-9 所示，然后单击需要查看的邮件项，右侧窗格会显示该邮件内容，如图 8-10 所示。如果想要查看邮件的内容细节时，可以双击该邮件项，打开邮件查看窗口。

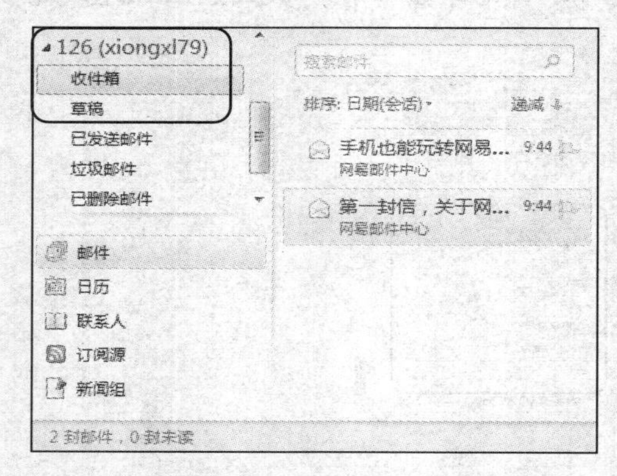

图 8-9　单击【收件箱】按钮

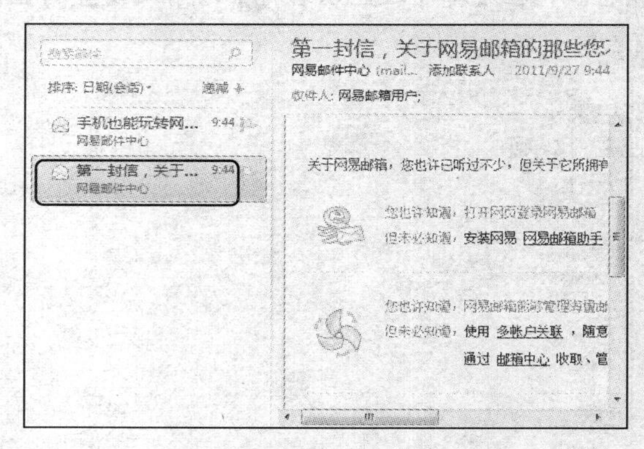

图 8-10　单击邮件项

2. 发送电子邮件

下面就以发送一封电子邮件到 xiongxl1234@hotmail.com邮箱为例，介绍如何使用 Windows Live Mail 来发送电子邮件。

【例 8-3】使用 Windows Live Mail 发送电子邮件。

(1) 选择【开始】|【所有程序】|Windows Live Mail 命令，启动 Windows Live Mail。

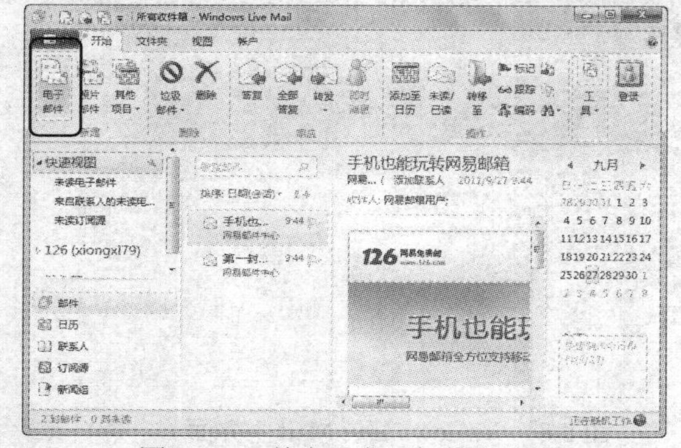

图 8-11　单击【电子邮件】按钮

图 8-12　编写邮件并发送

计算机 基础与实训教材系列

(2) 选择【开始】选项卡，然后单击【电子邮件】按钮，如图 8-11 所示打开【新邮件】窗口。

(3) 在相应的文本框内输入收件人地址、主题、邮件正文等，然后单击【发送】按钮，如图 8-12 所示。

(4) 邮件即被发送至收件人邮箱内，返回 Windows Live Mail 主界面，单击发件人即 xiongx l79 邮箱下面的【发件箱】按钮，右侧窗格中显示发出的邮件，如图 8-13 所示。

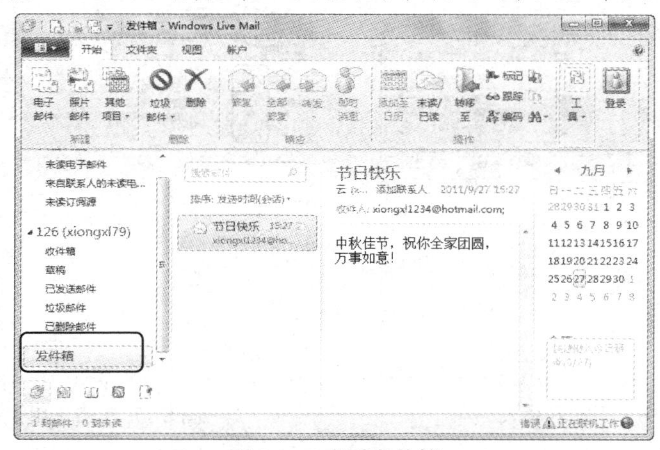

图 8-13　查看发件箱

8.1.4 管理联系人

在 Windows Live Mail 中管理联系人，可以对联系人进行新建组、添加联系人以及使用联系人的操作。根据用户个人需求，管理联系人能更有效的提高发送电子邮件的效率。

【例 8-4】 通过 Windows Live Mail 添加联系人、新建组并使用联系人。

(1) 用户要添加联系人，可以单击左侧窗格中的【联系人】按钮，然后单击【开始】选项卡里的【联系人】按钮，如图 8-14 所示。

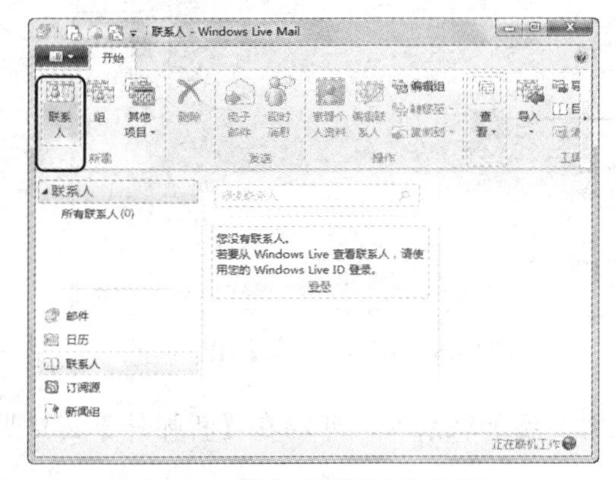

图 8-14　单击【联系人】按钮

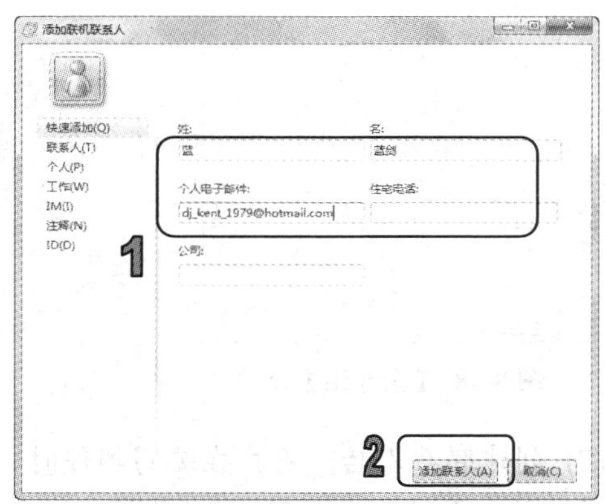

图 8-15　输入联系人信息

(2) 打开【添加联机联系人】窗口，在相应的文本框内输入联系人的姓、名、个人电子邮件等信息，然后单击【添加联系人】按钮，如图 8-15 所示。

(3) 返回至【联系人】窗口，【联系人】项目下显示新增的联系人，如图 8-16 所示。

(4) 如果要新建一个组，用户可以在【联系人】窗口界面中，单击【组】按钮，如图 8-17 所示。

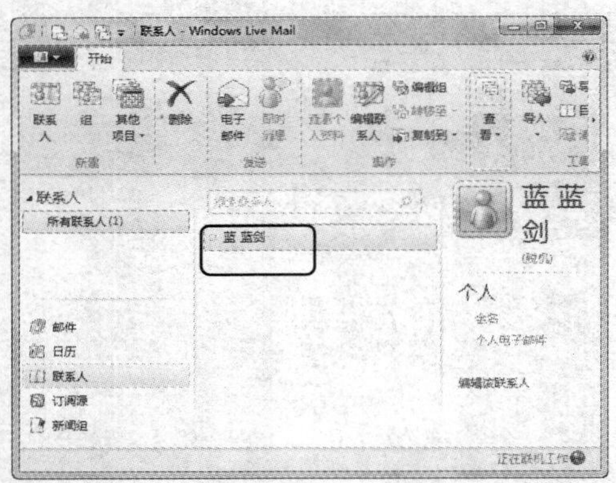
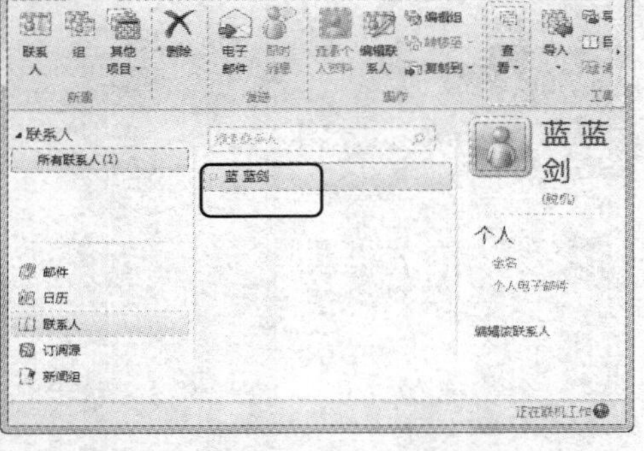

图 8-16　添加联系人　　　图 8-17 单击【组】按钮

(5) 打开【新建组】窗口，在【输入组名称】文本框内输入文字“好友”，在【选择要添加到此组的联系人】列表中选择需要加入该组的联系人选项，在下方的列表框中显示添加到该组的联系人名称，然后单击【保存】按钮，如图 8-18 所示。

(6) 返回至【联系人】窗口，即可显示【好友】组已经被添加到【联系人】栏下，如图 8-19 所示。

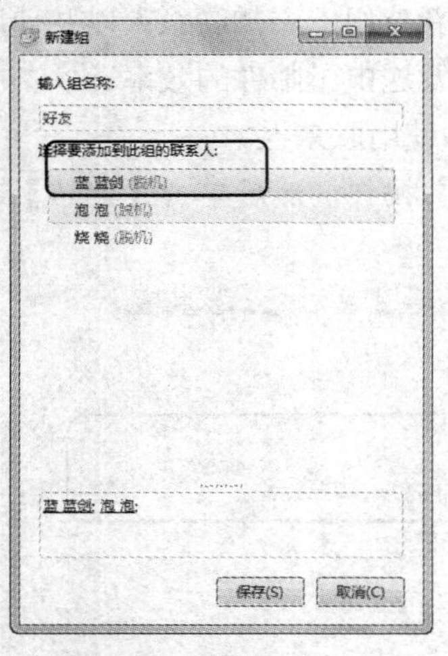

图 8-18 【新建组】窗口

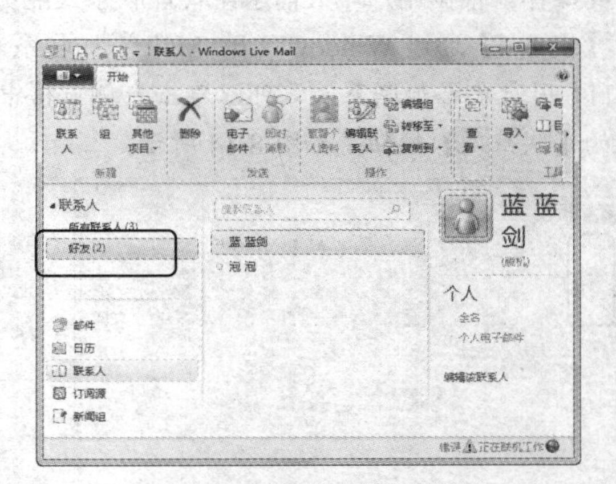

图 8-19　新建【好友】组

(7) 创建联系人后，用户在编写邮件时，如果需要添加联系人，可以在【新邮件】窗口里单击【收件人】按钮，如图 8-20 所示。

(8) 弹出【发送电子邮件】窗口，选择需要添加的联系人，单击【收件人】、【抄送】、

【密件抄送】3 个按钮中的其中一个按钮，即可将该联系人添加到对应的文本框中，然后单击【确定】按钮，如图 8-21 所示。

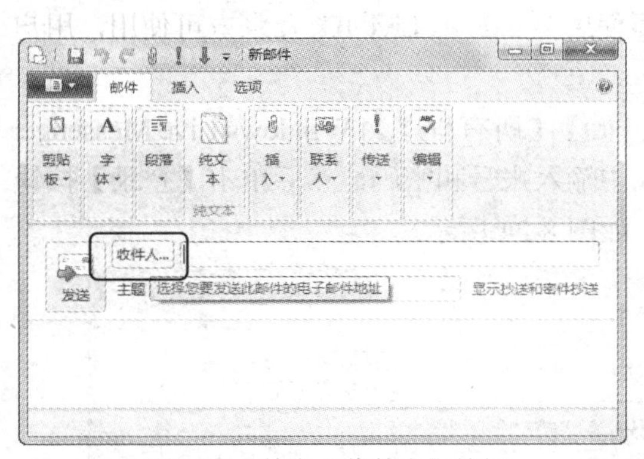

图 8-20　单击【收件人】按钮

图 8-21　选择联系人为收件人

(9) 返回至【新邮件】窗口，在【收件人】文本框内显示添加的联系人，如图 8-22 所示。

(10) 用户还可以对联系人进行编辑或删除。要删除联系人，只需在【联系人】窗口中，选择该联系人选项，右击弹出快捷菜单，在其中选择【删除联系人】命令，即可将其删除，如图 8-23 所示。

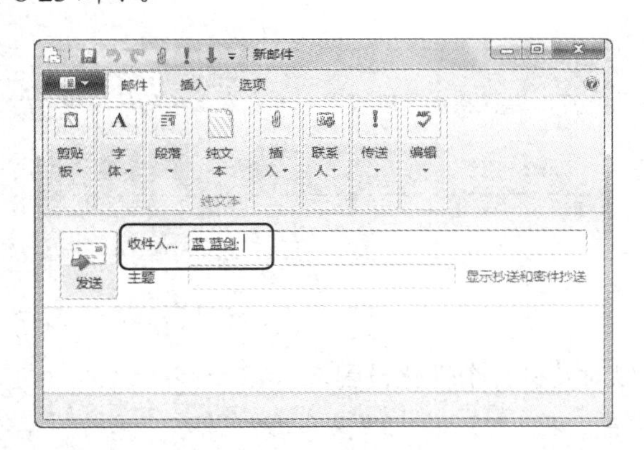

图 8-22　添加收件人成功

图 8-23　删除联系人

提示

用户如果要编辑联系人，只需在图 8-23 中选择【编辑联系人】命令，打开【编辑联系人】窗口，即可对相关信息进行设置。

8.2　使用 Windows Live Messenger

Windows Live Messenger 是一款全世界通用的即时通信软件，它比电子邮件更快速及时地满足用户之间信息的交流，具有语音视频、动漫表情、文字交流、影音娱乐等功能。

8.2.1　登录 Messenger

用户在启动 Windows Live Messenger 后，需要使用 Windows Live ID 登录方可使用，用户可以到 Windows Live 官网上申请账号。

有了 Windows Live ID 账号，用户可以选择【开始】|【所有程序】| Windows Live Messenger 选项，启动 Windows Live Messenger。在登录界面中输入账号和密码，然后单击【登录】按钮后，即可进入 Windows Live Messenger 操作页面，如图 8-24 所示。

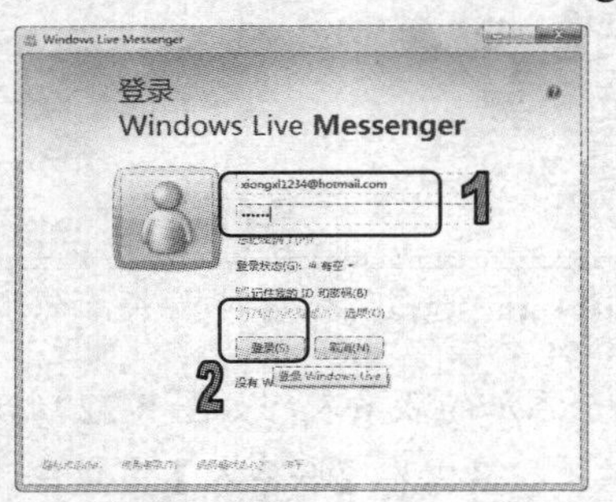

图 8-24　登录 Windows Live Messenger

提示

由于图 8-24 中右侧图片的左侧窗格为网页新闻，用户可以选择换成紧凑模式，单击右上角的转换模式按钮，即可变为紧凑模式。

8.2.2　设置 Messenger

登录 Windows Live Messenger 后，用户还可以对其进行个性化设置。

【例 8-5】Windows Live Messenger 个性化设置。

(1) 在 Windows Live Messenger 紧凑模式下，单击用户名称按钮，弹出下拉菜单，如图 8-25 所示。

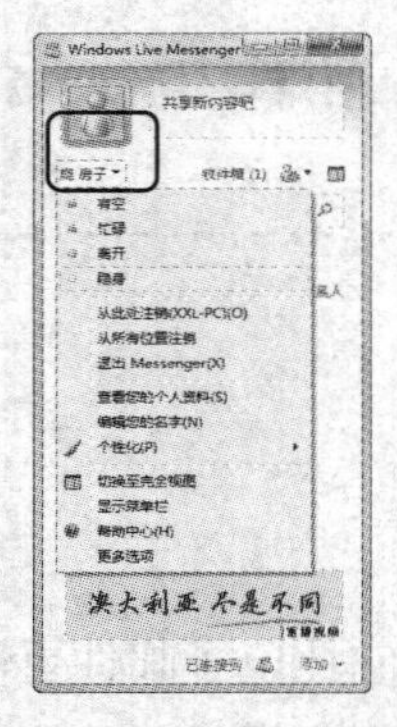

图 8-25　单击用户名称按钮

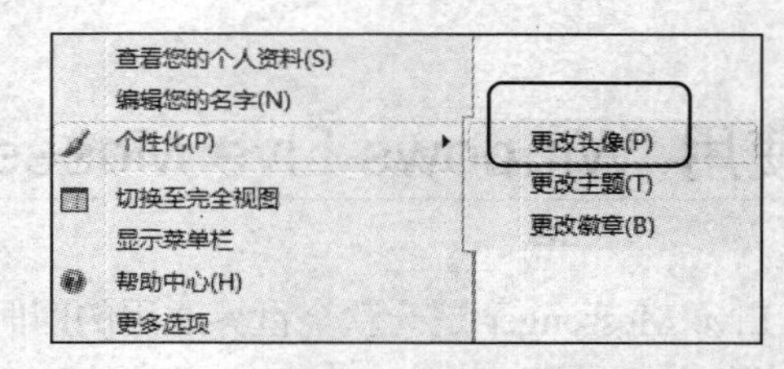

图 8-26　选择【更改头像】命令

(2) 在弹出的下拉菜单中，选择【个性化】|【更改头像】命令，如图 8-26 所示。

(3) 打开【头像】对话框，选择【头像】下面的图标，即可改变头像图片，单击【确定】按钮，完成头像设置，如图 8-27 所示。

(4) 返回步骤(2)，选择【个性化】|【更改主题】命令，打开【主题】对话框。选择一个主题图片，然后单击【确定】按钮，完成主题设置，如图 8-28 所示。

图 8-27　选择头像图片

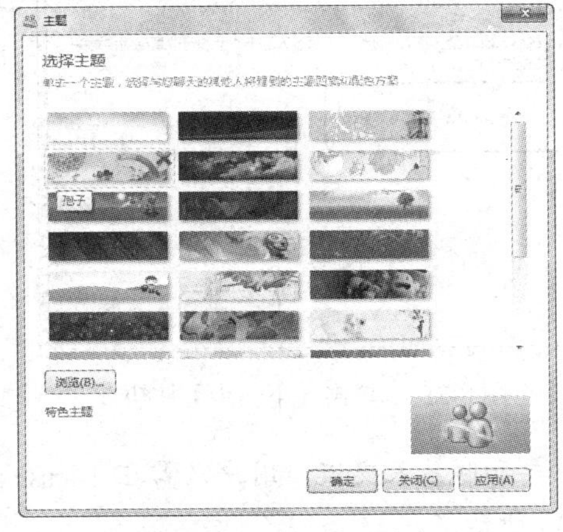

图 8-28　选择主题图片

8.2.3　联系人交流

Windows Live Messenger 属于即时通信软件，其基本功能是为用户之间传递信息，不同用户在 Messenger 中称之为【联系人】，联系人之间的相互交流是 Windows Live Messenger 的主要作用。

【例 8-6】添加 Windows Live Messenger 联系人并进行交流。

(1) 在 Windows Live Messenger 单击【添加联系人】链接，如图 8-29 所示。

(2) 打开【添加好友】对话框，在【输入好友的电子邮件地址】文本框内输入联系人邮箱地址，然后单击【下一步】按钮，如图 8-30 所示。

图 8-29　单击【添加联系人】链接

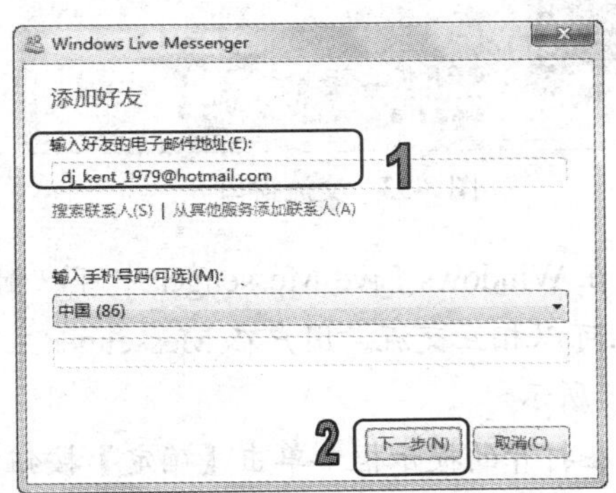

图 8-30　输入联系人邮箱地址

(3) 在打开的对话框中选中【将此联系人添加到常用联系人】复选框，然后单击【下一步】按钮，如图 8-31 所示。

(4) 完成添加联系人，单击【关闭】按钮即可，如图 8-32 所示。

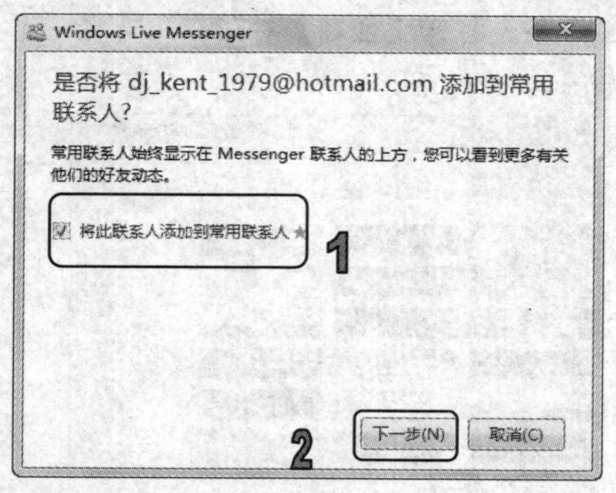

图 8-31　单击【下一步】按钮

图 8-32　单击【关闭】按钮

(5) 要和联系人交流，用户只需在 Messenger 主界面里双击联系人名称，打开交流窗口，如图 8-33 所示。

(6) 用户可以在窗口下方的文本框内输入相应的内容，然后按 Enter 键，该消息即被发送到对方联系人的 Messenger 中，如图 8-34 所示。如果对方联系人在线的话，回复信息会显示在交流窗口中，若要退出交流，只需单击窗口右上方的【关闭】按钮即可。

图 8-33　交流窗口

图 8-34　交流信息

(7) 在 Windows Live Messenger 中可以创建群，就是把几个联系人都组织起来，在群里多个联系人可以相互交流。用户在 Messenger 主界面菜单栏中选择【联系人】|【创建群】命令，如图 8-35 所示。

(8) 在打开的提示框中单击【确定】按钮，如图 8-36 所示。

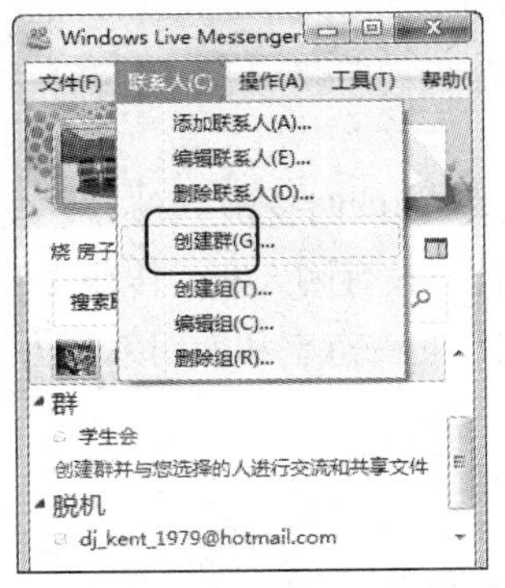

图 8-35　选择【创建群】命令

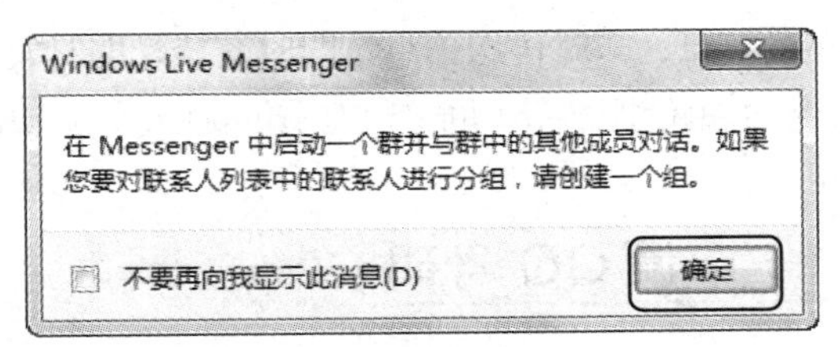

图 8-36　单击【确定】按钮

(9) 打开【创建群】对话框，在文本框内输入群名称，这里输入“朋友聚会”，然后单击【下一步】按钮，如图 8-37 所示。

(10) 打开【邀请联系人进入群朋友聚会】对话框，在文本框内输入联系人的电子邮箱地址，用逗号隔开每个联系人地址，然后单击【下一步】按钮，如图 8-38 所示。

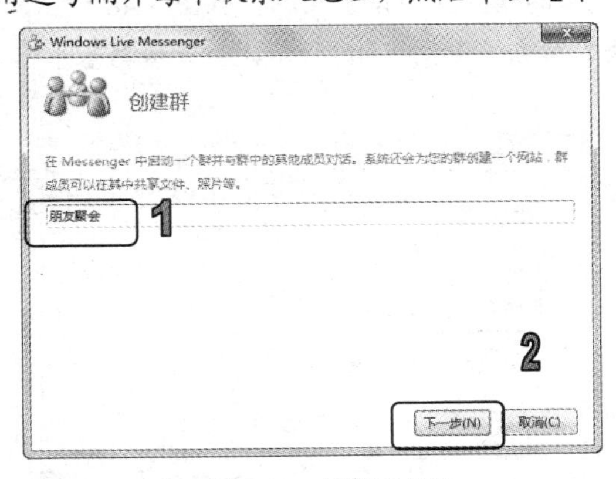

图 8-37　创建群名称

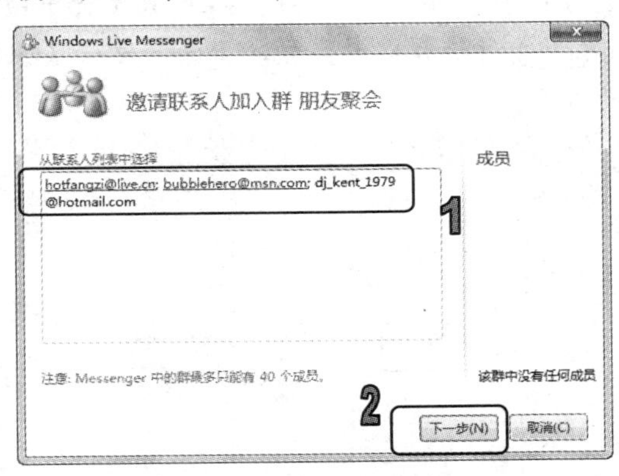

图 8-38　邀请联系人加入群

(11) 在打开的对话框中单击【完成】按钮，即可完成创建群的操作。返回至主界面，可以看到【群】列表下显示有【朋友聚会】群，如图 8-39 所示。

图 8-39　新建群

提示

双击【朋友聚会】群，即可进入该群的交流窗口，操作和联系人交流窗口相似。

8.3 使用 QQ 工具

除了 Windows 7 系统自带的 Messenger，腾讯 QQ 工具也是一款即时交流软件。它支持显示朋友在线信息、即时传送信息、即时交谈、即时发送文件，而且还具有聊天室、传输文件、语音邮件、手机短信服务等功能。在中国的聊天交流软件里，QQ 工具的占有率和使用率皆为最高。

8.3.1 申请 QQ 号码

QQ 聊天，首先要有一个 QQ 号码，这是用户在网上聊天时对个人身份的特别标识。下面介绍申请 QQ 号码以及登录 QQ 的具体操作。

【例 8-7】申请 QQ 号码并登录 QQ。

(1) 打开 IE 8.0 浏览器，在地址栏中输入网址“http://zc.qq.com”，然后按下 Enter 键，打开申请 QQ 号码的首页，单击【网页免费申请】区域中的【立即申请】按钮，如图 8-40 所示。

(2) 打开选择账号类型的页面，单击【QQ 号码】按钮，如图 8-41 所示，打开填写基本信息的页面。

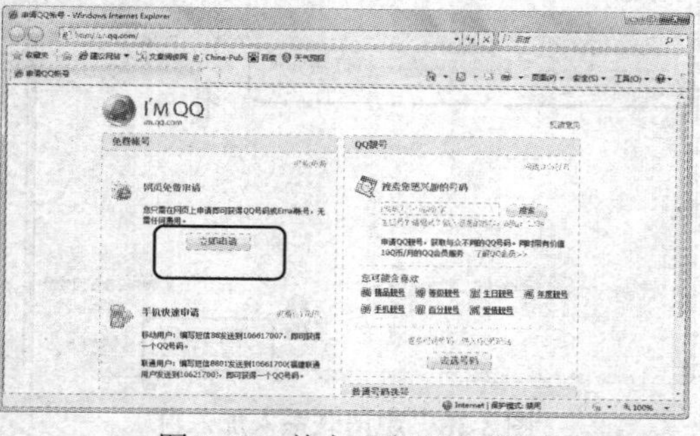

图 8-40　单击【立即申请】按钮

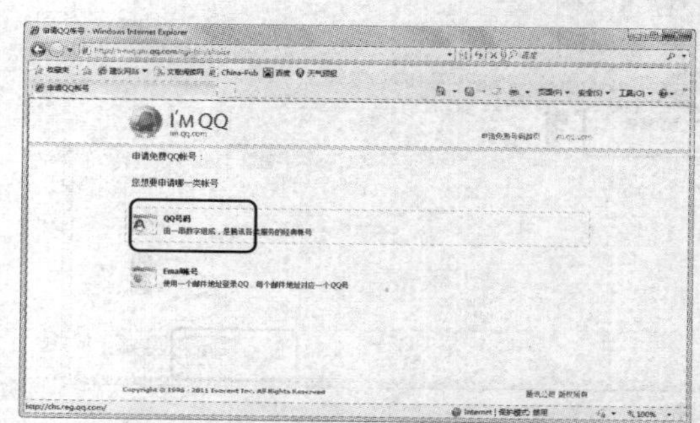

图 8-41　单击【QQ 号码】按钮

(3) 在填写基本信息页面中根据提示输入自己的个人信息，在【验证码】文本框中输入页面上显示的验证码，如图 8-42 所示。

(4) 填写完成后，单击【确定并同意以下条款】按钮，如果申请成功，将打开【申请成功】的页面，该页面中显示的号码“1229848586”即刚刚申请成功的 QQ 号码，如图 8-43 所示。

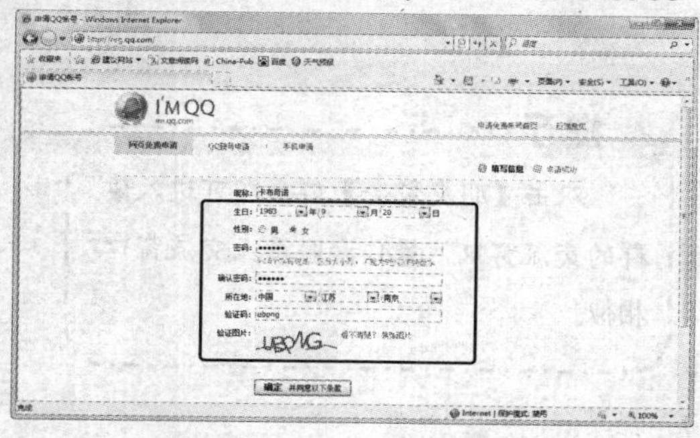

图 8-42　输入个人信息

图 8-43　申请成功

(5) 双击 QQ 的启动图标，打开 QQ 的登录界面，在【账号】文本框中输入刚刚申请成功的 QQ 号码，在【密码】文本框中输入申请 QQ 时填写的密码，如图 8-44 所示。

(6) 输入完成后，按下 Enter 键或单击【登录】按钮，即可开始登录 QQ，登录成功后将显示 QQ 的主界面，如图 8-45 所示。

图 8-44　登录界面

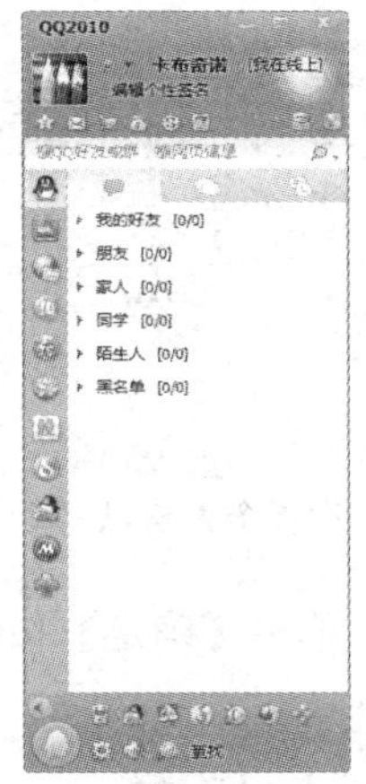

图 8-45　QQ 主界面

8.3.2　设置个人资料

QQ 在申请的过程中，用户已经填写了部分资料，为了能使网络上的好友更加了解自己，用户可在登录 QQ 后，对个人资料进行更加详细的设置。

成功登录 QQ 后，单击主界面左上角的【头像】图标，打开【我的资料】对话框，即可进行个人资料设置，如图 8-46 所示。单击该对话框左上角的【更换头像】按钮，打开【更换头像】对话框并切换至【系统头像】选项卡，在该选项卡中用户可选择一个自己喜欢的头像，然后单击【确定】按钮，如图 8-47 所示。

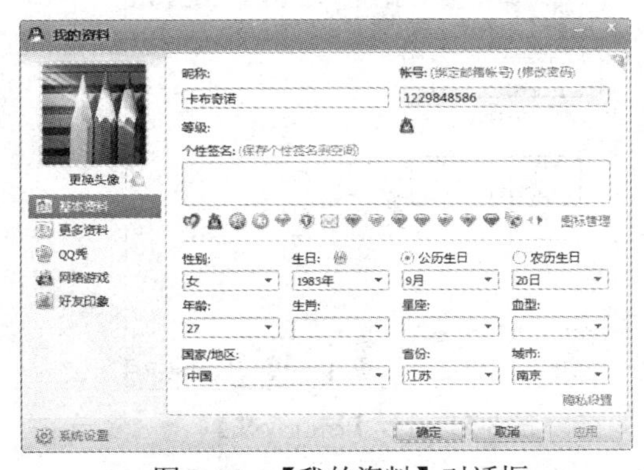

图 8-46　【我的资料】对话框

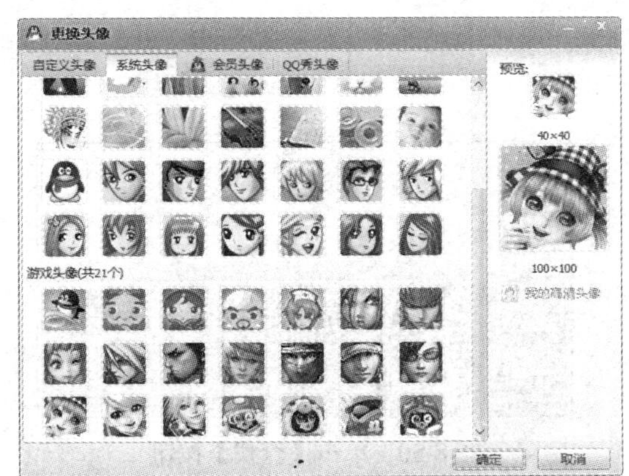

图 8-47　更改头像

在【我的资料】对话框的其他选项区域中，用户可根据提示设置自己的昵称、个性签名、生肖、血型等具体信息，如图 8-48 所示。选择其左侧列表中的【更多资料】选项，在打开的界面中用户可按照提示填写更多的个人资料，如图 8-49 所示。

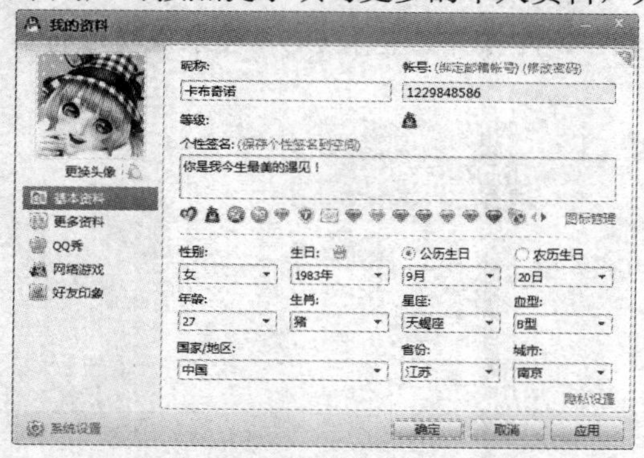

图 8-48　设置个人信息

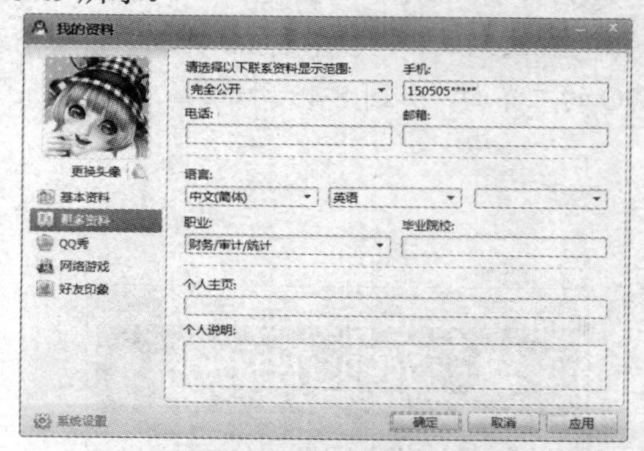

图 8-49　设置更多资料信息

设置完成后，单击【确定】按钮，即可完成 QQ 个人资料的设置。

8.3.3　查找添加好友

QQ 首次使用时，好友列表中只有用户自己一个人，要想和他人聊天，用户首先要添加 QQ 好友。

1．精确查找并添加好友

如果用户知道要添加好友的 QQ 号码，可使用精确查找的方法来查找并添加好友。

【例 8-8】添加 QQ 号码为 116381166 的用户为好友。

(1) QQ 登陆成功后，单击其主界面最下方的【查找】按钮，如图 8-50 所示。

(2) 打开【查找联系人/群/企业】对话框，在【查找方式】区域选中【精确查找】单选按钮，在【账号】文本框中输入“116381166”，然后单击【查找】按钮，如图 8-51 所示。

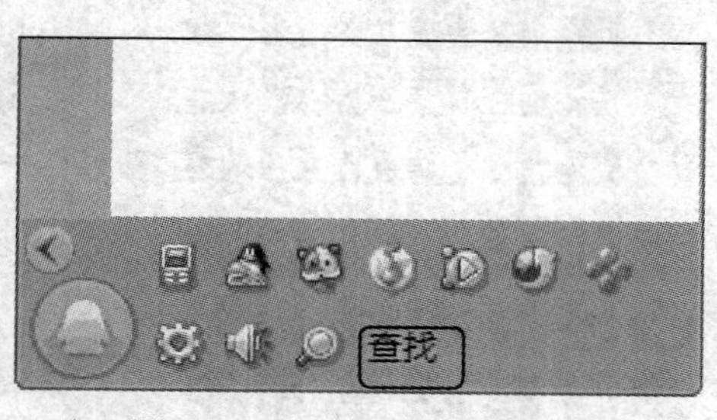

图 8-50　单击【查找】按钮

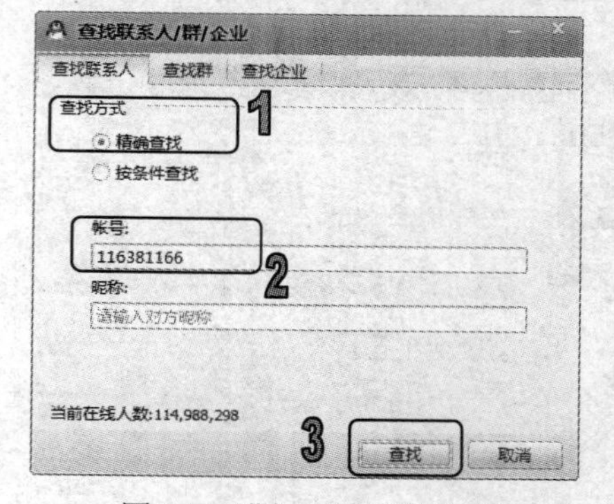

图 8-51 进行【精确查找】

(3) 选定该用户，然后单击【添加好友】按钮，如图 8-52 所示，打开【添加好友】对话框。

(4) 在【请输入验证信息】文本框内输入验证信息，然后单击【确定】按钮，即可发出添加好友的申请，如图 8-53 所示。

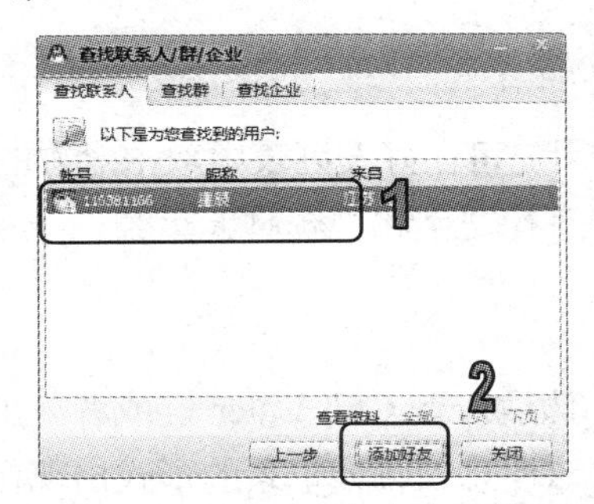

图 8-52　单击【添加好友】按钮

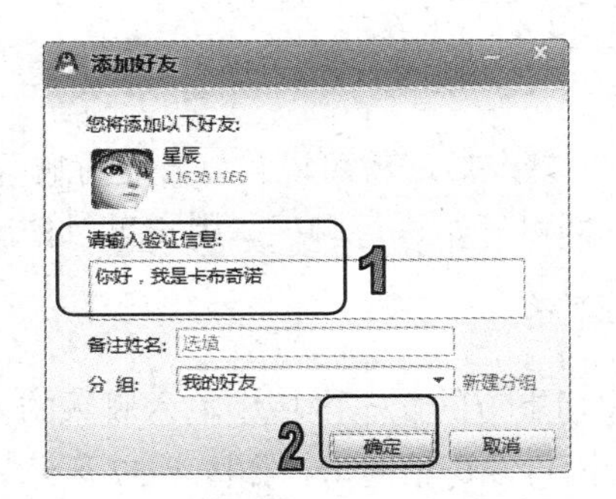

图 8-53　输入验证信息

(5) 申请发出后，单击【关闭】按钮，等对方同意验证后，单击【完成】按钮，就可以成功的将其加为自己的好友了，如图 8-54 所示。

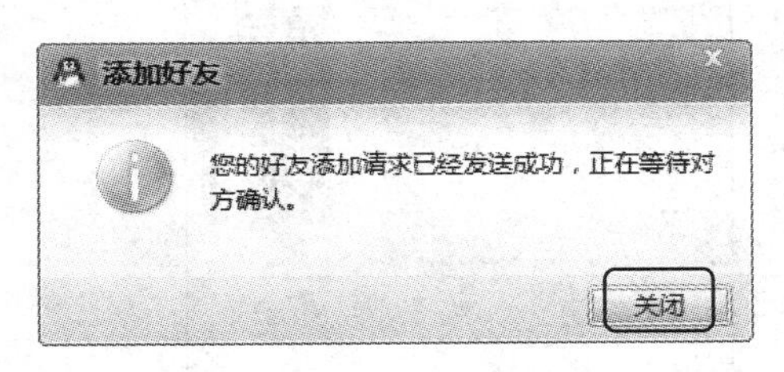

图 8-54　完成添加好友

2. 高级查找功能

如果用户想要添加一个陌生人，结识新朋友，可使用 QQ 的高级查找功能。

例如，用户想要查找“江苏省南京市，年龄在 16-22 岁之间的女性”用户，可在【查找联系人/群/企业】对话框中选中【按条件查找】单选按钮，然后在【国家】下拉列表框中选择【中国】，在【省份】下拉列表中选中【江苏】，在【城市】下拉列表中选中【南京】，在【年龄】下拉列表中选中【16-22 岁】，在【性别】下拉列表中选中【女】，如图 8-55 所示。设置完成后，单击【查找】按钮，系统即可开始自动搜索符合条件的用户，并显示搜索到的结果。选择搜索结果中一个比较感兴趣的用户，然后单击其后面的【加为好友】链接，如图 8-56 所示。

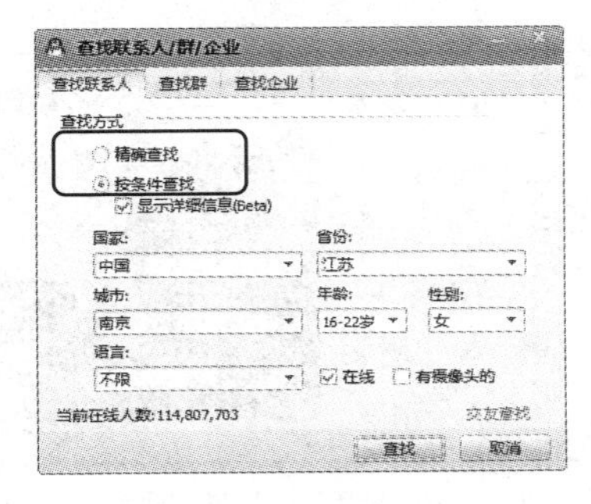

图 8-55　按条件查找

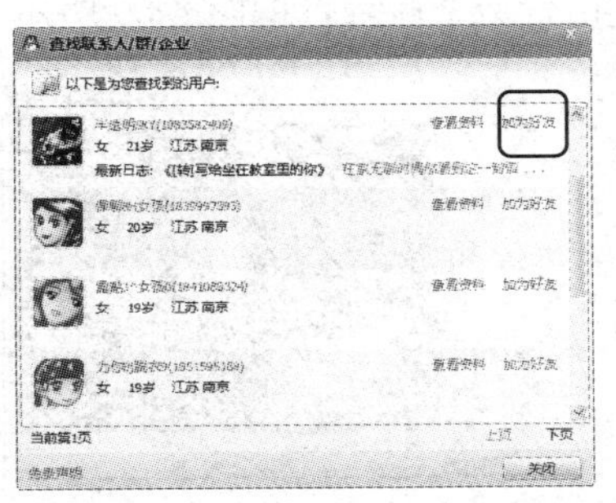

图 8-56　单击【加为好友】链接

8.3.4 和好友聊天

QQ 中有了好友后，就可以与好友进行聊天了。用户可在好友列表中双击对方的头像，打开聊天窗口，即可开始进行聊天。用户可以使用 QQ 进行文字和视频聊天。

1. 文字聊天

在聊天窗口下方的文本区域中输入聊天的内容，然后按下 Ctrl+Enter 键或者单击【发送】按钮，即可将消息发送给对方，如图 8-57 所示。同时该消息以聊天记录的形式出现在聊天窗口上方的区域中，对方接到消息后，若对方用户进行了回复，则回复的内容会出现在聊天窗口上方的区域中，如图 8-58 所示。

图 8-57 输入聊天内容

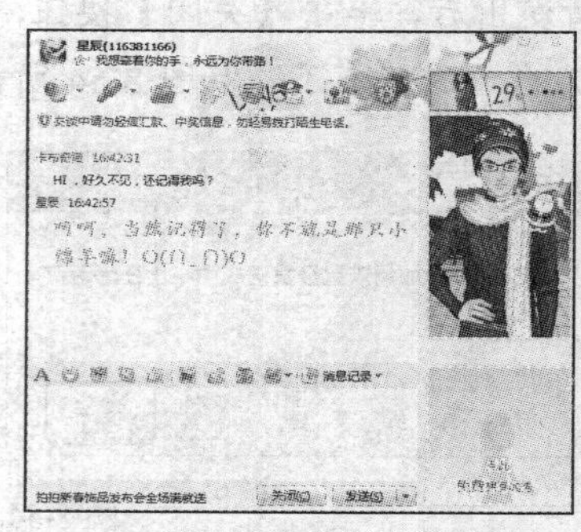

图 8-58 对方回复

如果用户关闭了聊天窗口，则对方再次发来信息时，任务栏通知区域中的 QQ 图标会变成对方的头像并不断闪动，单击该头像即可打开聊天窗口并查看信息。

2. 视频聊天

QQ 不仅支持文字聊天，还支持视频聊天，要与好友进行视频聊天，计算机必须要安装摄像头，摄像头与计算机正确连接后，就可以与好友进行视频聊天了。

使用 QQ 与好友进行视频和语音聊天，需要用户登录 QQ，然后双击好友的头像，打开聊天窗口，单击上方的【开始视频会话】按钮，给好友发送视频聊天的请求，如图 8-59 所示。等对方接受后，双方就可以进行视频聊天了。在视频聊天的过程中，如果计算机安装了耳麦，还可同时进行语音通话聊天，如图 8-60 所示。

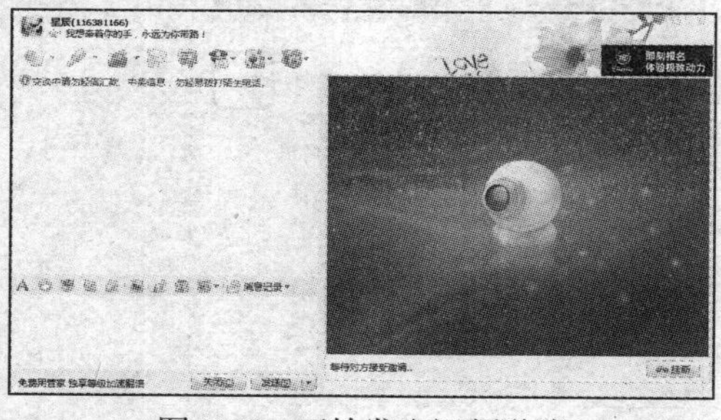

图 8-59 开始发出视频邀请

图 8-60 进行视频聊天

8.3.5　查找添加群

QQ 群是腾讯公司推出的一个多人聊天服务，当用户创建了一个群后，可邀请其他的用户加入到一个群中共同交流。

1．加入已知号码的 QQ 群

如果知道一个群的号码，就可以方便地加入该 QQ 群了。用户可在 QQ 的主界面中单击【查找】按钮，打开【查找联系人/群/企业】对话框。

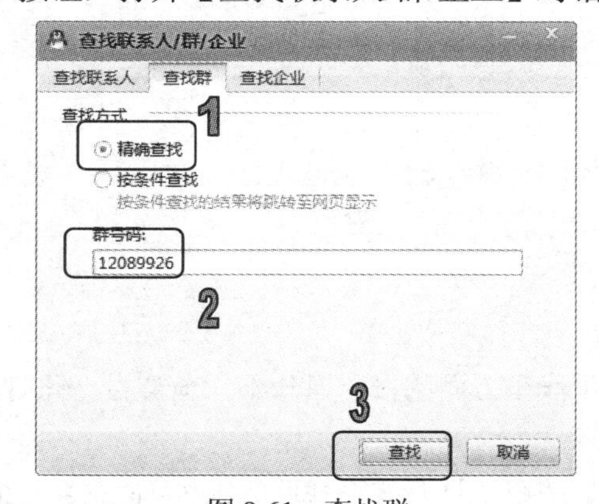

图 8-61　查找群

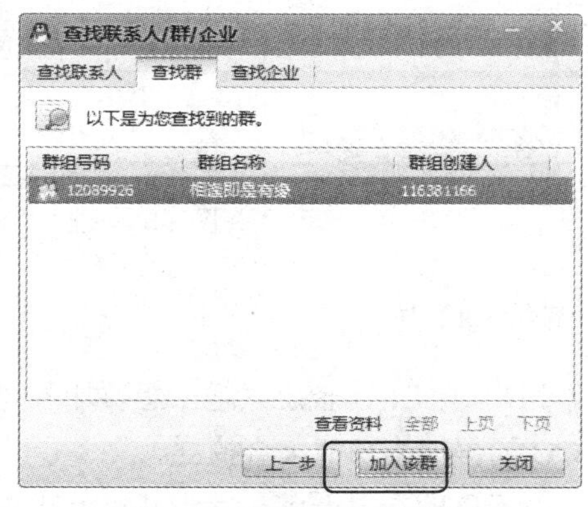

图 8-62　单击【加入该群】按钮

单击【查找群】标签，切换至【查找群】选项卡，选中【精确查找】单选按钮，在【群号码】文本框中输入群号，然后单击【查找】按钮，系统即可开始查找该群，如图 8-61 所示。选中查找到的群然后单击【加入该群】按钮，如图 8-62 所示。

打开【添加群】对话框，要求用户输入验证信息，输入完成后单击【发送】按钮，向该群发送加入请求，如图 8-63 所示，此时弹出提示对话框，单击【确定】按钮，关闭该对话框并等待对方验证。当对方有了回应后，任务栏右下角的 QQ 图标会变成不断闪动的，单击该图标，即可看到对方的验证信息，单击【确定】按钮即可加入该群，如图 8-64 所示。

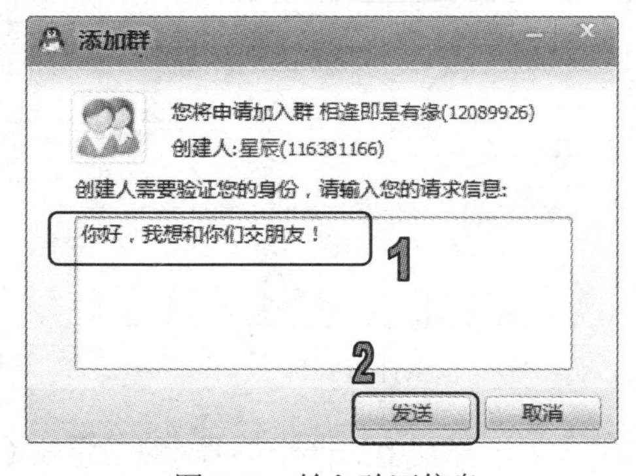

图 8-63　输入验证信息

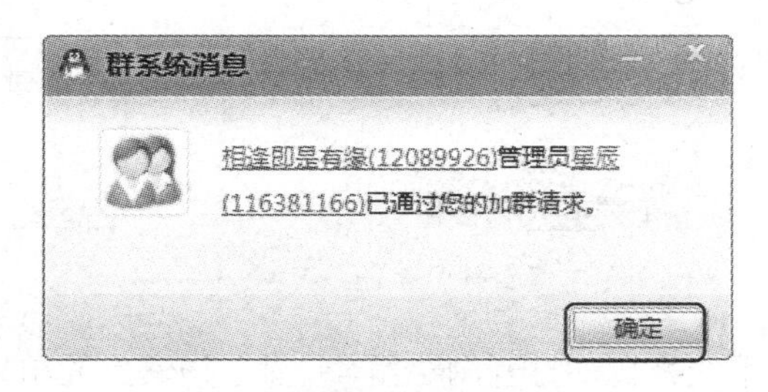

图 8-64　单击【确定】按钮

加入群后，单击 QQ 主面板上的【群/讨论组】按钮，切换至群选项卡，双击群的名称即可

打开群聊天窗口和群友进行聊天了，如图 8-65 所示。

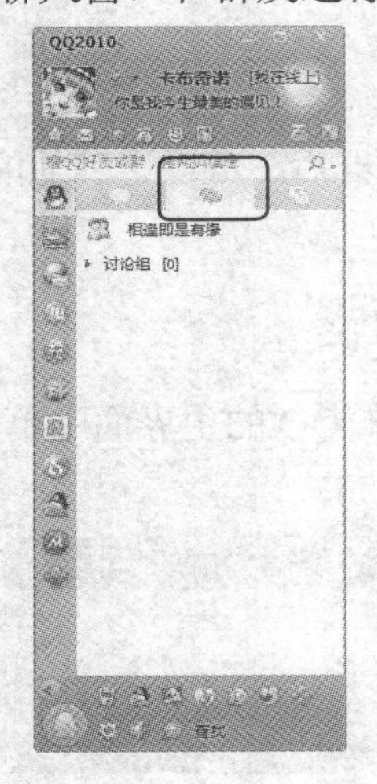

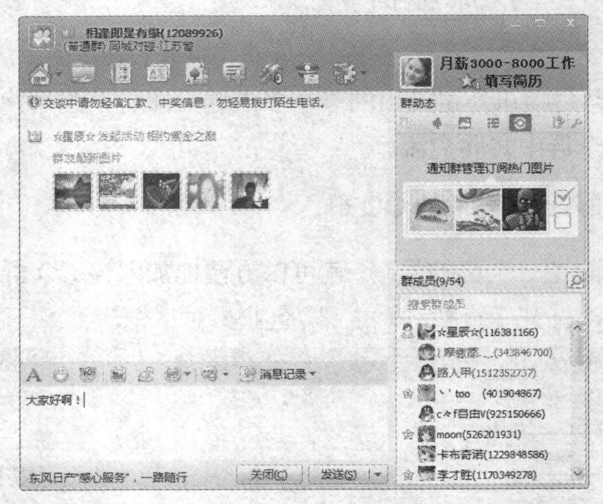

图 8-65　进入群聊天

2. 查找 QQ 群

如果用户对汽车比较感兴趣，想要加入一个关于汽车方面的群，但却不知道群号，此时用户可用 QQ 的群搜索功能来查找群。

用户在 QQ 的主界面中，单击其下方的【查找】按钮，打开【查找联系人/群/企业】对话框，如图 8-66 所示。切换至【查找群】选项卡，选中【按条件查找】单选按钮，在【查找关键字】文本框中输入文字“汽车”，在【查找范围】下拉列表中选择【车行天下】选项，然后单击【查找】按钮，如图 8-67 所示。

图 8-66　单击【查找】按钮

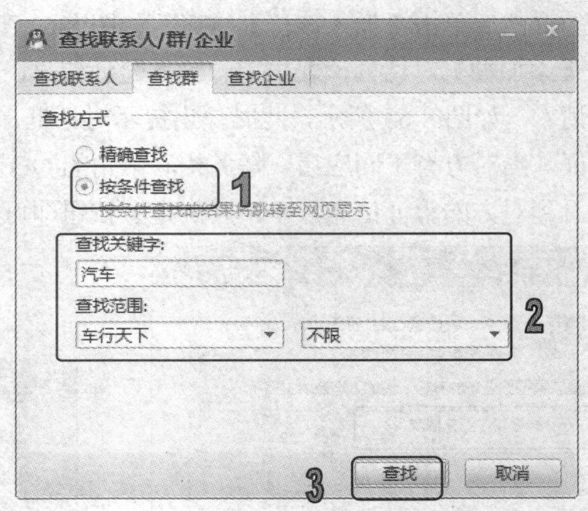

图 8-67　按条件查找群

系统将自动打开浏览器，并显示搜索到的结果，用户可选择其中的一个群号，然后单击【申请加入】链接即可。如果该群的管理员接受了用户的请求，即可加入该群了，如图 8-68 所示。

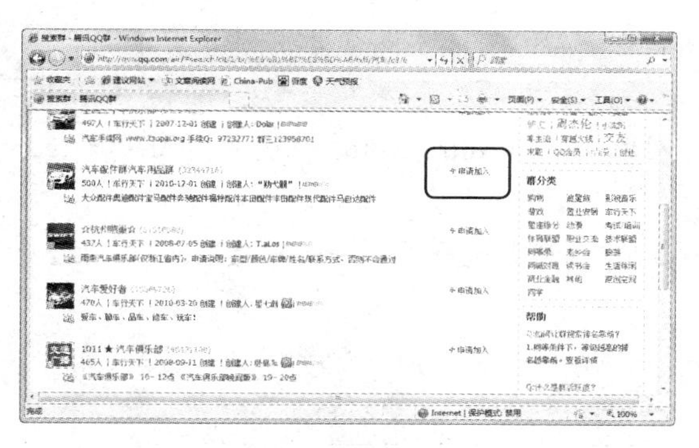

图 8-68 单击【申请加入】链接

> **提示**
>
> 如果申请后未能被群管理员接受，可以选择申请别的群加入。

8.4 淘宝网购物

随着网络的普及，网上购物已经成为了流行的购物现象。与传统购物相比，网上购物拥有方便、安全、商品种类齐全以及价格更加便宜等优势。目前网上购物网站有很多，其中淘宝网是拥有最多网购用户的购物站点之一。

8.4.1 网购前的准备

网络购物前需要先选择好一家银行，开通该银行的网上银行，然后注册网上的支付平台，比如支付宝平台。

1. 开通网上银行

网上银行又称网络银行、在线银行，是指银行利用网络技术，通过网络向客户提供查询、对账、行内转账、跨行转账、投资理财等传统服务项目，使客户可以足不出户就能够安全便捷地管理银行账户与进行网络消费等，网上银行算是在网络上的虚拟银行柜台。

目前各家银行均开通了网上银行服务系统，用户可以根据自己的使用情况，选择一家银行开通网上银行服务。开通网上银行服务需要带上本人证件与银行卡原件，去银行柜面办理开通业务。

2. 注册支付宝

网上支付平台是网络消费的一种保障方式，可以有效防止无良商家欺骗网络消费者。消费者在网上购买商品后，可以将货款先支付到支付平台中，此时卖家与消费者都是无法获得货款的。当消费者收到购买商品，并确认无误后，即可在支付平台中将货款打给卖家，以完成交易。

支付宝是国内领先的第三方支付平台，致力于为中国电子商务提供简单、安全、快速的在线支付解决方案。在中国除淘宝和阿里巴巴外，支持使用支付宝交易服务的商家已经超过 46 万家，涵盖了虚拟游戏、数码通讯、商业服务、机票等行业。

【例 8-9】注册并开通支付宝支付平台。

(1) 启动 IE 8.0 浏览器，访问支付宝登录页面，网址为www.alipay.com。在登录页面中单击【立即免费注册】按钮，如图 8-69 所示。

(2) 在打开页面中选择注册方式，这里在【个人用户注册】选项区域中选中【Email 注册】单选按钮，然后单击【注册】按钮，如图 8-70 所示。

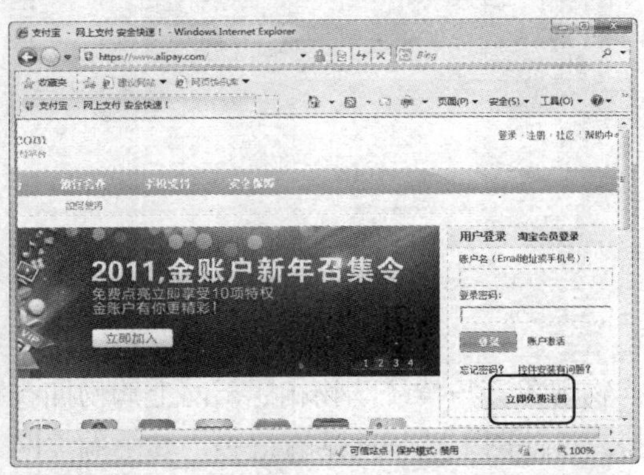

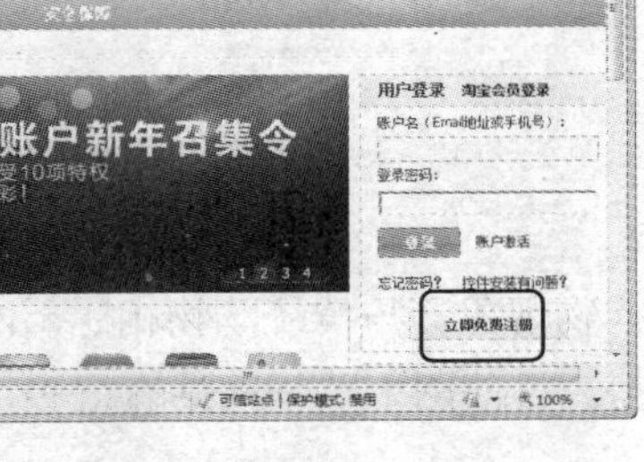

图 8-69　注册页面

图 8-70　选择注册方式

(3) 在打开页面中输入注册信息，然后单击【同意以下协议并提交】按钮，如图 8-71 所示。

(4) 打开【验证用户信息】对话框，在文本框中输入用于接收验证短信的手机号码，输入完成后单击【获取校验码】按钮，如图 8-72 所示。

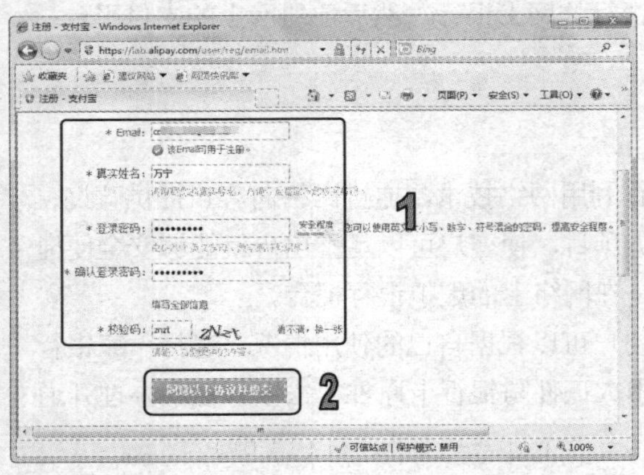

图 8-71　输入注册信息

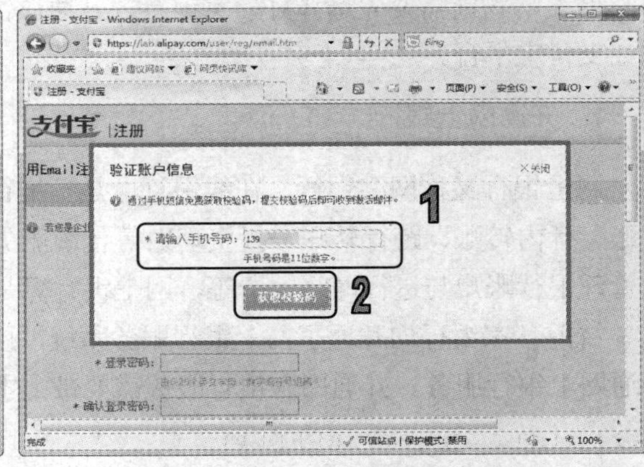

图 8-72　获取校检码

(5) 在打开的对话框中输入手机收到的验证码，然后单击【确认并提交】按钮，如图 8-73 所示。

(6) 在打开的页面中提示已经发送验证邮件，单击【立即进入邮箱查收】按钮，如图 8-74 所示。

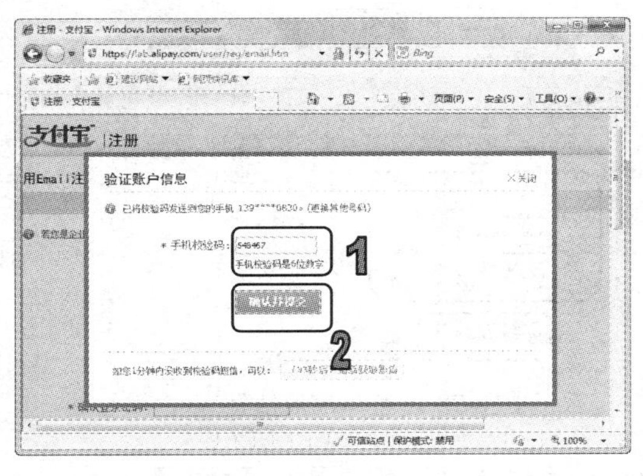

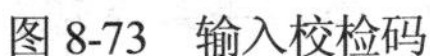
图 8-73　输入校检码

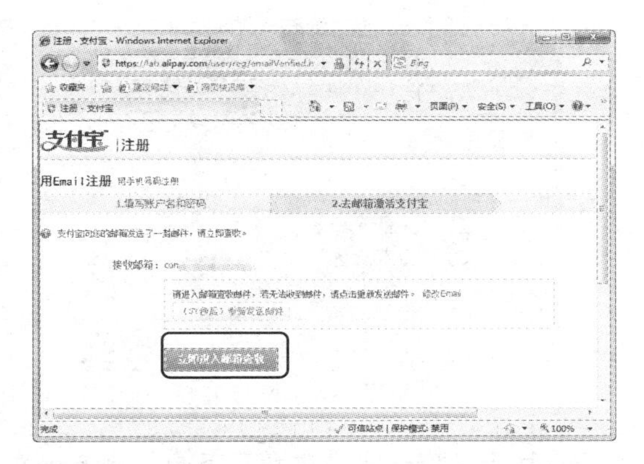

图 8-74　单击【立即进入邮箱查收】按钮

(7) 登录邮箱并打开支付宝的验证邮件，单击邮件中的【点击激活支付宝账户】链接，如图 8-75 所示。

(8) 打开如图 8-76 所示的页面提示用户已经成功注册并开通支付宝支付平台。在支付宝登录页面中输入注册账户，即可登录支付宝。

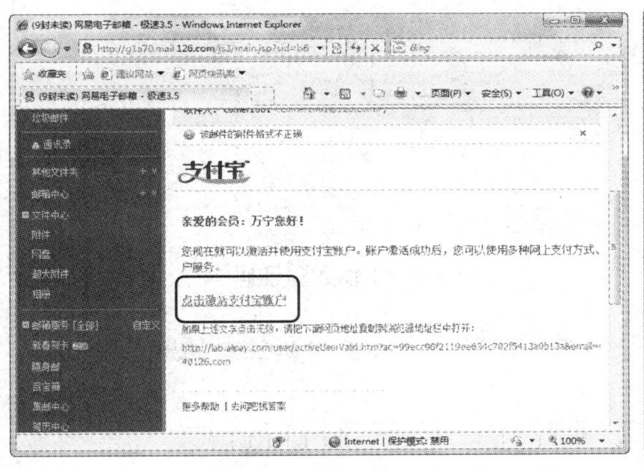

图 8-75　打开验证邮件

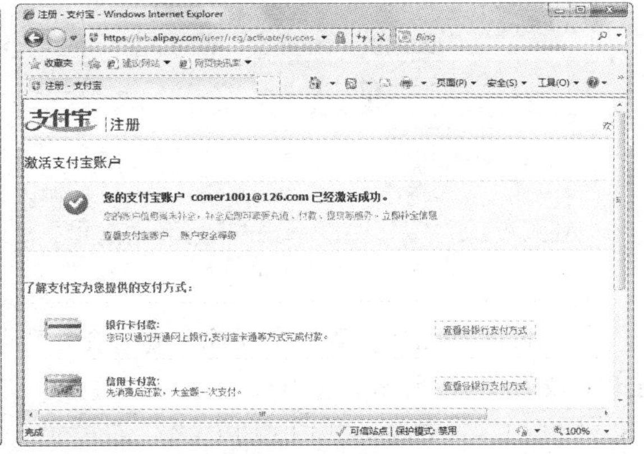

图 8-76　登录支付宝

8.4.2　注册淘宝账号

在淘宝网上购物时，首先要拥有一个自己专属的淘宝会员账号。注册会员后，不仅可以接收到淘宝发送的促销邮件，还能收藏喜欢的商品，方便以后再次购买。

【例 8-10】注册淘宝会员账号。

(1) 启动 IE 8.0 浏览器，访问淘宝网首页，网址为www.taobao.com。在登录页面中单击左上角的【免费注册】链接，如图 8-77 所示。

(2) 打开注册第一步页面，输入要注册账号的会员名与密码等账号信息，输入完成后单击【同意以下协议并注册】按钮，如图 8-78 所示。

图 8-77　淘宝网首页

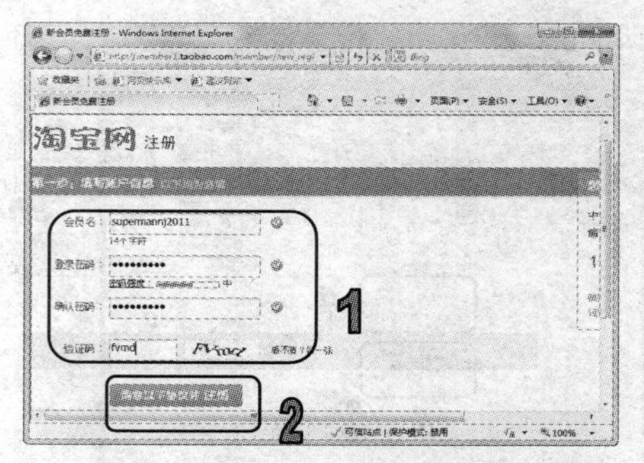

图 8-78　输入注册信息

(3) 打开【验证账户信息】页面，输入正在使用的手机号码，然后单击【提交】按钮，如图 8-79 所示。

(4) 打开【验证手机号码】对话框，在文本框中输入手机收到的验证码，然后单击【验证】按钮，如图 8-80 所示。

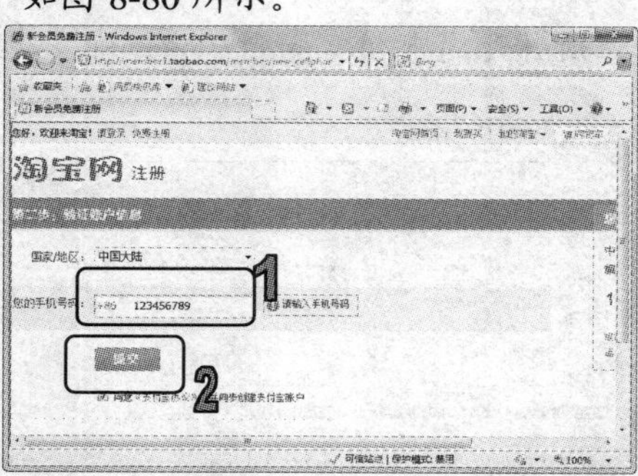

图 8-79　输入手机号码

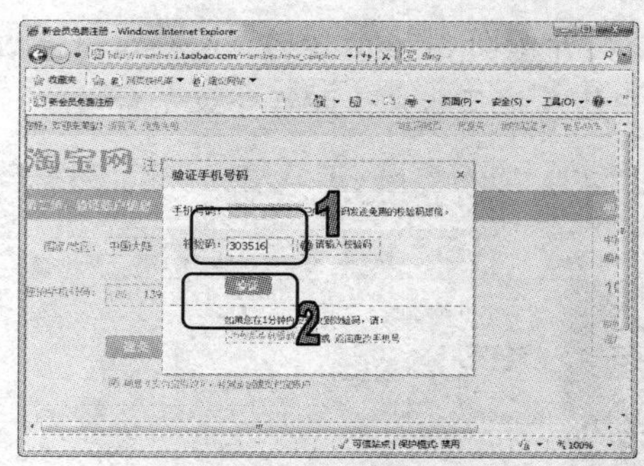

图 8-80　输入验证码

(5) 验证通过后，即可完成注册淘宝会员账号的操作。用户即可使用新注册的账号登陆淘宝网，如图 8-81 所示。

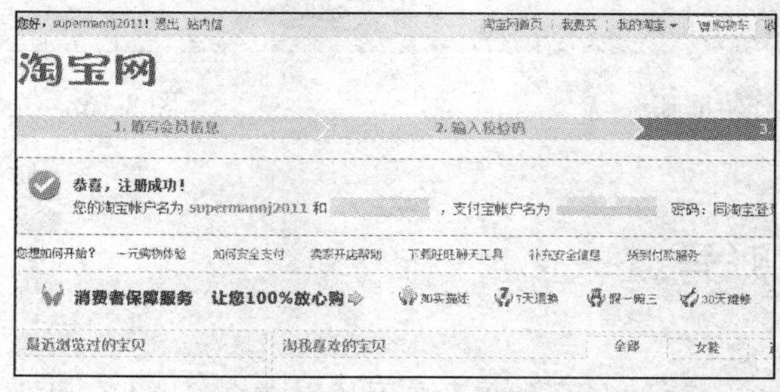

图 8-81　登录淘宝会员账号

8.4.3　进行淘宝购物

淘宝网上有成千上万的商品在出售，用户使用淘宝账户登录以后，先选择自己想要的商品，然后再进行购买。

1. 查找商品

用户可以使用商品分类和关键字这两个方法查找自己想要的商品。

要使用商品分类查找，以查找钱包类商品为例，用户可以在打开的淘宝首页里移动页面至分类搜索区域，在【配饰】|【箱包】区域中单击【钱包】链接，即可在打开页面中显示【钱包】类商品的列表，如图 8-82 和图 8-83 所示。在搜索结果列表中，单击商品可以查看该商品的详情。

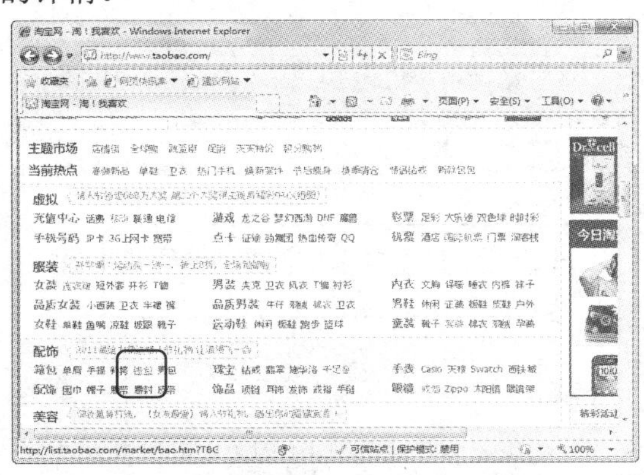

图 8-82 单击【钱包】链接

图 8-83 钱包类商品列表

如果通过关键字来查找商品，用户只需在搜索框中输入两三个与商品有关的关键字，即可获取与该关键字相关的产品列表。比如要通过【礼物】关键字来查找商品，用户可以在淘宝网首页页面上方的【宝贝】文本框中输入关键字【礼物】，然后单击【搜索】按钮，如图 8-84 所示。在搜索结果页面中可以进一步选择要查看的商品分类，帮助用户选择商品，例如单击【玩具】|【娃娃】链接，如图 8-85 所示。

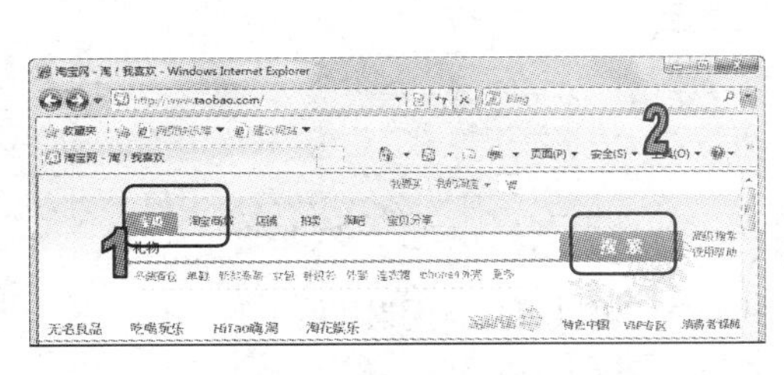

图 8-84 输入关键字

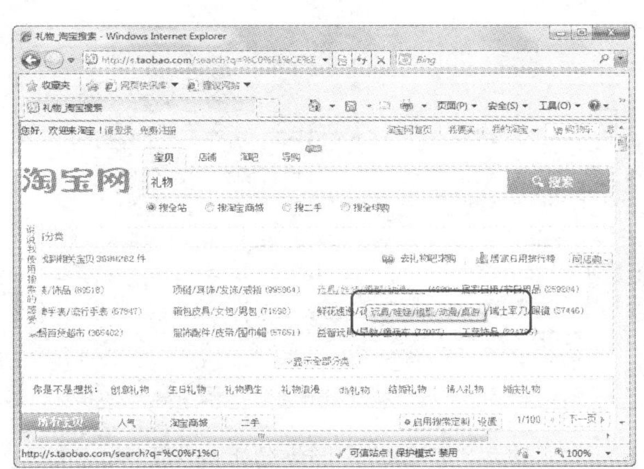

图 8-85 单击分类链接

2. 购买商品

在淘宝网中选择好商品后，就可以使用支付宝付款购买商品了。

【例 8-11】在淘宝网中购买商品。

(1) 在淘宝网中打开要购买商品的详细页面，在【我要买】文本框中输入要购买商品的数量，若该款产品有多种大小型号或者颜色，还要根据需要进行选择。选择完成后，单击【立刻购买】按钮，如图 8-86 所示。

(2) 打开【确定订单信息】页面，在【确认收货地址】区域中输入详细的收货地址、收货人姓名以及联系方式等信息，如图 8-87 所示。

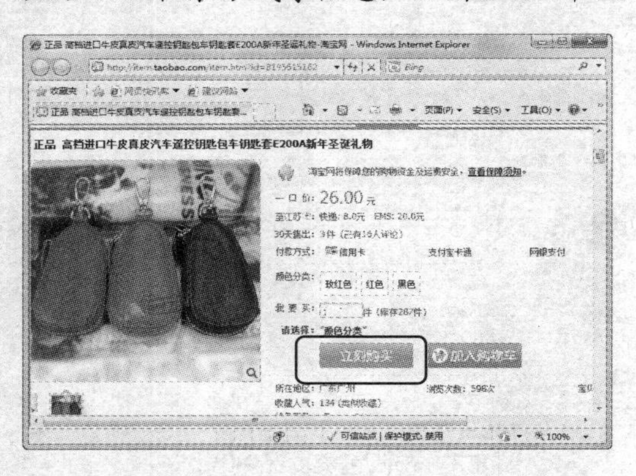

图 8-86　单击【立即购买】按钮

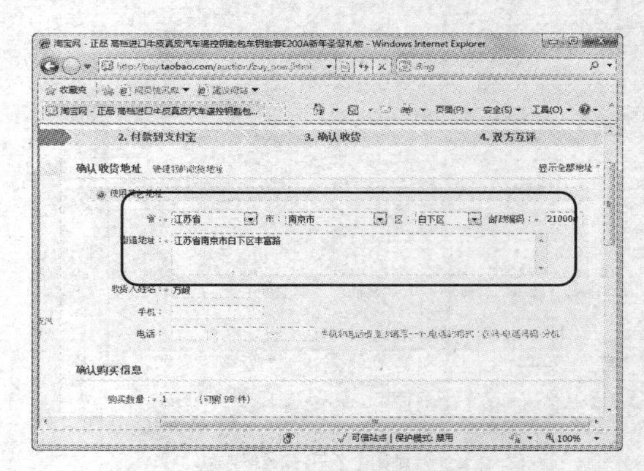

图 8-87　输入收货地址

(3) 在【确认购买信息】区域中，确认购买数量并选中【运送方式】下面的单选按钮，如图 8-88 所示。

(4) 在【确认提交订单】区域中显示用户购买该商品的实际付款金额，单击页面最下方的【确认无误，购买】按钮，如图 8-89 所示。

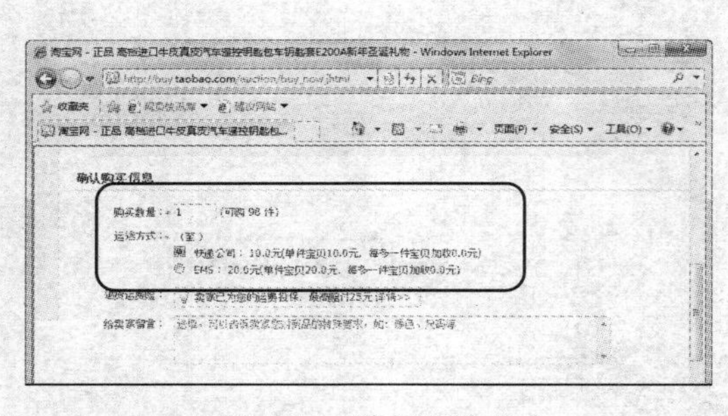

图 8-88　选择运送方式

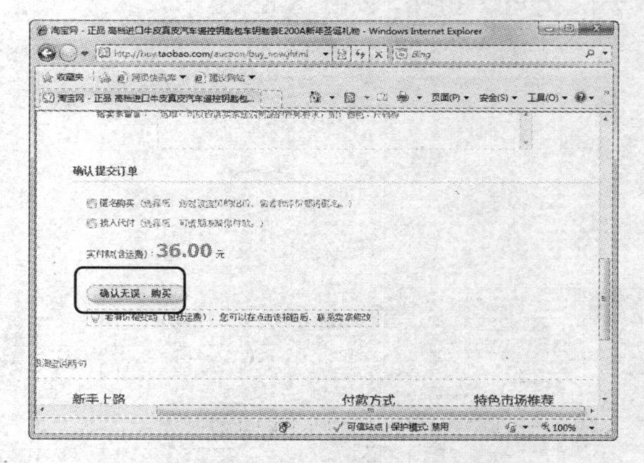

图 8-89　单击【确认无误，购买】按钮

(5) 打开【支付宝】页面，选择要使用的网银，这里选中【中国工商银行】单选按钮，然后单击【下一步】按钮，如图 8-90 所示。

(6) 在打开的页面中，单击【登录到网上银行付款】按钮，如图 8-91 所示。

(7) 打开网银支付页面，然后根据提示即可完成支付操作。在支付宝的【我的支付宝】页

面中，可以查看交易的状态与进度，如图 8-92 所示。

图 8-90 选择网上银行

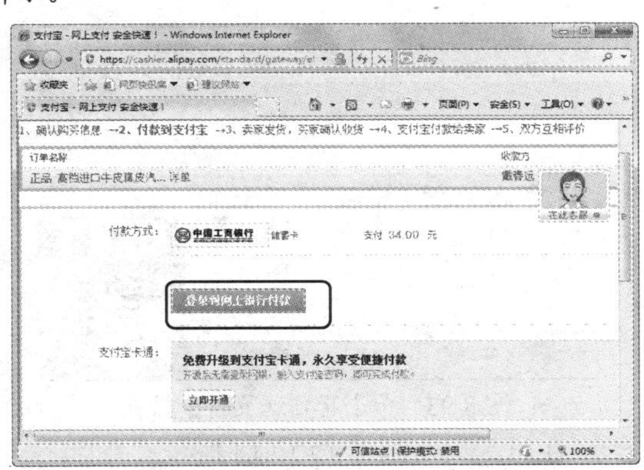

图 8-91 单击【登录到网上银行付款】按钮

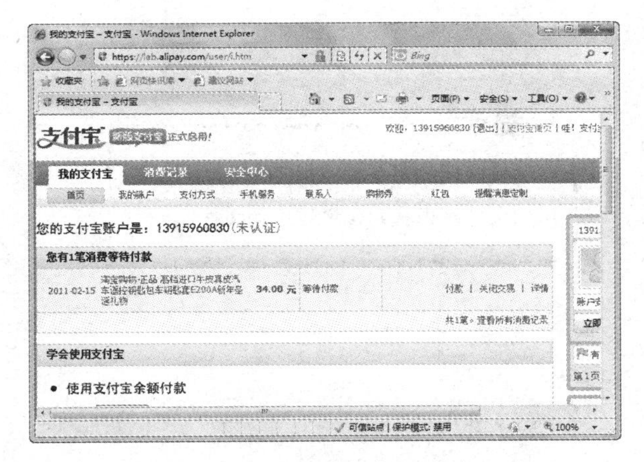

图 8-92 【我的支付宝】页面

提示

当用户收到商品后，即可在【我的支付宝】页面中单击【付款】链接，将支付宝中预付的金额转给卖家，完成网上购物。

8.5 上机练习

本章的上机实验主要练习使用 QQ 传送文件以及在网上给手机充值，使用户更好地掌握 QQ 聊天工具和网上交易的基本操作方法和技巧。

8.5.1 使用 QQ 传送文件

QQ 不仅可以聊天还可以传输文件，用户可通过 QQ 把本地计算机中的资料发送给好友。

【例 8-12】利用 QQ 传送文件。

(1) 双击好友的头像，打开聊天窗口，单击上方的【传送文件】按钮，如图 8-93 所示。

(2) 在【打开】对话框中选中要传送的文件，然后单击【打开】按钮，向对方发送文件传送的请求，等待对方回应，如图 8-94 所示。

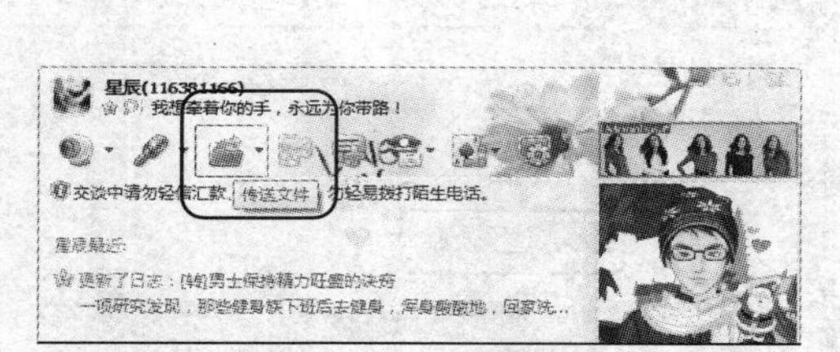

图 8-93 单击【传送文件】按钮

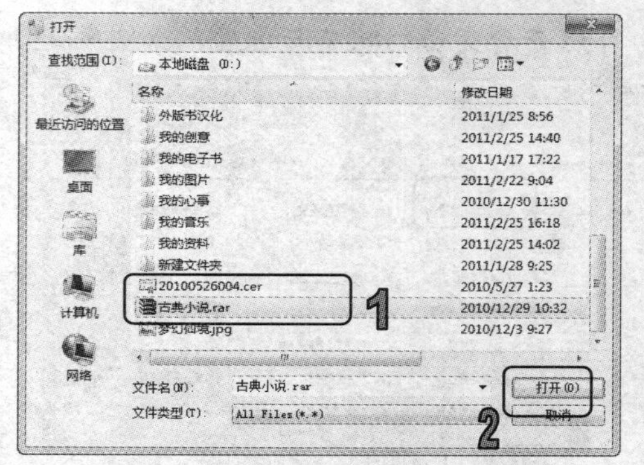

图 8-94 选择要传送的文件

(3) 当对方接受发送文件的请求后，即可开始发送文件，如图 8-95 所示。

图 8-95 开始传送文件

提示

接收文件完毕后，对方可以在系统默认的文件夹内找到传送过来的文件。

8.5.2 网上手机充值

目前手机业务运营商都开通了网上营业厅服务，这里介绍在网上给移动手机充值话费。

【例 8-13】网上充值手机话费。

(1) 启动 IE 8.0 浏览器并访问移动公司首页，网址为www.js.10086.cn，如图 8-96 所示。

(2) 单击【网上营业厅】链接，即可打开【网上营业厅】页面，如图 8-97 所示。

图 8-96 单击【网上营业厅】链接

图 8-97 单击【话费服务】链接

(3) 单击【话费服务】链接，即可打开【话费服务】页面，在文本框中输入要充值手机的号码，然后再单击 GO 按钮，如图 8-98 所示。网站会根据用户的手机号所在地，打开对应的移动网上营业厅分站。

(4) 在网上营业厅中输入手机服务密码与验证码，然后单击【登录】按钮，如图 8-99 所示。

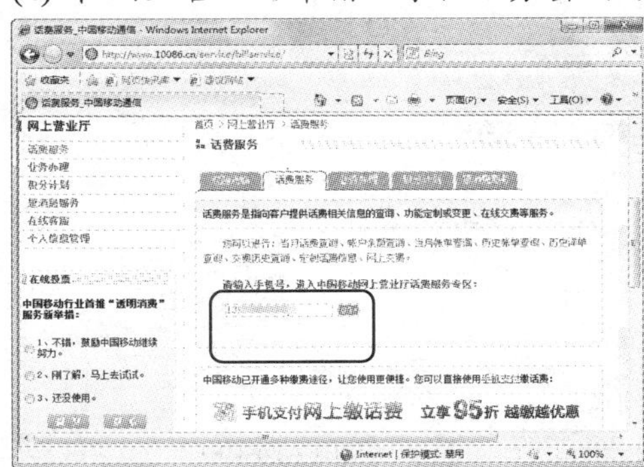

图 8-98　输入手机号

图 8-99　输入手机密码和验证码

(5) 登录网上营业厅后，单击左侧的【网上充值与入网】按钮，如图 8-100 所示。

(6) 打开【网上充值】页面，选择在线充值的方式、充值对象以及充值金额等选项，然后单击【银联充值】按钮，如图 8-101 所示。

图 8-100　单击【网上充值与入网】按钮

图 8-101　充值选项设置

(7) 弹出提示框，单击【确定】按钮，在打开的页面中单击【确认提交】按钮，即可提交充值申请，如图 8-102 所示。

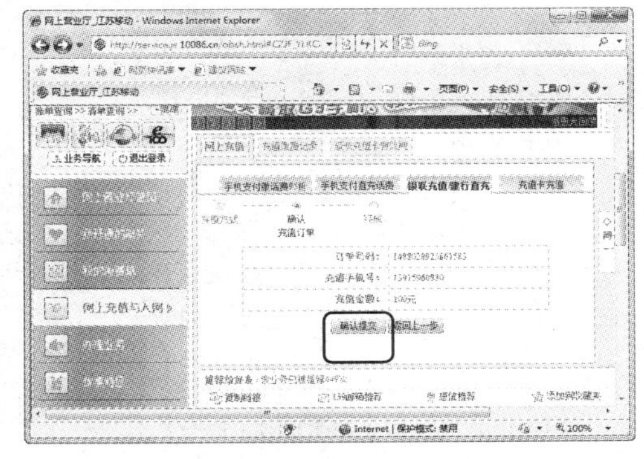

图 8-102　单击【确认提交】按钮

图 8-103　选择网上银行

(8) 打开【银联在线】页面，选择要支付手机充值费用的银行卡，如图 8-103 所示。

(9) 在弹出的对话框中显示该银行卡的相关信息，然后单击【确定】按钮，如图 8-104 所示。

(10) 打开该银行卡的网上支付页面，输入相关信息后，即可使用该银行卡中的存款为手机充值话费，如图 8-105 所示。

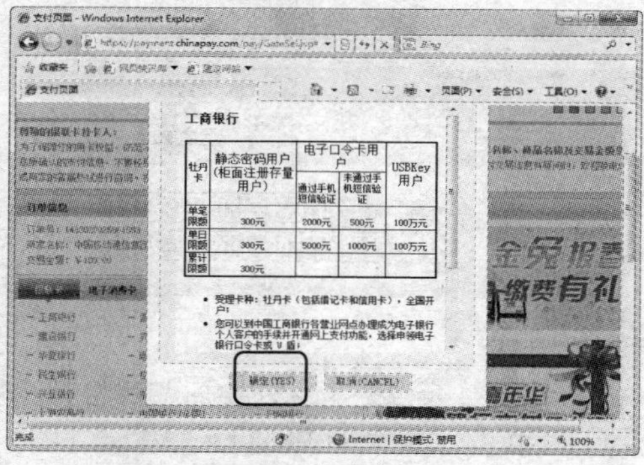

图 8-104　单击【确定】按钮

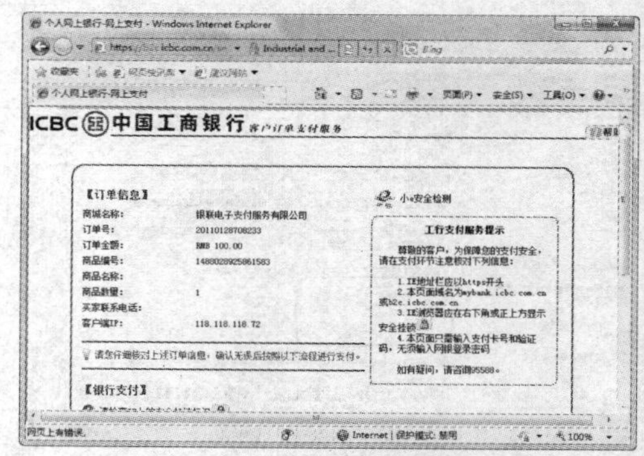

图 8-105　输入相关信息

8.6　习题

1. 申请一个新浪电子邮箱。
2. 申请一个 QQ 账号。
3. 在 Windows Live Messenger 中新建一个名为【家庭】的群。
4. 通过淘宝网购买一本有关 Windows 7 操作的图书。

Windows 7 局域网应用

学习目标

随着网络的迅速发展，局域网在日常生活工作中的使用频率也越来越频繁。Windows 7 操作系统增强了局域网的组建功能，在 Windows 7 中不仅能迅速完成局域网络的设置，还能对网络中存在的故障进行自动修复，本章将详细介绍这些功能的应用。

本章重点

- 认识局域网
- 配置局域网
- 使用家庭组
- 使用远程协助和远程桌面

9.1 认识和接入局域网

在日常生活与工作中，有时需要将多台计算机通过一些连接设备连接在一起，达到资源共享的目的，这种计算机相互连接的方式即被称为局域网。通过局域网可以实现多台计算机共享上网、资源和硬件设备共享、联网游戏等功能。

9.1.1 认识对等局域网

对等局域网是目前使用最为广泛的局域网形式，适用于计算机数量较少的局域网，一般计算机数量不超过 20 台。在对等局域网中，各台计算机有相同的功能，无主从之分，网上任意节点计算机都可以作为网络服务器，为其他计算机提供资源。对等局域网主要有以下几种连接方式。

- 如果网络中只有两台计算机，只需要在每台计算机上安装一块网卡，然后使用交叉双绞线的方式将两台计算机的网卡连接起来即可。
- 如果网络中只有 3 台计算机，可在其中一台计算机上安装两块网卡，另外两台计算机各安装一块网卡，然后用交叉双绞线进行连接。
- 对于具有 3 台以上计算机的对等网，则可以使用集线器/路由器进行连接，使用直通双绞线组成星型网络。这种接入方式是目前使用最为广泛的局域网连接方式，它可以实现多台计算机共享上网，并且安全性能比较高。

9.1.2 接入局域网

接入局域网的连接设备主要是双绞线和集线器或路由器，它们能将多台计算机连接起来，起着沟通桥梁的作用。

1. 双绞线

双绞线是最常见的一种电缆传输介质，它使用一对或多对按规则缠绕在一起的绝缘铜芯电线来传输信号。在局域网中最为常见的是如图 9-1 所示的由 4 对、8 股不同颜色的铜线缠绕在一起的双绞线。

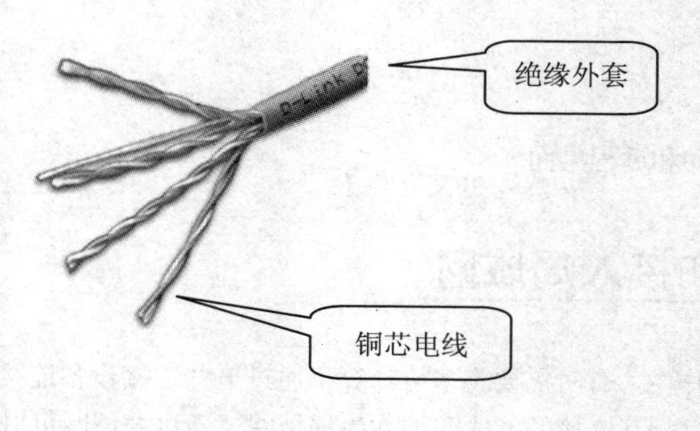

图 9-1 双绞线

双绞线的接法有两种标准。

- 568B 标准即正线：橙白，橙，绿白，蓝，蓝白，绿，棕白，棕。
- 568A 标准即反线：绿白，绿，橙白，蓝，蓝白，橙，棕白，棕。

根据网线两端连接设备的不同，双绞线的制作方法分为两种：直通线和交叉线。交叉线的一端采用 568B 标准，另一端采用 568A 标准。直通线两端的线序是相同的，都采用 568B 标准。

2. 集线器和路由器

集线器的英文名称就是常说的 Hub，英文 Hub 是“中心”的意思，集线器是网络集中管理

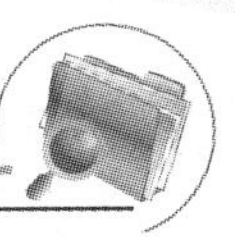

的最基本单元。与集线器相比，路由器拥有更加强大的数据通道功能和控制功能。它们的外形分别如图 9-2 和 9-3 所示。

图 9-2　集线器

图 9-3　路由器

连接集线器与路由器的方法相同，将网线一端插入集线器/路由器上的接口，另一端插入计算机网卡接口中即可，如图 9-4 所示。

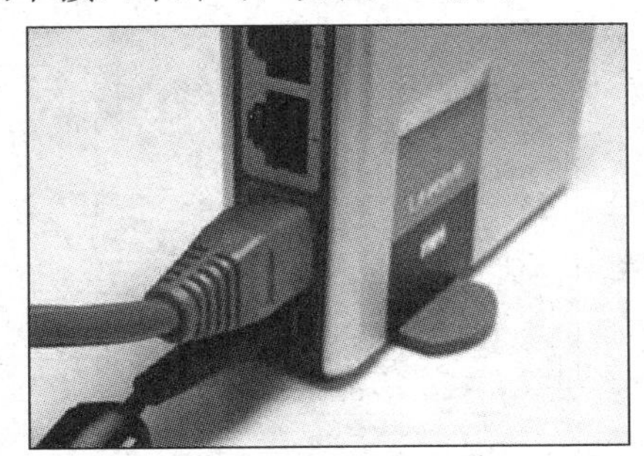

图 9-4　连接计算机和路由器

9.2　配置 Windows 7 局域网

在局域网的环境搭建好之后，还必须对 Windows 7 操作系统的网络功能进行设置，这样局域网才可正常使用，如配置计算机 IP 地址、配置网络位置、设置计算机的名称等。本节将详细介绍 Windows 7 局域网的配置方法。

9.2.1　配置 IP 地址

IP 地址是计算机在网络中的身份识别码，只有为计算机配置了正确的 IP 地址，计算机才能够接入到网络。

【例 9-1】在 Windows 7 系统中配置计算机的 IP 地址。

(1) 单击任务栏右方的网络按钮，在打开的面板中单击【打开网络和共享中心】链接，如图 9-5 所示，打开【网络和共享中心】窗口。

(2) 在打开的窗口中，单击【本地连接】链接，如图 9-6 所示，打开【本地连接 状态】对话框。

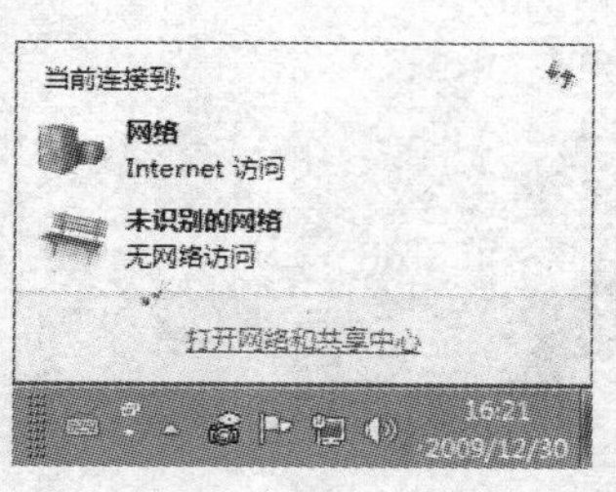

图 9-5　单击【打开网络和共享中心】链接

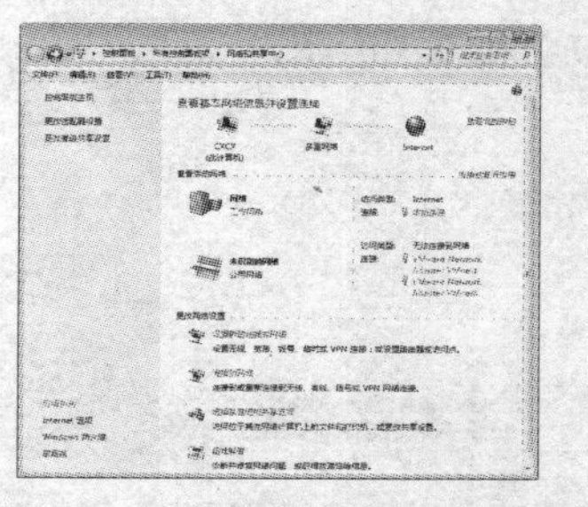

图 9-6　单击【本地连接】链接

(3) 在该对话框中单击【属性】按钮，如图 9-7 所示，打开【本地连接 属性】对话框。

(4) 然后双击其中的【Internet 协议版本 4(TCP/IPv4)】选项，如图 9-8 所示，打开【Internet 协议版本 4(TCP/IPv4)属性】对话框。

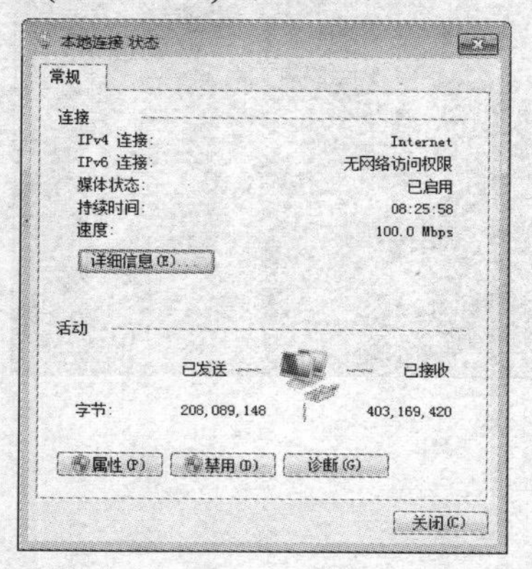

图 9-7　单击【属性】按钮

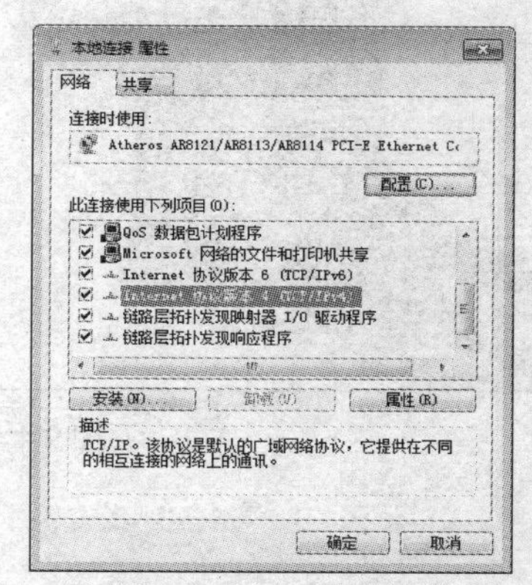

图 9-8　双击【Internet 协议版本 4】选项

(5) 在【IP 地址】文本框中输入本机的 IP 地址，按下 Tab 键会自动填写子网掩码，然后分别在【默认网关】、【首选 DNS 服务器】和【备用 DNS 服务器】中设置相应的地址，如图 9-9 所示。

(6) 设置完成后，单击【确定】按钮，返回【本地连接 属性】对话框，单击【确定】按钮，完成 IP 地址的设置，如图 9-10 所示。

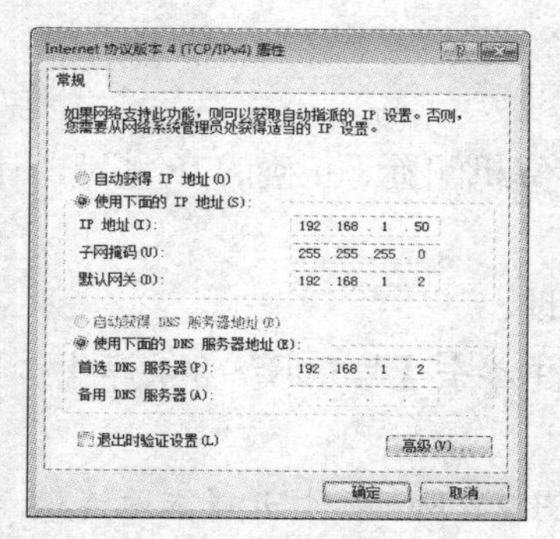

图 9-9　配置 IP 地址

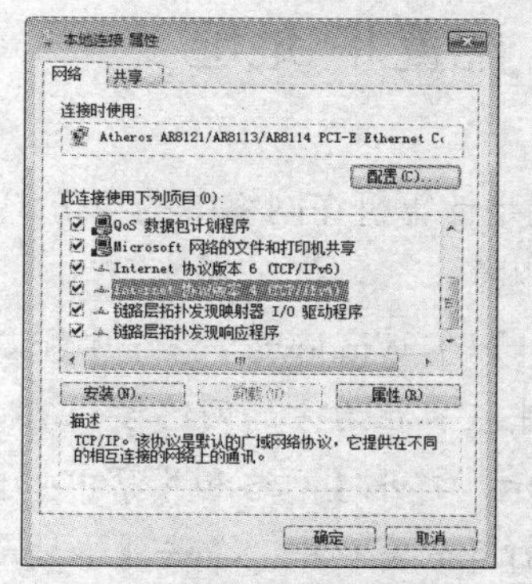

图 9-10　单击【确定】按钮

9.2.2 设置网络位置

在 Windows 7 操作系统中第一次连接到网络时，必须选择网络位置。因为这样可以为所连接网络的类型自动进行适当的防火墙设置。当用户在不同的位置(如家中、本地咖啡店或办公室)连接到网络时，选择一个合适的网络位置将会有助于用户始终确保将自己的计算机设置为适当的安全级别。

【例 9-2】在 Windows 7 系统中选择计算机所处的网络位置。

(1) 单击任务栏右方的网络按钮，在打开的面板中单击【打开网络和共享中心】链接，如图 9-11 所示。

(2) 打开【网络和共享中心】窗口，单击【工作网络】链接，如图 9-12 所示，打开【设置网络位置】对话框。

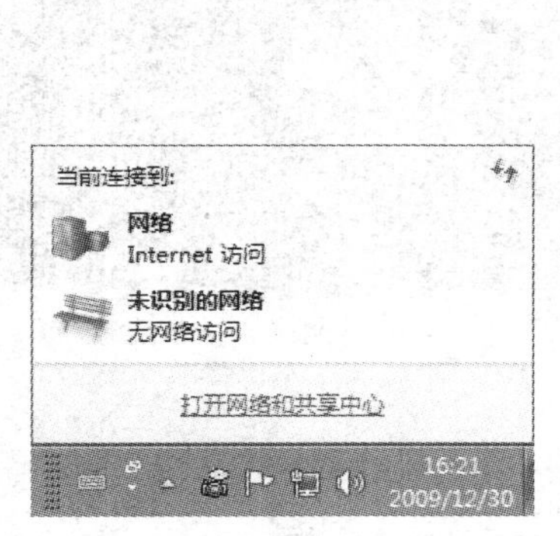

图 9-11 单击【打开网络和共享中心】链接

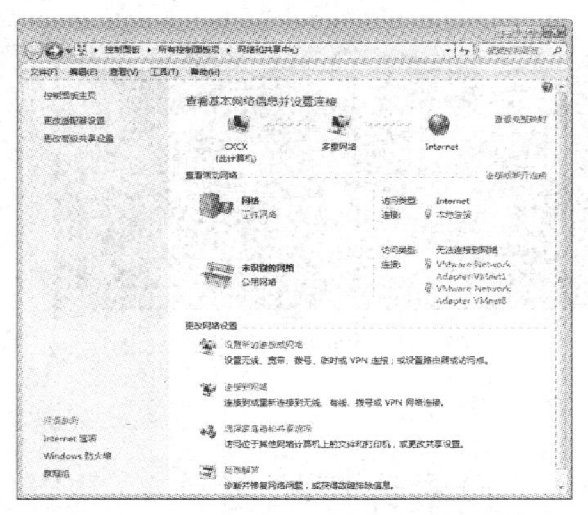

图 9-12 单击【工作网络】链接

(3) 在该对话框中设置计算机所处的网络，有【家庭网络】、【工作网络】、【公用网络】等选项可以选择，这里选择【工作网络】选项，如图 9-13 所示。

(4) 打开对话框，显示现在正处于工作网络中，单击【关闭】按钮，完成网络位置设置，如图 9-14 所示。

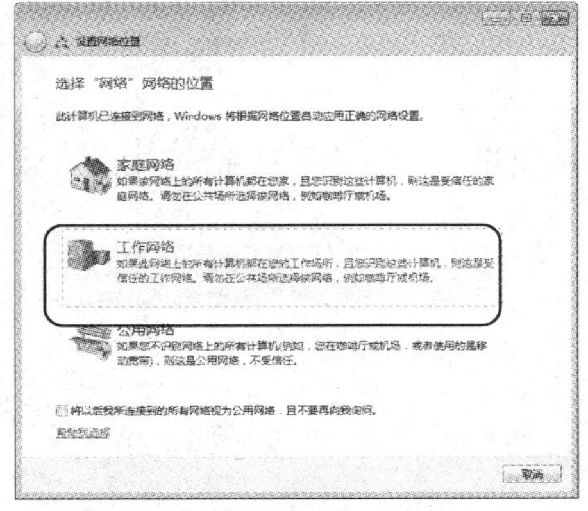

图 9-13 选择【工作网络】选项

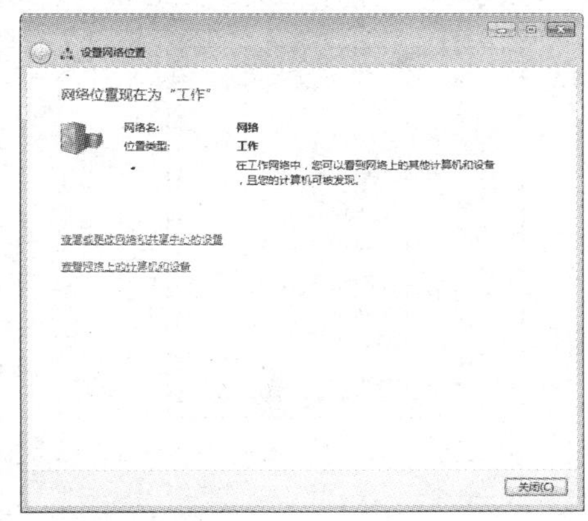

图 9-14 单击【关闭】按钮

9.2.3 测试网络连通性

配置完网络协议后，还需要使用 Ping 命令来测试网络连通性，查看计算机是否已经成功接入局域网当中。

【例 9-3】在 Windows 7 系统中使用 Ping 命令。

(1) 单击【开始】按钮，在搜索框中输入命令“cmd”，然后按下 Enter 键，打开【命令提示符】窗口。

(2) 如果网络中有一台计算机(非本机)的 IP 地址是：192.168.1.50，可在该窗口中输入命令“ping 192.168.1.50”，然后按下 Enter 键，若是显示如图 9-15 所示的测试结果，则说明网络已经正常连通。

(3) 如果显示如图 9-16 所示的测试结果，则说明网络未正常连通。

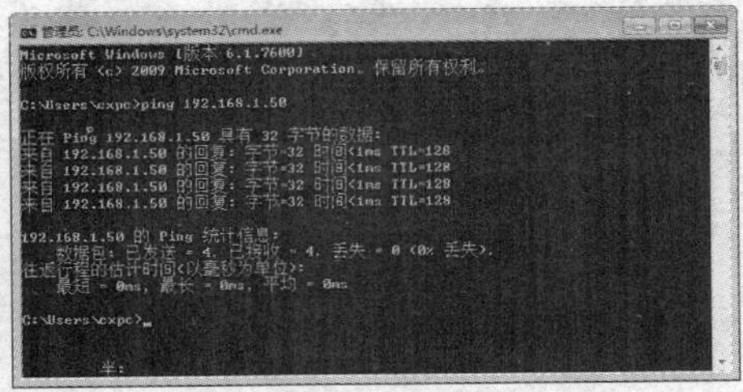

图 9-15　网络正常连通

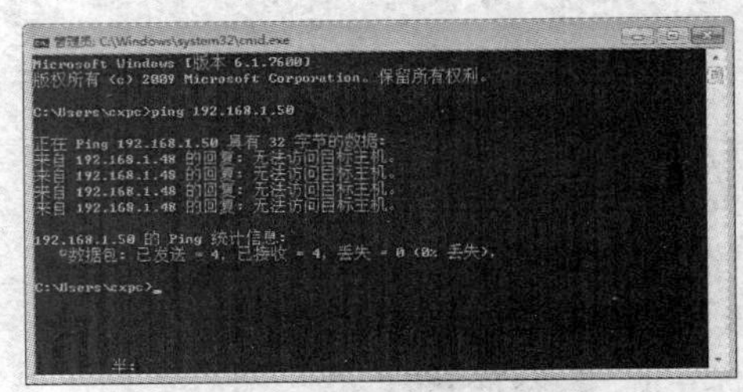

图 9-16　网络未正常连通

9.2.4 设置计算机名称

若想要局域网中的其他用户能够方便地访问自己的计算机，可以为该机设置一个简单易记的名称，如网络中已经有和该机名称相同的计算机时，则还需修改自己计算机的名称。

【例 9-4】在 Windows 7 系统中设置计算机在网络中的名称。

(1) 如图 9-17 所示，在桌面上右击【计算机】图标，选择【属性】命令打开【系统】窗口。

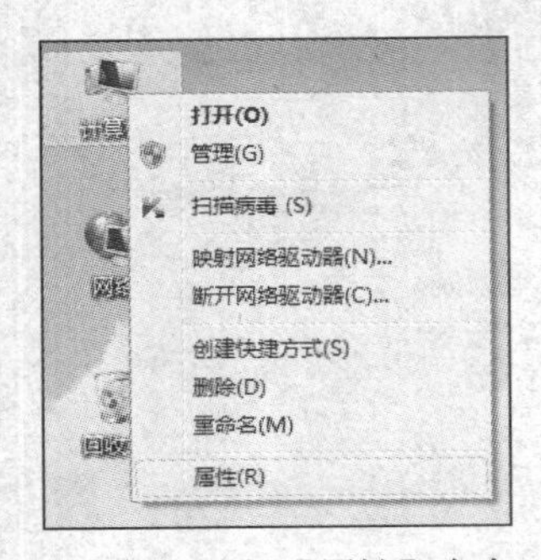

图 9-17　选择【属性】命令

图 9-18　单击【更改设置】链接

(2) 单击【计算机名】后面的【更改设置】链接，如图 9-18 所示，打开【系统属性】对话框。

(3) 在【在计算机名】选项卡页面中，单击【更改】按钮，如图 9-19 所示，打开【计算机名/域更改】对话框。

(4) 在【计算机名】文本框中输入计算机的新名称，单击【确定】按钮，如图 9-20 所示。

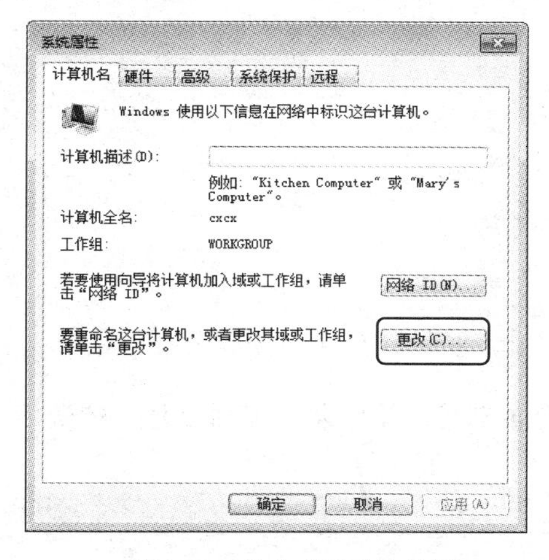

图 9-19　单击【更改】按钮

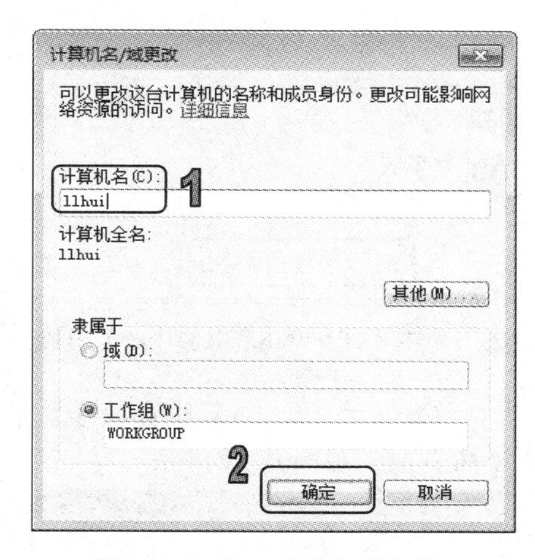

图 9-20　输入计算机新名称

(5) 打开提示对话框，提示用户要重新启动计算机才能使设置生效，单击【确定】按钮，如图 9-21 所示。

(6) 当试图关闭所有的对话框时，将打开如图 9-22 所示的对话框，单击【立即重新启动】按钮，即可立即重新启动计算机。

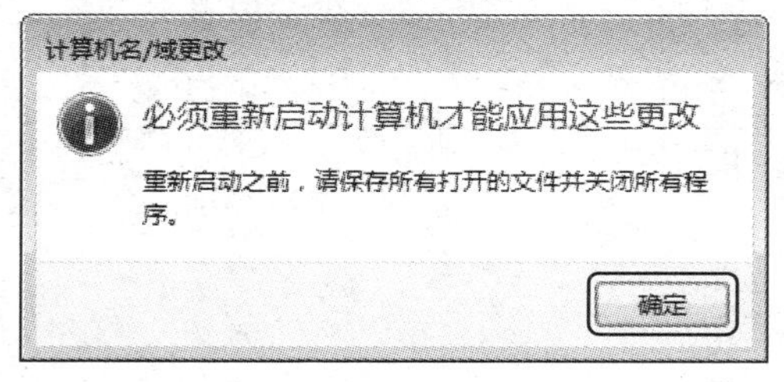

图 9-21　单击【确定】按钮

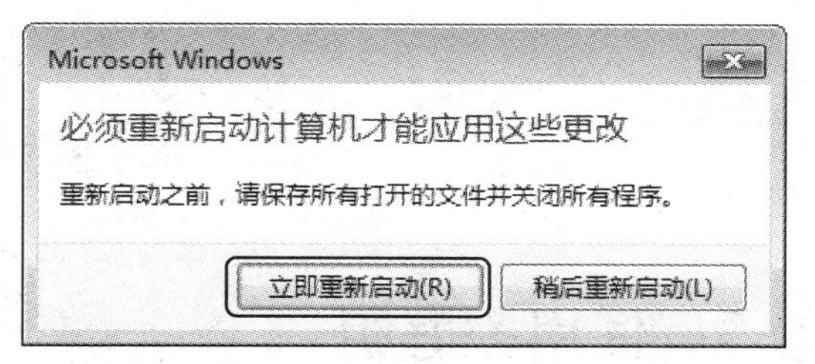

图 9-22　单击【立即重新启动】按钮

9.2.5　修复网络故障

在正确安装网卡并连接网线后，如果出现网络连接故障，系统会自动进行诊断并修复出现的问题。

【例 9-5】在 Windows 7 系统中修复网络故障。

(1) 单击任务栏右方的网络按钮，在打开的面板中单击【打开网络和共享中心】链接，如图 9-23 所示。

(2) 打开【网络和共享中心】窗口，如果网络连接不正常，在该窗口中将会显示，单击图中的叉号，将自动进行网络诊断，如图 9-24 所示。

图 9-23　单击【打开网络和共享中心】链接

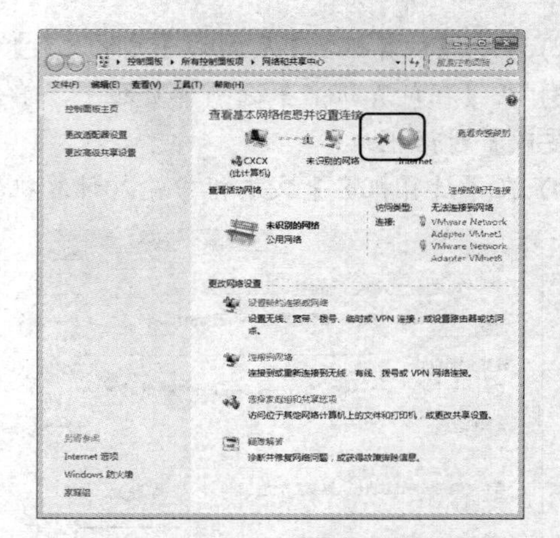

图 9-24　单击叉号

(3) 等待诊断完成后，如果能自动修复系统将会自动将故障修复，否则会打开对话框，提示用户故障的原因，如图 9-25 所示。

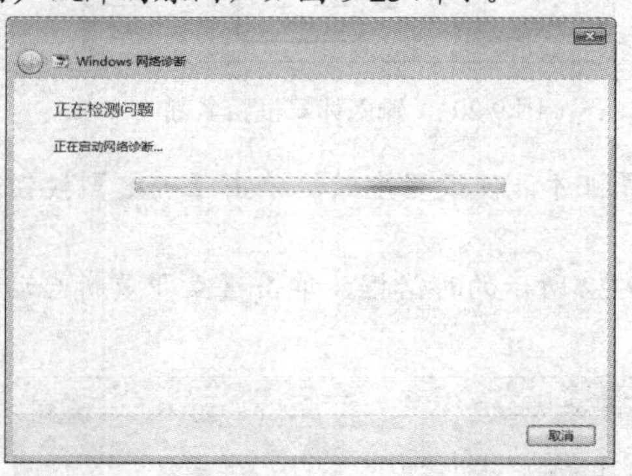

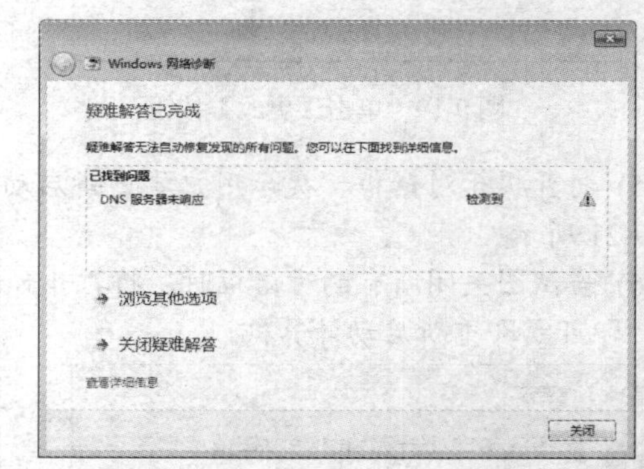

图 9-25　诊断结果

9.3 使用家庭组

在 Windows 7 中，设置家庭组的用户可以轻松地实现图片、音乐、文档、视频和打印机等资源的共享，并能确保用户数据的安全。

9.3.1 创建家庭组

在以前的 Windows 操作系统中，共享文件或硬件设备比较复杂，共享资源有时甚至会出现不够稳定的问题。而通过 Windows 7 里的家庭组共享不仅简单方便，还安全可靠。

要想通过家庭组来共享局域网资源，首先要创建家庭组。所有的 Windows 7 版本都可以加入到家庭组，但只有家庭高级版、专业版和旗舰版才能够创建家庭组。

【例 9-6】在 Windows 7 操作系统中创建家庭组。

(1) 单击任务栏右方的网络按钮，在打开的面板中单击【打开网络和共享中心】链接，如图 9-26 所示。

(2) 打开【网络和共享中心】窗口，如果计算机从来没有创建过家庭组，应单击【工作网络】链接，如图 9-27 所示，打开【设置网络位置】对话框。

图 9-26　单击【打开网络和共享中心】链接

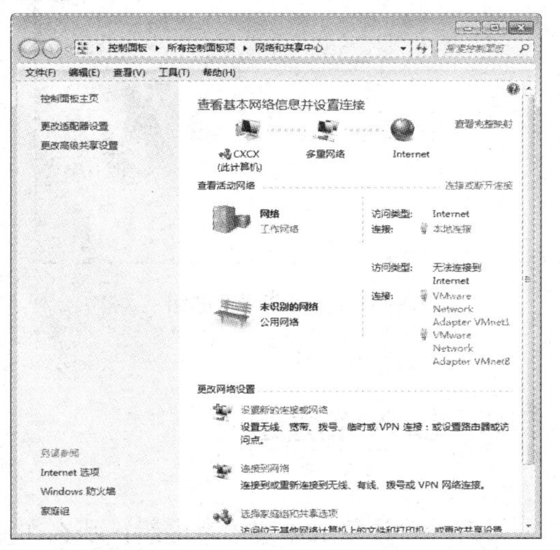

图 9-27　单击【工作网络】链接

(3) 在如图 9-28 所示的对话框中选择【家庭网络】选项，打开【与运行 Windows 7 的其他家庭计算机共享】对话框。

(4) 在该对话框中，用户可以设置允许共享的项目，然后单击【下一步】按钮，如图 9-29 所示。

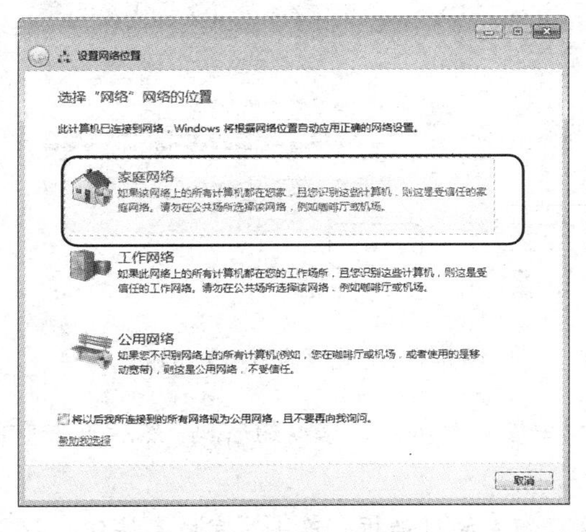

图 9-28　选择【家庭网络】选项

图 9-29　设置共享项目

(5) 开始创建家庭组，显示创建进度，如图 9-30 所示。

(6) 创建完成后，在打开的对话框中显示了用于其他计算机加入家庭组的密码，单击【完

成】按钮，即完成家庭组的创建，如图 9-31 所示。

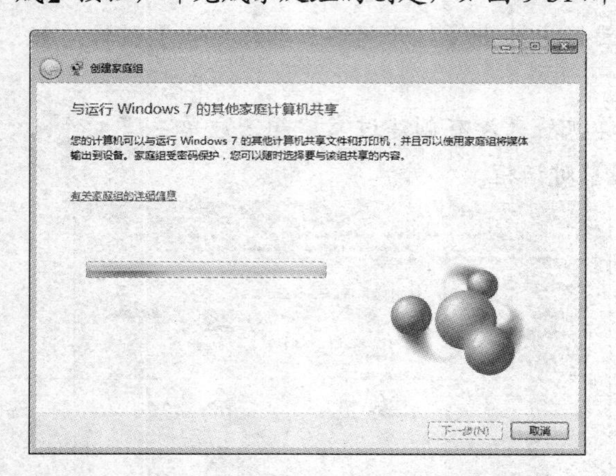

图 9-30　正在创建家庭组

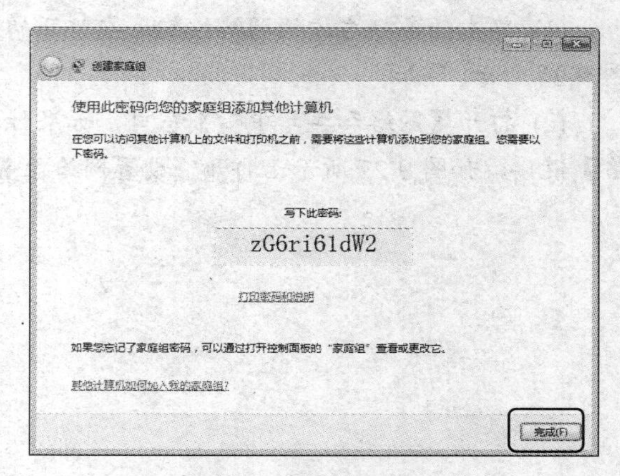

图 9-31　显示家庭组密码

9.3.2　加入家庭组

如果有一台计算机创建了家庭组，那么在局域网中的其他计算机就可以加入该家庭组了。

【例 9-7】在 Windows 7 操作系统中加入家庭组。

(1) 右击任务栏【资源管理器】图标，在弹出菜单中选择【Windows 资源管理器】命令，如图 9-32 所示，打开【资源管理器】窗口。

(2) 单击左侧的【家庭组】按钮，打开【家庭组】窗口，单击【立即加入】按钮，如图 9-33 所示。

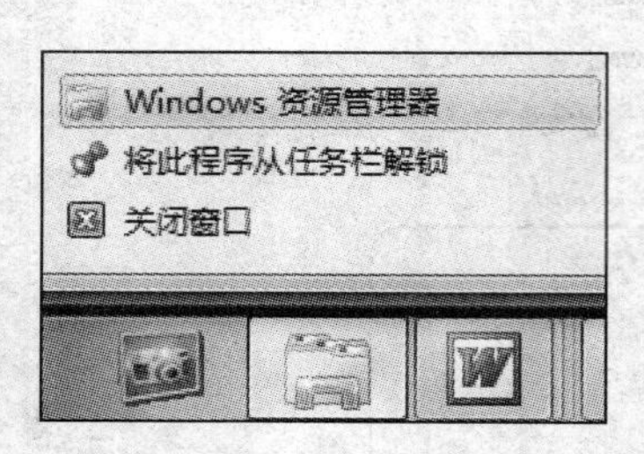

图 9-32　选择【Windows 资源管理器】命令

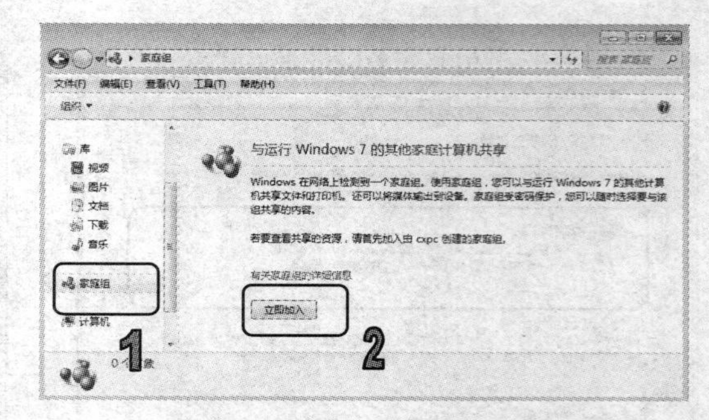

图 9-33　单击【家庭组】按钮

(3) 打开【键入家庭组密码】对话框，在其文本框中输入要加入的家庭组密码，然后单击【下一步】按钮，如图 9-34 所示。

(4) 如果密码正确，稍后会打开【您已加入该家庭组】的对话框，单击【完成】按钮，即可完成加入家庭组操作，如图 9-35 所示。

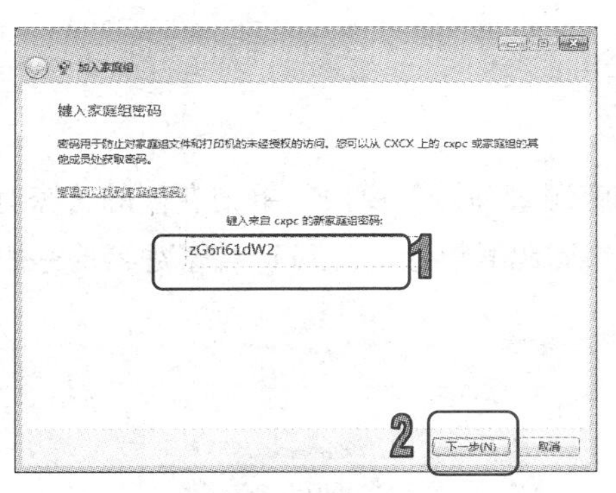

图 9-34　输入家庭组密码

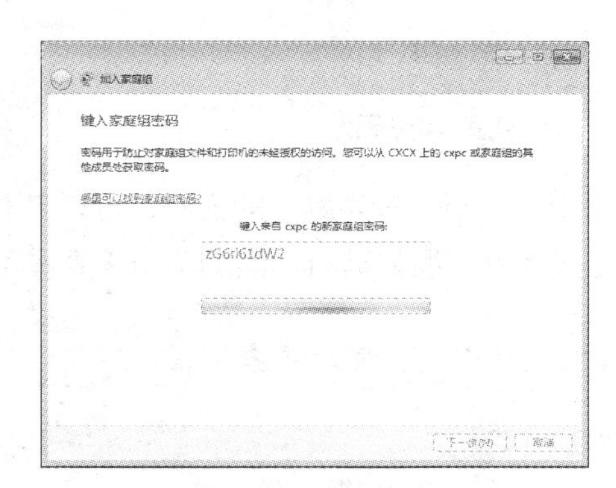

图 9-35　进入家庭组

9.3.3　访问家庭组共享资源

计算机加入了家庭组后，就可以访问家庭组中的共享资源了。

将自己的资源共享给同一个家庭组成员很容易，用户只需把要共享的文件复制到相应的【库】里，比如将图片【企鹅】拷贝到【图片库】中，然后右击该图片，在弹出的快捷菜单中选择【共享】命令，再根据用户需要选择【家庭组(读取)】或【家庭组(读取/写入)】命令，即可共享该图片，如图 9-36 所示。

访问局域网内其他家庭组成员的共享资源也很简单，用户只需单击窗口左侧的导航窗格内【家庭组】选项下的成员计算机名，即可进入该计算机的库中，双击想要看的库，即可访问该库里的共享资源，如图 9-37 所示。

图 9-36　选择【共享】命令

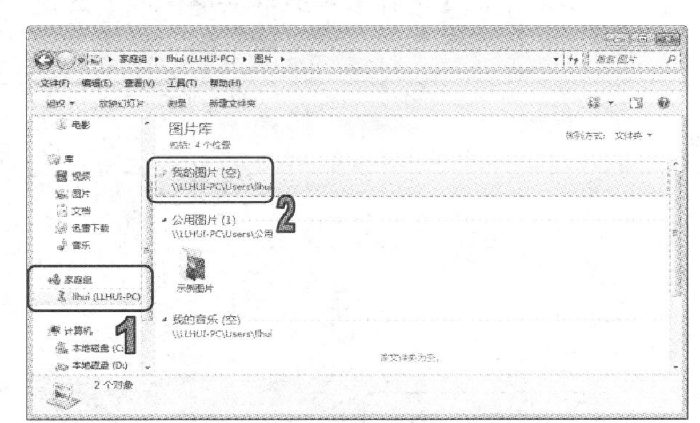

图 9-37　访问其他家庭组成员

9.3.4　查看和更改家庭组密码

如果用户想要查看家庭组的密码，可在创建家庭组的计算机中进行操作，也可以在该计算

机中更改家庭组密码。

1．查看家庭组密码

如果用户想要查看家庭组的密码，可以打开【资源管理器】窗口，单击左侧的【家庭组】选项，打开【家庭组】窗口，然后单击【查看家庭组密码】链接，即可查看家庭组的密码，如图 9-38 所示。

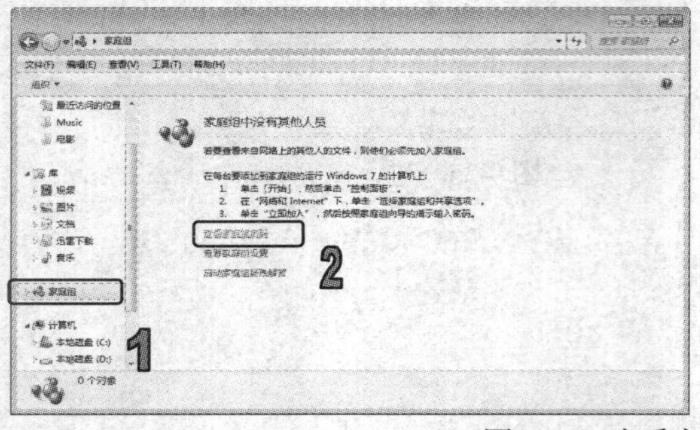

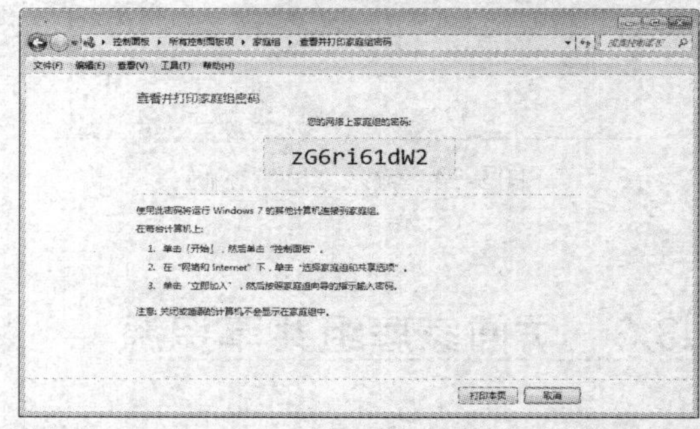

图 9-38　查看家庭组密码

2．更改家庭组密码

创建家庭组时，随机生成的密码往往比较复杂，不利于记忆。此时用户可对家庭组密码进行更改，以便于记忆。

【例 9-8】在创建家庭组的计算机中修改家庭组的密码。

(1) 单击任务栏右方的网络按钮，在打开的面板中单击【打开网络和共享中心】链接，如图 9-39 所示，打开【网络和共享中心】窗口。

(2) 单击其中的【选择家庭组和共享选项】链接，如图 9-40 所示，打开【更改家庭组设置】窗口。

图 9-39　单击【打开网络和共享中心】链接

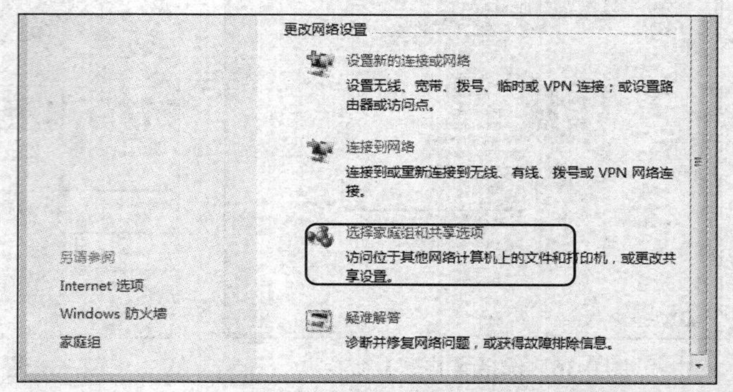

图 9-40　单击【选择家庭组和共享选项】链接

(3) 在如图 9-41 所示的打开窗口中，单击【更改密码】链接，打开【更改家庭组密码】对话框。

(4) 选择【更改密码】选项，如图 9-42 所示，打开【键入家庭组的新密码】对话框。

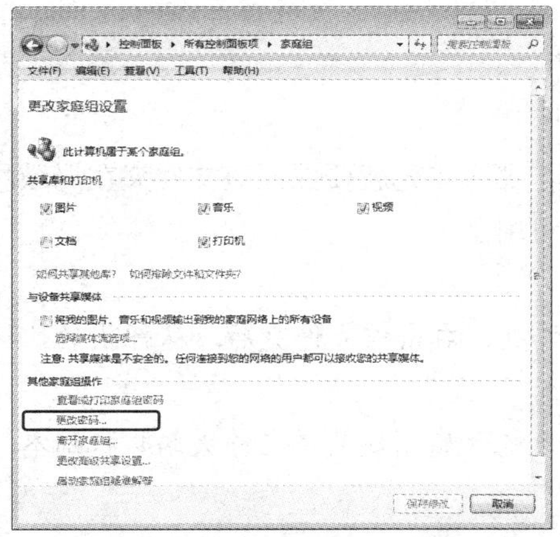

图 9-41　单击【更改密码】链接

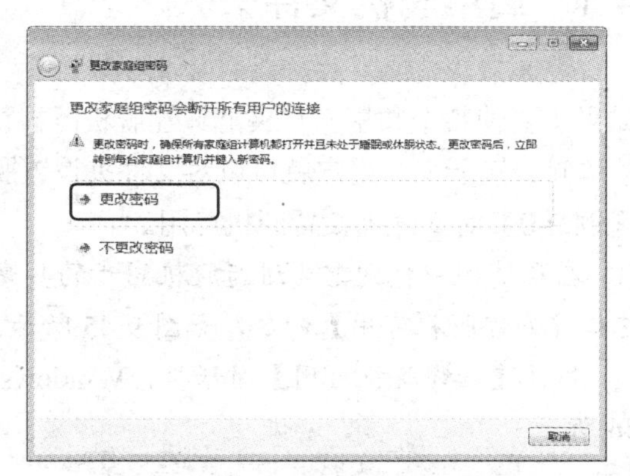

图 9-42　选择【更改密码】选项

(5) 在对话框中的文本框中输入想要使用的新密码，然后单击【下一步】按钮，如图 9-43 所示。

(6) 开始更改密码，稍后打开【更改家庭组密码成功】对话框，单击【完成】按钮，即完成密码的修改，如图 9-44 所示。

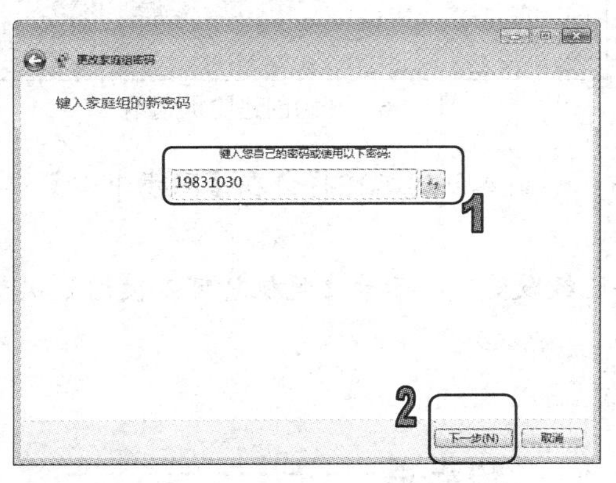

图 9-43　输入新密码

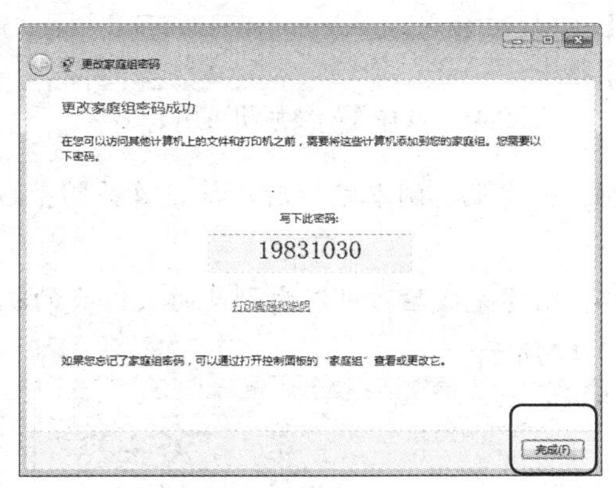

图 9-44　单击【完成】按钮

计算机基础与实训教材系列

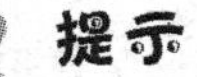

提示

加入家庭组的其他用户只能查看家庭组密码，无法对其进行更改。

9.4　使用脱机文件夹

为了防止因为网络故障而导致不能访问局域网中共享文件夹的情况出现，在 Windows 7 中用户可以采用脱机文件夹的功能。采用脱机文件夹技术，用户可以使计算机在脱机状态下依然能够访问网络上共享的数据，还能在网络故障排除后使数据保持最新状态。

9.4.1 启用脱机文件夹

如果想要使某个共享文件夹能够在脱机时被访问，那么首先就要保证该文件夹在局域网中能够被访问。接下来，用户就可以对文件夹设置脱机可用了。

【例 9-9】对文件夹设置脱机可用。

(1) 在局域网中找到需要进行脱机同步的共享文件夹，右击该文件夹后，从弹出的快捷菜单中选择【始终脱机可用】命令，如图 9-45 所示。

(2) 打开【始终脱机可用】对话框，Windows 7 系统开始创建共享文件夹的脱机副本，如图 9-46 所示。

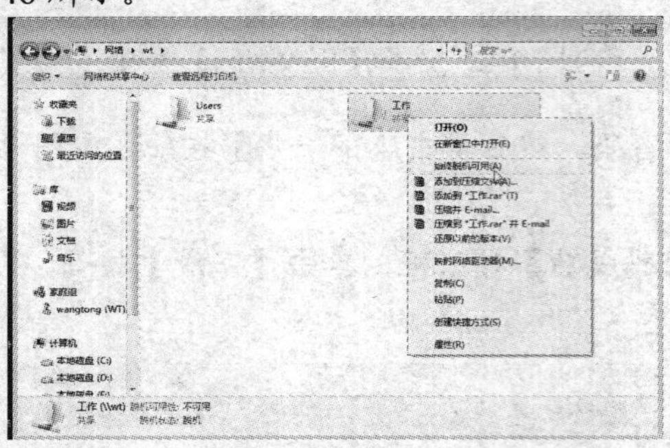

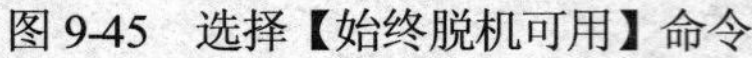

图 9-45 选择【始终脱机可用】命令

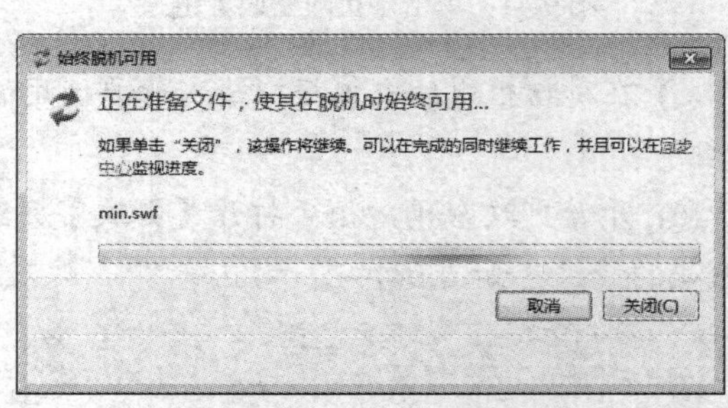

图 9-46 开始创建脱机副本

(3) 创建脱机副本完毕后，单击【关闭】按钮，则副本创建工作将会在【同步中心】中自动完成。

(4) 创建完成后，可以看到此时文件夹的状态已经改变，显示为【脱机总可以使用】状态，如图 9-47 所示。

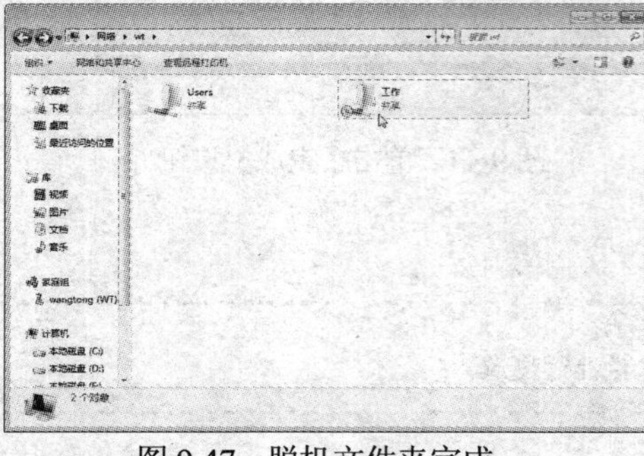

图 9-47 脱机文件夹完成

知识点

脱机状态是指网络中断时的电脑状况，由于局域网的布局或设备不良，可能会发生该状况。

9.4.2 访问脱机文件夹

在设置了文件夹脱机可用之后，用户就可以测试脱机文件的可用性了。测试时，可以将网线拔掉，使当前网络处于中断状态，然后访问脱机文件。

要访问脱机文件夹，用户可以在 Windows 7 中打开【计算机】窗口，然后选择左侧窗格中的【网络】选项，在局域网中找到设置了脱机可用的文件夹。此时可以发现，除了该文件夹呈脱机状态可以使用外，其他文件都不可以使用，如图 9-48 所示。双击打开该文件夹，可以看到其包含的文件都可以访问，如图 9-49 所示。

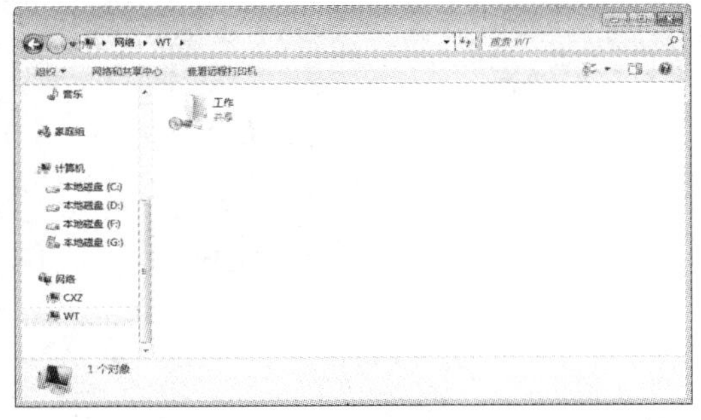

图 9-48　双击脱机文件夹

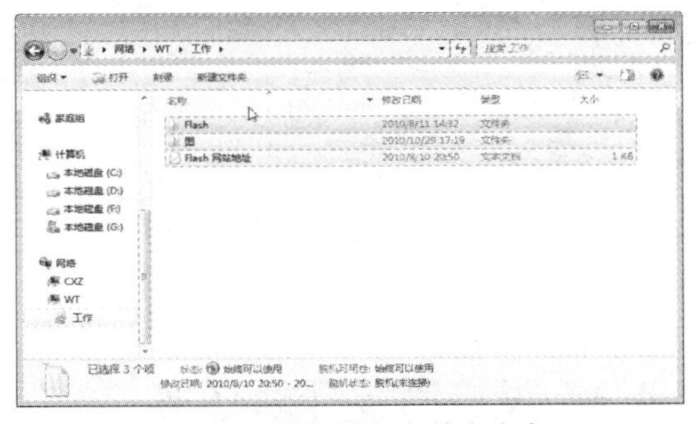

图 9-49　访问脱机文件夹内容

当用户在访问脱机文件时，还可以对其内容进行添加、修改、删除等操作。此时脱机文件副本与网络计算机上的文件内容有可能不一致，用户可以利用同步功能通过网络将脱机文件的更改写入到脱机文件夹的网络原始位置。

【例 9-10】对脱机使用的文件夹进行同步。

(1) 选择【开始】|【所有程序】|【附件】|【同步中心】命令，如图 9-50 所示。

(2) 在打开的【同步中心】窗口中，双击【脱机文件】图标，如图 9-51 所示。

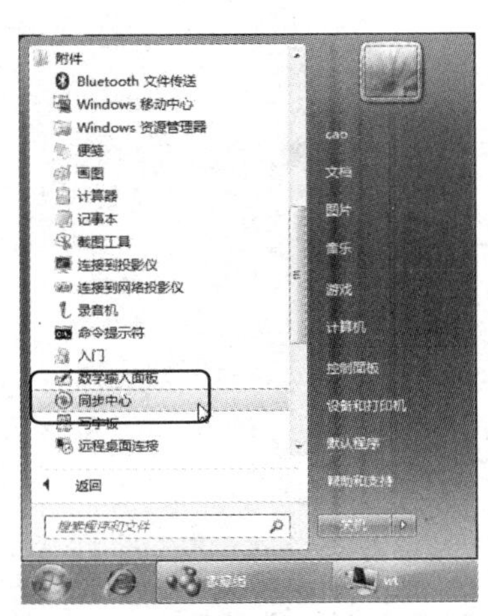

图 9-50　选择【同步中心】命令

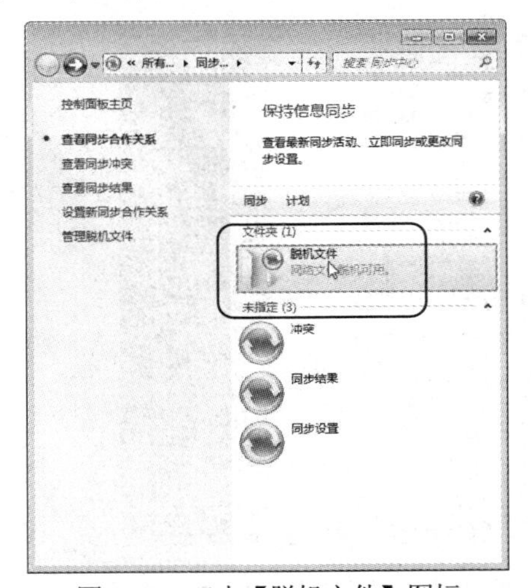

图 9-51　双击【脱机文件】图标

(3) 此时，可查看脱机文件夹，右击该文件夹，然后在弹出的快捷菜单中选择【同步】命令，如图 9-52 所示。

(4) 此时文件夹进入同步过程，窗口中以进度条显示文件夹同步的进度，如图 9-53 所示。

(5) 文件夹的同步操作完成后，副本与网络中的原始文件夹内容将会一致。

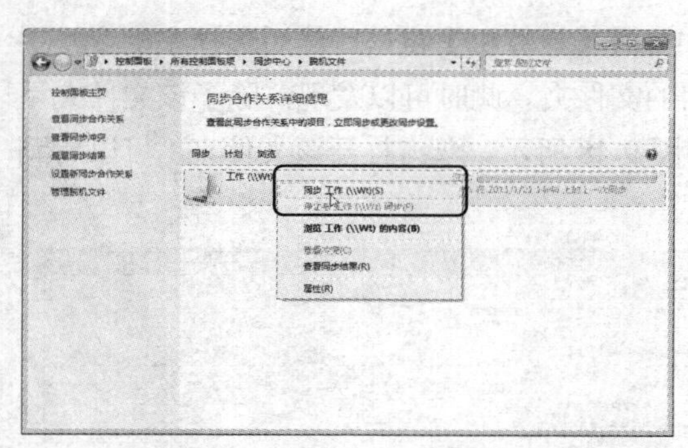

图 9-52　选择【同步】命令

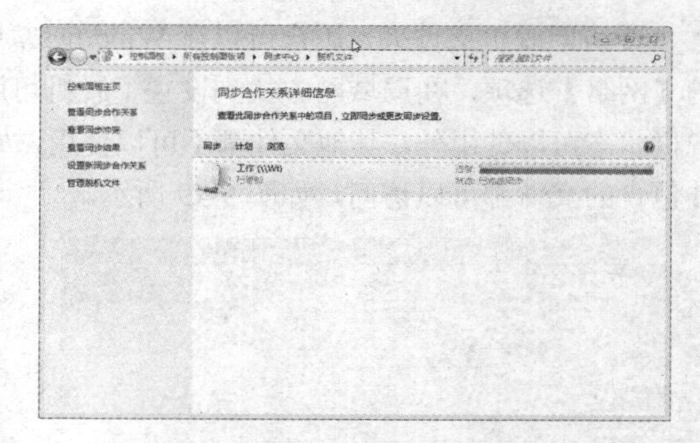

图 9-53　开始同步

9.4.3　设置同步计划任务

为了解决每次更改脱机文件都要进行同步的繁琐操作，用户可以启动脱机文件同步计划任务。设置同步计划任务，实际上就是通过相关的设定让系统能够自动进行同步。

【例 9-11】设置脱机文件的同步计划任务。

(1) 选择【开始】|【所有程序】|【附件】|【同步中心】命令，如图 9-54 所示。

(2) 打开【同步中心】窗口，双击【脱机文件】图标，打开脱机文件夹，然后单击【计划】按钮，如图 9-55 所示。

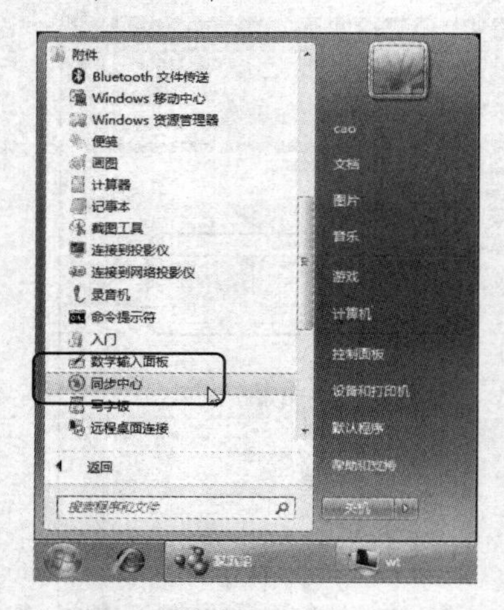

图 9-54　选择【同步中心】命令

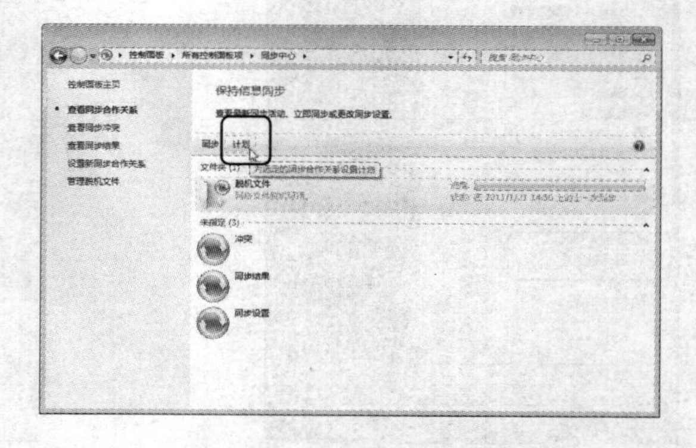

图 9-55　单击【计划】按钮

(3) 打开【脱机文件 同步计划】窗口，选择要在计划中同步的文件或文件夹，然后单击【下一步】按钮，如图 9-56 所示。

(4) 在打开的对话框中，用户可以选择根据【在计划时间】来同步文件，也可以根据【当事件发生时】来同步文件。这里选择【当事件发生时】选项，如图 9-57 所示。

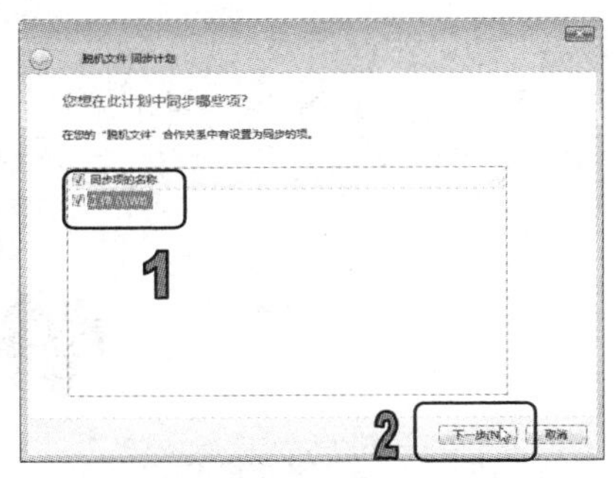

图 9-56　选择需要同步的文件夹

图 9-57　选择【当事件发生时】选项

(5) 进入【选择将自动同步"脱机文件"的事件或操作】对话框，用户可以根据自己的需要设置启动同步的条件，然后单击【下一步】按钮，如图 9-58 所示。

(6) 在【名称】文本框中输入同步计划的名称，然后单击【保存计划】按钮即可完成设置，如图 9-59 所示。

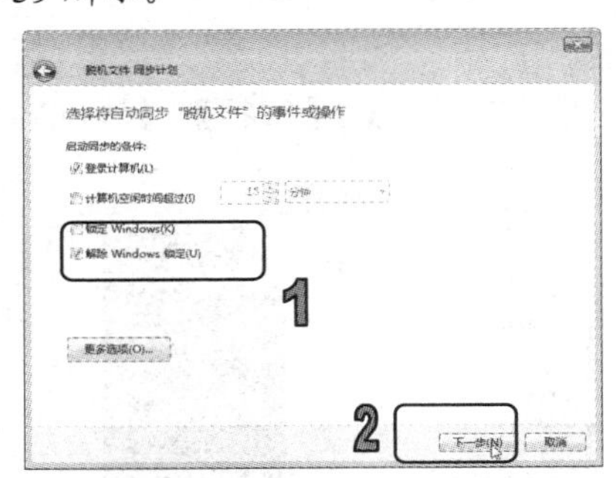

图 9-58　设置启动同步的条件

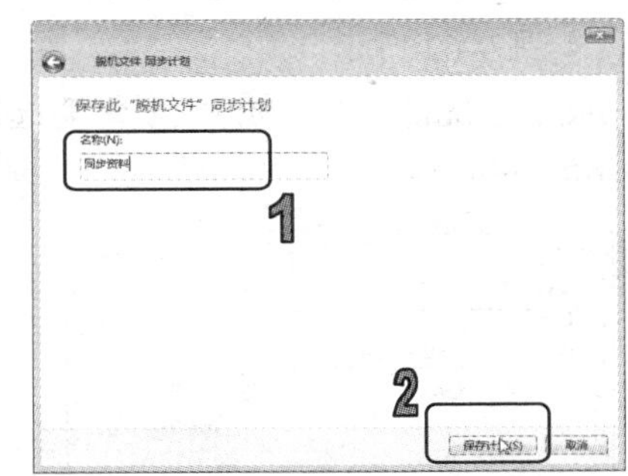

图 9-59　输入同步计划的名称

9.5　使用远程控制

在 Windows 7 操作系统下，可以利用系统自带的远程控制工具实现远程控制，本节将详细介绍远程协助和远程桌面连接功能。

9.5.1　使用远程协助

远程协助是 Windows 系统附带提供的一种简单的远程控制的方法。通过发起协助要求，在获得对方同意后，即可进行远程协助，远程协助中被协助方的计算机将暂时受协助方(在远程协助程序中被称为专家)的控制。在 Windows 7 中，用户可以使用远程协助功能，对局域网中的其他授权计算机进行控制和指导。

【例 9-12】使用 Windows 7 的远程协助功能。

(1) 使用远程协助，最少需要对两台计算机进行设置，本例在这里简称为用户 A 和用户 B。

用户 A 首先要打开【控制面板】窗口，单击【系统】链接，如图 9-60 所示。

(2) 在打开的【系统】窗口中，单击左侧的【远程设置】链接，如图 9-61 所示。

图 9-60 单击【系统】链接

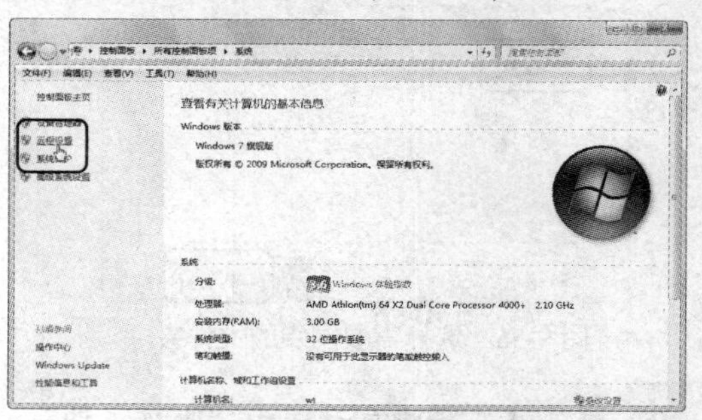

图 9-61 单击【远程设置】链接

(3) 在打开的【系统属性】对话框中，选择【远程】选项卡，选中【允许远程协助连接这台计算机】复选框。选中【允许运行任意版本远程桌面的计算机连接】单选按钮，然后单击【确定】按钮，如图 9-62 所示。

(4) 完成了系统设置后，用户 A 需要选择【开始】|【所有程序】|【维护】|【Windows 远程协助】命令，如图 9-63 所示。

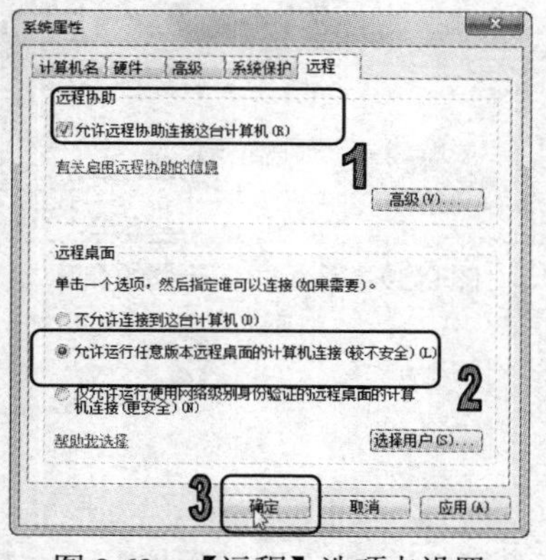

图 9-62 【远程】选项卡设置

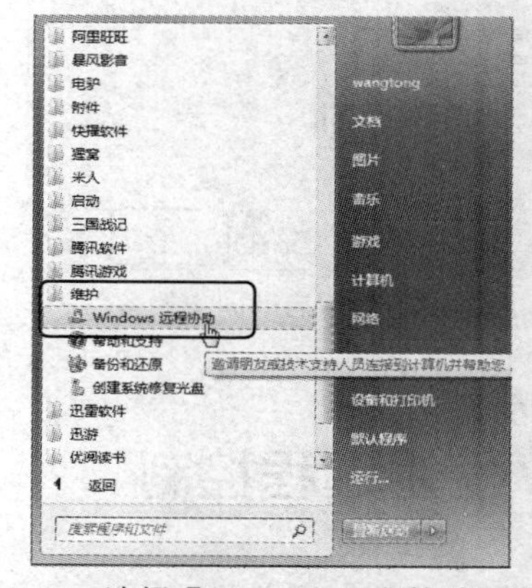

图 9-63 选择【Windows 远程协助】命令

(5) 在打开的对话框中，单击【邀请信任的人帮助您】按钮，如图 9-64 所示。

(6) 接下来，单击【将该邀请另存为文件】按钮，如图 9-65 所示。

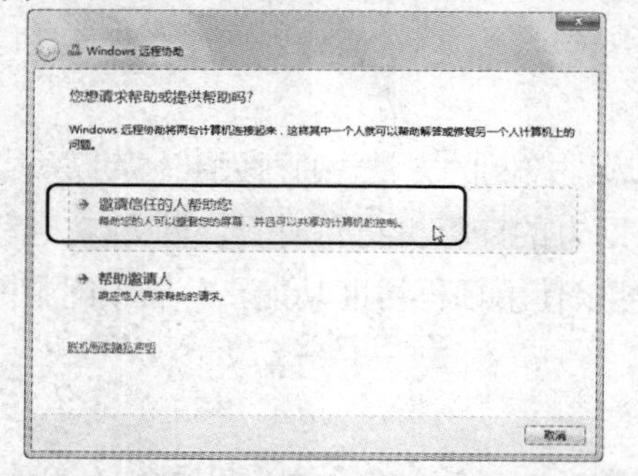

图 9-64 单击【邀请信任的人帮助您】按钮

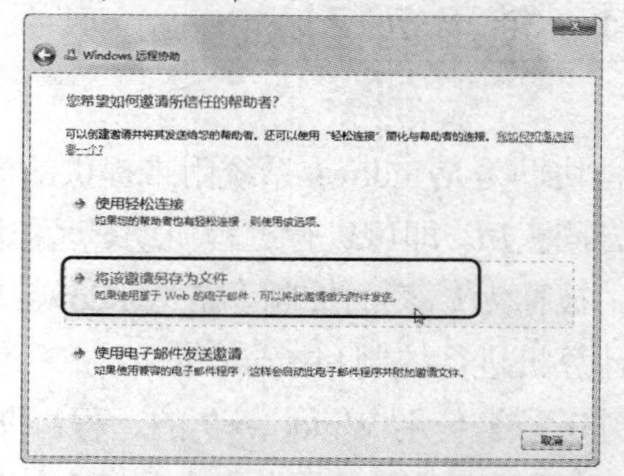

图 9-65 单击【将该邀请另存为文件】按钮

(7) 在打开的【另存为】对话框中，将邀请文件保存到指定的目录下，然后单击【保存】按钮，如图 9-66 所示。

(8) 在打开的对话框中将显示邀请密码。用户 A 需要将保存的邀请文件及邀请密码发送给用户 B，如图 9-67 所示。

图 9-66 选择保存目录

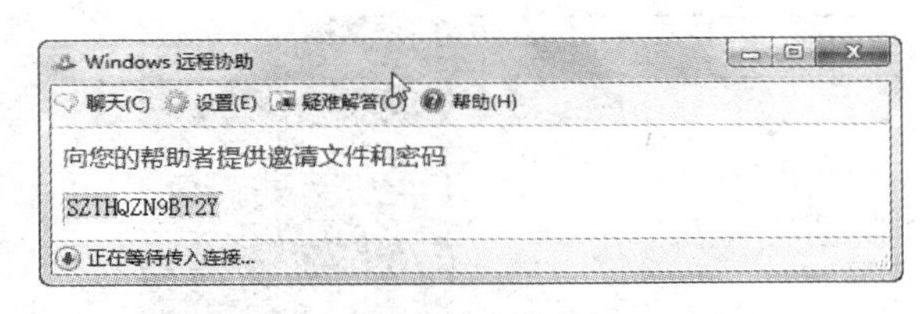

图 9-67 显示邀请密码

(9) 用户 B 在计算机上双击邀请文件，打开【远程协助】对话框，在【输入密码】文本框中输入用户 A 提供的邀请密码，然后单击【确定】按钮，如图 9-68 所示。

(10) 此时，用户 A 将会打开一个提示对话框，询问是否允许用户连接到该计算机，单击【是】按钮即可，如图 9-69 所示。

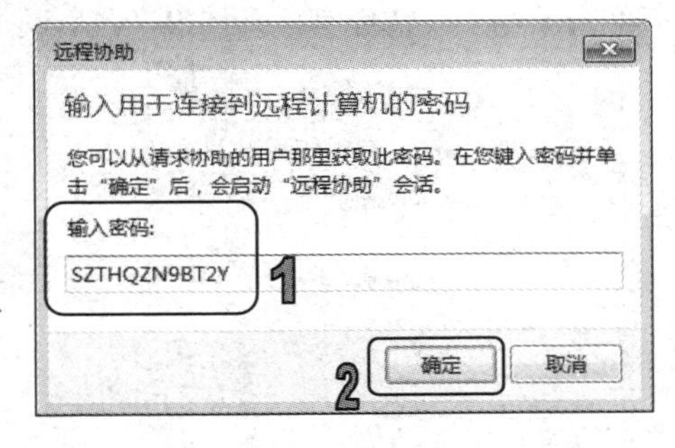

图 9-68 输入邀请密码

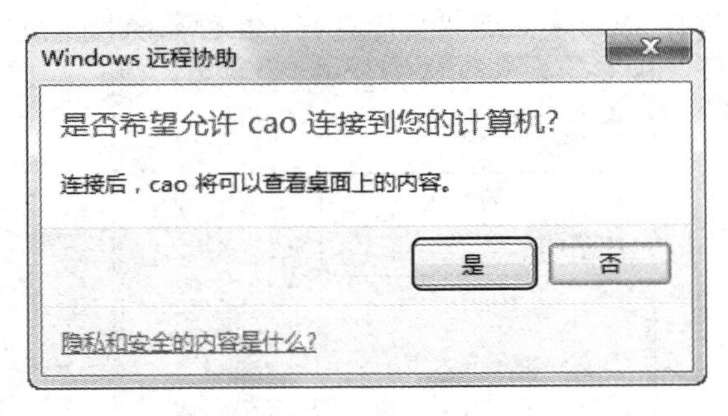

图 9-69 单击【是】按钮

(11) 用户 B 的计算机上将会显示用户 A 的桌面，并可以对其进行远程协助操作，如图 9-70 所示。

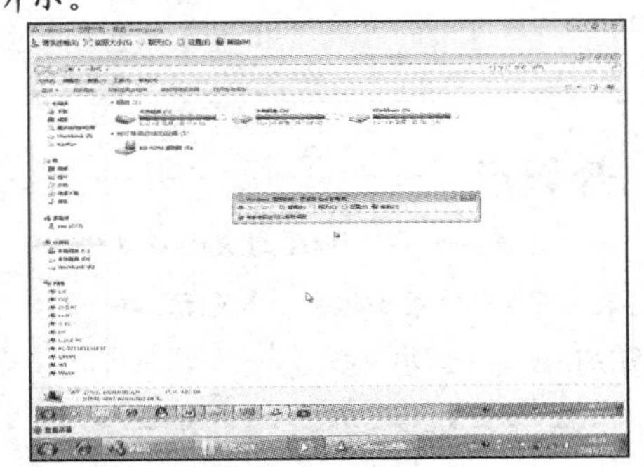

图 9-70 显示对方桌面

提示

远程协助需要两台计算机在同一局域网内，并且需要在同一个工作组里。

9.5.2 使用远程桌面连接

远程桌面允许用户使用本地计算机连接到远程计算机上，访问所有程序、文件和网络资源。

【例 9-13】使用 Windows 7 的远程桌面连接功能。

(1) 用户 A 选择【开始】|【所有程序】|【附件】|【远程桌面连接】命令，如图 9-71 所示。

(2) 打开【远程桌面连接】对话框，在【计算机】文本框内输入用户 B 的计算机名，然后单击【连接】按钮，如图 9-72 所示。

图 9-71 选择【远程桌面连接】命令

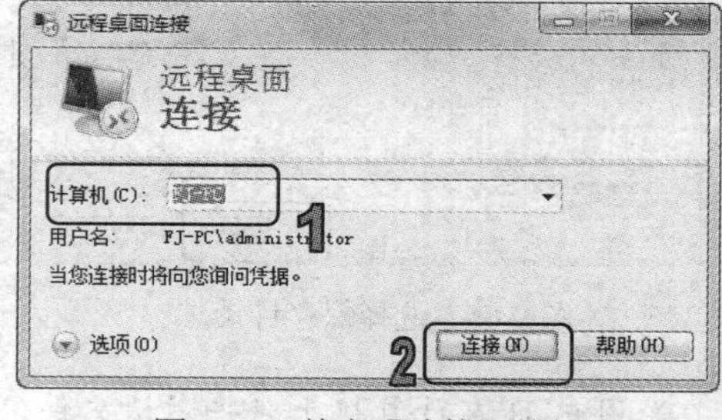

图 9-72 单击【连接】按钮

(3) 在打开的【Windows 安全】对话框中，输入用户 B 计算机的用户名和密码，然后单击【确定】按钮，如图 9-73 所示。

(4) 开始建立远程桌面连接，在打开的提示对话框中单击【是】按钮即可，如图 9-74 所示。

图 9-73 输入用户名和密码

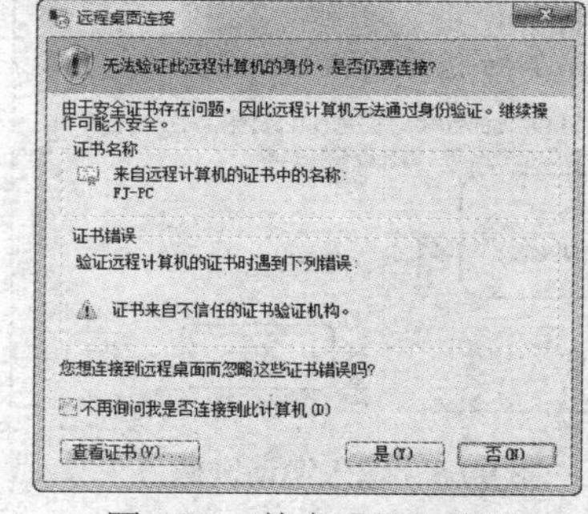

图 9-74 单击【是】按钮

(5) 如果连接成功，那么计算机 A 将显示计算机 B 的桌面，如图 9-75 所示。

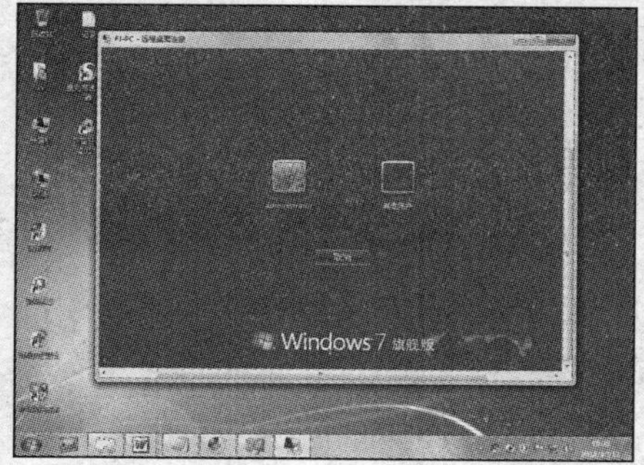
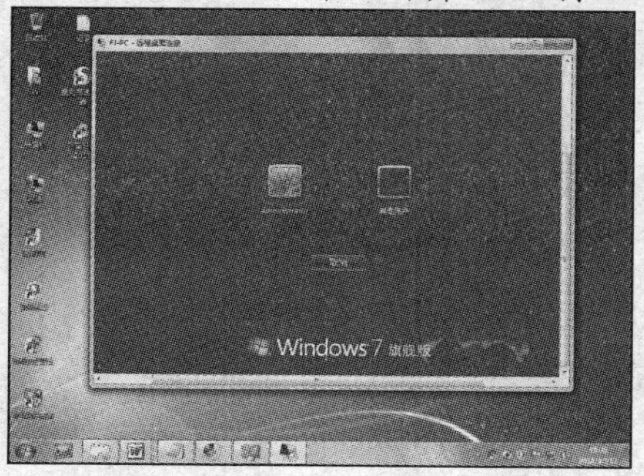

图 9-75 显示对方桌面

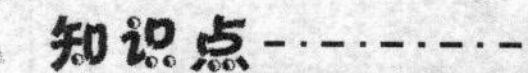

知识点

登录远程桌面后，可以通过桌面窗口的【最大化】、【最小化】、【关闭】按钮来切换或关闭远程桌面。

9.6　上机练习

本章的上机实验主要练习局域网内配置网络打印机和禁用脱机文件夹，使用户更好地掌握共享局域网资源以及脱机文件夹的操作方法和技巧。

9.6.1　配置网络打印机

若局域网中有一台网络共享打印机，则网络中的所有计算机都可以添加并使用该打印机。

【例 9-14】添加打印机。

(1) 单击【开始】按钮，选择【设备和打印机】选项，如图 9-76 所示。

(2) 打开【设备和打印机】窗口，单击【添加打印机】按钮，如图 9-77 所示。

图 9-76　选择【设备和打印机】选项

图 9-77　单击【添加打印机】按钮

(3) 打开【添加打印机】对话框，选择【添加网络、无线或 Bluetooth 打印机】选项，如图 9-78 所示，系统开始搜索网络中可用的打印机。

(4) 显示搜索到的打印机列表，用户可选中要添加的打印机的名称，然后单击【下一步】按钮，如图 9-79 所示。

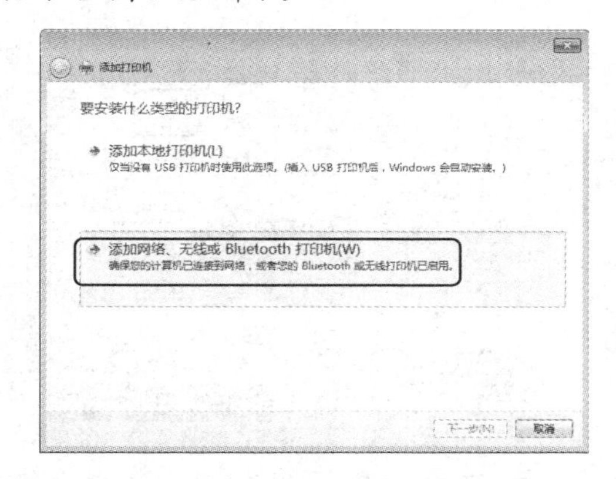

图 9-78　选择【添加网络、无线或 Bluetooth 打印机】选项

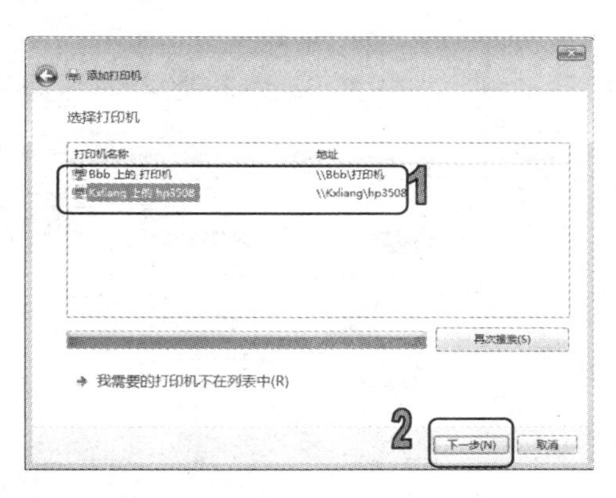

图 9-79　选择打印机

(5) 此时，系统开始连接该打印机，并自动查找驱动程序，如图 9-80 所示。

(6) 打开【打印机】提示窗口，提示用户需要从目标主机上下载打印机驱动程序，单击【安装驱动程序】按钮，如图 9-81 所示。

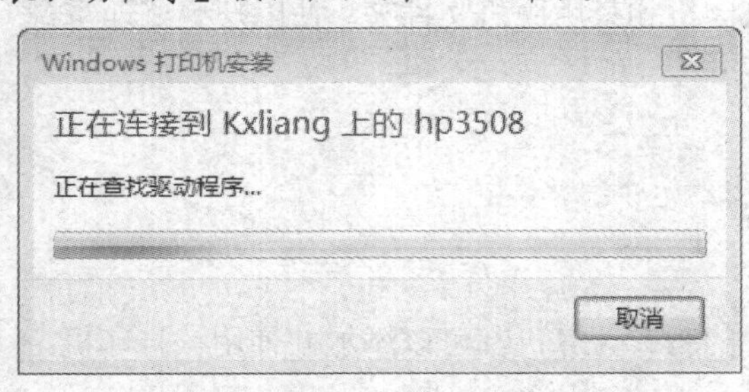

图 9-80　自动查找驱动程序

图 9-81　单击【安装驱动程序】按钮

(7) 此时，系统自动下载并安装打印机驱动程序，成功下载驱动程序并安装完成后会打开一个对话框，提示用户已成功添加打印机，单击【下一步】按钮，如图 9-82 所示。

(8) 在打开的对话框中，勾选【设置为默认打印机】复选框，然后单击【完成】按钮，完成网络共享打印机的添加，如图 9-83 所示。

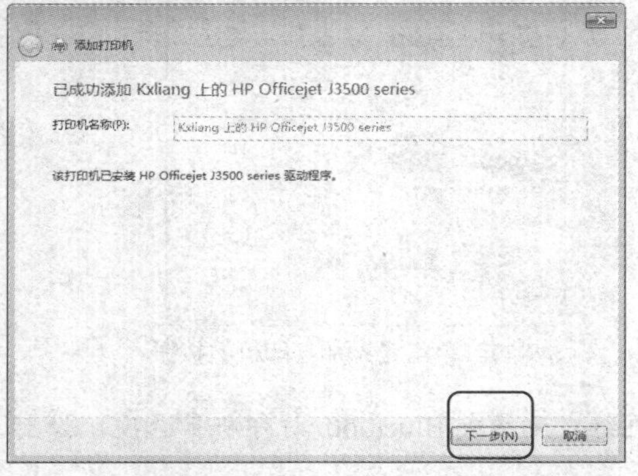

图 9-82　单击【下一步】按钮

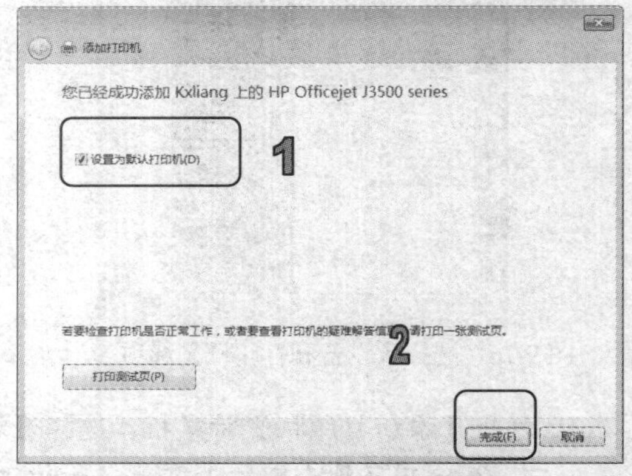

图 9-83　选中【设置为默认打印机】复选框

(9) 此时，在【设备和打印机】窗口中，上面有绿色打钩的即为添加的网络打印机，如图 9-84 所示。

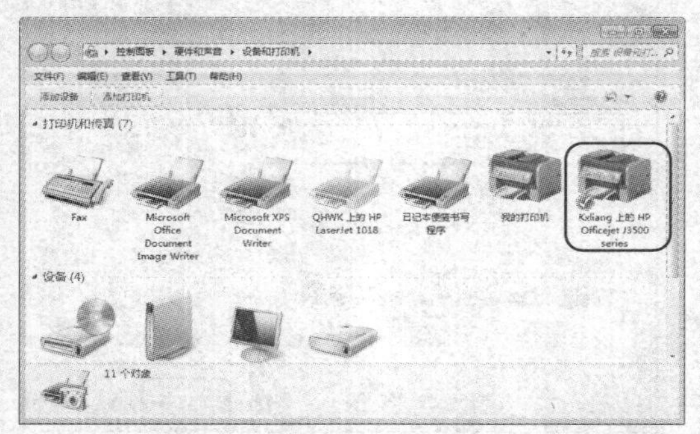

图 9-84　显示添加的网络打印机

图 9-85　单击【打印】按钮

提示

配置好了网络打印机之后，用户就可以使用该打印机打印网页、文档等资料了。

(10) 打开 IE 浏览器，在地址栏中输入地址访问一个网页，然后单击浏览器工具栏上的【打印】按钮，如图 9-85 所示。

(11) 打开【打印】对话框，选中设置的共享打印机选项后，然后单击【打印】按钮即可开始打印网页，如图 9-86 所示。

(12) 打开一个文本文档，然后选择【文件】|【打印】命令，如图 9-87 所示，然后在【打印】对话框中进行打印设置即可。

图 9-86 设置打印机选项

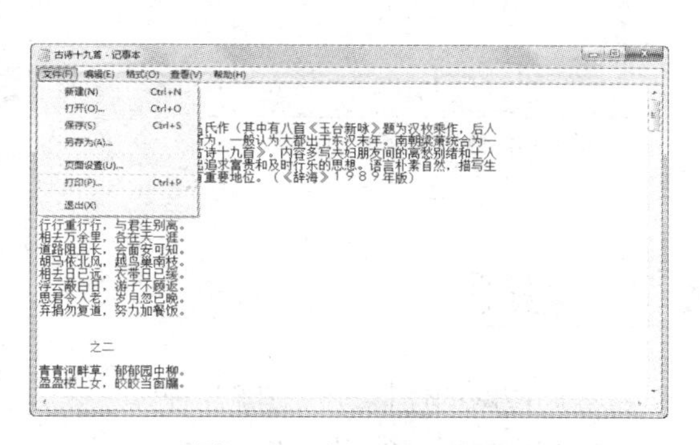

图 9-87 选择【打印】命令

9.6.2 禁用脱机文件夹

如果用户觉得没有必要再使用脱机文件夹时，那么可以启用禁用脱机文件功能。

【例 9-15】禁用脱机文件。

(1) 选择【开始】|【所有程序】|【附件】|【同步中心】命令，如图 9-88 所示，进入【同步中心】窗口。

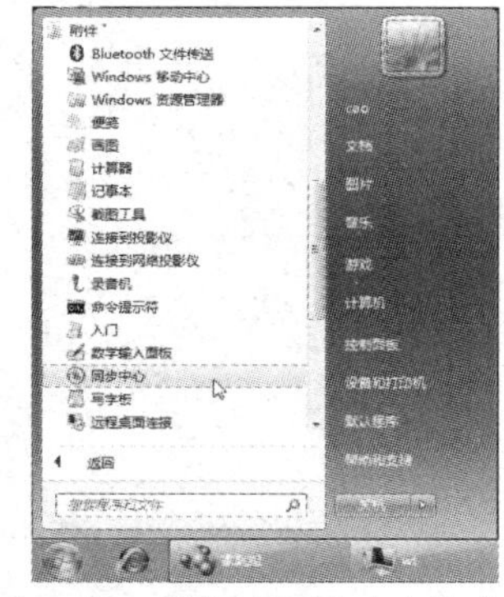

图 9-88 选择【同步中心】命令

图 9-89 单击【管理脱机文件】链接

(2) 在打开的窗口中单击【管理脱机文件】链接，如图 9-89 所示，打开【脱机文件】对话框。

(3) 在该对话框中选择【常规】选项卡，单击【禁用脱机文件】按钮，如果操作成功，此时对话框中的【禁用脱机文件】按钮会更改为【启用脱机文件】按钮，单击【确定】按钮即可完成设置，如图 9-90 所示。

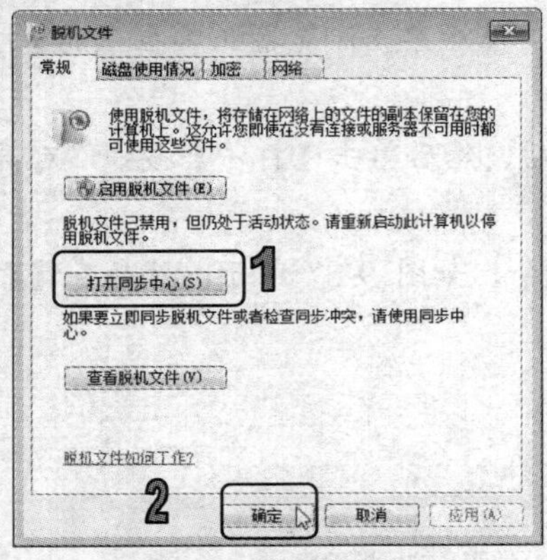

图 9-90 禁用脱机文件

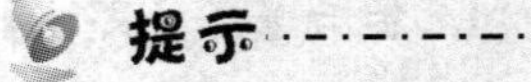
提示

要重新开启脱机文件，可以单击【启用脱机文件】按钮，重启计算机后即可完成设置。

9.7 习题

1．对等局域网的连接方式有哪几种？
2．如何测试局域网的网络连通性？
3．创建一个名为【同事】的家庭组，共享本机的【图像】库。
4．在两台计算机之间建立远程桌面连接。

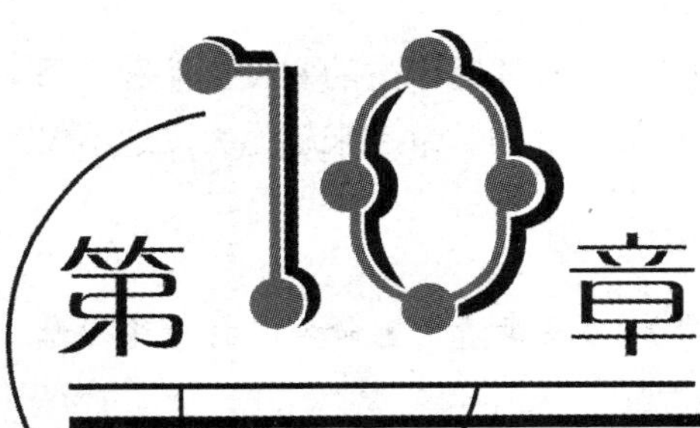

第10章 Windows 7 系统的优化

学习目标

计算机和系统使用一段时候后，经常会发生运行过慢或系统提示出错。这是由于过多的系统碎片、垃圾或不良设置引起的。Windows 7 操作系统自带了一些程序可以对系统进行优化和维护，同时使用一些系统设置也可以使计算机速度变快。本章主要学习优化和维护 Windows 7 系统的相关程序以及操作方法。

本章重点

- 维护和优化磁盘
- 优化系统设置
- 使用任务管理器
- 使用注册表
- 备份数据和系统

10.1 维护和优化磁盘

硬盘是计算机数据存放的载体，计算机中几乎所有的数据都存储在硬盘中。在对硬盘进行读写的过程中，系统会产生大量的磁盘碎片和垃圾文件。时间久了这些磁盘碎片和垃圾文件就会影响到硬盘的读写速度，进而降低系统的速度。维护和优化磁盘的主要操作包括磁盘清理、磁盘检查和磁盘碎片整理。

10.1.1 磁盘清理

Windows 7 系统运行一段时间后，在系统和应用程序运行过程中，会产生许多的垃圾文件，

它包括应用程序在运行过程中产生的临时文件，安装各种各样的程序时产生的安装文件等。用户需要定期清理磁盘中的垃圾文件，如果长时间不清理，垃圾文件的数量越来越庞大，这不仅会使文件的读写速度变慢，还会影响硬盘的使用寿命。

【例 10-1】使用磁盘清理程序清理 C 盘。

(1) 选择【开始】|【所有程序】|【附件】|【系统工具】|【磁盘清理】命令，打开【磁盘清理】对话框，如图 10-1 所示。

(2) 在【驱动器】下拉列表中选择清理的磁盘，这里选择(C:)选项，单击【确定】按钮，打开提示对话框表示正在计算释放磁盘空间，如图 10-2 所示。

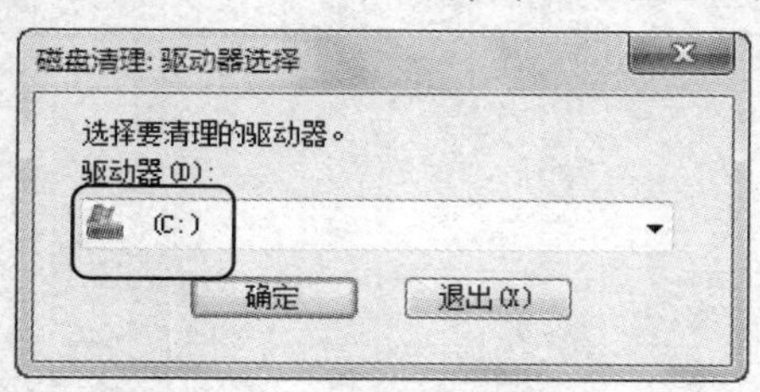

图 10-1 【磁盘清理】对话框

图 10-2 计算释放磁盘空间

(3) 计算完毕后打开【(C)的磁盘清理】对话框，在【要删除的文件】列表框内选中需要删除的文件类型前面的复选框，然后单击【确定】按钮，如图 10-3 所示。

(4) 打开提示框询问是否要永久删除这些文件，单击【删除文件】按钮，如图 10-4 所示。

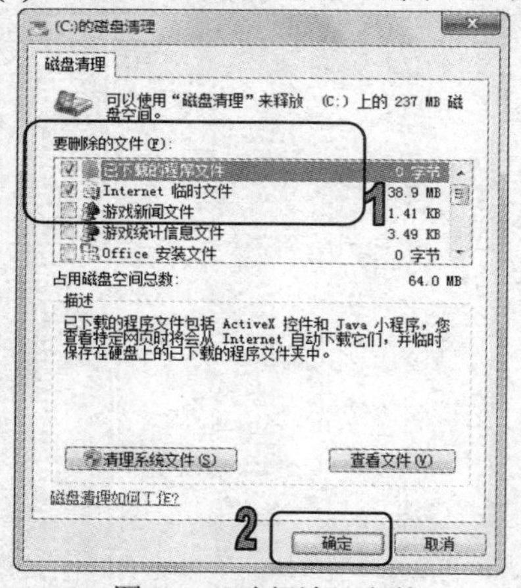

图 10-3 选择清理文件

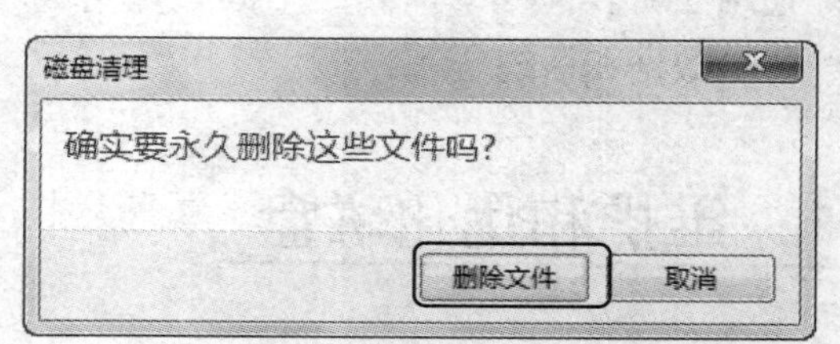

图 10-4 单击【删除文件】按钮

10.1.2 磁盘检查

用户在进行文件的移动、复制、删除等操作时，磁盘可能会产生坏的扇区。这时可以使用系统自带的磁盘检查功能来修复文件系统的错误以及修复坏的扇区。

【例 10-2】使用磁盘检查功能检查 D 盘。

(1) 打开【计算机】窗口，右击要进行磁盘检查的磁盘图标 D 盘，在弹出的快捷菜单中选择【属性】命令，如图 10-5 所示。

(2) 打开【本地磁盘(D:)属性】对话框，选择【工具】选项卡，在【查错】选项区域里，单击【开始检查】按钮，如图 10-6 所示。

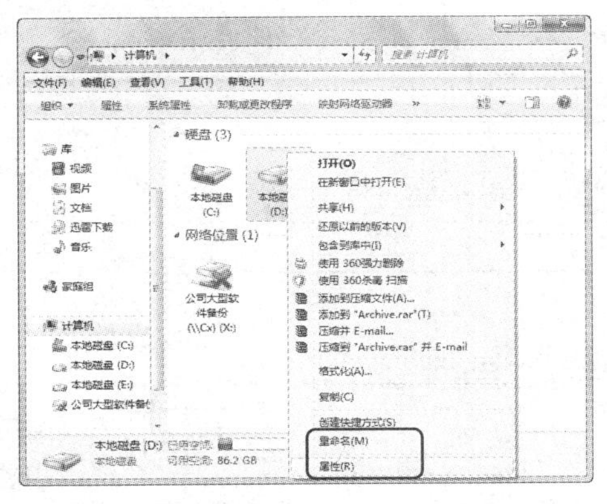

图 10-5　选择【属性】命令

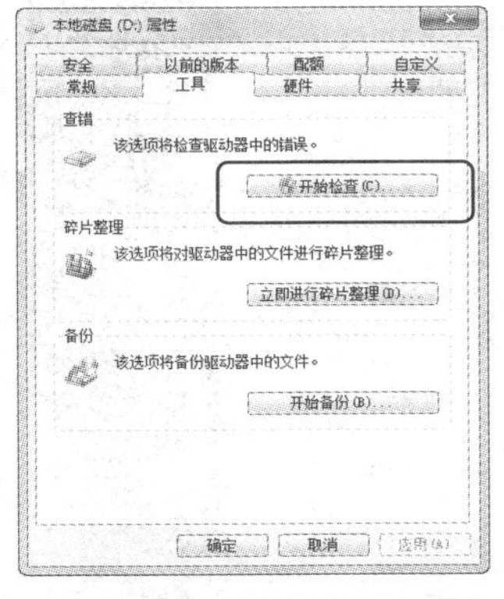

图 10-6　单击【开始检查】按钮

(3) 打开【检查磁盘】对话框，根据需求选中【自动修复文件系统错误】复选框或【扫描并尝试恢复坏扇区】复选框，单击【开始】按钮，即可开始查错，如图 10-7 所示。

(4) 查错完成后，用户可以在自动打开的查错报告对话框里查看详细查错报告，如图 10-8 所示。

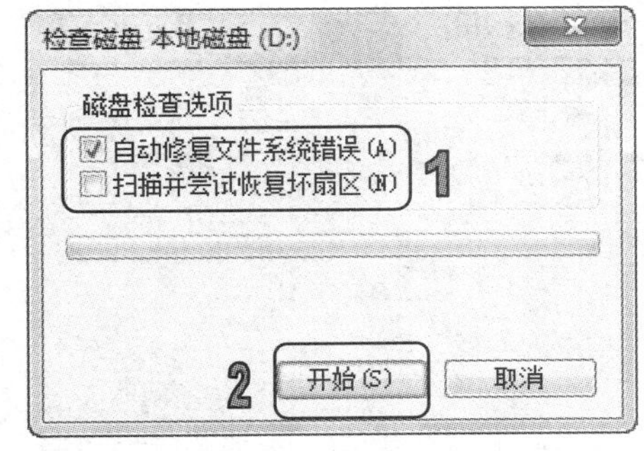

图 10-7　开始查错

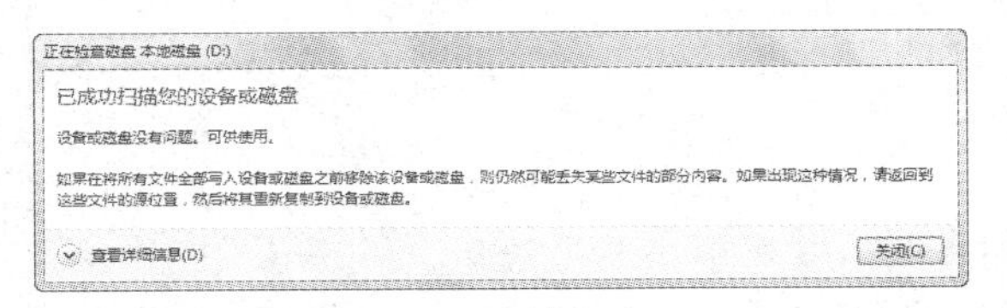

图 10-8　查错报告

10.1.3　磁盘碎片整理

计算机在使用的过程中不免会有很多创建、删除文件或者安装、卸载软件等操作，这些操作会在硬盘内部产生许多磁盘碎片，这些碎片的存在会影响系统往硬盘写入或读取数据的速度，也加快了磁头和盘片的磨损速度，所以定期对磁盘碎片进行整理，对维护系统的运行和硬盘保护都具有很重要的意义。

【例 10-3】在 Windows 7 中整理磁盘碎片。

(1) 选择【开始】|【所有程序】|【附件】|【系统工具】|【磁盘碎片整理程序】命令，如图 10-9

所示。

(2) 打开【磁盘碎片整理程序】对话框，选择一个磁盘，然后单击【分析磁盘】按钮，系统即会开始对选中的磁盘进行分析，如图 10-10 所示。

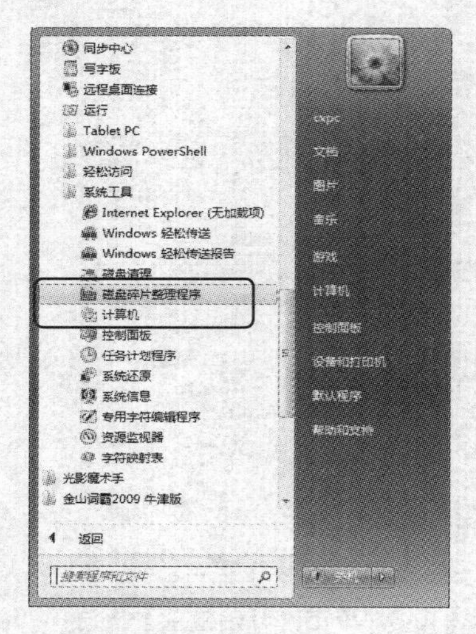

图 10-9　选择【磁盘碎片整理程序】命令　　图 10-10　单击【分析磁盘】按钮

(3) 此时该磁盘进行自动分析，并显示分析进度，如图 10-11 所示。

(4) 分析完成后，如果需要对磁盘碎片进行整理，可单击【磁盘碎片整理】按钮，系统即可自动进行磁盘碎片整理，如图 10-12 所示。

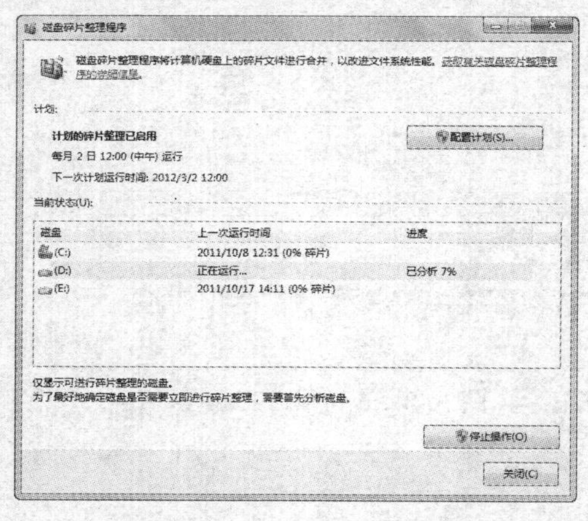

图 10-11　正在分析磁盘

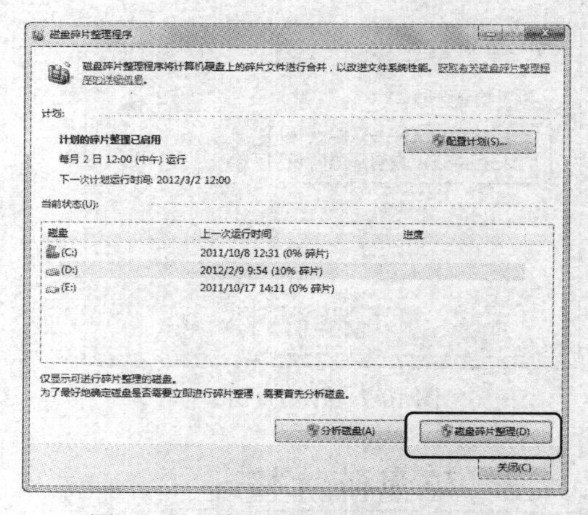

图 10-12　单击【磁盘碎片整理】按钮

(5) 另外，为了省去手动进行磁盘碎片整理的麻烦，用户可设置让系统自动整理磁盘碎片，如图 10-13 所示单击【配置计划】按钮，打开【磁盘碎片整理程序：修改计划】对话框。

(6) 在该对话框中用户可预设磁盘碎片整理的时间。例如，可设置为每月的 2 号中午 12 点进行整理，最后单击【确定】按钮即可完成设置，如图 10-14 所示。

图 10-13　单击【配置计划】按钮

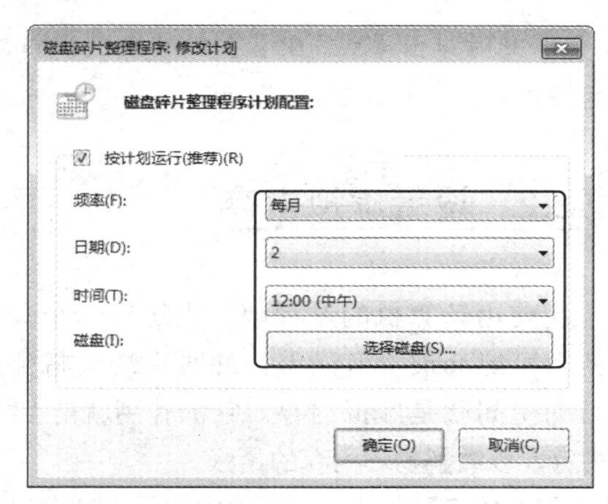

图 10-14　设置磁盘整理时间

10.2　优化 Windows 7 系统

Windows 7 操作系统是计算机运行的软件平台，做好对操作系统的日常维护和优化可提高系统的稳定性，使用户使用起来更加流畅。对系统的维护和优化主要包括管理开机启动项、设置虚拟内存等。

10.2.1　自定义开机启动项

计算机在使用的过程中，常常会安装很多软件，其中一些软件在安装完成后，会自动随着系统的启动而启动，如果开机时自动启动的软件过多，无疑会影响电脑的开机速度并占用系统资源。此时用户可将一些不必要的开机启动项取消掉，从而降低资源消耗，优化开机过程。

【例 10-4】在 Windows 7 中自定义开机启动项。

(1) 选择【开始】命令，在搜索框中输入“msconfig”，然后按下 Enter 键，打开【系统配置】对话框。

(2) 切换至【启动】选项卡，在该选项卡中显示了开机时，随着系统自动启动的程序。取消选中不需要开机启动的程序复选框，然后单击【确定】按钮，如图 10-15 所示。

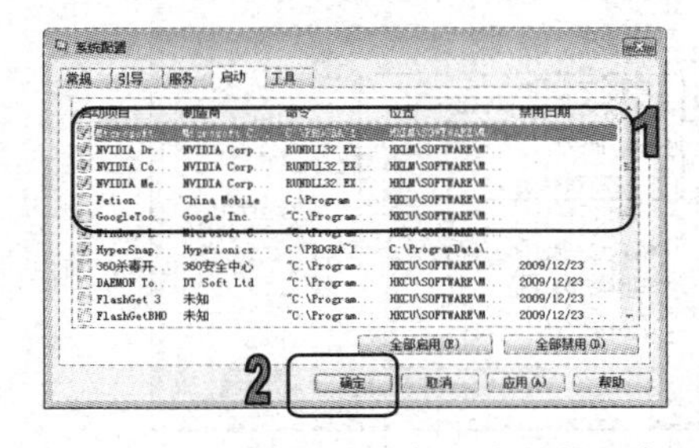

图 10-15　取消选中开机不启动的程序

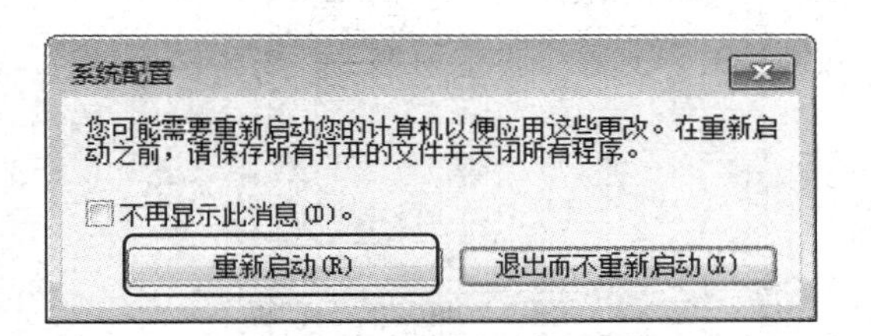

图 10-16　【系统设置】对话框

计算机 基础与实训教材系列

(3) 此时弹出【系统配置】对话框，用户根据需要选择是否重新启动计算机，然后单击相应的按钮即可，如图 10-16 所示。

10.2.2 设置虚拟内存

在使用计算机的过程中，当运行一个程序需要大量数据、占用大量内存时，物理内存就有可能会被“塞满”，此时系统会将那些暂时不用的数据放到硬盘中，而这些数据所占的空间就是虚拟内存。它的作用就是当物理内存占用完时，计算机会自动调用硬盘来充当内存，以缓解物理内存的紧张。

【例 10-5】在 Windows 7 中设置系统虚拟内存。

(1) 桌面上右击【计算机】图标，在弹出的快捷菜单中选择【属性】命令，打开【系统】窗口，单击窗口左侧窗格里的【高级系统设置】链接，如图 10-17 所示，打开【系统属性】对话框。

(2) 在该对话框中切换至【高级】选项卡，在【性能】选项区域单击【设置】按钮，如图 10-18 所示，打开【性能选项】对话框。

图 10-17　单击【高级系统设置】链接

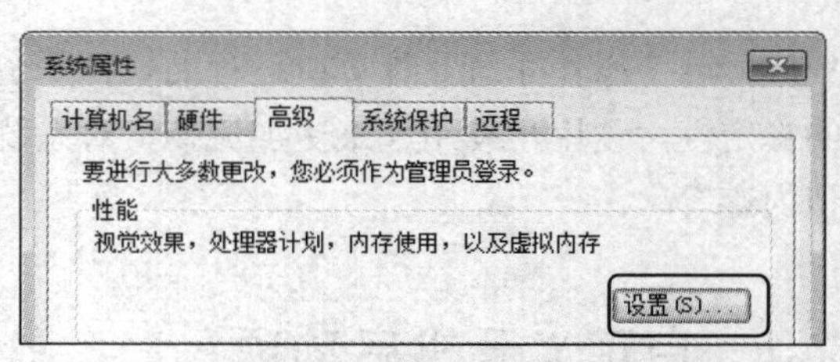

图 10-18　单击【设置】按钮

(3) 在该对话框中切换至【高级】选项卡，在【虚拟内存】区域单击【更改】按钮，如图 10-19 所示。

(4) 打开【虚拟内存】对话框，取消选中【自动管理所有驱动器的分页文件大小】复选框，然后选中【自定义大小】单选按钮，在【初始大小】和【最大值】文本框中设置合理的虚拟内存值，如图 10-20 所示。

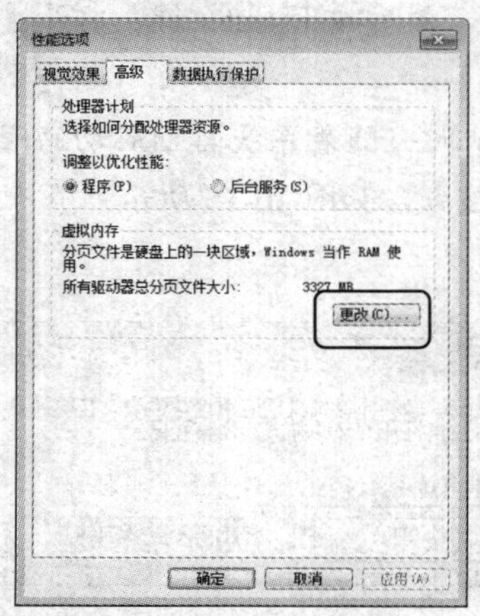

图 10-19　单击【更改】按钮

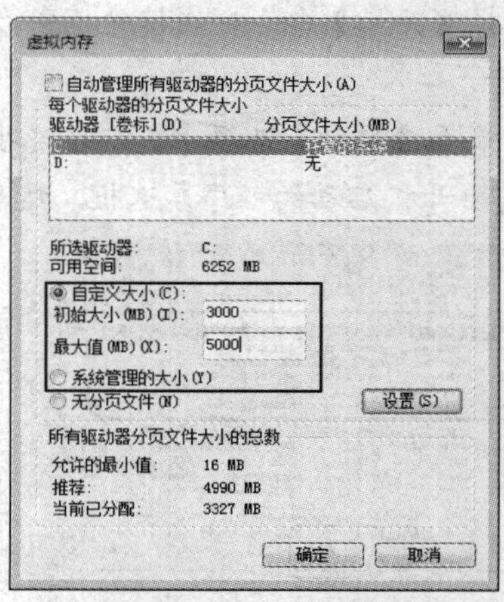

图 10-20　设置虚拟内存大小

(5) 设置完成后，单击【设置】按钮，然后单击【确定】按钮即可。

(6) 默认情况下，虚拟内存文件时存放在 C 盘中的，如果用户想要改变虚拟内存文件的位置，可在【驱动器】列表中选中 C 盘，然后选中【无分页文件】单选按钮，再单击【设置】按钮，即可将 C 盘中的虚拟内存文件清除，如图 10-21 所示。

(7) 选中一个新的磁盘，例如选择 D 盘，然后选中【自定义大小】单选按钮，在【初始大小】和【最大值】文本框中设置合理的虚拟内存的值，再依次单击【设置】按钮和【确定】按钮即可，如图 10-22 所示。

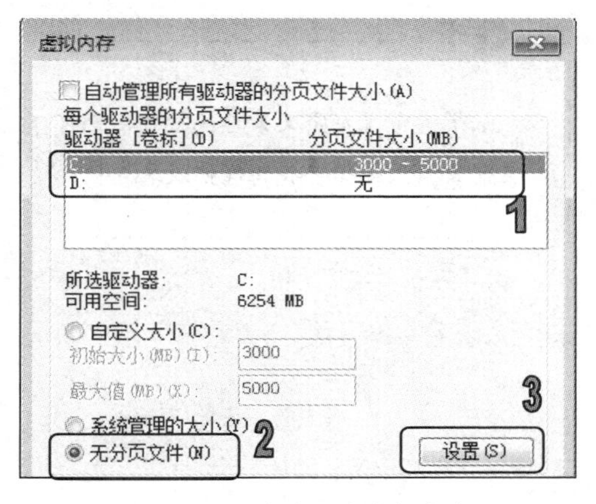

图 10-21　清除 C 盘虚拟内存

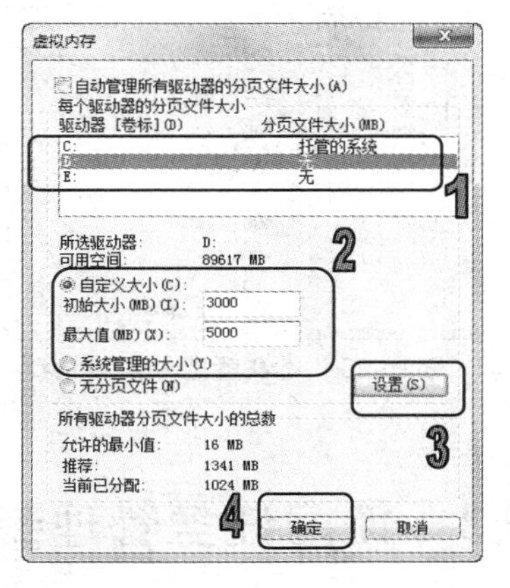

图 10-22　设置虚拟内存大小

(8) 虚拟内存设置完成后，需要重启计算机才能生效，用户可根据需要立即重启计算机或稍后重启计算机。

10.2.3　优化系统外观

Windows 7 系统默认的外观视觉效果会耗费大量系统资源，在计算机运行不畅或系统资源不足的情况下，用户可以选择关闭不必要的视觉效果，提高系统运行速度。

用户可以右击桌面上的【计算机】图标，在弹出的快捷菜单中选择【属性】命令，打开【系统】窗口，单击左侧窗格中的【高级系统设置】链接，如图 10-23 所示。打开【系统属性】对话框，选择【高级】选项卡，单击【性能】栏中的【设置】按钮，如图 10-24 所示。

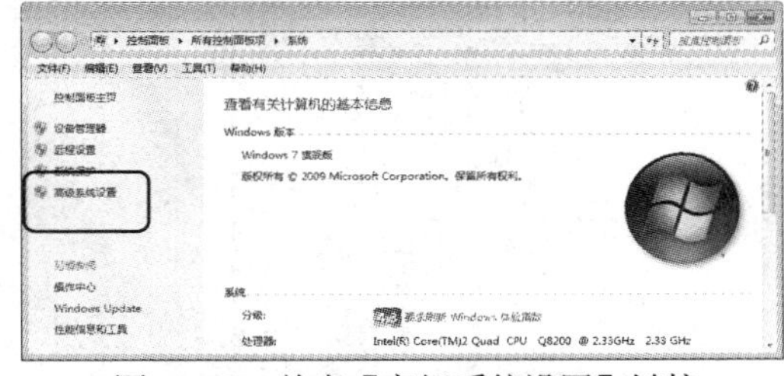

图 10-23　单击【高级系统设置】链接

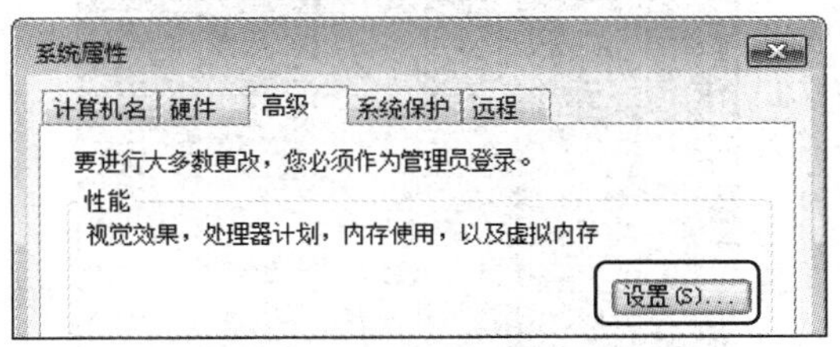

图 10-24　单击【设置】按钮

打开【性能选项】对话框，选择【视觉效果】选项卡，选中【调整为最佳性能】单选按钮，然后单击【确定】按钮完成设置，如图 10-25 所示。

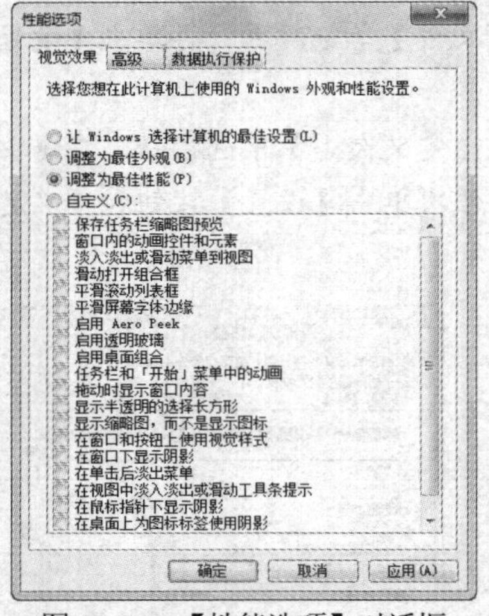

图 10-25　【性能选项】对话框

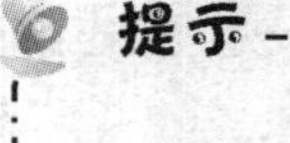

提示

如果选中【自定义】单选按钮，则可以在列表框里选择需要的视觉效果选项。

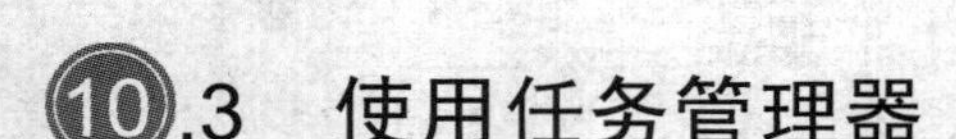

10.3　使用任务管理器

任务管理器是 Windows 系统中的一个检测工具，可帮助用户随时检测计算机的性能。例如使用任务管理器可以结束没有响应的程序，使用资源监视器可以监视 CPU、内存、硬盘等的使用情况。

10.3.1　开启任务管理器

在 Windows XP 中，要打开任务管理器可同时按下 Ctrl+Alt+Del 键，但在 Windows 7 中当用户按下 Ctrl+Alt+Del 组合键时，会打开如图 10-26 所示的界面，单击其中的【启动任务管理器】按钮，才可打开任务管理器。若要直接打开任务管理器，可在 Windows 7 中按下 Ctrl+Shift+Esc 组合键即可打开如图 10-27 所示的【Windows 任务管理器】窗口。

图 10-26　单击【启动任务管理器】按钮

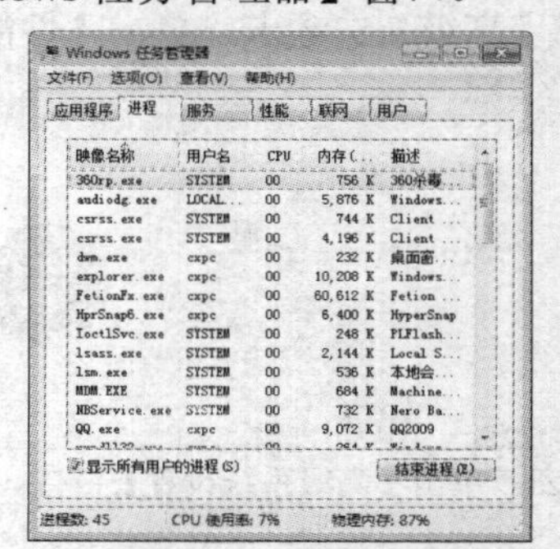

图 10-27　【Windows 任务管理器】窗口

10.3.2 结束进程任务

计算机有时会出现死机状态，如果是任务管理器中出现某个应用程序“没有响应”，可以将其结束。

【例 10-6】使用任务管理器结束没有响应的程序进程。

(1) 按下 Ctrl+Shift+Esc 组合键，打开任务管理器窗口，在标记为“未响应”的程序上右击，在弹出的快捷菜单中选择【转到进程】命令，如图 10-28 所示。

(2) 此时，任务管理器会自动在【进程】选项卡中定位目标进程，单击【结束进程】按钮，如图 10-29 所示。

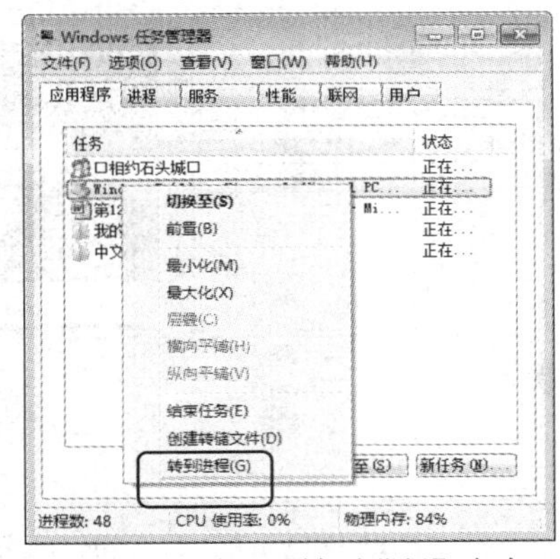

图 10-28　选择【转到进程】命令

图 10-29　单击【结束进程】按钮

(3) 在打开确认结束的对话框中，单击【结束进程】按钮，即可结束该进程，如图 10-30 所示。

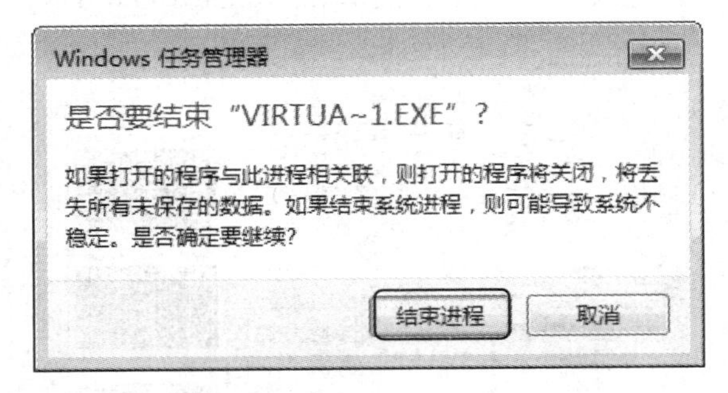

图 10-30　确认结束进程

提示

在【任务管理器】窗口中，没有响应的程序状态是【未响应】，而正常程序的状态是【正在运行】。

10.4 使用资源监视器

资源监视器提供了全面、详细的系统与计算机的各项状态运行信号，包括 CPU、内存、磁盘以及网络等，以方便用户随时查看计算机的运行状态。

10.4.1 开启资源监视器

按下 Ctrl+Shift+Esc 键打开【任务管理器】窗口，切换至【性能】选项卡，单击【资源监视器】按钮，打开【资源监视器】窗口，如图 10-31 所示。

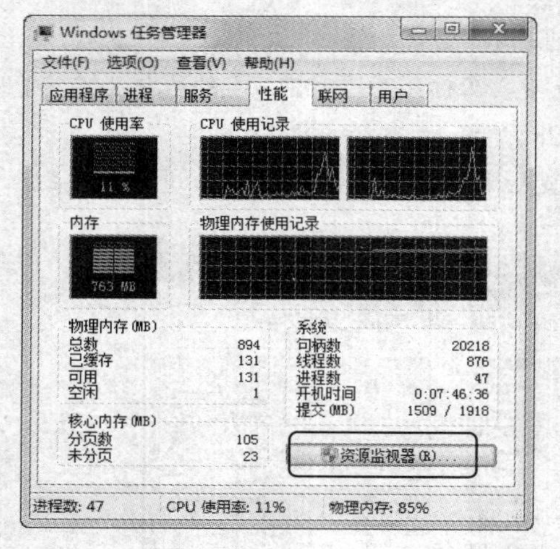

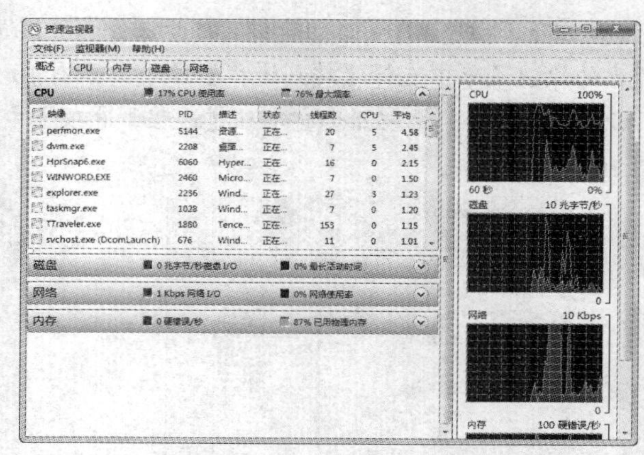

图 10-31 打开资源监视器

10.4.2 查看系统资源

在【资源监视器】窗口里，选择【CPU】选项卡，即可显示所有进程在 CPU 的使用情况，如图 10-32 所示。选择【内存】选项卡，即可查看当前进程内存的使用情况，如图 10-33 所示。

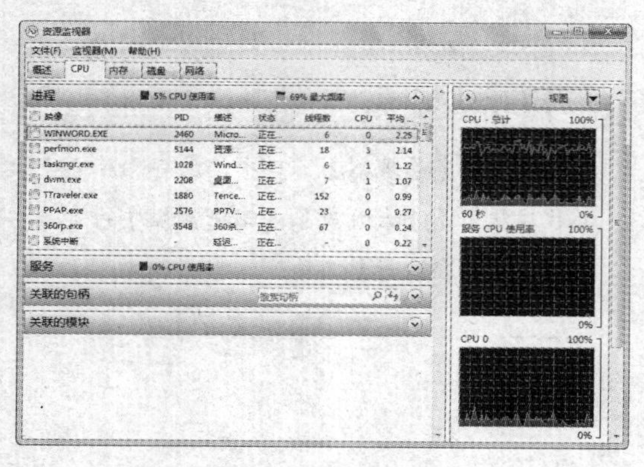

图 10-32 【CPU】选项卡

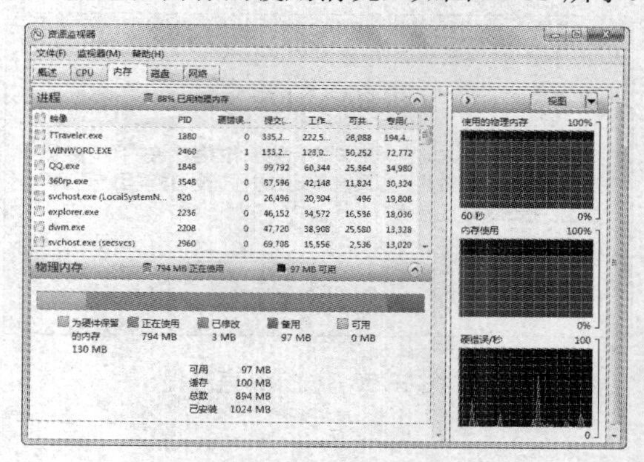

图 10-33 【内存】选项卡

选择【磁盘】选项卡，即可查看当前进程的磁盘访问情况，如图 10-34 所示。选择【网络】选项卡，即可查看当前进程的网络活动情况，如图 10-35 所示。

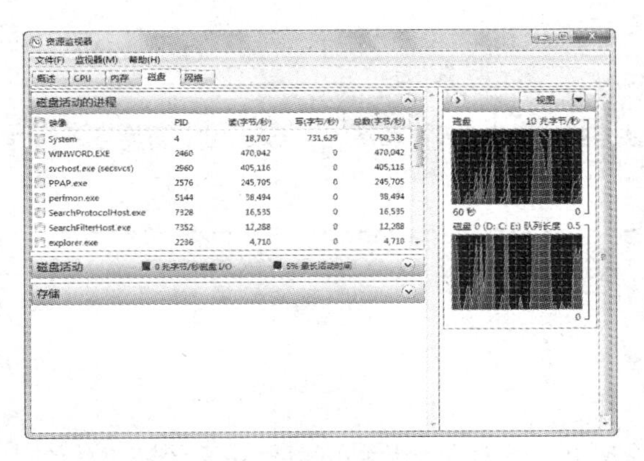

图 10-34　【磁盘】选项卡

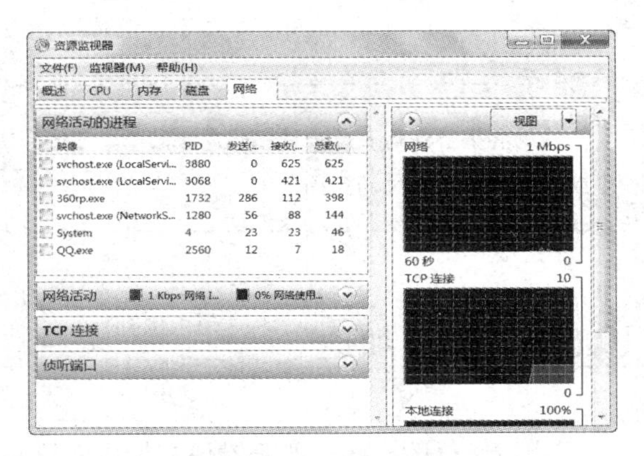

图 10-35　【网络】选项卡

10.5　使用注册表

Windows 的注册表(Registry)是一个庞大的数据库，它存储着软、硬件的有关配置和状态信息，应用程序和资源管理器外壳的初始条件、首选项和卸载数据，计算机的整个系统的设置和各种许可，文件扩展名与应用程序的关联等。修改注册表中的参数也能提高系统的运行速度。

10.5.1　开启注册表

用户可以打开注册表编辑器对注册表数据进行修改。要启动注册表编辑器，用户可以单击【开始】按钮，在搜索栏里输入“regedit”，按 Enter 键，打开【注册表编辑器】窗口。注册表编辑器主要由根键、子键、键值项、键值组成，它们呈树形排列，如图 10-36 所示。

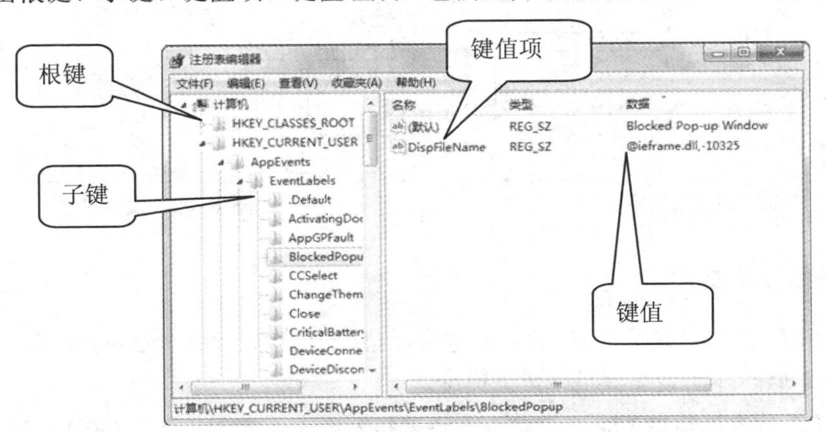

图 10-36　【注册表编辑器】窗口

提示

修改和编辑注册表是一件比较危险的事，可能会造成系统的崩溃。因此在修改注册表之前，需要详细了解当前操作对系统的影响。

10.5.2 系统加速

用户可以修改一些注册表键值来加快系统操作速度，下面介绍几种可以优化系统速度的修改操作步骤。

1. 加快关机速度

在正常情况下执行关机操作后需要等待十几秒钟后才能完全关闭计算机，而通过修改注册表的操作，可以加快计算机的关机速度。

【例 10-7】修改注册表加快关机速度。

(1) 打开【注册表编辑器】窗口，单击左侧列表，展开 HKEY_LOCAL_MACHINE\SYSTEM\CurrentControlSet\Control 子键。

(2) 右击右侧窗格空白处，在弹出的快捷菜单中选择【新建】|【字符串值】命令，如图 10-37 所示，新建键值项，并命名为 FastReboot。

(3) 双击该键值项，在打开的【编辑字符串】对话框中输入键值为“1”，然后单击【确定】按钮，如图 10-38 所示。

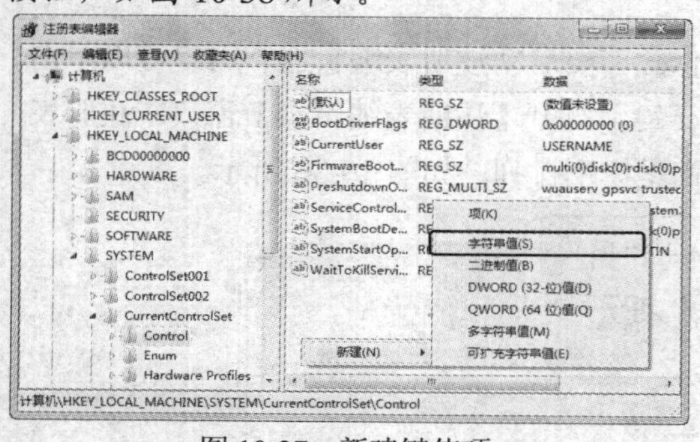

图 10-37　新建键值项

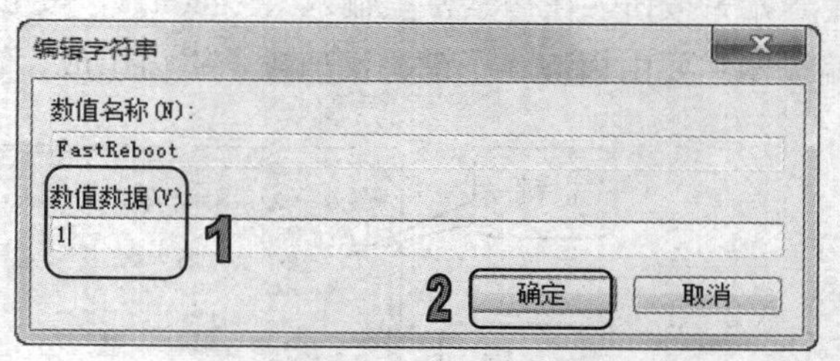

图 10-38　设置键值

2. 加快系统预读速度

加快系统预读速度可以提高系统的启动速度，可以通过修改注册表进行加速。

【例 10-8】修改注册表加快系统预读速度。

(1) 打开【注册表编辑器】窗口，单击左侧窗格列表，展开 HKEY_LOCAL_MACHINE\SYSTEM\CurrentControlSet\Control\Session Manager\Memory Management\PrefetchParameters 子键，如图 10-39 所示。

(2) 双击右侧窗格中 EnablePrefetcher 键值项，打开【编辑 DWORD 值】对话框，将其键值设置为 4，然后单击【确定】按钮，如图 10-40 所示。

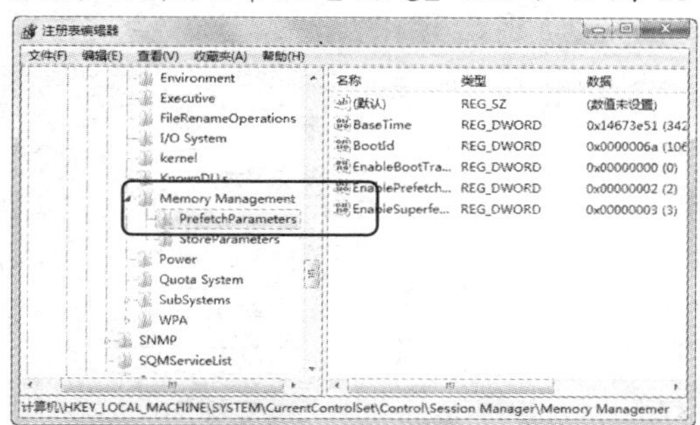

图 10-39　展开子键

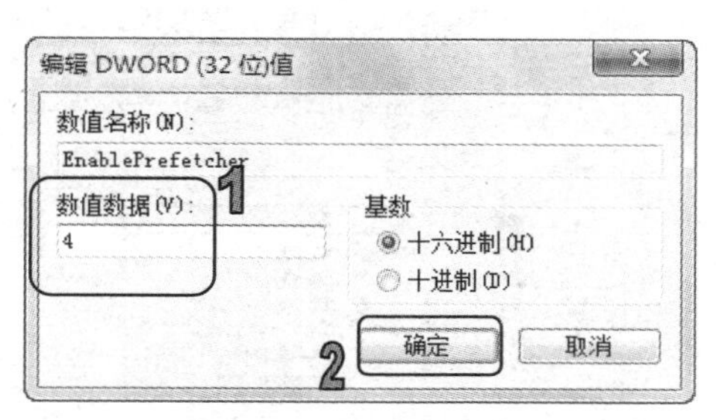

图 10-40　设置键值

3. 加快关闭程序速度

缩短关闭应用程序的等待时间，可以实现快速关闭应用程序，节省操作时间。

【例 10-9】修改注册表加快系统预读速度。

(1) 打开【注册表编辑器】窗口，单击左侧窗格列表，展开 HKEY_CURRENT_USER\Control Panel\Desktop 子键，右击右侧窗格空白处，在弹出的快捷菜单中选择【新建】|【DWORD 值】命令，如图 10-41 所示。

(2) 命名该键值项为 WaitToKillAppTimeout，双击打开对话框，将其键值设置为“1000”，然后单击【确定】按钮，如图 10-42 所示。

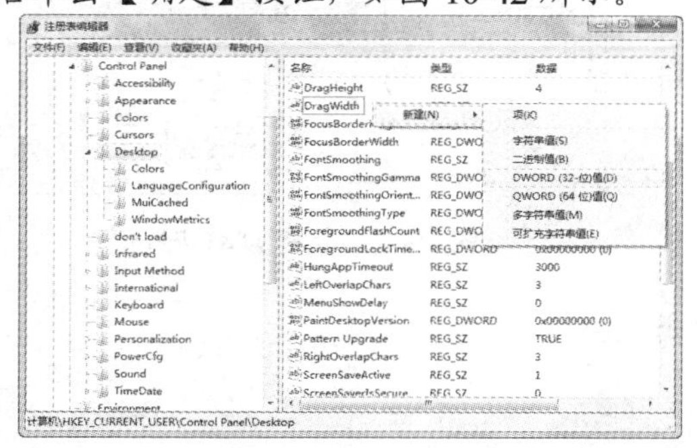

图 10-41　新建键值项

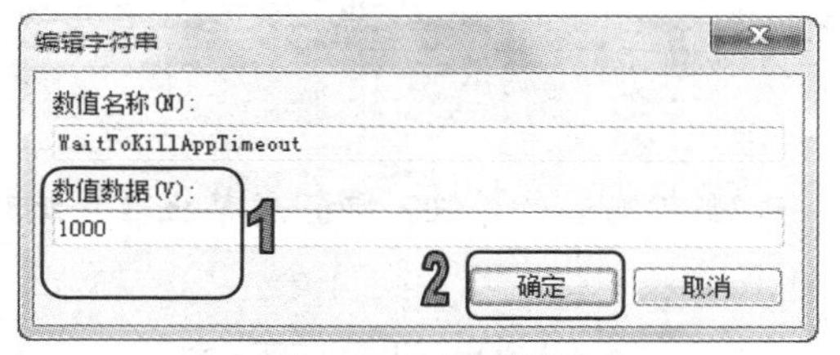

图 10-42　设置键值

10.5.3　禁止编辑注册表

对注册表的错误修改可能导致系统瘫痪，因此，尽量不要修改注册表。以防万一，用户可以设置禁止编辑注册表。

【例 10-10】设置禁止编辑注册表。

(1) 打开【注册表编辑器】窗口，在左侧的窗格中展开 HKEY_CURRENT_USER\Software\Microsoft\Windows\CurrentVersion\Policies 子键，右击 Policies 子键，在弹出快捷菜单中选择【新

建】|【项】命令，如图 10-43 所示。

(2) 创建一个名为 System 的项，右击弹出快捷菜单，选择【新建】|【DWORD 值】命令，如图 10-44 所示。

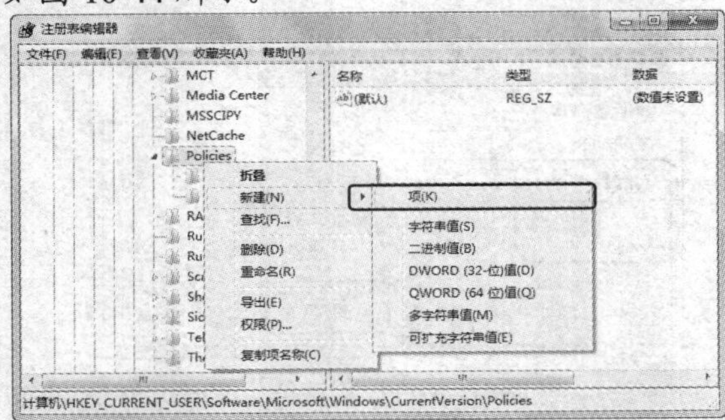

图 10-43　新建项

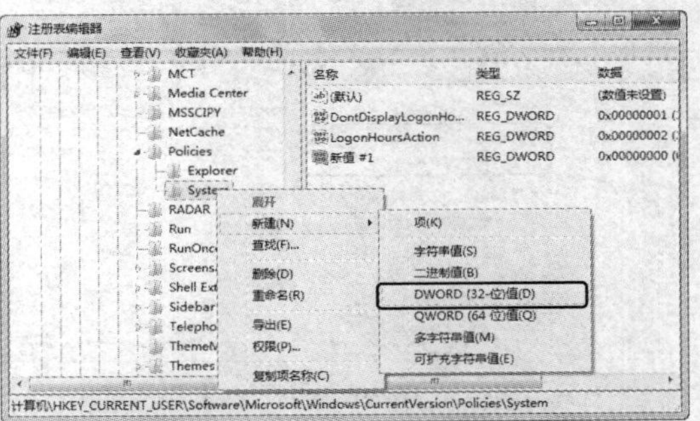

图 10-44　新建 DWORD 值

(3) 在右侧窗格中添加一个名为 Disable RegistryTools 串值，如图 10-45 所示。

(4) 双击该串值，打开【编辑 DWORD 值】对话框，在【数值数据】文本框中输入数值“1”，单击【确认】按钮完成设置，如图 10-46 所示。

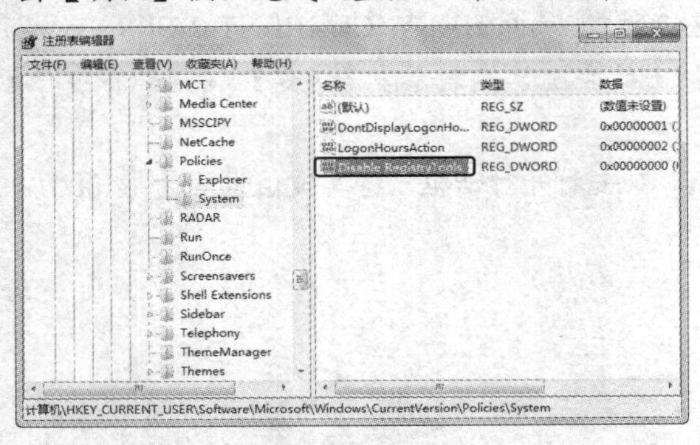

图 10-45　新建项

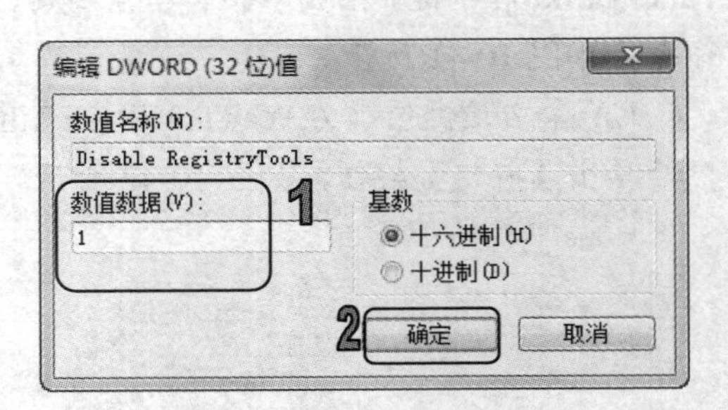

图 10-46　新建 DWORD 值

(5) 重新启动计算机，即完成禁止非法编辑注册表操作。

10.6　备份数据和系统

计算机中对用户最重要的就是硬盘中的数据了，做好了硬盘的数据备份，一旦发生数据丢失现象，用户就可通过数据还原功能，找回丢失的数据。而系统在运行的过程中难免会出现故障，Windows 7 系统也自带了系统还原功能。

10.6.1　数据的备份和还原

Windows 7 系统给用户提供了一个很好的数据备份功能，使用该功能用户可将硬盘中的重

要数据存储为一个备份文件，当需要找回这些数据时，只需将备份文件恢复即可。

1. 备份数据

用户可以通过 Windows 7 系统提供的数据备份功能，将有关数据进行备份。

【例 10-11】使用 Windows 7 的数据备份功能。

(1) 选择【开始】|【控制面板】命令，如图 10-47 所示。

(2) 打开【控制面板】窗口，单击【操作中心】图标，如图 10-48 所示。

图 10-47　选择【控制面板】命令

图 10-48　单击【操作中心】图标

(3) 打开【操作中心】窗口，单击窗口左下角的【备份和还原】链接，如图 10-49 所示。

(4) 打开【备份和还原】窗口，单击【设置备份】按钮，Windows 开始启动备份程序，如图 10-50 所示。

图 10-49　单击【备份和还原】链接

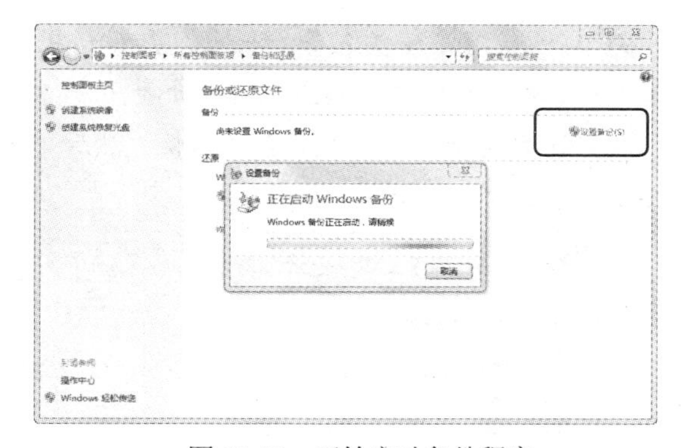

图 10-50　开始启动备份程序

(5) 稍后会打开【设置备份】对话框，在该对话框中选择备份文件存储的位置，本例选择【本地磁盘(D:)】，然后单击【下一步】按钮，如图 10-51 所示。

(6) 打开【您希望备份哪些内容？】对话框，选中其中的【让我选择】单选按钮，然后单击【下一步】按钮，如图 10-52 所示。

(7) 在打开的窗口中选择要备份的内容，然后单击【下一步】按钮，如图 10-53 所示。

(8) 打开【查看备份设置】对话框，在该对话框中显示了备份的相关信息，单击【更改计划】链接，如图 10-54 所示。

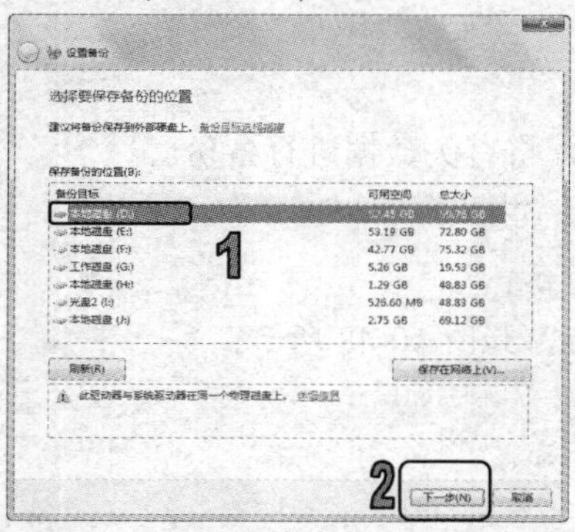

图 10-51　选择备份文件存储的位置

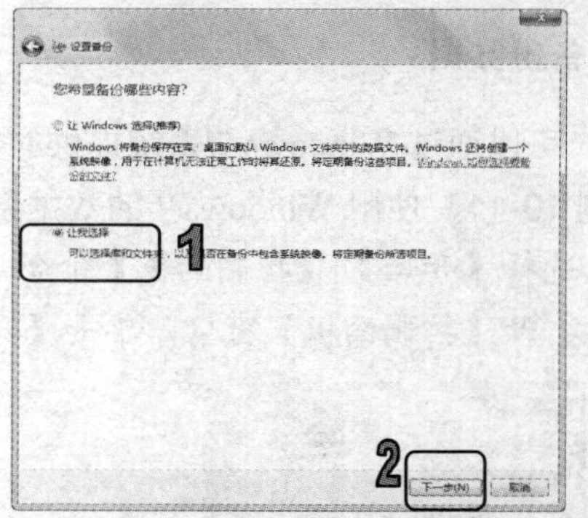

图 10-52　选中【让我选择】单选按钮

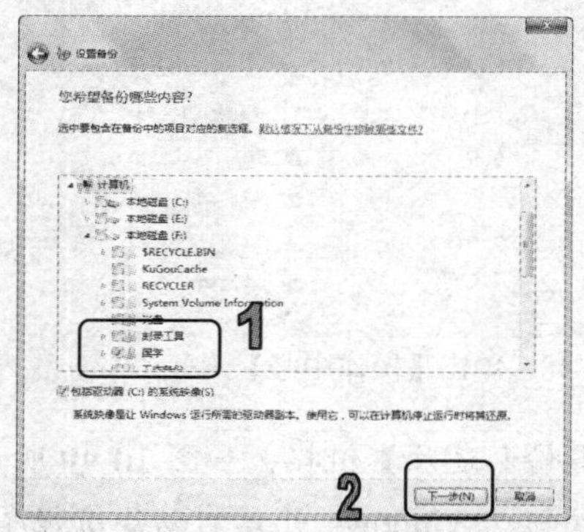

图 10-53 选择要备份文件

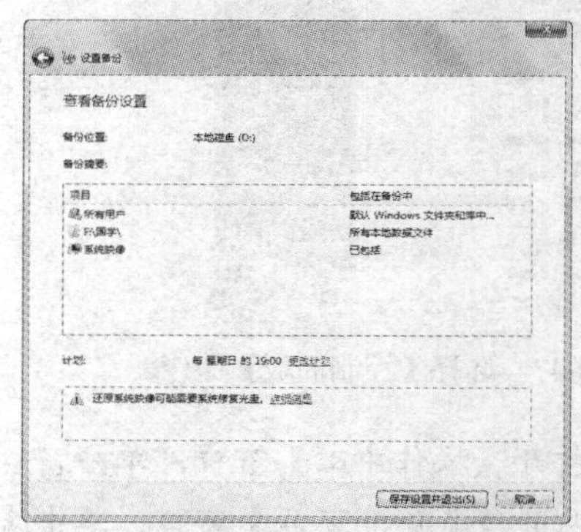

图 10-54　单击【更改计划】链接

(9) 打开【您希望多久备份一次？】对话框，用户可设置备份文件执行的频率，设置完成后，单击【确定】按钮，如图 10-55 所示。

(10) 返回【查看备份设置】对话框，然后单击【保存设置并退出】按钮，系统开始对设定的数据进行备份，如图 10-56 所示。

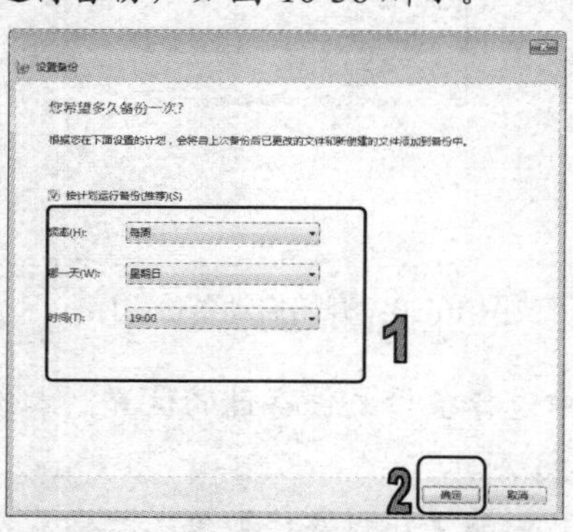

图 10-55 设置备份文件执行的频率

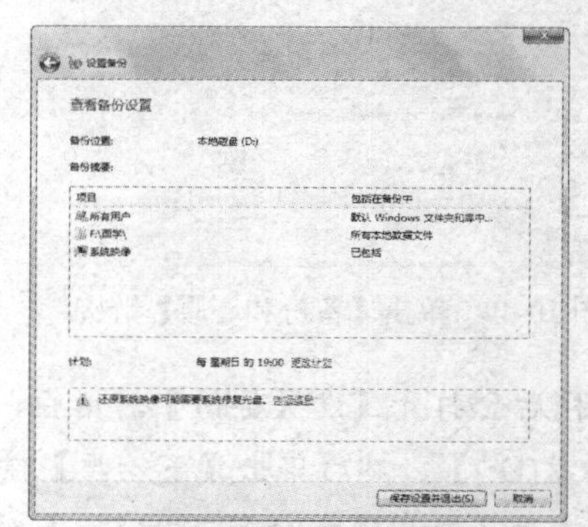

图 10-56　单击【保存设置并退出】按钮

(11) 在【备份和还原】窗口中，单击【查看详细信息】按钮，可查看当前正在备份的进程，如图 10-57 所示。

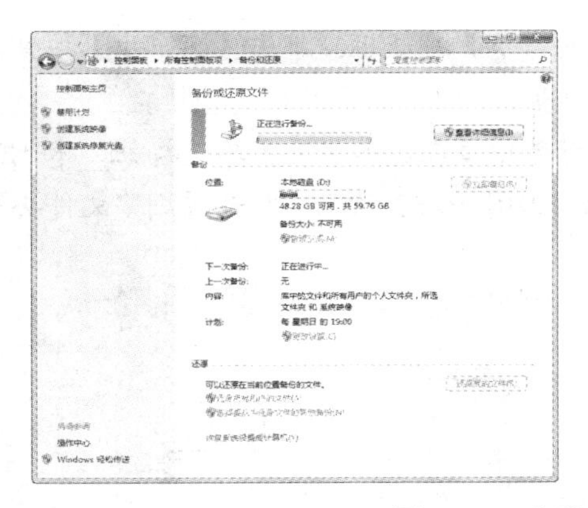

图 10-57　查看当前正在备份的进程

2. 还原数据

如果用户的硬盘数据被损坏或者不小心删除，可以使用系统提供的数据还原功能来还原数据，前提必须是要有数据的备份文件。

【例 10-12】使用 Windows 7 的数据还原功能。

(1) 找到硬盘存储中的数据备份文件，双击将其打开，如图 10-58 所示。

(2) 打开【Windows 备份】对话框，单击其中的【从此备份还原文件】按钮，如图 10-59 所示。

图 10-58　双击打开备份文件

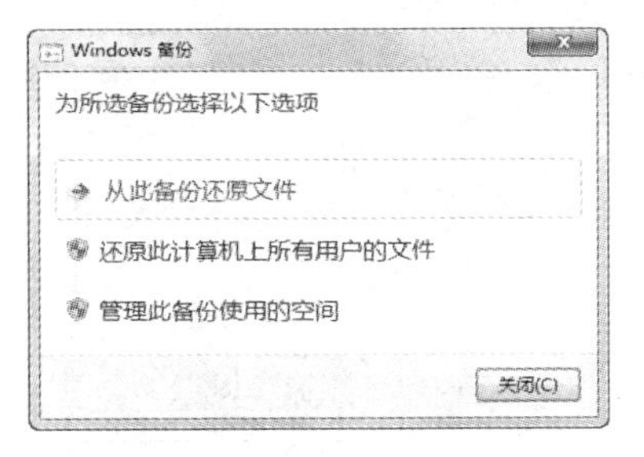

图 10-59　单击【从此备份还原文件】按钮

(3) 打开【浏览或搜索要还原的文件和文件夹的备份】对话框，单击【浏览文件夹】按钮，如图 10-60 所示，打开【浏览文件夹或驱动器的备份】对话框。

(4) 在该对话框中选择要还原的文件夹，然后单击【添加文件夹】按钮，如图 10-61 所示。

图 10-60　单击【浏览文件夹】按钮

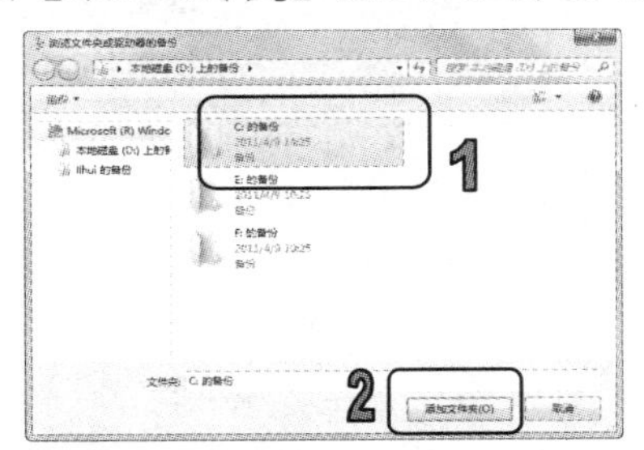

图 10-61　单击【添加文件夹】按钮

(5) 返回【浏览或搜索要还原的文件和文件夹的备份】对话框，单击【下一步】按钮，如图 10-62 所示，打开【您想在何处还原文件？】对话框。

(6) 如果用户想在文件原来的位置还原文件，可选中【在原始位置】单选按钮，本例选中【在以下位置】单选按钮，然后单击【浏览】按钮，如图 10-63 所示，打开【浏览文件夹】对话框。

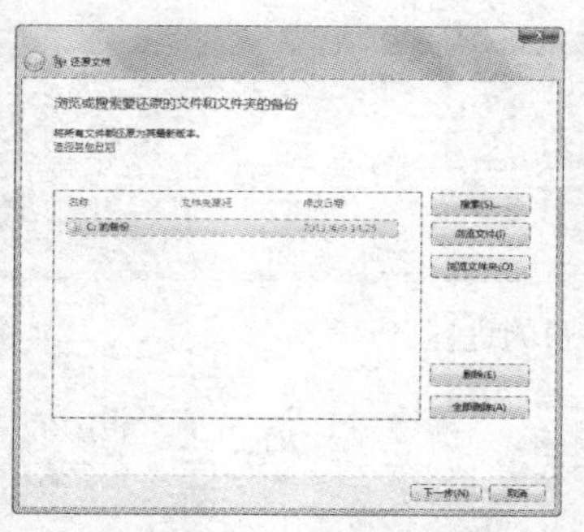

图 10-62 单击【下一步】按钮

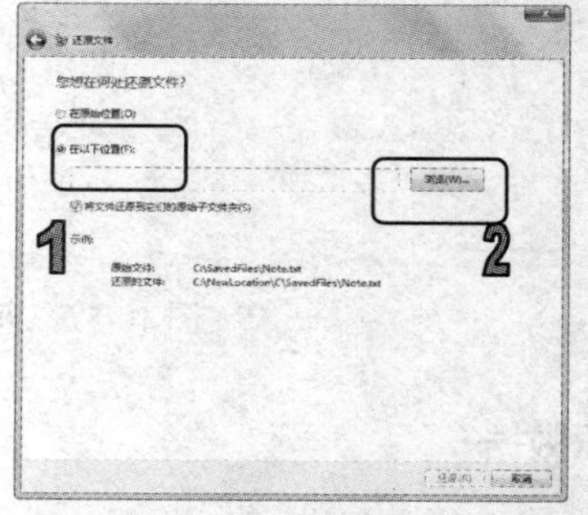

图 10-63 选中【在以下位置】单选按钮

(7) 在该对话框中选择 D 盘，单击【确定】按钮，如图 10-64 所示。

(8) 返回【您想在何处还原文件？】对话框，在该对话框中单击【还原】按钮，如图 10-65 所示。

图 10-64 选择 D 盘

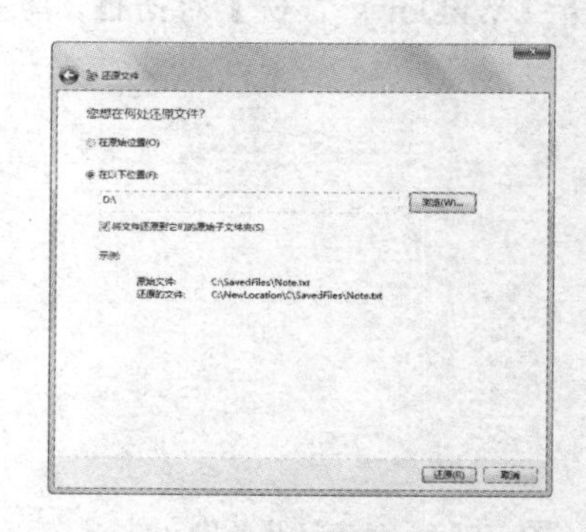

图 10-65 单击【还原】按钮

(9) 开始还原文件，如图 10-66 所示。等待还原完毕，单击【关闭】按钮。

(10) 此时在 D 盘的【还原的文件夹】文件夹中即可看到已还原的文件，如图 10-67 所示。

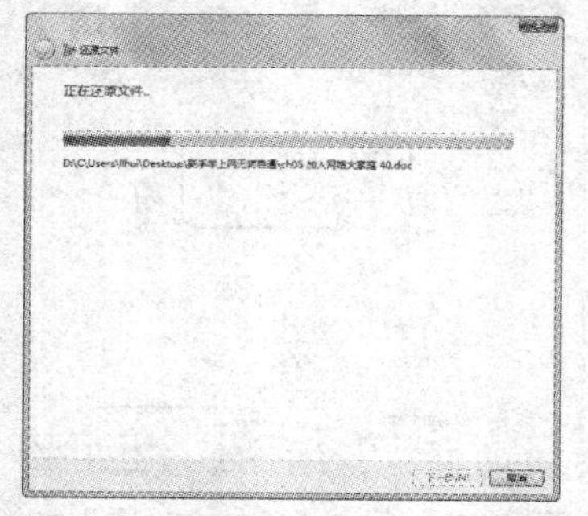

图 10-66 还原进程

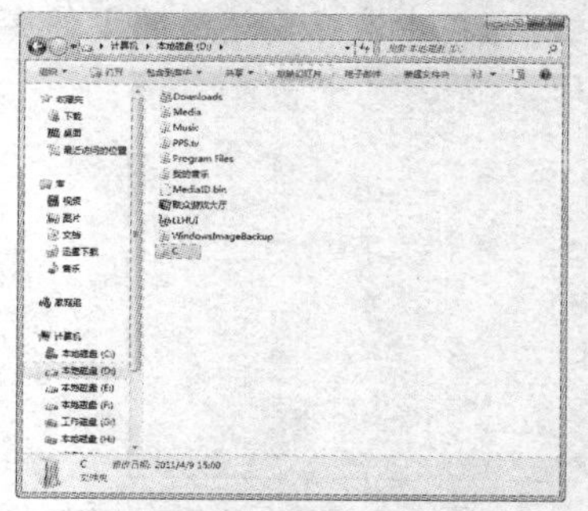

图 10-67 还原文件夹

10.6.2　系统的备份和还原

系统在运行的过程中有时会出现故障，Windows 7 系统自带了系统还原功能，当系统出现问题时，该功能可以将系统还原到过去的某个状态，同时还不会丢失个人的数据文件。

1. 创建系统还原点

要使用 Windows 7 的系统还原功能，首先系统要有一个可靠的还原点。在默认设置下，Windows 7 每天都会自动创建还原点，另外用户还可手动创建还原点。

【例 10-13】在 Windows 7 中手动创建一个系统还原点。

(1) 在桌面上右击【计算机】图标，选择【属性】命令，如图 10-68 所示，打开【系统】窗口。

(2) 单击该窗口左侧的【系统保护】链接，如图 10-69 所示。

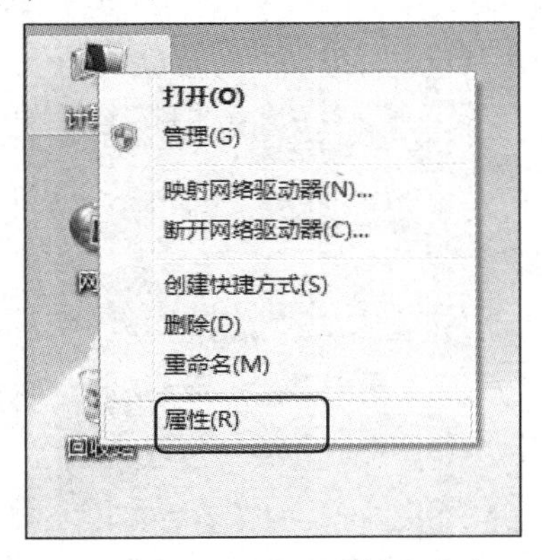

图 10-68　选择【属性】命令

图 10-69　单击【系统保护】链接

(3) 打开【系统属性】对话框，在【系统保护】选项卡中，单击【创建】按钮，打开【创建还原点】对话框。在该对话框中输入一个还原点的名称，然后单击【创建】按钮，如图 10-70 所示。

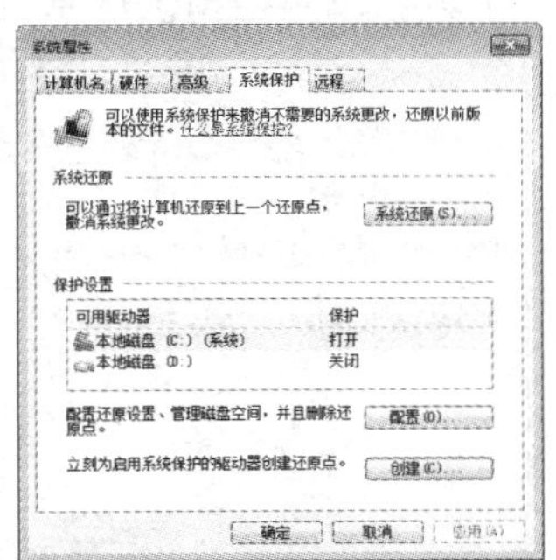

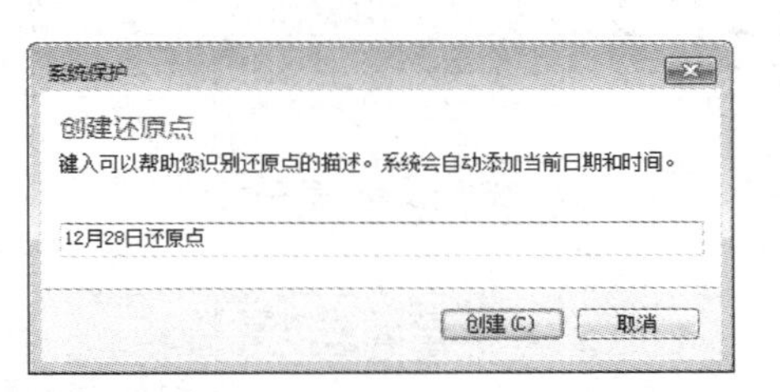

图 10-70　创建还原点

(4) 开始创建还原点，创建完成后，单击【关闭】按钮，完成系统还原点的创建，如图 10-71 所示。

图 10-71　完成创建

2. 还原系统

有了系统还原点后，当系统出现故障时，就可以利用 Windows 7 的系统还原功能，将系统恢复到还原点的状态。

【例 10-14】在 Windows 7 中还原系统。

(1) 单击任务栏区域右边的小旗帜图标，在打开的面板中单击【打开操作中心】链接，如图 10-72 所示。

(2) 打开【操作中心】窗口，单击【恢复】链接，如图 10-73 所示。

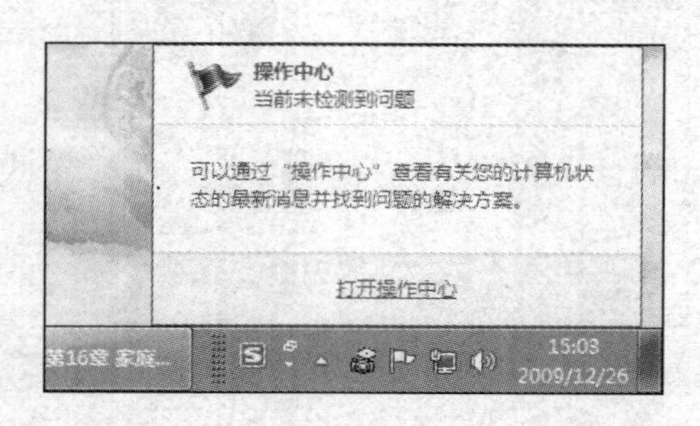

图 10-72　单击【打开操作中心】链接

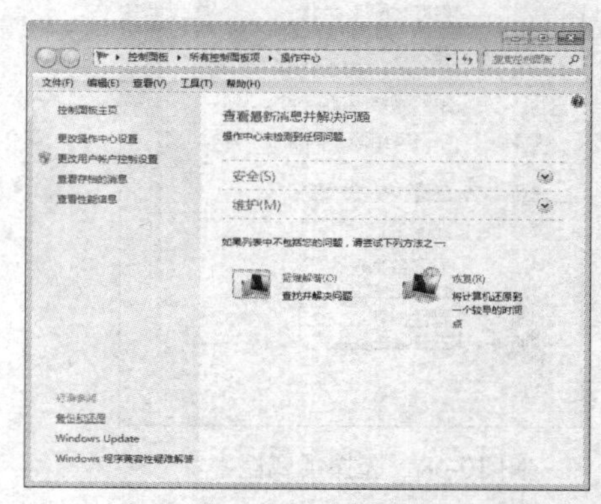

图 10-73　单击【恢复】链接

(3) 打开【恢复】窗口，单击【打开系统还原】按钮，如图 10-74 所示。

(4) 打开【还原系统文件和设置】对话框，单击【下一步】按钮，如图 10-75 所示，打开【将计算机还原到所选事件之前的状态】对话框。

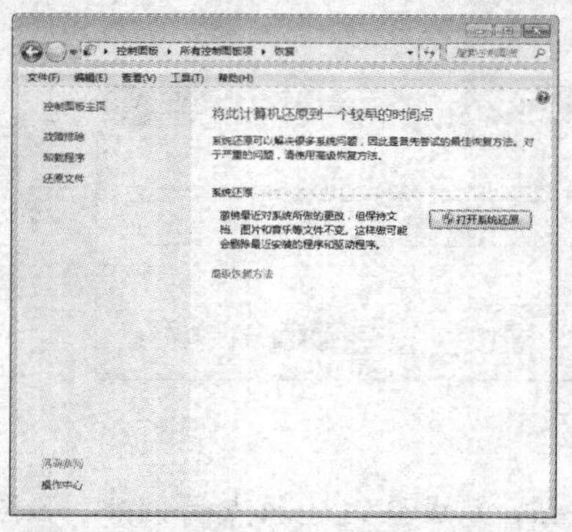

图 10-74　单击【打开系统还原】按钮

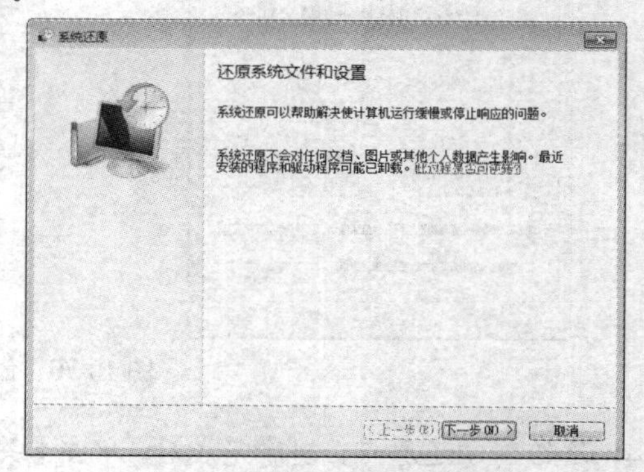

图 10-75　单击【下一步】按钮

(5) 在该对话框中选中一个还原点，单击【下一步】按钮，如图 10-76 所示。

(6) 打开【确认还原点】对话框，要求用户确认所选的还原点，单击【完成】按钮，如图 10-77 所示。

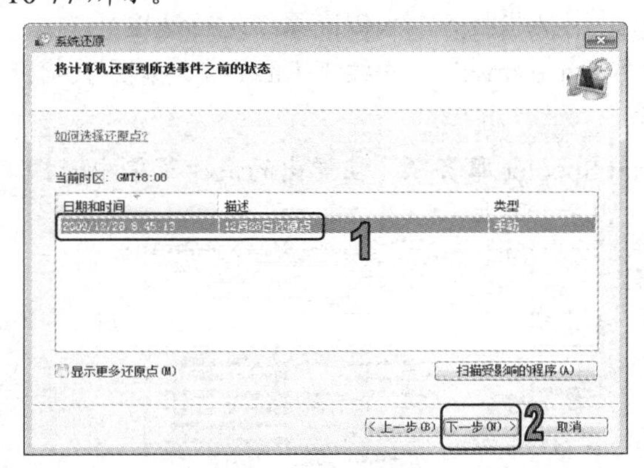

图 10-76　单击【下一步】按钮

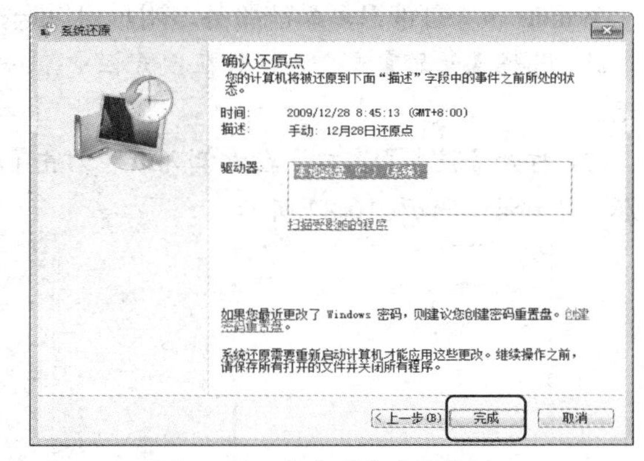

图 10-77　单击【完成】按钮

(7) 在打开的提示对话框中单击【是】按钮，开始准备还原系统，如图 10-78 所示。

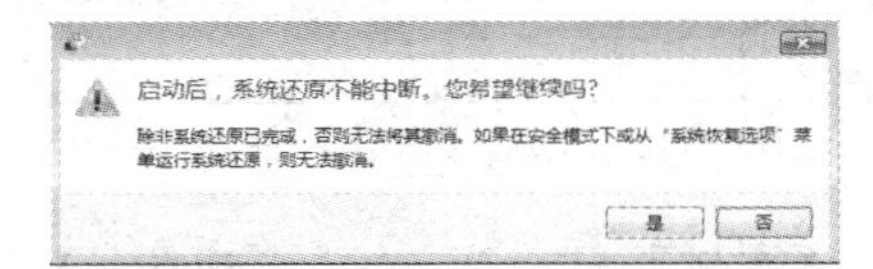

图 10-78　开始还原系统

(8) 稍后系统自动重新启动，并开始进行还原操作，如图 10-79 所示。

(9) 当重新启动后，如果还原成功将弹出对话框，单击【关闭】按钮，完成系统还原操作，如图 10-80 所示。

图 10-79　重启系统

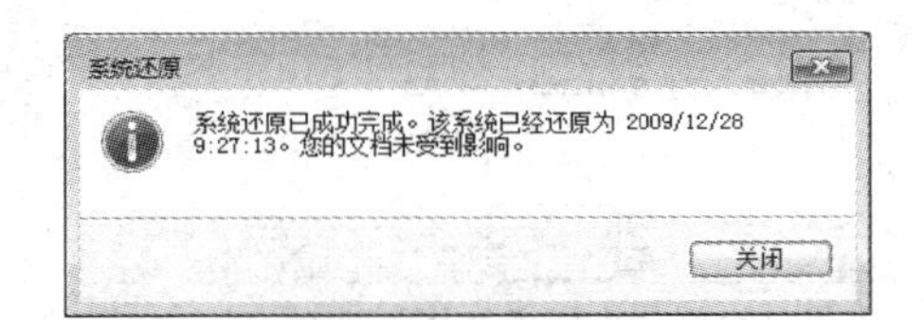

图 10-80　单击【关闭】按钮

10.7　上机练习

本章的上机实验主要练习优化系统服务和更改索引数据库路径，使用户更好地掌握对 Windows 7 系统优化的基本操作方法和技巧。

10.7.1 优化系统服务

Windows 7 自带很多系统服务，用户可以选择禁用某些服务，来提高系统运行速度。

(1) 选择【开始】命令，然后在搜索栏中输入“services.msc”，并按下 Enter 键，如图 10-81 所示。

(2) 打开【服务】窗口，在右侧列表中右击 Print Spooler 服务项，在弹出的快捷菜单中选择【属性】命令，如图 10-82 所示。

图 10-81 输入命令

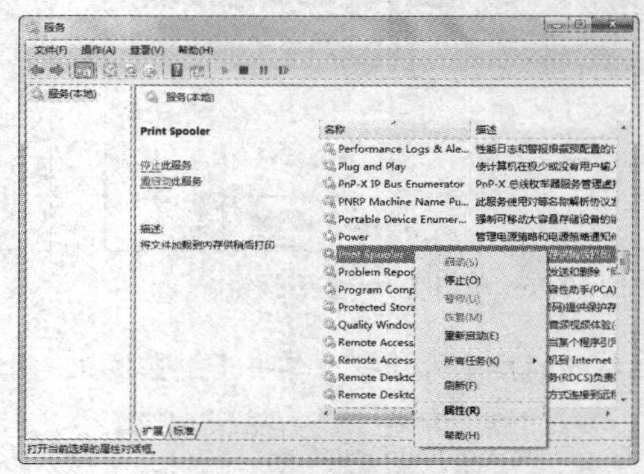

图 10-82 选择【属性】命令

(3) 打开【Print Spooler 的属性】对话框，选择【常规】选项卡，在【启动类型】下拉列表框中选择【禁用】选项，然后单击【确定】按钮，即可禁止 Print Spooler 服务在启动系统时加载，如图 10-83 所示。

图 10-83 选择【禁用】选项

> **提示**
>
> 【服务】窗口中列举了系统里所有服务，在不清楚系统服务的作用时请勿随意禁用服务，以免造成未知的后果。

10.7.2 更改索引数据库路径

Windows 7 的索引数据库用来帮助用户快速查找桌面以及用户文件夹内的项目，为了节省系统分区空间和减少磁盘碎片，可以更改索引数据库的默认路径。

(1) 选择【开始】命令，然后在搜索框中输入“索引选项”，并按下 Enter 键，打开【索引选项】对话框，单击【高级】按钮，如图 10-84 所示。

(2) 打开【高级选项】对话框，单击【选择新位置】按钮，如图 10-85 所示。

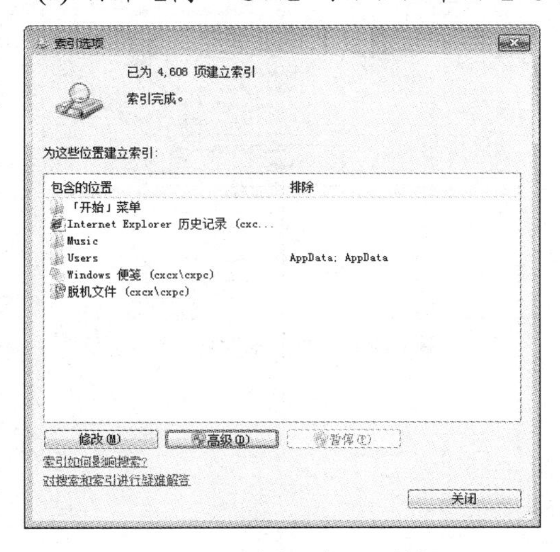

图 10-84　单击【高级】按钮

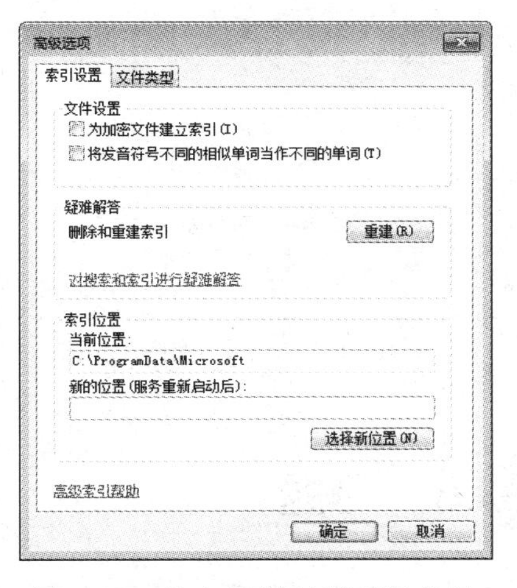

图 10-85　单击【选择新位置】按钮

(3) 打开【浏览文件夹】对话框，在对话框中选择 D 盘的【Windows 7 索引】文件夹，然后单击【确定】按钮，如图 10-86 所示。

(4) 返回【高级选项】对话框，用户可以看到路径已经改变，单击【确定】按钮，如图 10-87 所示。

图 10-86　选择索引文件夹

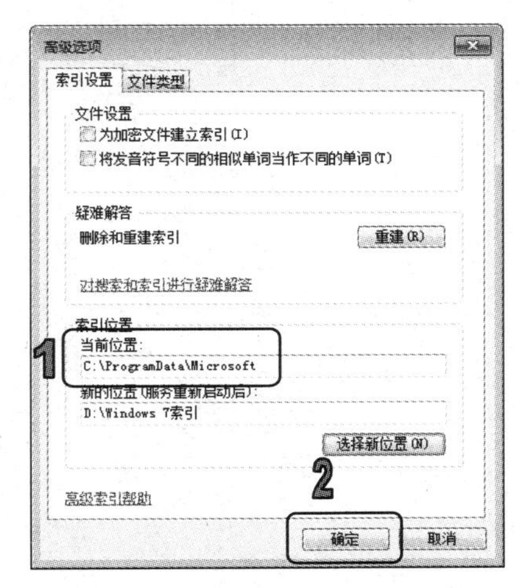

图 10-87　更改路径

(5) 返回【索引选项】对话框，单击【关闭】按钮，关闭该对话框，如图 10-88 所示。

(6) 打开【服务】窗口，选中其中的 Windows Search 服务项，然后单击【重启动此服务】链接，重新启动该服务后，即可使前面的设置生效，如图 10-89 所示。

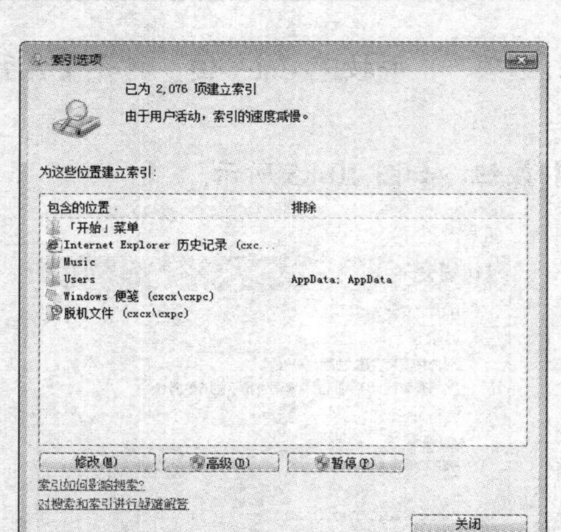

图 10-88　单击【关闭】按钮

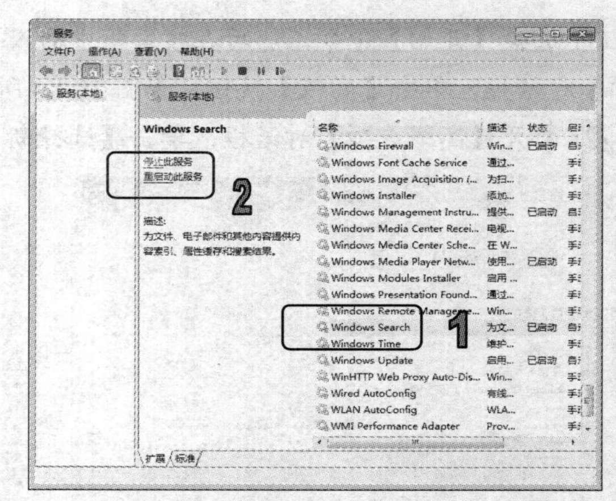

图 10-89　重启动服务

10.8　习题

1．使用磁盘清理程序清理 D 盘。

2．使用磁盘碎片整理程序整理本机所有硬盘的磁盘碎片。

3．使用任务管理器停止当前运行的一个程序。

4．创建一个 Windows 7 系统的还原点。

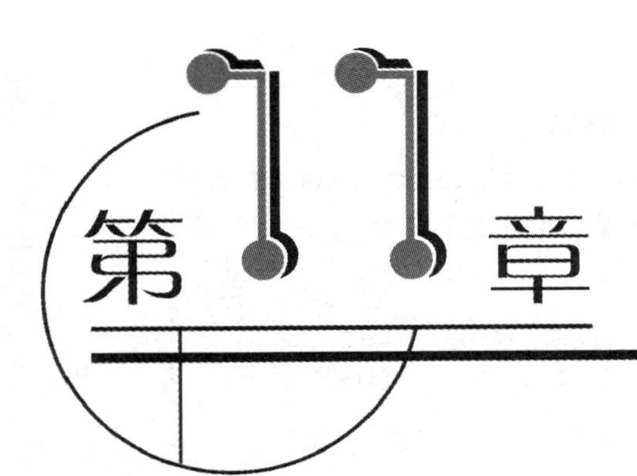

第11章 系统安全与防护

学习目标

计算机在为用户提供各种服务与帮助的同时也存在着危险，各种电脑病毒、流氓软件、木马程序时刻潜伏在各种载体中，随时可能会危害系统的正常运行。因此，用户在使用计算机时，应做好系统的安全工作，例如开启防火墙，安装杀毒软件等。本章主要介绍一些系统防护的技术和软件程序，帮助用户保护系统的安全。

本章重点

- 设置自动更新
- 设置 Windows 7 防火墙
- 使用 Windows Defender
- 使用 360 杀毒和 360 安全卫士
- 设置系统安全策略

11.1 自动更新系统补丁

任何操作系统都不可能做得尽善尽美，Windows 7 操作系统也一样。病毒与木马程序往往会通过系统的漏洞来危害操作系统，Microsoft 公司通过自动更新系统补丁对日常发现的漏洞进行及时的修复，来完善操作系统的缺陷，从而确保系统免受病毒的攻击。

11.1.1 开启自动更新

一般 Windows 7 操作系统的自动更新功能都是开启的，如果关闭了，用户也可以手动将其开启。

【例 11-1】开启 Windows 7 自动更新。

(1) 选择【开始】|【控制面板】命令，打开【控制面板】窗口。

(2) 单击【Windows Update】图标，如图 11-1 所示，打开【Windows Update】窗口。

(3) 单击【更改设置】链接，如图 11-2 所示，打开【更改设置】窗口。

图 11-1 单击【Windows Update】图标

图 11-2 单击【更改设置】链接

(4) 在该窗口的【重要更新】下拉列表中选择【自动安装更新(推荐)】选项，然后单击【确定】按钮，如图 11-3 所示。

(5) 此时，系统会自动开始检查更新，并安装最新的更新文件，如图 11-4 所示。

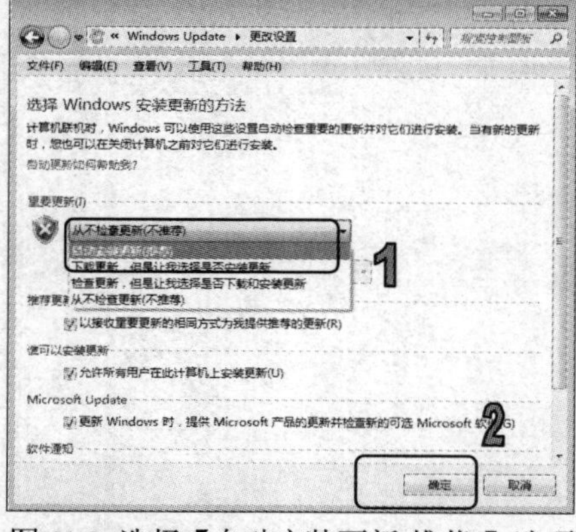

图 11-3 选择【自动安装更新(推荐)】选项

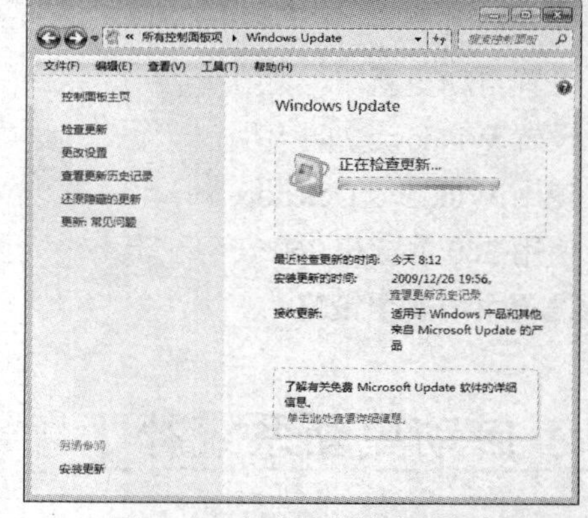

图 11-4 自动开始检查更新

11.1.2 设置自动更新

用户可对自动更新进行自定义，例如设置自动更新的频率、设置哪些用户可以进行自动更新等。

【例 11-2】在 Windows 7 中设置自动更新的时间为：每周的星期一中午 12 点。

(1) 在【控制面板】窗口中单击 Windows Update 图标，如图 11-5 所示。

(2) 打开 Windows Update 窗口，然后单击左侧的【更改设置】链接，如图 11-6 所示，打开【更改设置】窗口。

图 11-5 单击 Windows Update 图标

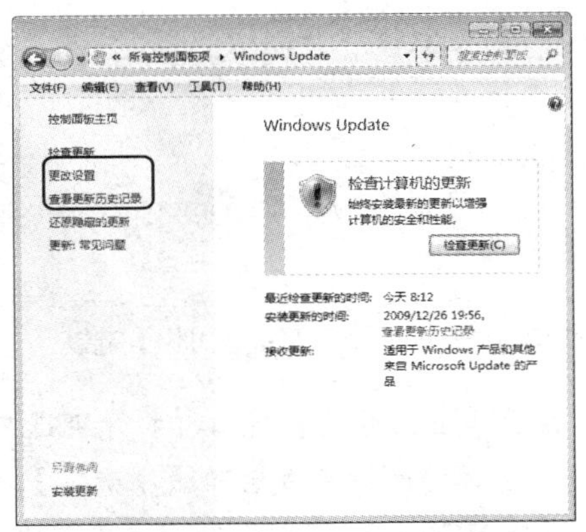

图 11-6 单击【更改设置】链接

(3) 在该窗口的【重要更新】下拉列表中选择【自动安装更新(推荐)】选项，然后选择【星期一】选项，如图 11-7 所示。

(4) 接下来，选择【12:00】选项，然后单击【确定】按钮，完成对自动更新的设置，如图 11-8 所示。

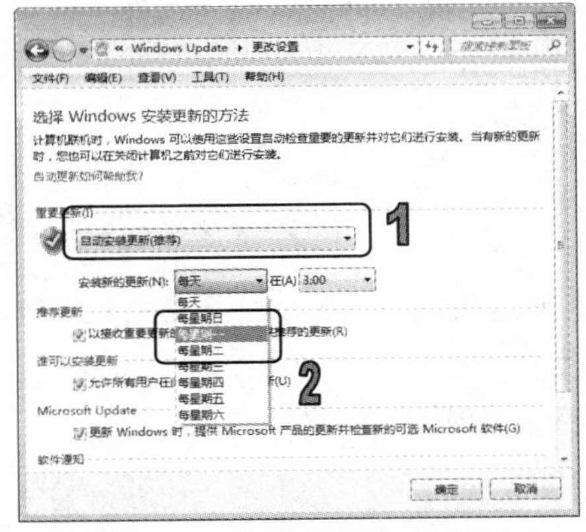

图 11-7 选择【星期一】选项

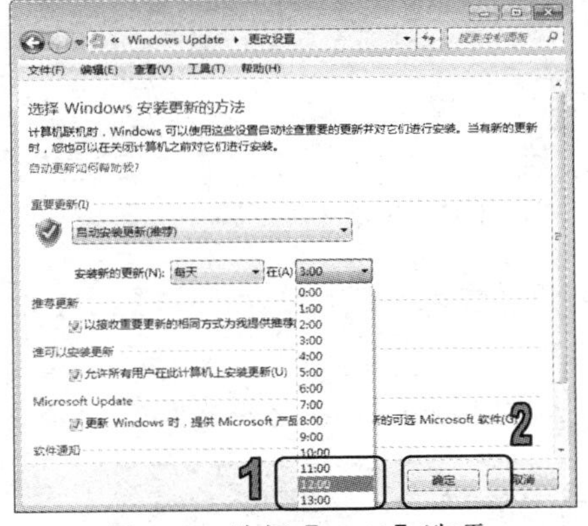

图 11-8 选择【12:00】选项

11.1.3 手动更新补丁

当 Windows 7 操作系统有更新文件时，用户也可以手动进行更新操作。

【例 11-3】手动更新 Windows 7 操作系统。

(1) 打开 Windows Update 窗口，当系统有更新文件可以安装时，会在窗口右侧进行提示，单击补丁说明链接，这里单击【20 个重要更新可用】链接，如图 11-9 所示。

(2) 在打开窗口的列表中会显示可以安装的更新程序，在其中选中要安装更新文件前的复选框，如图 11-10 所示。

图 11-9　单击【20 个重要更新可用】链接

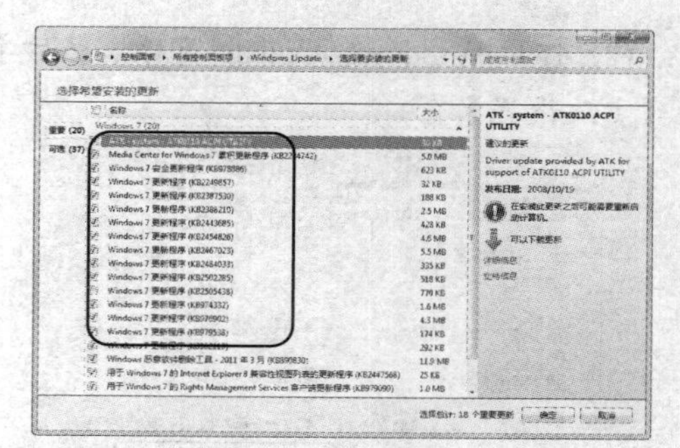

图 11-10　选择要安装更新文件

(3) 然后单击【可选】标签，打开可选更新列表。该列表中的更新文件用户可以根据自己的需要进行选择。选择完成后单击【确定】按钮，如图 11-11 所示。

(4) 返回 Windows Update 窗口，在其中单击【安装更新】按钮，如图 11-12 所示。

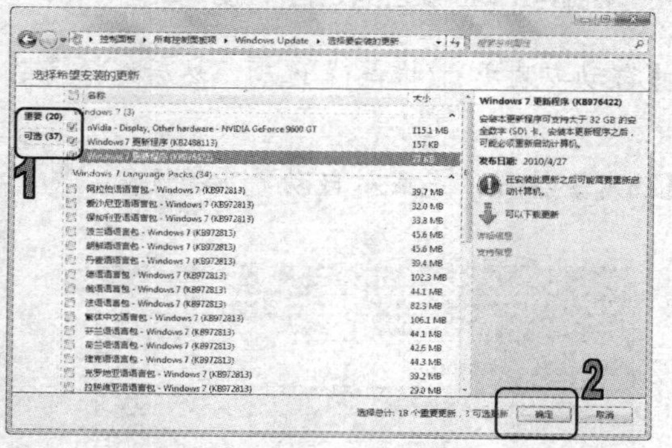

图 11-11　单击【确定】按钮

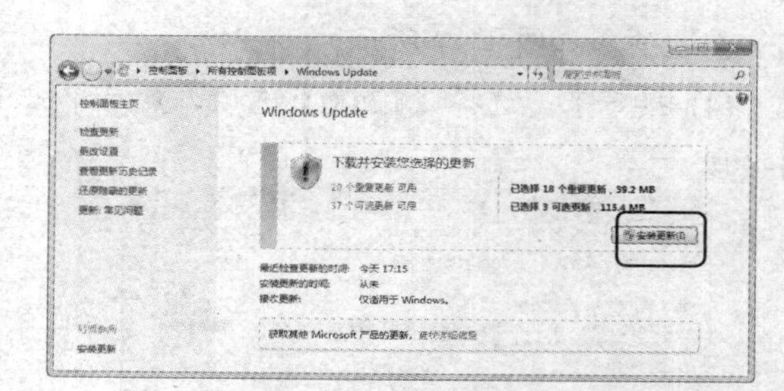

图 11-12　单击【安装更新】按钮

(5) 开始安装更新程序，选中【我接受许可条款】单选按钮，然后单击【完成】按钮，如图 11-13 所示。

(6) 返回 Windows Update 窗口，开始安装更新程序，如图 11-14 所示。

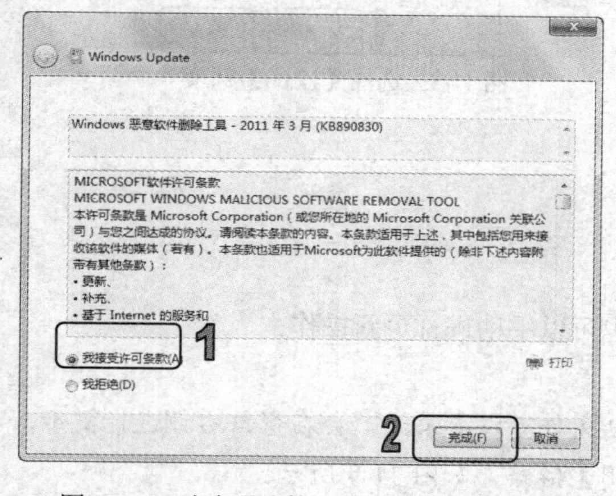

图 11-13　选中【我接受许可条款】单选按钮

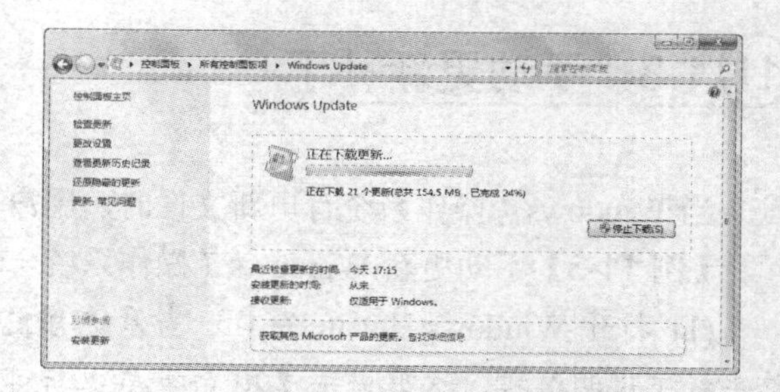

图 11-14　安装更新

11.2　设置 Windows7 防火墙

Windows 防火墙能够有效地阻止来自 Internet 中的网络攻击和恶意程序，维护操作系统的安全。在 Windows XP 操作系统的基础上，Windows 7 防火墙有了更大的改进，它具备监控应用程序入站和出站规则的双向管理，同时配合 Windows 7 网络配置的文件，新的防火墙可以保护在不同网络环境下的网络安全。

11.2.1　开启防火墙

Windows 7 系统安装时一般默认启用防火墙，如果防火墙处于关闭状态，用户可以选择开启防火墙。

【例 11-4】开启 Windows 7 防火墙。

(1) 选择【开始】|【控制面板】命令，在打开的【控制面板】窗口中单击【系统和安全】链接，如图 11-15 所示。

(2) 打开【系统和安全】窗口，单击【Windows 防火墙】链接，如图 11-16 所示。

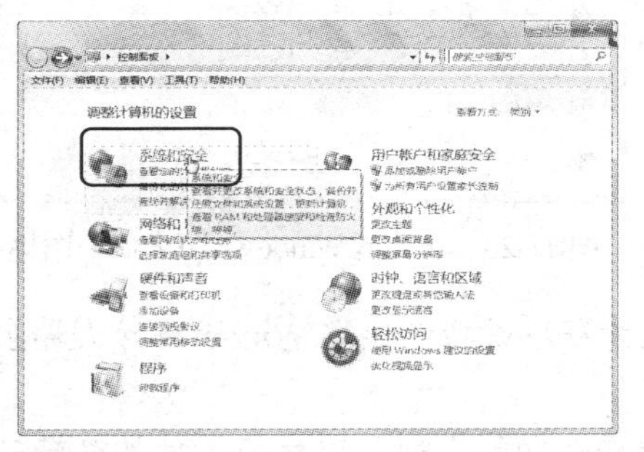

图 11-15 单击【系统和安全】链接

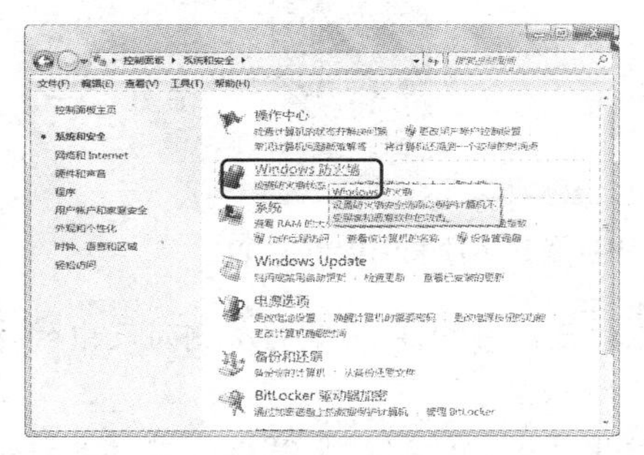

图 11-16　单击【Windows 防火墙】链接

(3) 打开【Windows 防火墙】窗口，单击左侧窗格中的【打开或关闭 Windows 防火墙】链接，如图 11-17 所示。

(4) 打开【自定义设置】窗口，在当前所在网络位置设置栏里选中【启用 Windows 防火墙】单选按钮，然后单击【确定】按钮，即可启用防火墙，如图 11-18 所示。

图 11-17 单击【打开或关闭 Windows 防火墙】链接

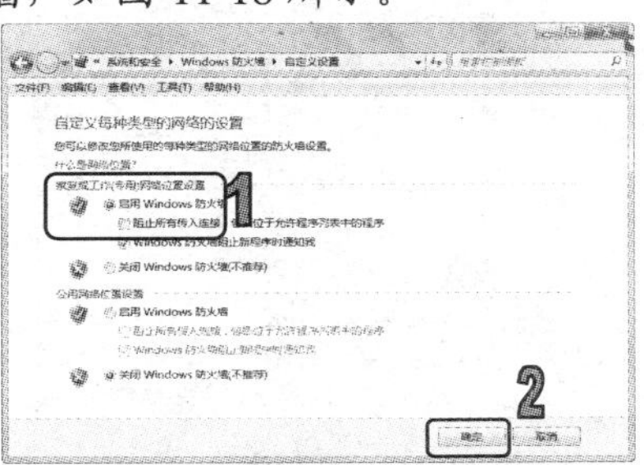

图 11-18　开启防火墙

11.2.2 设置入站规则

用户可自定义 Windows 7 防火墙的入站规则，例如可禁用一个之前允许的应用程序的入站规则，或者手动将一个新的应用程序添加到允许列表中，另外还可删除一个已存在的应用程序入站规则。

【例 11-5】在 Windows 7 的防火墙允许列表中添加应用程序的入站规则。

(1) 选择【开始】|【控制面板】命令，如图 11-19 所示。

(2) 打开【控制面板】窗口，单击【Windows 防火墙】图标，如图 11-20 所示，打开【Windows 防火墙】窗口。

图 11-19　选择【控制面板】命令

图 11-20　单击【Windows 防火墙】图标

(3) 在打开的窗口中，单击左侧列表中的【允许程序或功能通过 Windows 防火墙】链接，如图 11-21 所示。

(4) 打开【允许的程序】窗口，在【允许的程序和功能】列表中列举了计算机中安装的程序，单击【允许运行另一程序】按钮，如图 11-22 所示，打开【添加程序】对话框。

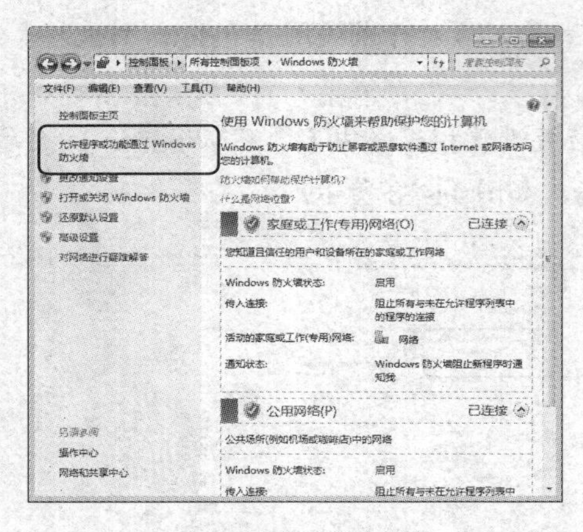

图 11-21　单击链接

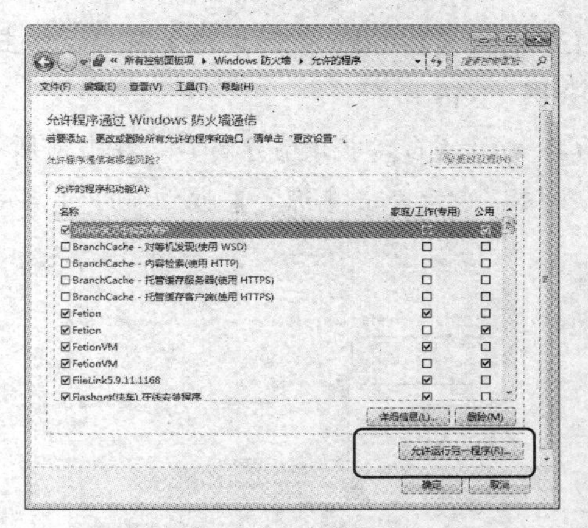

图 11-22　单击【允许运行另一程序】按钮

(5) 在该对话框列表中选择一款需要添加的应用程序，然后单击【网络位置类型】按钮，如图 11-23 所示。

(6) 打开【选择网络位置类型】对话框，选择一种网络类型，这里选中【家庭/工作(专用)】复选框，然后单击【确定】按钮，如图 11-24 所示。

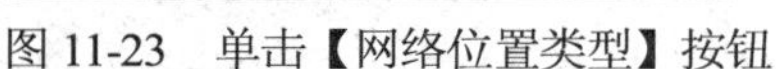
图 11-23　单击【网络位置类型】按钮

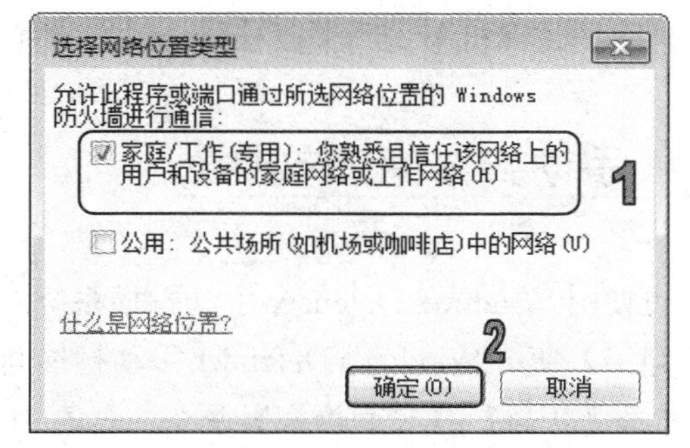

图 11-24　选中【家庭/工作(专用)】复选框

(7) 关闭【选择网络位置类型】对话框，然后在【添加程序】对话框中单击【添加】按钮即可，如图 11-25 所示。

图 11-25　单击【添加】按钮

11.2.3　关闭防火墙

如果用户的系统中安装了第三方具有防火墙功能的安全防护软件，那么这个软件可能会与 Windows 7 自带的防火墙产生冲突，此时用户可关闭 Windows 7 防火墙。

用户可以打开【Windows 防火墙】窗口，然后单击左侧列表中的【打开或关闭 Windows 防火墙】链接，如图 11-26 所示，打开【自定义设置】窗口。在该窗口中的所在网络位置设置栏里选中【关闭 Windows 防火墙(不推荐)】单选按钮，然后单击【确定】按钮完成设置，如图 11-27 所示。

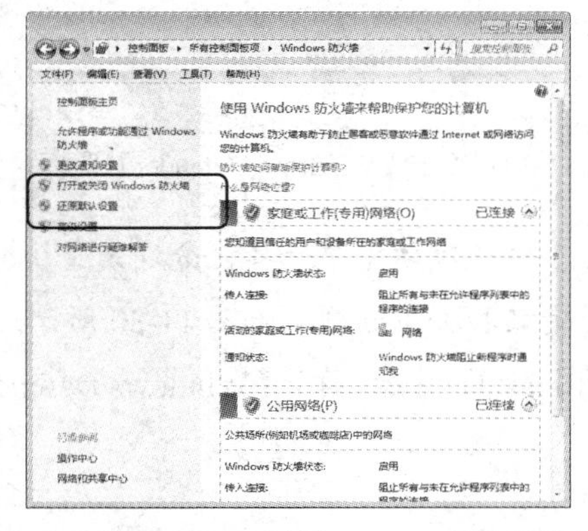

图 11-26　单击【打开或关闭 Windows 防火墙】链接

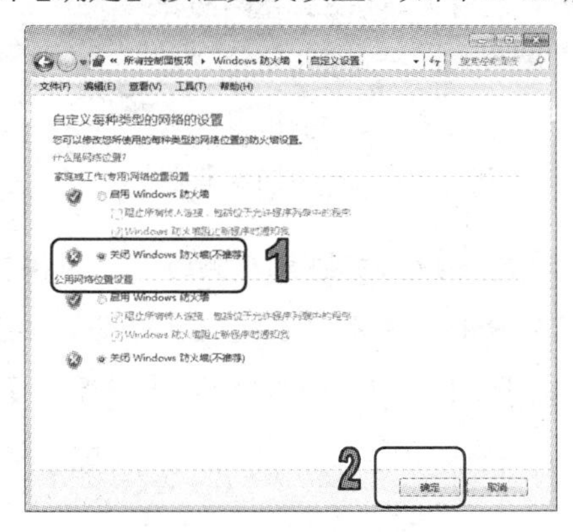

图 11-27　关闭防火墙

11.3 使用 Windows Defender

Windows Defender 是一款由 Microsoft 公司所开发的免费反间谍软件。该软件集成于 Windows 7 操作系统中，可以帮用户检测及清除一些潜藏在计算机操作系统里的间谍软件及广告程序，并保护计算机不受到来自 Internet 的一些间谍软件的安全威胁及控制。

11.3.1 手动扫描间谍软件

用户可使用 Windows Defender 手动扫描系统中的间谍软件，具体操作方法如下。

【例 11-6】使用 Windows Defender 手动扫描间谍软件。

(1) 选择【开始】|【控制面板】命令，如图 11-28 所示，打开【控制面板】窗口。

(2) 单击【Windows Defender】图标，如图 11-29 所示，打开【Windows Defender】窗口。

图 11-28 选择【控制面板】命令

图 11-29 单击【Windows Defender】图标

(3) 单击【扫描】按钮右侧的倒三角按钮，会弹出 3 个选项供用户选择，分别是【快速扫描】、【完全扫描】和【自定义扫描】，这里选择【自定义扫描】选项，如图 11-30 所示。

(4) 打开【扫描选项】对话框，单击【选择】按钮，如图 11-31 所示，打开【Windows Defender】对话框。

计算机 基础与实训教材系列

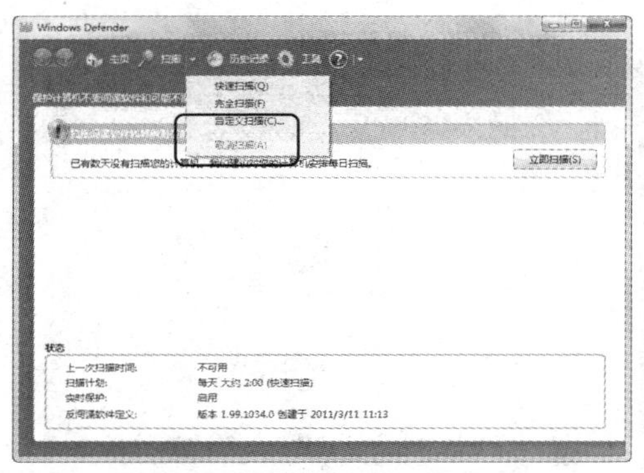

图 11-30 选择【自定义扫描】选项

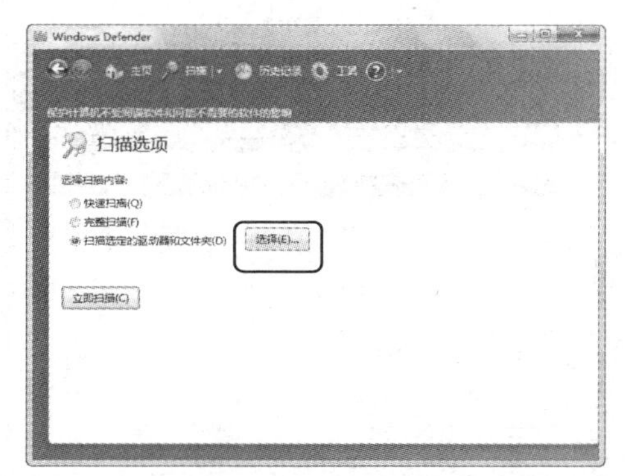

图 11-31　单击【选择】按钮

(5) 在该对话框中选择要进行扫描的磁盘分区或文件夹，然后单击【确定】按钮，如图 11-32 所示。

(6) 返回【扫描选项】对话框，单击【立即扫描】按钮，开始对自定义的位置进行扫描，如图 11-33 所示。

(7) Windows Defender 即开始在指定位置处检查是否有间谍软件。

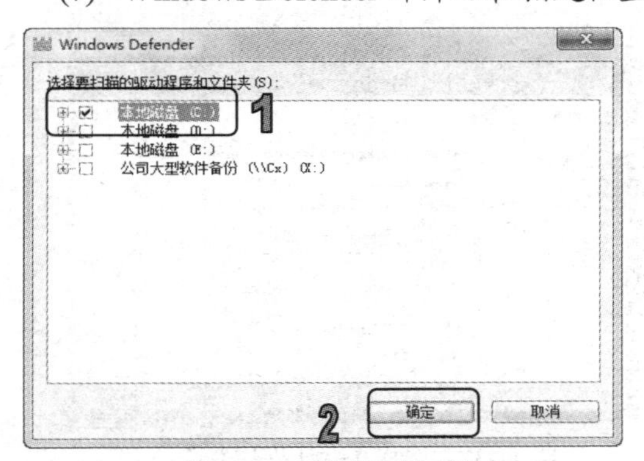

图 11-32　选择扫描对象

图 11-33　单击【立即扫描】按钮

知识点

Windows Defender 是一个独立的安全工具，它是以系统附带的工具形式存在的，而不是像杀毒软件那样以独立应用程序形式存在。

11.3.2 设置 Windows Defender

Windows Defender 提供了许多自定义选项，用户可以根据自己的需要进行合理的配置。

【例 11-7】设置 Windows Defender 程序。

(1) 打开 Windows Defender 的主界面，单击【工具】按钮，如图 11-34 所示。

(2) 打开【工具和设置】窗口，在其中单击【选项】链接，如图 11-35 所示。

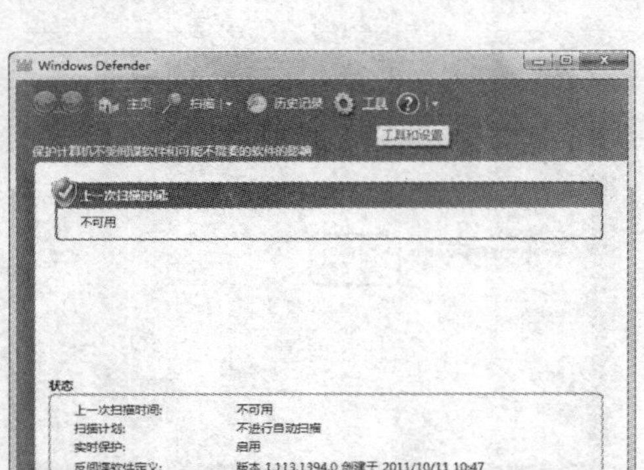

图 11-34　单击【工具】按钮

图 11-35　单击【选项】链接

(3) 在如图 11-36 所示的打开【选项】窗口中，【自动扫描】选项中 Windows 7 默认是每天凌晨 2 点进行扫描，用户可根据需要自定义扫描的时间。

(4) 选择【默认操作】选项，用户可设置发现间谍软件时，该进行何种操作，如图 11-37 所示。

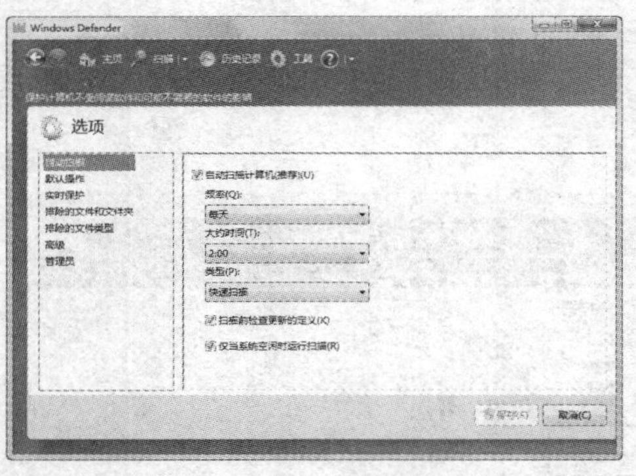

图 11-36　自定义扫描的时间

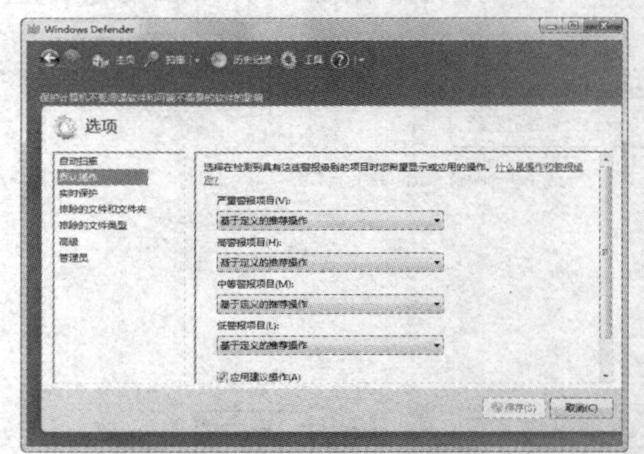

图 11-37　选择【默认操作】选项

(5) 选择【高级】选项，可以选择自动检测的文件类型，如图 11-38 所示。

(6) 选择【管理员】选项，取消选中里面的【使用此程序】复选框，可禁用反间谍功能。最后单击【保存】按钮，完成设置，如图 11-39 所示。

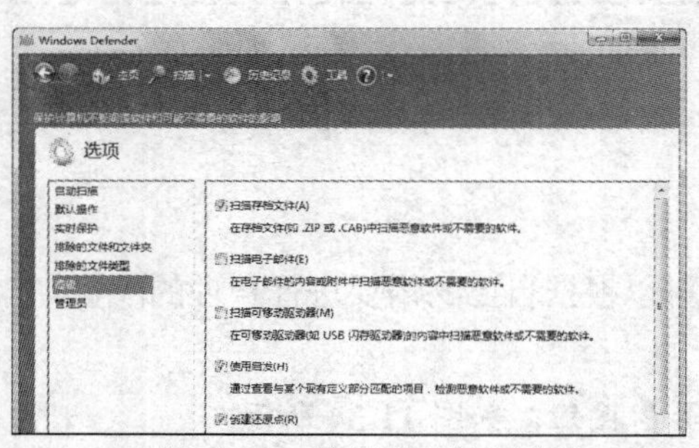

图 11-38　选择【高级】选项

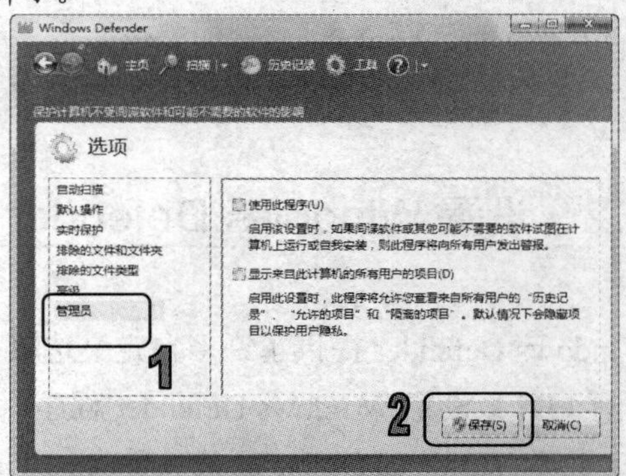

图 11-39　选择【管理员】选项

11.4　使用 360 安全卫士

用户在上网冲浪时，经常会遭到一些流氓软件和恶意插件的威胁。360 安全卫士是目前国内比较受欢迎的一款免费的上网安全软件，它具有木马查杀、恶意软件清理、漏洞补丁修复、计算机全面体检、垃圾和痕迹清理等多种功能，是保护用户上网安全的好帮手。

11.4.1　自动检测系统

当启动 360 安全卫士时，软件会自动对系统进行检测，包括系统漏洞、软件漏洞和软件的新版本等内容，如图 11-40 所示。检测完成后将显示检测的结果，其中显示了检测到的不安全因素，如图 11-41 所示。

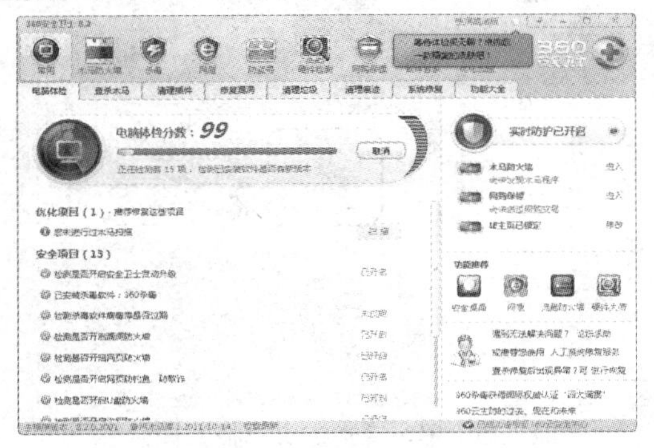

图 11-40　开始检测系统

图 11-41　检测结果

提示

用户若想对某个不安全选项进行处理，可单击该选项后面对应的按钮，然后按照提示逐步操作即可。

11.4.2　查杀木马

木马(Trojan horse)这个名称来源于古希腊传说，它指的是一段特定的程序(即木马程序)，控制者可以使用该程序来控制另一台计算机，从而窃取被控制计算机的重要数据信息。360 安全卫士采用了新的木马查杀引擎，应用了云安全技术，能够更有效地查杀木马，保护系统安全。

【例 11-8】 使用 360 安全卫士查杀木马。

(1) 启动 360 安全卫士，单击【木马防火墙】按钮，如图 11-42 所示。

(2) 打开【木马防火墙】窗口，选择【系统防护】选项卡，将保护功能全部开启，如图 11-43 所示。

图 11-42 单击【木马防火墙】按钮

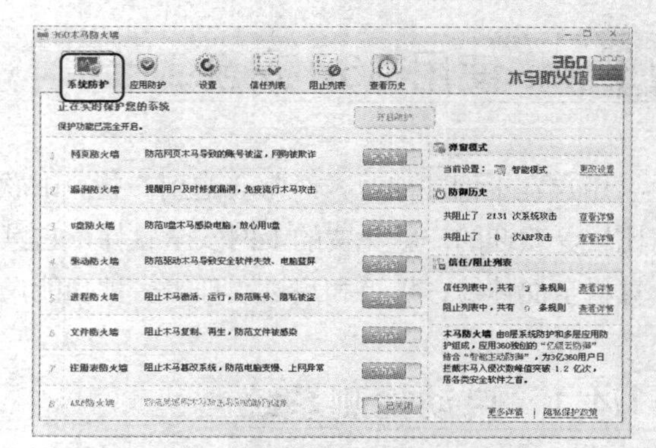

图 11-43 选择【系统防护】选项卡

(3) 选择【设置】选项卡，设置【木马防火墙】里的选项，如图 11-44 所示。

(4) 返回主界面，选择【查杀木马】选项卡，单击【自定义扫描】按钮，如图 11-45 所示。

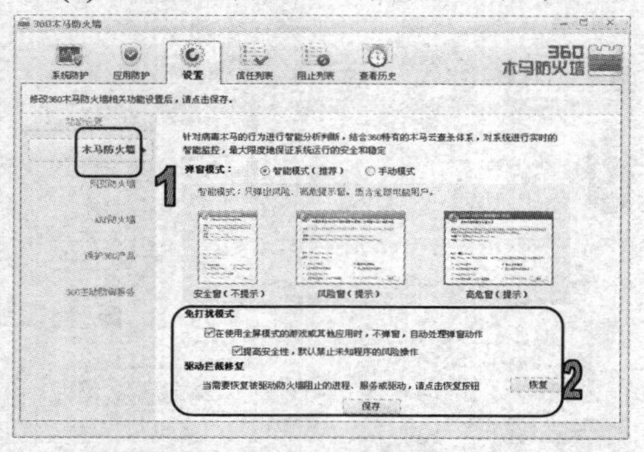

图 11-44 选择【设置】选项卡

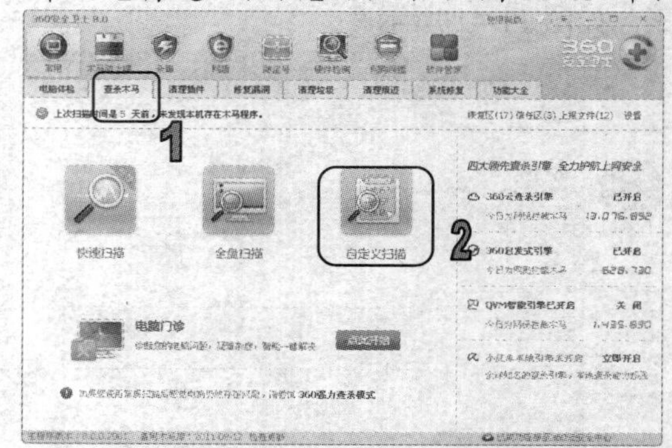

图 11-45 单击【自定义扫描】按钮

(5) 打开【360 木马云查杀】对话框，选中需要查杀的文件或磁盘的复选框，然后单击【开始扫描】按钮，如图 11-46 所示。

(6) 开始扫描查杀木马，用户可以单击【暂停扫描】或【停止扫描】按钮来终止扫描，如图 11-47 所示。

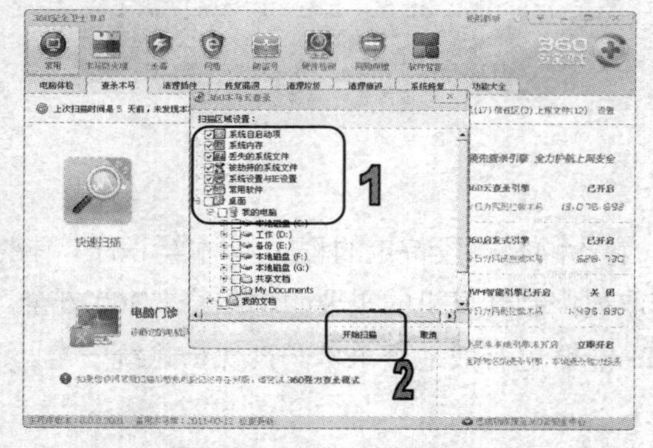

图 11-46 选择查杀对象

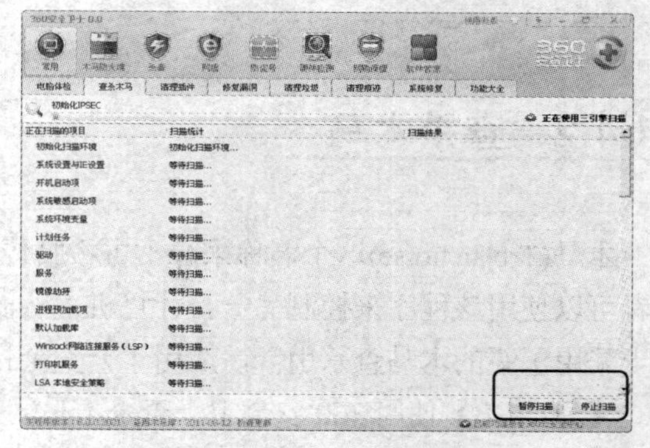

图 11-47 开始查杀木马

(7) 扫描完毕后，若发现有可疑程序或木马存在，用户可以单击【立即处理】按钮进行修

复或删除，如图 11-48 所示。

(8) 处理完毕后打开提示框，提示用户重启计算机以防部分木马反复感染系统，用户可以单击【好的，立刻重启】按钮进行计算机重启，如图 11-49 所示。

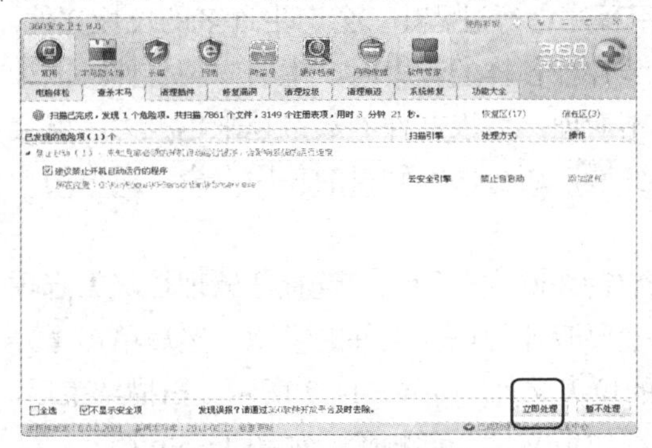

图 11-48　单击【立即处理】按钮

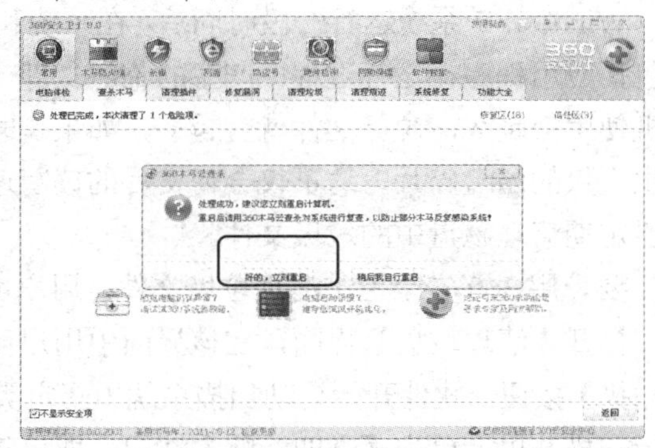

图 11-49　单击【好的，立刻重启】按钮

11.4.3　清理恶评插件

恶评插件又叫“流氓软件”，是介于计算机病毒与正规软件之间的软件，这种软件主要包括通过 Internet 发布的一些广告软件、间谍软件、浏览器劫持软件、行为记录软件和恶意共享软件等，对系统运行造成阻碍。

要使用 360 安全卫士清除恶评插件，用户可以启动 360 安全卫士，选择【清理插件】选项卡，然后单击【开始扫描】按钮，软件开始自动扫描计算机中的插件，如图 11-50 所示。扫描结束后，将显示扫描的结果，如果用户想要删除某个插件，可选定该插件前方的复选框，然后单击【立即清理】按钮，即可将其删除，如图 11-51 所示。

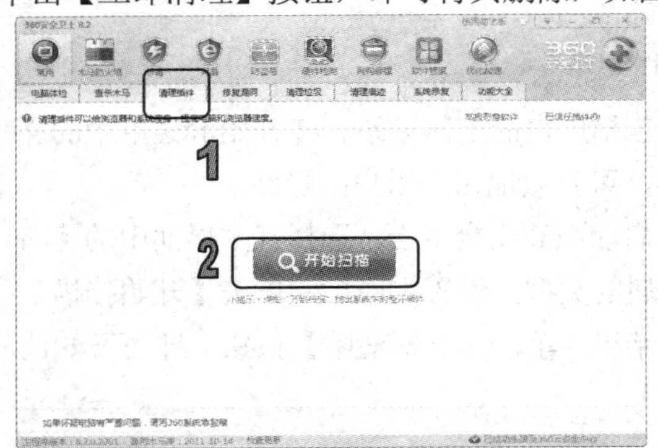

图 11-50　单击【开始扫描】按钮

图 11-51　单击【立即清理】按钮

知识点

恶评插件虽然不会像电脑病毒一样影响电脑系统的稳定和安全，但也不会像正常软件一样为用户使用计算机的工作和娱乐提供方便，它会在用户上网时偷偷安装在用户的计算机中，然后在计算机中强制运行。

11.4.4 清理垃圾文件

Windows 7 系统运行一段时间后，在系统和应用程序运行过程中，会产生许多的垃圾文件，它包括应用程序在运行过程中产生的临时文件，安装各种各样的程序时产生的安装文件等。计算机使用得越久，垃圾文件就会越多，如果长时间不清理，垃圾文件的数量越来越庞大，就会产生大量的磁盘碎片，这不仅会使文件的读写速度变慢，还会影响硬盘的使用寿命。所以用户需要定期清理磁盘中的垃圾文件。

要使用 360 安全卫士清理垃圾文件，用户可以启动 360 安全卫士，选择【清理垃圾】选项卡，打开【清理垃圾】界面，在该界面中用户可设置要清理的垃圾文件的类型，然后单击【开始扫描】按钮，软件开始自动扫描系统中指定类型的垃圾文件，如图 11-52 所示。扫描结束后，显示扫描结果，单击【立即清除】按钮，即可将这些垃圾文件全部删除，如图 11-53 所示。

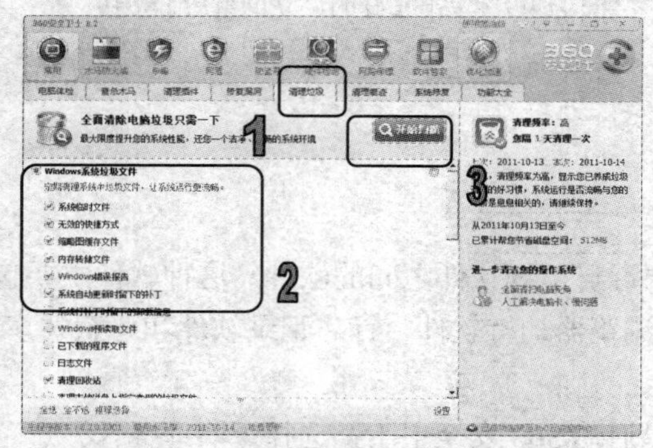

图 11-52 单击【开始扫描】按钮

图 11-53 单击【立即清理】按钮

11.4.5 清理使用痕迹

360 安全卫士具有清理电脑使用痕迹的功能，包括用户的上网记录、【开始】菜单中的文档记录、Windows 的搜索记录以及影音播放记录等，可有效地保护用户的隐私。

要使用 360 安全卫士清理垃圾文件，用户可以启动 360 安全卫士，选择其主界面中的【清理痕迹】选项卡，用户可选择要清理的使用痕迹所属的类型，设置完成后，单击【开始扫描】按钮，如图 11-54 所示。扫描结束后，显示扫描的结果，单击【立即清除】按钮，即可开始清理指定的使用痕迹，如图 11-55 所示。

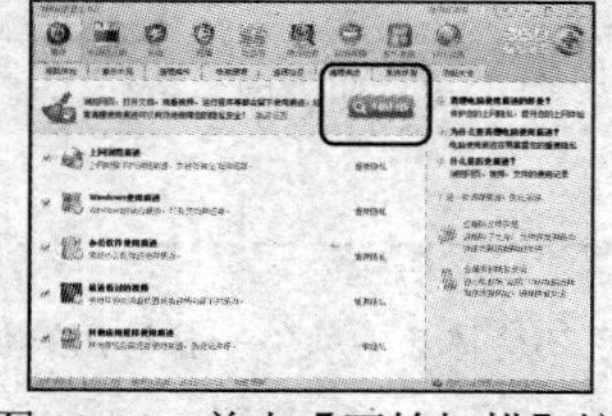

图 11-54 单击【开始扫描】按钮

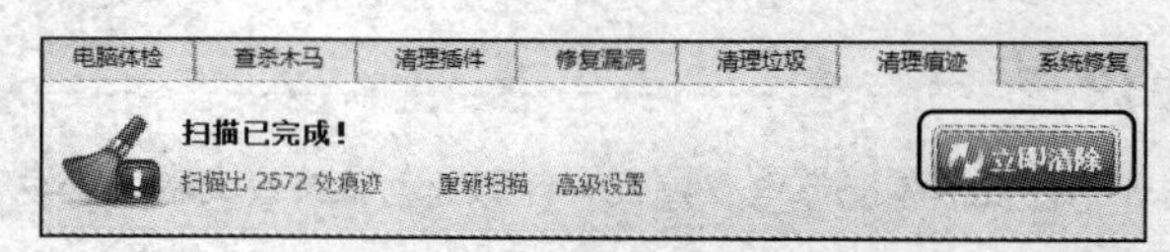

图 11-55 单击【立即清除】按钮

11.5　使用杀毒软件

网络上的很多间谍软件与木马程序都是通过计算机病毒进行扩张的，因此除了使用网络防火墙外，还应在计算机中安装杀毒软件以防止病毒的入侵，并对已经感染的病毒进行查杀。

11.5.1　使用 360 杀毒

360 杀毒软件也是一款奇虎公司出品的免费杀毒软件，整合了国际知名的 BitDefender 病毒查杀引擎，以及 360 云查杀引擎等智能调度，为用户提供完善的病毒防护体系。

【例 11-9】使用 360 杀毒软件查杀病毒。

(1) 启动 360 杀毒软件，打开主界面，选择【病毒查杀】选项卡，单击【指定位置扫描】按钮，如图 11-56 所示。

(2) 打开【选择扫描目录】对话框，选中需要扫描的磁盘或文件，单击【扫描】按钮，如图 11-57 所示。

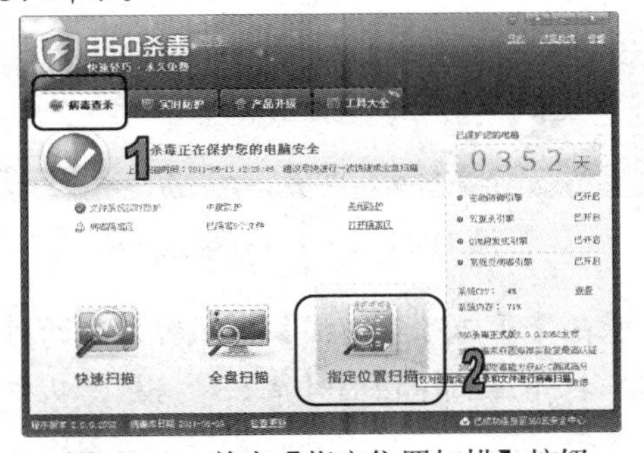

图 11-56　单击【指定位置扫描】按钮

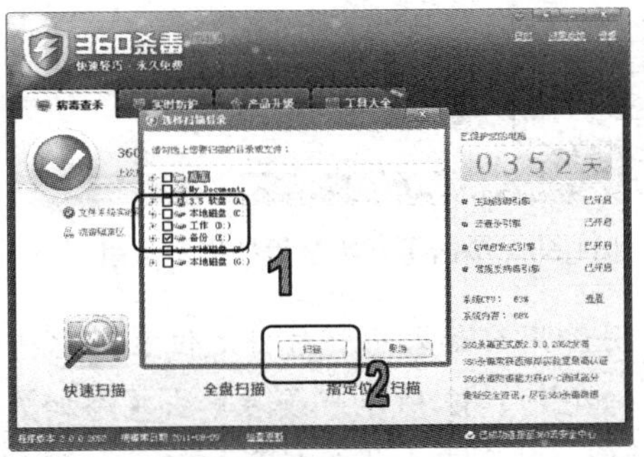

图 11-57　选择扫描对象

(3) 开始扫描，用户可以单击【暂停】或【停止】按钮来中止或终止查杀病毒，如图 11-58 所示。

(4) 在主界面中选择【实时防护】选项卡，可以设置文件系统、聊天软件、下载软件、U 盘病毒等防护选项，设置成【关闭】按钮，即可把所有防护选项都开启，如图 11-59 所示。

图 11-58　开始扫描

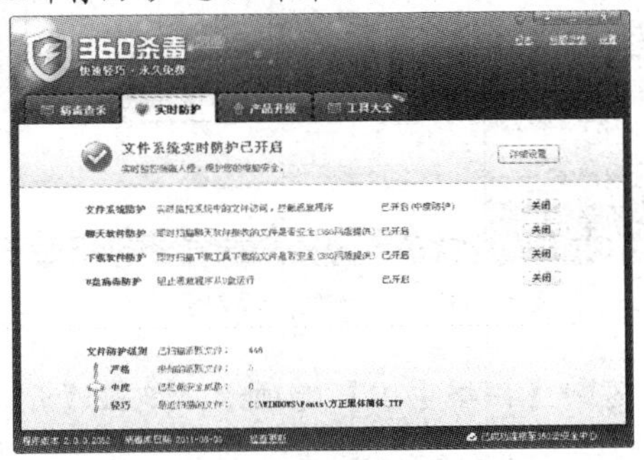

图 11-59　设置防护选项

11.5.2 使用卡巴斯基杀毒

卡巴斯基是一款比较出色的杀毒软件，它可以保护计算机免受病毒、蠕虫、木马和其他恶意程序的危害，并能实时监控文件、网页、邮件、ICQ、MSN 协议中的恶意对象，扫描操作系统和已安装程序的漏洞，阻止指向恶意网站的链接等。

【例 11-10】使用卡巴斯基查杀计算机病毒。

(1) 启动卡巴斯基，选择【扫描中心】选项卡，单击【开始全盘扫描】按钮，如图 11-60 所示。

(2) 卡巴斯基将开始对系统进行全盘扫描，清除计算机感染的病毒，如图 11-61 所示。

图 11-60 单击【开始全盘扫描】按钮

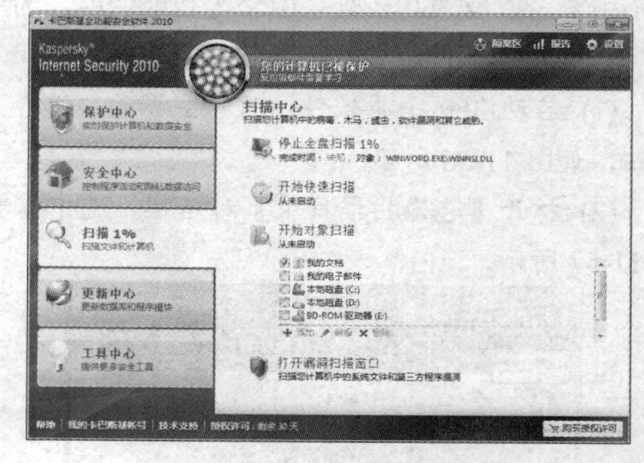

图 11-61 开始进行全盘扫描

(3) 另外用户如果想要对特定位置进行扫描，可在【开始对象扫描】区域对扫描的对象进行设置，如图 11-62 所示。或者单击【添加】按钮，打开【选择扫描对象】对话框，从中添加扫描的对象，然后单击【确定】按钮，如图 11-63 所示。

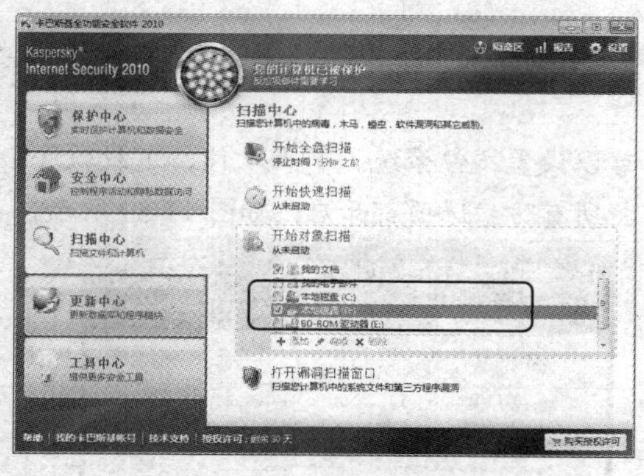

图 11-62 设置扫描对象

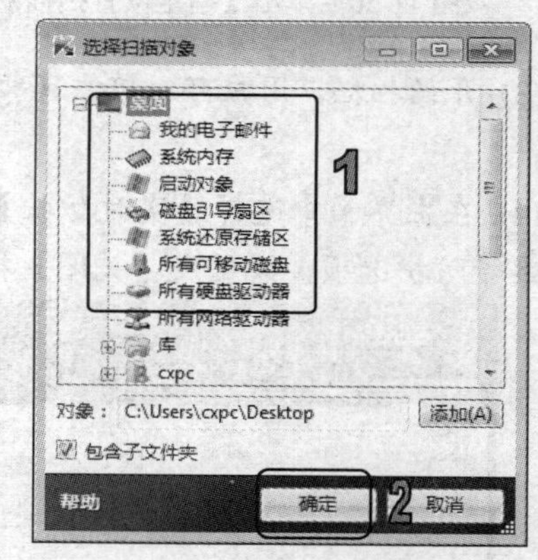

图 11-63 选择扫描对象

(4) 返回【扫描中心】选项卡，单击【开始对象扫描】按钮，即可进行查杀病毒的操作。

11.6　设置系统安全策略

系统的安全管理是计算机安全的基础，用户可以设置系统的几种安全策略选项，这样能更好地维护计算机系统的安全。

11.6.1 设置禁止登录前关机

设置禁止登录前关机，目的是为了让用户只有在成功登录到计算机并具有关闭系统用户权限后，才能够通过桌面执行系统关闭操作。

【例 11-11】设置禁止登陆前关机。

(1) 选择【开始】|【运行】命令，打开【运行】对话框，在【打开】文本框内输入“secpol.msc”命令，按 Enter 键，如图 11-64 所示，打开【本地安全策略】窗口。

(2) 展开【安全设置】|【本地策略】|【安全选项】选项，在右侧窗格中双击【关机：允许系统在未登录的情况下关闭】选项，如图 11-65 所示。

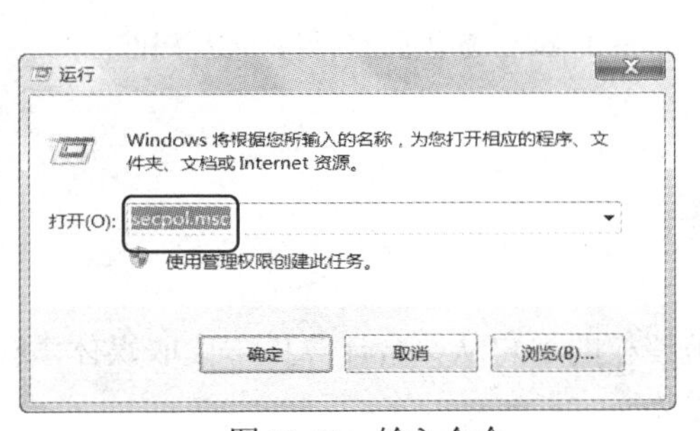

图 11-64　输入命令

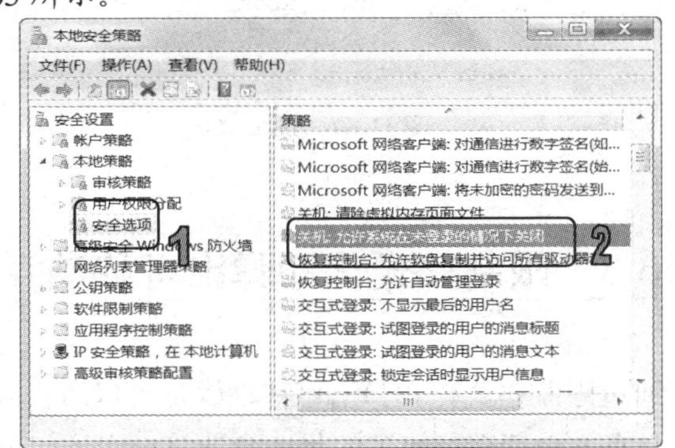

图 11-65　选择选项

(3) 打开其【属性】对话框，如果用户的计算机作为一般使用，则选中【已启用】单选按钮，单击【确定】按钮即可完成设置，如图 11-66 所示。

图 11-66　选中【已启用】单选按钮

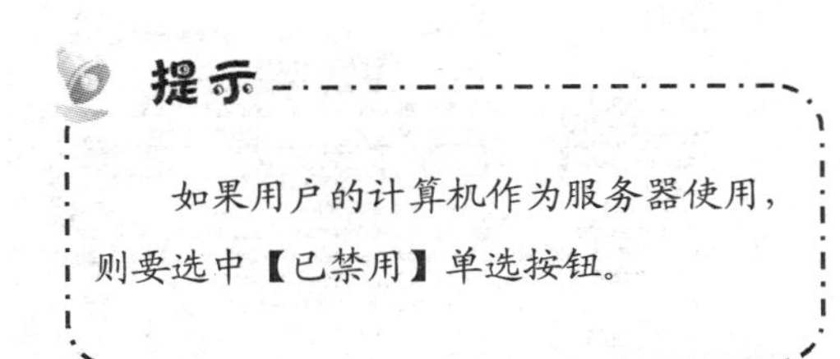

提示

如果用户的计算机作为服务器使用，则要选中【已禁用】单选按钮。

11.6.2 禁止显示最后登录的用户名

在登录计算机系统时，最后一次登录的用户名会显示在 Windows 登录界面上，有可能会被黑客利用，用户可以设置禁止显示。

要设置禁止显示最后登录的用户名，用户可以打开【本地安全策略】窗口，选择【安全设置】|【本地策略】|【安全选项】选项，在右侧窗格中双击【交互式登录：不显示最后的用户名】选项，如图 11-67 所示。打开其【属性】对话框，选中【已启用】单选按钮，单击【确定】按钮，即可完成设置，如图 11-68 所示。

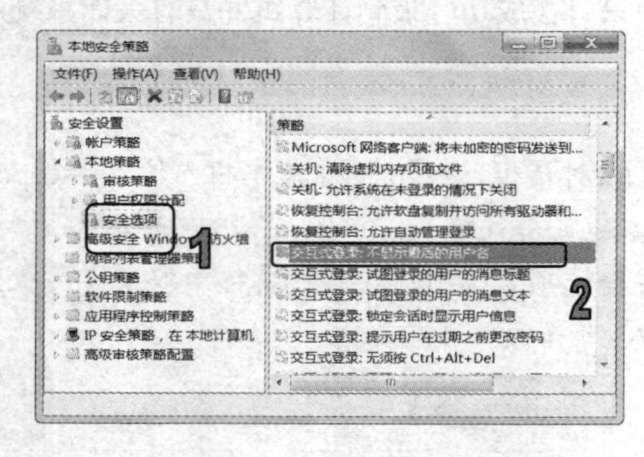

图 11-67　选择选项

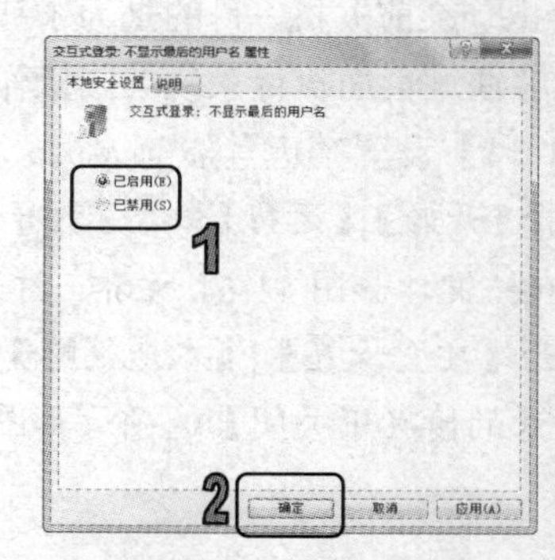

图 11-68　选中【已启用】单选按钮

11.6.3 限制格式化和弹出可移动媒体

通过限制格式化和弹出可移动媒体可以防止未被授权的用户从一台计算机中读取媒体，然后从具有本地管理员权限的另一台计算机中访问该媒体。

要设置限制格式化和弹出可移动媒体，用户可以打开【本地安全策略】窗口，选择【安全设置】|【本地策略】|【安全选项】选项，在右侧窗格中双击【设备：允许对可移动媒体进行格式化并弹出】选项，如图 11-69 所示。打开其【属性】对话框，在下拉列表里选择【管理员】选项，单击【确定】按钮即可完成设置，如图 11-70 所示。

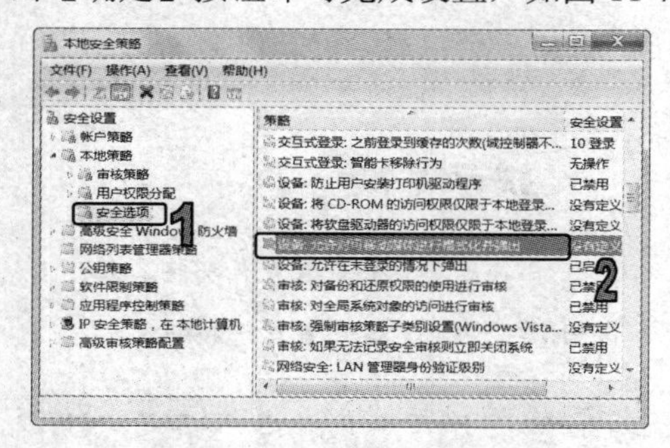

图 11-69　选择选项

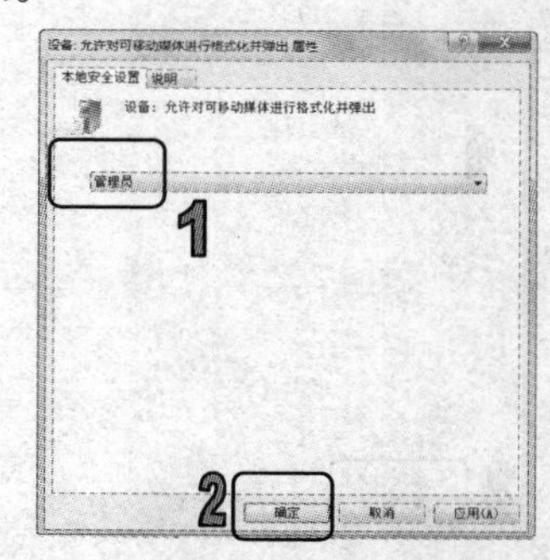

图 11-70　选择【管理员】选项

11.7　使用软件恢复数据

当用户的计算机被黑客入侵或感染病毒后，若丢失了一些重要文件，用户可以通过数据恢复技术来恢复这些丢失的文件，以减少数据丢失后所造成的损失。本节主要介绍使用 EasyRecovery 软件来恢复丢失的数据。

11.7.1　恢复删除文件

EasyRecovery 是一款威力非常强大的硬盘数据恢复工具，该软件的主要功能包括磁盘诊断、数据恢复、文件修复和邮件修复等，能够帮用户恢复丢失的数据和重建文件系统。

【例 11-12】使用 EasyRecovery 恢复被删除的文件。

(1) 启动 EasyRecovery，在主界面中选择【数据恢复】选项，如图 11-71 所示。

(2) 在【数据恢复】选项区域中单击【删除恢复】按钮，如图 11-72 所示，打开【目的地警告】对话框。

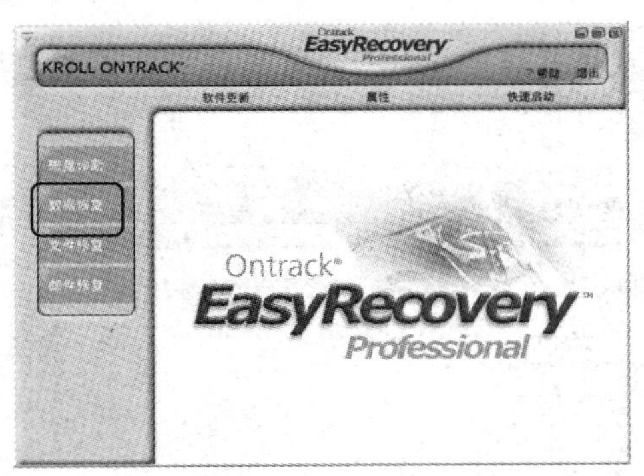

图 11-71　选择【数据恢复】选项

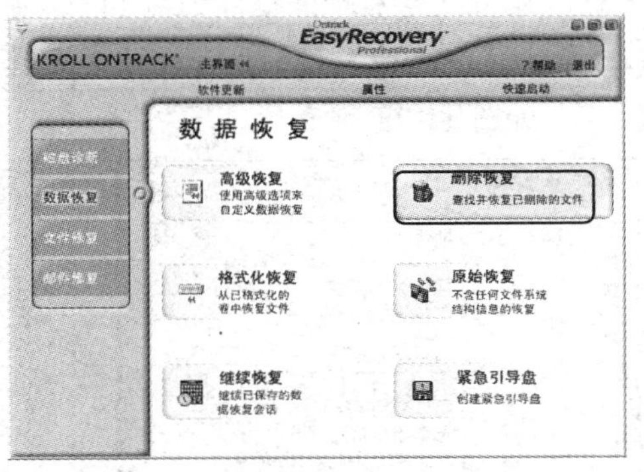

图 11-72　单击【删除恢复】按钮

(3) 在该对话框中，单击【确定】按钮，如图 11-73 所示。

(4) 打开【删除恢复】对话框，选择需要执行删除文件恢复的驱动器后，单击【下一步】按钮，如图 11-74 所示。

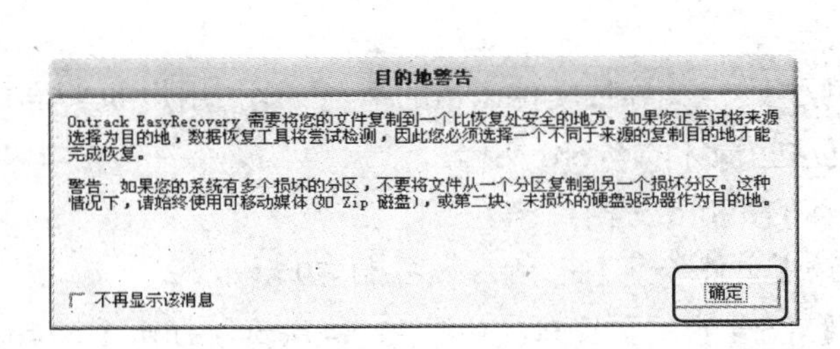

图 11-73　单击【确定】按钮

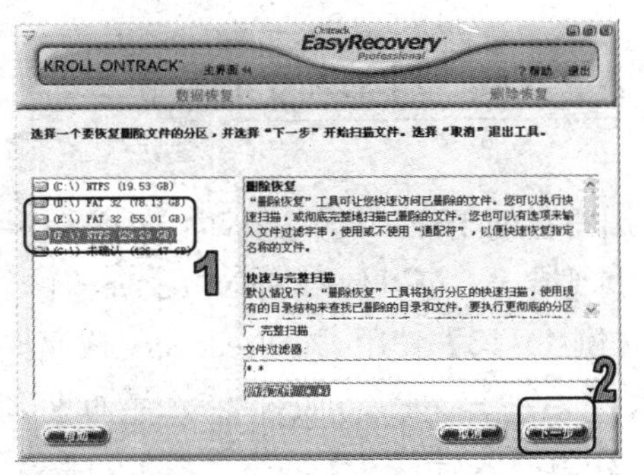

图 11-74　选择驱动器

(5) 在窗口的左侧选择需要恢复的目录，然后在右侧的列表框中选择需要恢复的文件，单击【下一步】按钮，如图 11-75 所示。

(6) 在如图 11-76 所示对话框的【恢复目的地选项】下拉列表中选择【本地驱动器】，然后单击【浏览】按钮，打开【浏览文件夹】对话框。

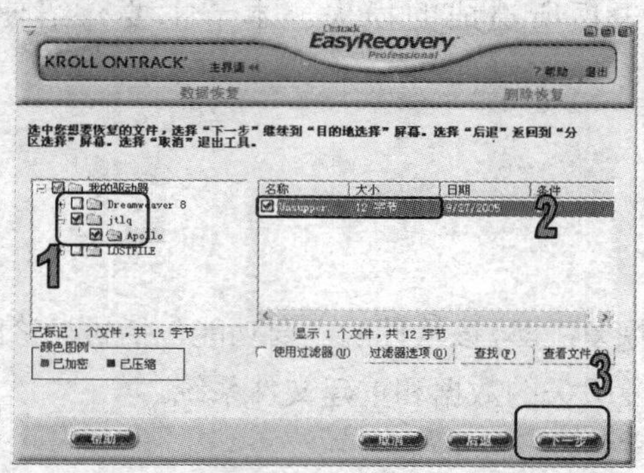

图 11-75　选择需要恢复文件

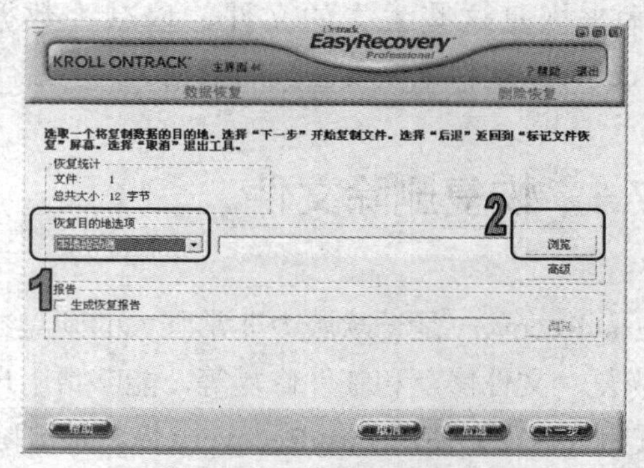

图 11-76　单击【浏览】按钮

(7) 在该对话框中选择一个用于保存恢复后文件的文件夹，然后单击【确定】按钮，返回【选择目的地来恢复】对话框，如图 11-77 所示。

(8) 单击【下一步】按钮，开始恢复文件，完成恢复后，在打开的对话框中单击【完成】按钮即可，如图 11-78 所示。

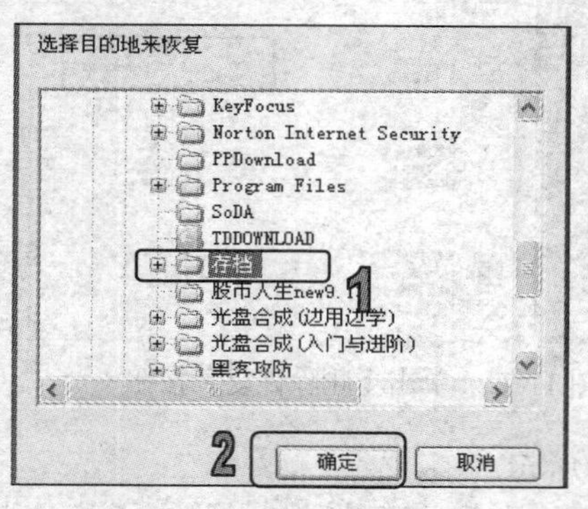

图 11-77　选择保存恢复文件夹

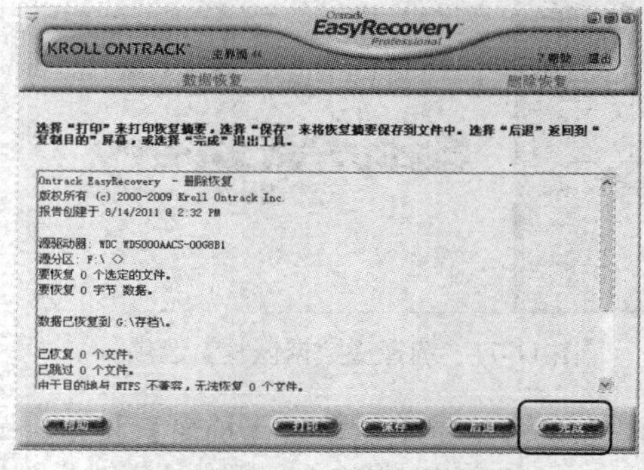

图 11-78　单击【完成】按钮

11.7.2　恢复损坏文件

用户在使用计算机的过程中，由于种种原因，常会导致文件出错的情况。比如用户的 Word 文档出现错误，可以使用 EasyRecovery 修复这些损坏的 Word 文档。

【例 11-13】 使用 EasyRecovery 修复损坏的 Word 文档。

(1) 启动 EasyRecovery，在主界面中选择【文件修复】选项，如图 11-79 所示。

(2) 在【文件修复】选项区域中，单击【Word 修复】按钮，如图 11-80 所示，打开【Word 修复】对话框。

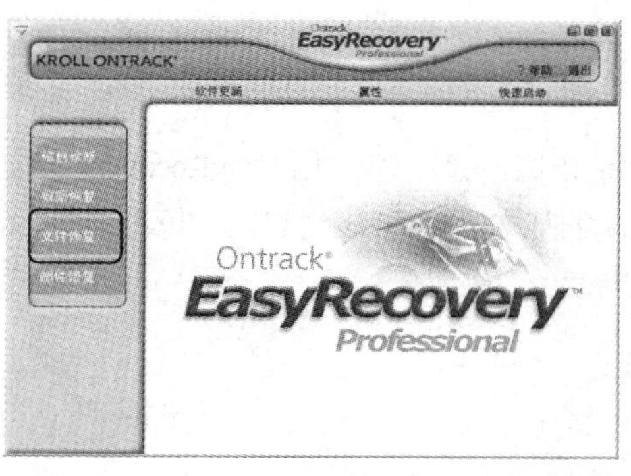

图 11-79　选择【文件修复】选项

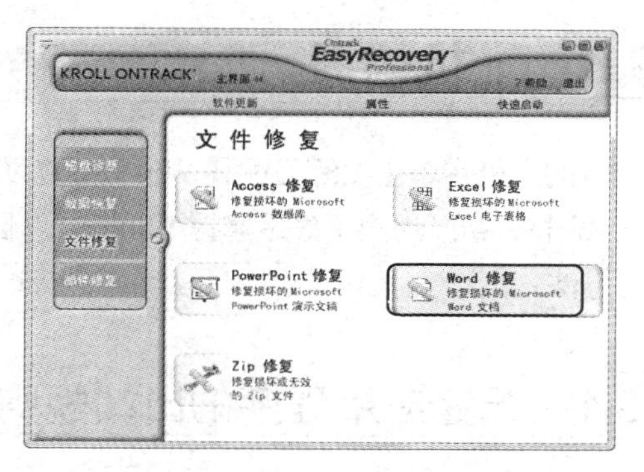

图 11-80　单击【Word 修复】按钮

(3) 单击【浏览文件】按钮，如图 11-81 所示。

(4) 打开【打开】对话框，选择要修复的 Word 文档文件，单击【打开】按钮，如图 11-82 所示，然后返回【Word 修复】对话框。

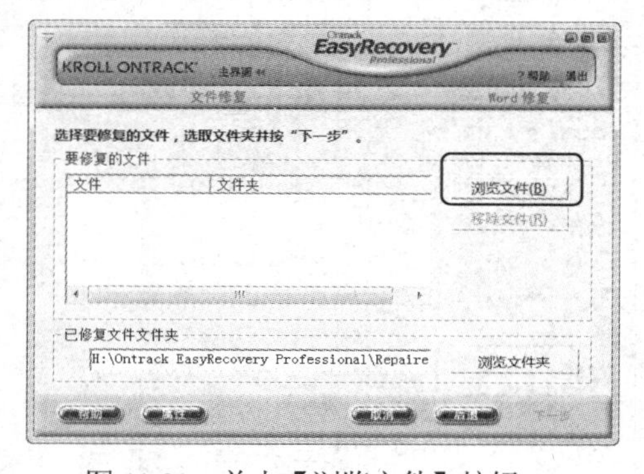

图 11-81　单击【浏览文件】按钮

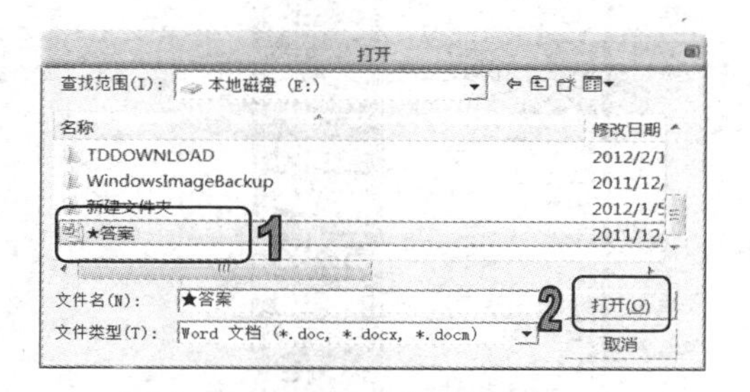

图 11-82　选择要修复的文档

(5) 在【已修复文件文件夹】文本框中，输入用于保存 Word 文件修复后的文件夹路径后，单击【下一步】按钮即可执行 Word 文件的修复，如图 11-83 所示。

(6) 完成 Word 文件的修复操作后，在打开的对话框中单击【完成】按钮即可，如图 11-84 所示。

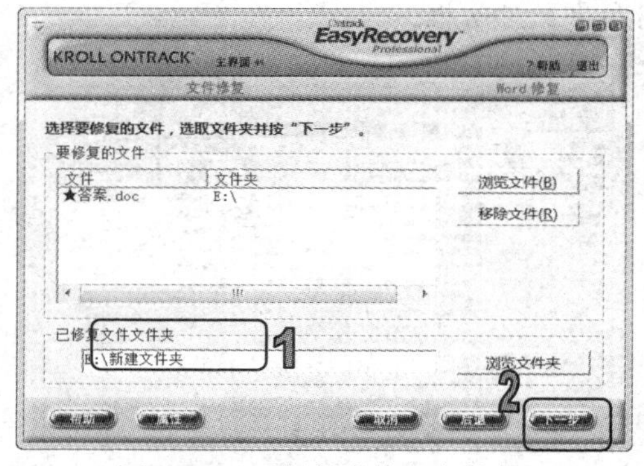

图 11-83　选择保存修复文件夹

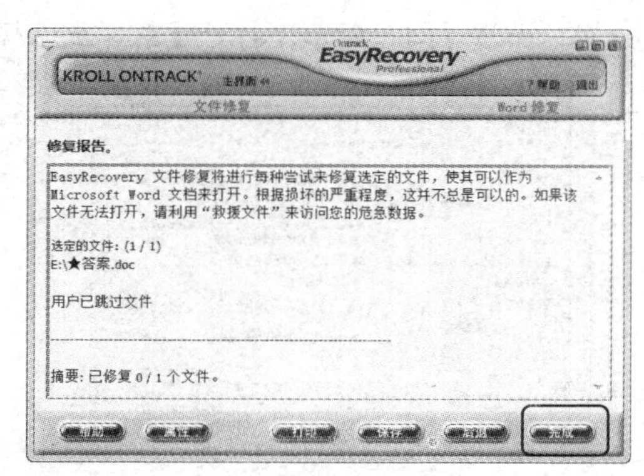

图 11-84　单击【完成】按钮

11.8 上机练习

本章的上机实验主要练习配置 Windows 7 防火墙的出站规则，和使用 EasyRecovery 修复损坏的 Excel 表格，帮助用户更好地掌握 Windows 7 防火墙的基本操作方法和技巧，以及 EasyRecovery 的使用方法。

11.8.1 配置应用程序的出站规则

【例 11-12】Windows 7 防火墙中可以配置应用程序的出站规则，安全性比第三方防火墙软件更强大。

(1) 选择【开始】|【控制面板】命令，打开【控制面板】窗口，如图 11-85 所示。

(2) 如图 11-86 所示，在【控制面板】窗口中单击【Windows 防火墙】图标，打开【Windows 防火墙】窗口。

图 11-85 选择【控制面板】命令

图 11-86 单击【Windows 防火墙】图标

(3) 单击左侧窗格中的【高级设置】链接，如图 11-87 所示，打开【高级安全 Windows 防火墙】窗口。

(4) 单击窗口左侧的【出站规则】选项，展开【出站规则】节点，然后单击右侧的【新建规则】选项，如图 11-88 所示，打开【新建出站规则向导】对话框。

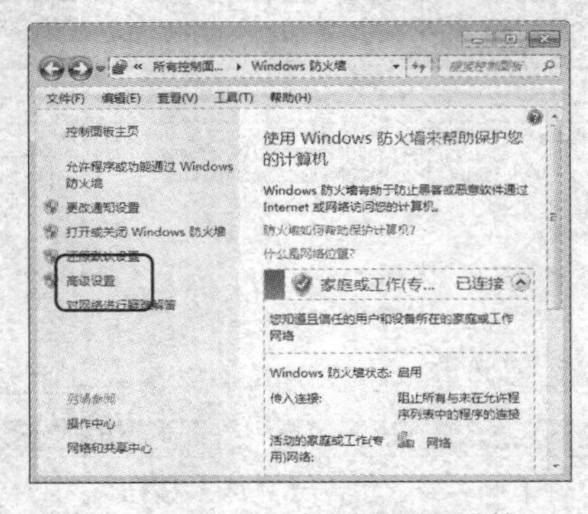

图 11-87 单击【高级设置】链接

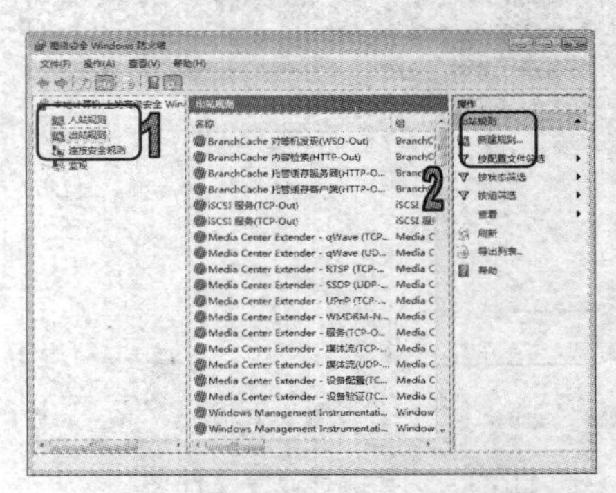

图 11-88 单击【新建规则】选项

(5) 选中【程序】单选按钮，然后单击【下一步】按钮，如图 11-89 所示。

(6) 打开【程序】窗口，选中【此程序路径】单选按钮，然后在其下方的文本框中输入要建立的出站规则程序的路径，单击【下一步】按钮，如图 11-90 所示。

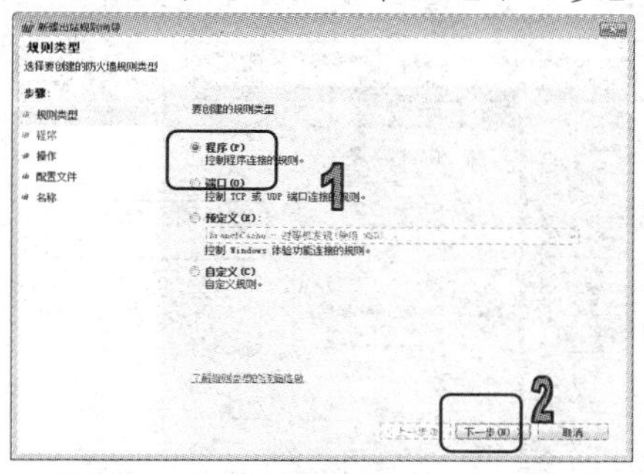

图 11-89　选中【程序】单选按钮

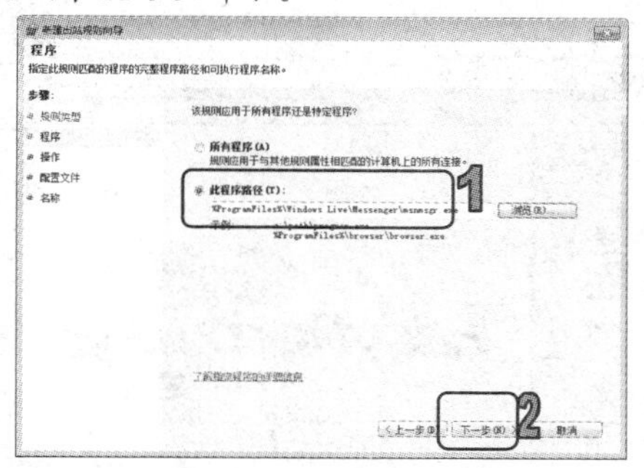

图 11-90　选中【此程序路径】单选按钮

(7) 打开【操作】对话框，在该对话框中默认选中【阻止连接】单选按钮，保持默认设置，然后单击【下一步】按钮打开【配置文件】对话框，选择规则关联并应用的配置文件。如域、专用以及公用配置文件，分别对应 Windows 7 不同的网络环境生效，单击【下一步】按钮，如图 11-91 所示。

(8) 打开【名称】对话框，在该对话框中设置该规则的名称和描述，最后单击【完成】按钮，如图 11-92 所示。

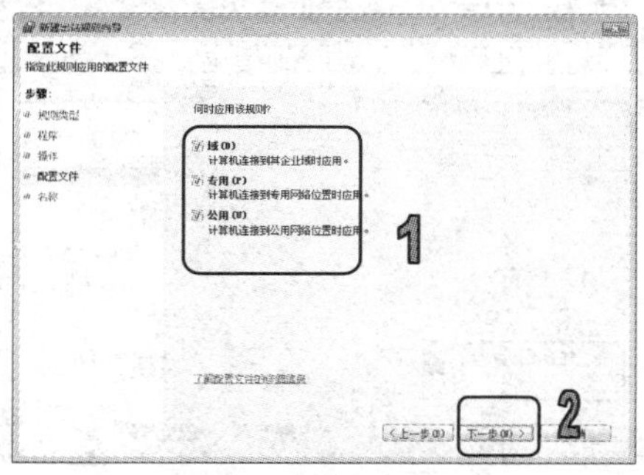

图 11-91　选择规则应用

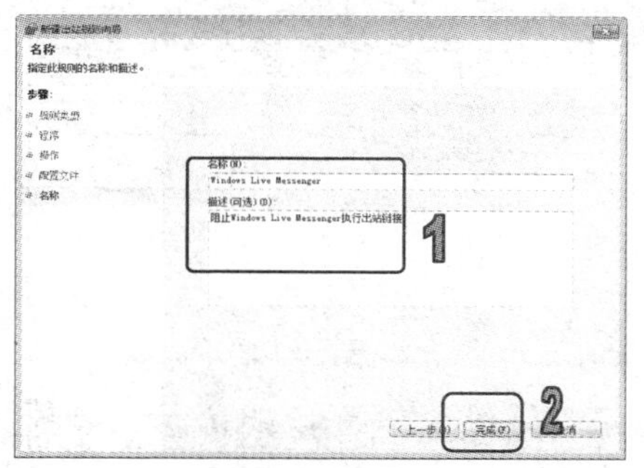

图 11-92　设置规则的名称和描述

提示

完成出站规则的建立后，此时当用户再次尝试登录 Windows Live Messenger 时，将打开提示对话框，提示用户无法完成登录。

11.8.2　修复损坏的 Excel 表格

【例 11-13】当用户的 Excel 工作表格出现错误时，可以使用 EasyRecovery 修复这些损坏的 Excel 表格。

(1) 启动 EasyRecovery，在主界面中选择【文件修复】选项，如图 11-93 所示。

(2) 在【文件修复】选项区域中，单击【Excel 修复】按钮，打开【Excel 修复】对话框，如图 11-94 所示。

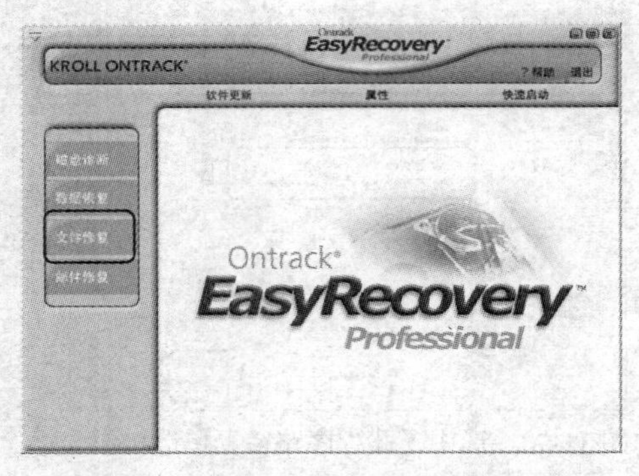

图 11-93　选择【文件修复】选项

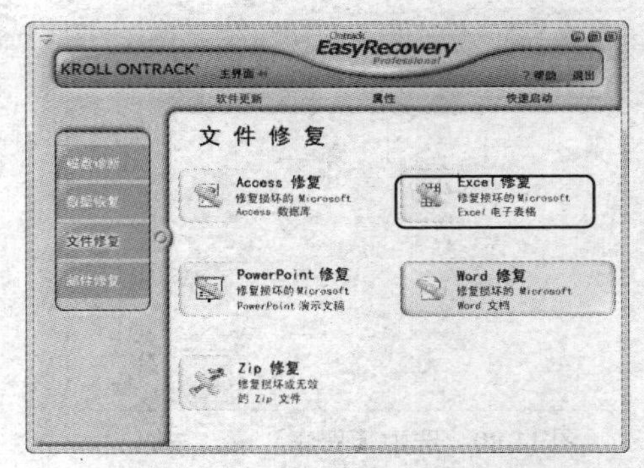

图 11-94　单击【Excel 修复】按钮

(3) 单击【浏览文件】按钮，如图 11-95 所示，打开【打开】对话框。

(4) 选择要修复的 Excel 文档文件，然后单击【打开】按钮返回【Excel 修复】对话框，在【已修复文件文件夹】文本框中，输入用于保存 Excel 文件修复后的文件夹路径后，单击【下一步】按钮即可执行 Excel 文件的修复，如图 11-96 所示。

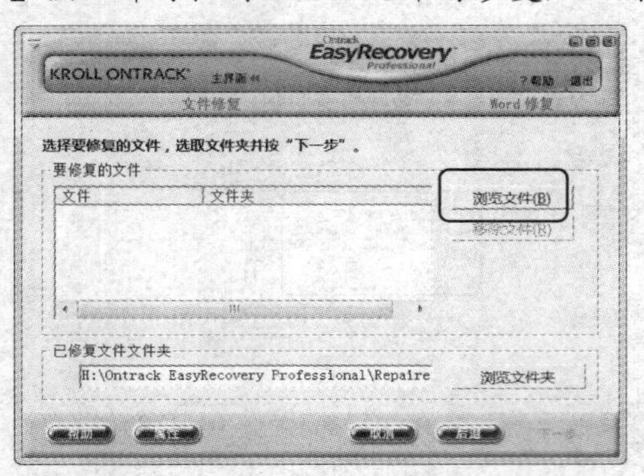

图 11-95　单击【浏览文件】按钮

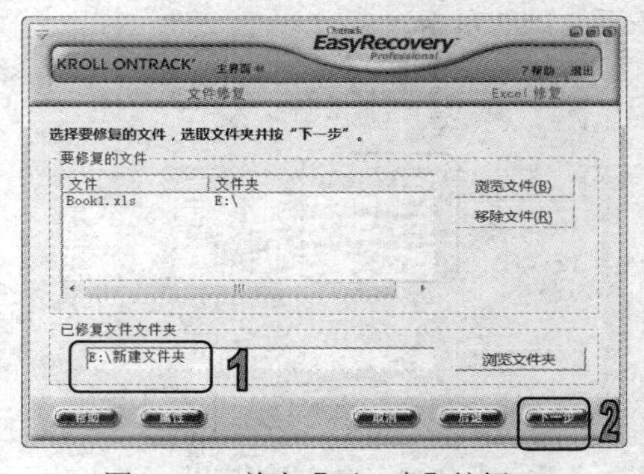

图 11-96　单击【下一步】按钮

(5) 完成 Excel 文件的修复操作后，单击【完成】按钮即可。

11.9　习题

1．如何设置自动更新补丁？

2．怎样关闭 Windows 防火墙？

3．分别使用 360 安全卫士和 360 杀毒查杀计算机中的木马和病毒。

Windows 7 中的常用工具软件

学习目标

在实际应用中，计算机中除了一些必备的系统软件外往往还需要许多工具软件，以帮助用户查看和管理计算机中的资源。例如压缩和解压缩软件 WinRAR、图片浏览软件 ACDSee、语言翻译软件金山词霸、办公软件 Office 2003 等。本章将重点介绍 Windows 7 常用工具软件的相关知识。

本章重点

- 使用 WinRAR 压缩文件
- 使用 ACDSee 浏览图片
- 使用软件播放影音文件
- 使用软件翻译文件
- 使用 Office 软件

12.1 压缩软件 WinRAR

为了节省空间或者便于管理，常将一些文件进行压缩后，保存在计算机中。用户要查看这些文件，就要先将其解压，此时就需要用到压缩和解压缩软件。WinRAR 是目前最流行的一款文件压缩软件，其界面友好，使用方便，能够创建自解压文件，修复损坏的压缩文件，支持加密功能。目前网上下载的大部分软件都是使用 WinRAR 压缩过的文件。

12.1.1 压缩文件

要想使用 WinRAR，就要先安装该软件，WinRAR 的安装文件用户可通过 Internet 下载。

安装过 WinRAR 软件后，就可以对文件进行压缩。使用 WinRAR 压缩文件有两种方法，一种是通过 WinRAR 的主界面来压缩，另一种是直接使用右键快捷菜单来压缩。

1．通过 WinRAR 的主界面压缩文件

【例 12-1】通过 WinRAR 的主界面来压缩文件。

(1) 选择【开始】|【所有程序】|WinRAR|WinRAR 命令，打开 WinRAR 程序的主界面，如图 12-1 所示。

(2) 单击【路径】文本框最右侧的按钮，选择要压缩的文件夹的路径，然后在下面的列表中选择要压缩的多个文件，然后单击工具栏中的【添加】按钮，如图 12-2 所示。

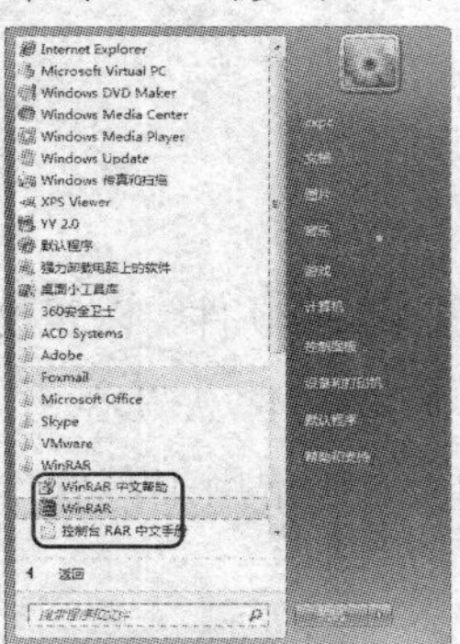

图 12-1　选择 WinRAR 命令

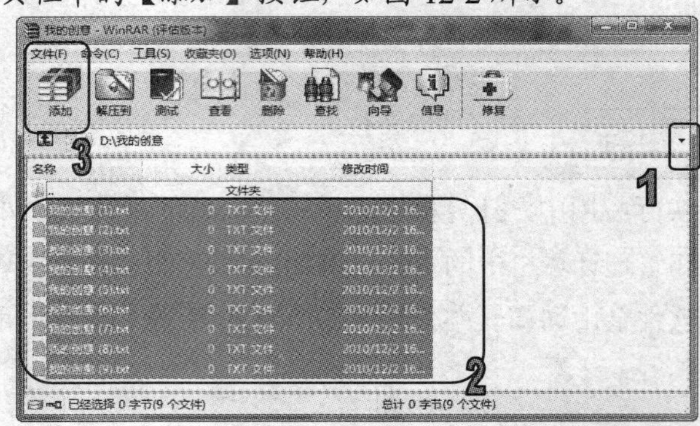

图 12-2　选择压缩文件

(3) 打开【压缩文件名和参数】对话框，在【压缩文件名】文本框中输入压缩文件名称，然后单击【确定】按钮，即可开始压缩文件，如图 12-3 所示。

(4) 压缩完成后，压缩后的文件将默认和源文件存放在同一目录下，如图 12-4 所示。

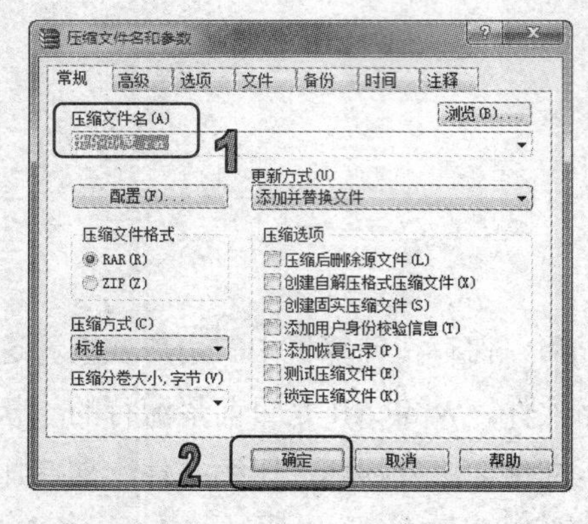

图 12-3　【压缩文件名和参数】对话框

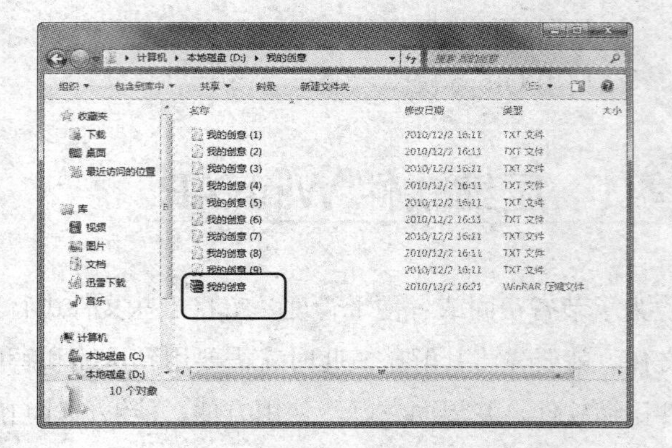

图 12-4　压缩完毕

在【压缩文件名和参数】对话框的【常规】选项卡中有【压缩文件名】、【压缩方式】、【压缩分卷大小，字节】、【更新方式】和【压缩选项】等选项区域，这些选项区域的功能如下。

- 【压缩文件名】选项区域：单击【浏览】按钮，可选择一个已经存在的压缩文件，此时 WinRAR 会将新添加的文件压缩到这个已经存在的压缩文件中，另外，用户还可输入新的压缩文件名。
- 【压缩方式】选项区域：一般选择标准选项即可。
- 【压缩分卷大小，字节】选项区域：当把一个较大的文件分成几部分来压缩时，可在这里指定每一部分文件的大小。
- 【更新方式】选项区域：选择压缩文件的更新方式。
- 【压缩选项】选项区域：用户可在这里进行多项选择，例如压缩完成后是否删除源文件等。

2. 通过右键快捷菜单压缩文件

WinRAR 成功安装后，系统会自动在右键快捷菜单中添加压缩和解压缩文件的命令，以方便用户使用。

如果要压缩文件夹，用户可以右击文件夹，在弹出的快捷菜单中选择【添加到“我的图片.rar”】命令，系统即可自动开始压缩文件，如图 12-5 所示。压缩完成后，仍然默认和源文件存放在同一目录中。

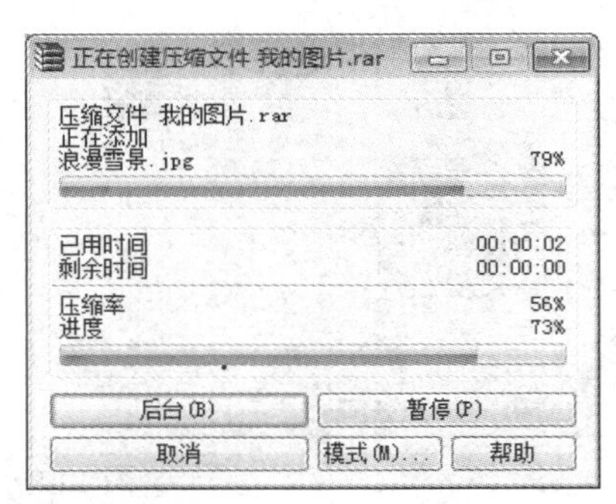

图 12-5　使用右键快捷菜单压缩文件

12.1.2　解压缩文件

压缩文件必须要解压缩才能查看，要解压缩文件，用户可采用以下几种方法。

1. 通过 WinRAR 的主界面解压缩文件

通过 WinRAR 的主界面可以将压缩文件解压到指定的文件夹中。方法是单击【路径】文本框最右侧的按钮，选择压缩文件的路径，并在下面的列表中选择要解压的文件，然后单击【解压到】按钮，如图 12-6 所示。打开【解压路径和选项】对话框，在【目标路径】下拉列表框中进行适当的设置后，单击【确定】按钮，即可将该压缩文件解压到指定的文件夹中，如图 12-7 所示。

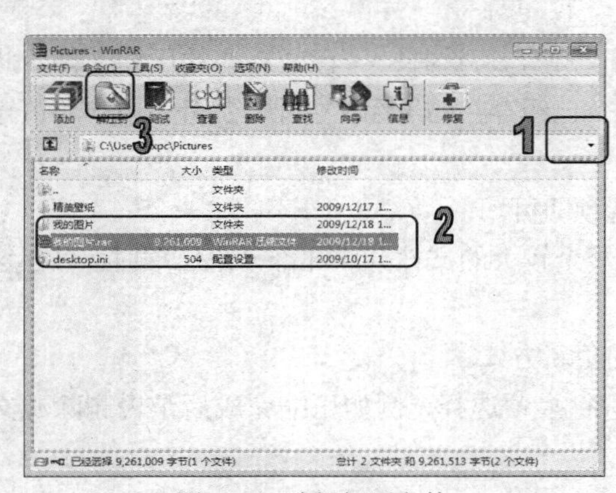

图 12-6　选择解压文件

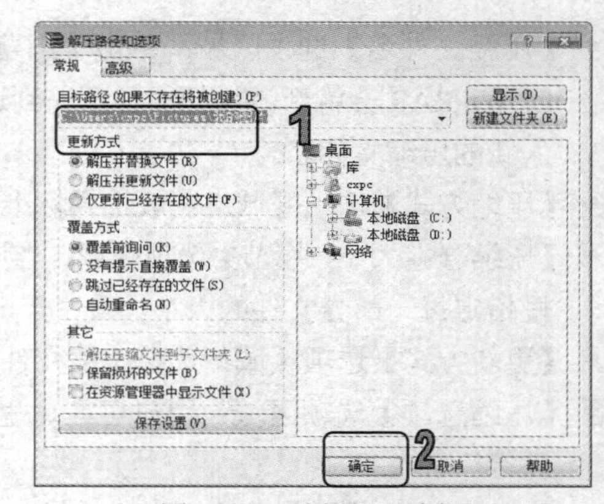

图 12-7　选择解压路径

2．直接双击压缩文件进行解压

直接双击压缩文件，可打开 WinRAR 的主界面，同时该压缩文件会被自动解压，并将解压后的文件显示在 WinRAR 主界面的文件列表中，如图 12-8 所示。

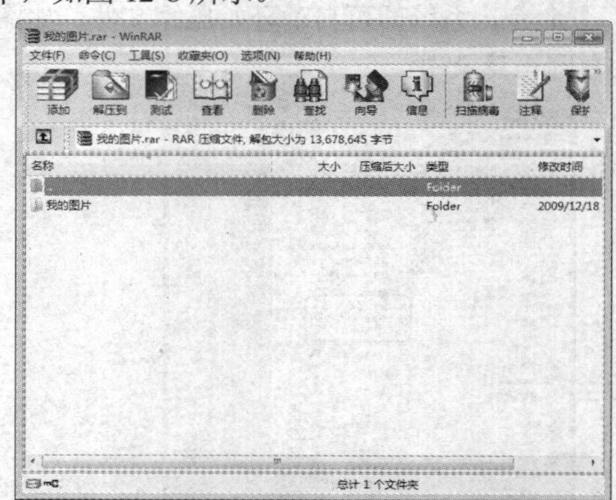

图 12-8　双击解压文件

3．使用右键快捷菜单解压文件

右击要解压的文件，在弹出的快捷菜单中有【解压文件】、【解压到当前文件夹】和【解压到】等 3 个相关命令可供选择，它的具体功能如下。

- 选择【解压文件】命令，可打开【解压路径和选项】对话框，在该对话框中，用户可对解压后文件的具体参数进行设置，例如【目标路径】、【更新方式】等。设置完成后，单击【确定】按钮，即可开始解压文件。
- 选择【解压到当前文件夹】命令，系统按照默认设置，将该压缩文件解压到当前目录中。
- 选择【解压到】命令，可将压缩文件解压到当前目录中，并将解压后的文件保存在和压缩文件同名的文件夹中。

12.1.3　加密压缩文件

对于一些不想让别人看到的文件，用户可将其压缩并进行加密，其他用户要想查看必须要输入正确的密码才行。

【例 12-2】将【我的日记】文件夹压缩为同名文件，并进行加密。

(1) 右击【我的日记】文件夹，在弹出的快捷菜单中选择【添加到压缩文件】命令，如图 12-9 所示，打开【压缩文件名和参数】对话框。

(2) 在该对话框中切换至【高级】选项卡，然后单击【设置密码】按钮，如图 12-10 所示。

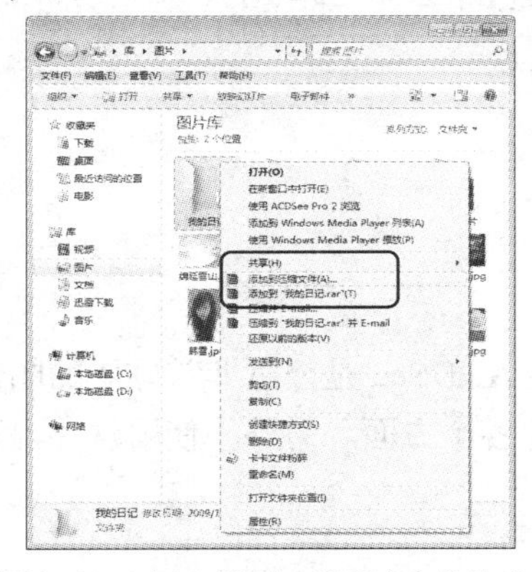

图 12-9　选择【添加到压缩文件】命令

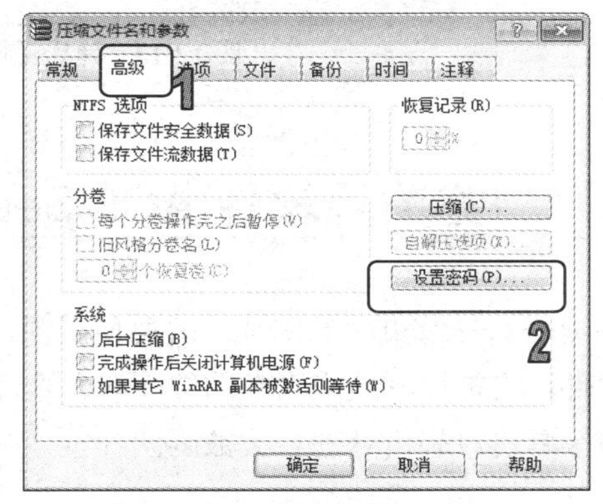

图 12-10　单击【设置密码】按钮

(3) 打开【带密码压缩】对话框，在相应的文本框中输入两次密码，然后单击【确定】按钮，如图 12-11 所示。

(4) 返回【压缩文件名和参数】对话框，再次单击【确定】按钮，开始压缩文件，如图 12-12 所示。

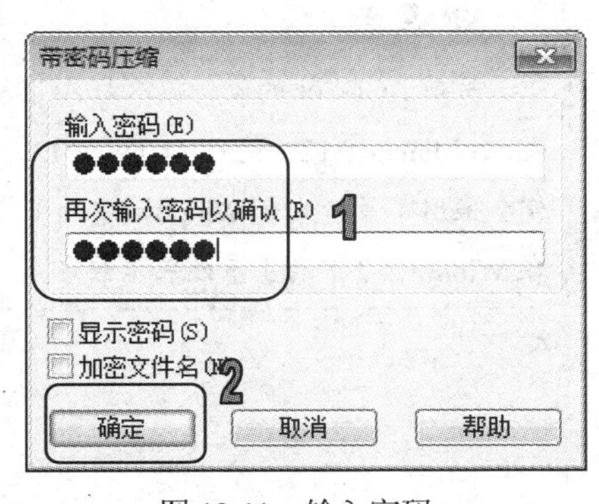

图 12-11　输入密码

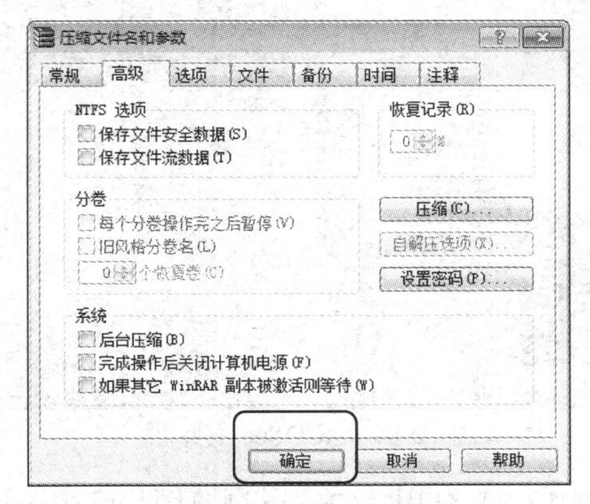

图 12-12　单击【确定】按钮

(5) 文件压缩完成后，当要解压此压缩文件时，系统会打开【输入密码】对话框，用户必须输入正确的密码，才能查看文件，如图 12-13 所示。

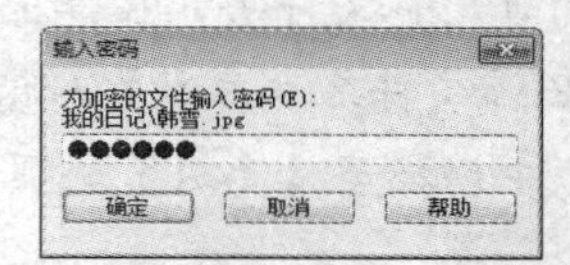

图 12-13　弹出【输入密码】对话框

12.2　浏览图片软件 ACDSee

用户要查看计算机中的图片，就要使用图片查看软件。ACDSee 是一款非常好用的图像查看处理软件，它被广泛地应用在图像获取、管理以及优化等各个方面。另外，使用软件内置的图片编辑工具可以轻松处理各类数码图片。

12.2.1　浏览图片

ACDSee 提供了多种查看方式供用户浏览图片，用户在安装 ACDSee 软件后，双击桌面上的软件图标，即可启动 ACDSee。如图 12-14 为 ACDSee 主界面。

图 12-14　ACDSee 主界面

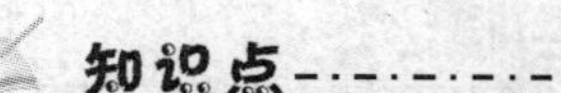

知识点

目前 ACDSee 的最新版本为 ACDSee Photo Manager 12，简称 ACDSee 12。它完全采用了最新兼容 Windows 7 的架构，在 Windows 7 下的显示效果非常好。

【例 12-3】使用 ACDSee 浏览图片库中图片。

(1) 启动 ACDSee，在其主界面左侧的【文件夹】列表中依次选择【桌面】|【库】|【图片】|【我的图片】|【精美图片】选项。

(2) 此时在软件主界面中间的文件区域，将显示【精美图片】文件夹中的所有图片。

(3) 双击其中的【汽车】图片，即可放大查看该图片，如图 12-15 所示。

图 12-15　浏览图片

12.2.2　编辑图片

使用 ACDSee 不仅能够浏览图片，还可以对图片进行简单编辑，下面通过实例介绍使用 ACDSee 编辑图片的方法。

【例 12-4】使用 ACDSee 编辑图片。

(1) 启动 ACDSee，在其主界面左侧的【文件夹】列表中依次选择【桌面】|【计算机】|【本地磁盘(D:)】|【精美壁纸】选项。

(2) 双击名为【春意盎然】的图片，如图 12-16 所示。

(3) 打开图片管理器，单击左侧工具条中的【自动曝光】按钮，如图 12-17 所示。

图 12-16　打开图片

图 12-17　单击【自动曝光】按钮

(4) 打开【编辑面板：自动色阶】窗口，在【预设值】下拉列表框中选择【提高对比度】选项，然后拖动其下方的【强度】滑块，可调整曝光的强度，设置完成后，单击【完成】按钮，如图 12-18 所示。

(5) 返回图片管理器窗口，单击工具条中的【裁剪】按钮，如图 12-19 所示，打开【编辑面板：裁剪】窗口。

图 12-18　编辑自动色阶

图 12-19　单击【裁剪】按钮

(6) 在打开的窗口中，用户可拖动图片显示区域的 8 个控制点来选择图像的裁剪范围，选择完成后，单击【完成】按钮，完成图片的裁剪，如图 12-20 所示。

(7) 编辑完成后，单击【保存】按钮，即可对图片进行保存，如图 12-21 所示。

图 12-20　裁剪图片

图 12-21　保存图片

12.2.3　批量重命名图片

ACDSee 有一个重命名的功能，如果用户需要一次对大量的图片进行统一的命名，可以使用 ACDSee 的批量重命名功能快速重命名一个系列图片的名称，这样大大降低了重命名的重复繁琐操作。

启动 ACDSee，在其主界面左侧的【文件夹】列表中依次选择【桌面】|【计算机】|【本地磁盘(D:)】|【素材】选项，按 Ctrl+A 组合键，选定【素材】文件夹中的所有图片，然后选择【工具】|【批量重命名】命令，打开【批量重命名】对话框，如图 12-22 所示。

选中【使用数字替换 #】单选按钮，在【开始于】微调框中设置数值为“1”，在【模板】文本框中输入新图片名称“花语###”，此时在【预览】列表框中将会显示重命名前后的图片名称，然后单击【开始重命名】按钮，系统开始批量重命名图片，如图 12-23 所示。

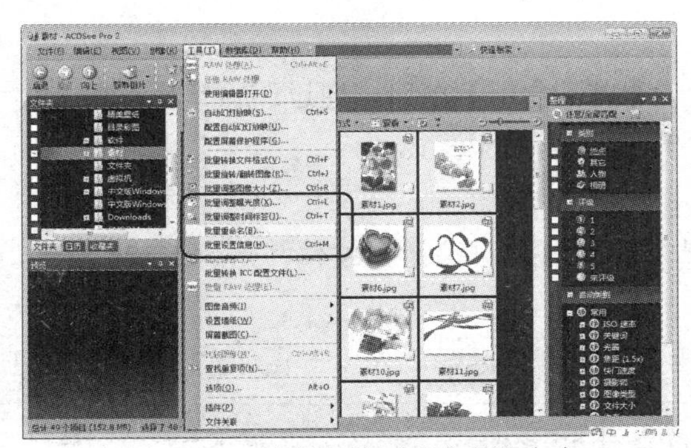

图 12-22　选择【批量重命名】命令

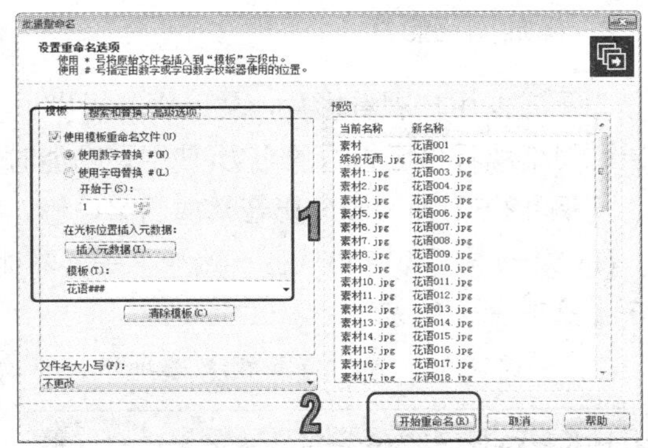

图 12-23　重命名设置

12.3　影音播放软件暴风影音

暴风影音是目前最为流行的影音播放软件。它支持多种视频文件格式的播放，使用领先的 MEE 播放引擎，播放更加清晰流畅。在日常使用中，暴风影音无疑是播放影音文件的理想选择。

12.3.1　播放影片

暴风影音具有强大的视频播放功能，使用暴风影音不仅能够播放本地影音文件，还可播放网络影音文件。目前暴风影音的最新版本为 2012 在线高清版。

1. 播放本地影音文件

暴风影音安装后，系统中视频文件的默认打开方式一般会自动变更为使用暴风影音打开(如果默认打开方式不是暴风影音，用户可右击视频文件，选择【打开方式】命令，将默认打开方式设置为暴风影音)，此时直接双击该视频文件即可开始使用暴风影音进行播放。

用户也可以使用操作界面来播放本地影音文件。启动暴风影音，单击【正在播放】按钮右边的倒三角按钮，在弹出的下拉菜单中选择【打开文件】命令，如图 12-24 所示。在【打开】对话框中选择需要播放的本地影音文件，然后单击【打开】按钮，即可播放该影音文件，如图 12-25 所示。

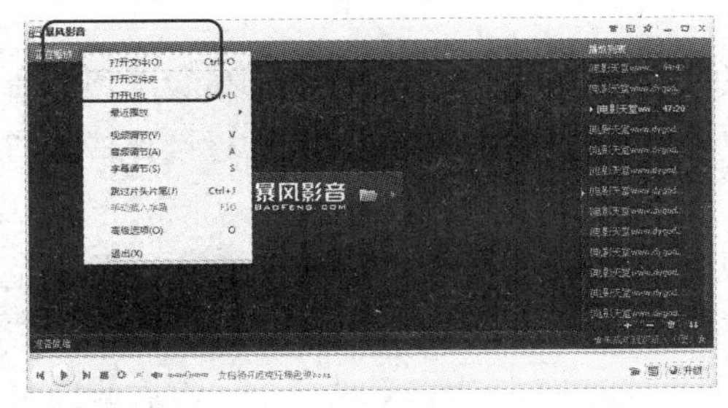

图 12-24　选择【打开文件】命令

图 12-25　选择影音文件

2．播放网络影片

为了方便用户观看影片，暴风影音提供了一个【暴风盒子】窗口，通过该窗口用户可方便地通过网络观看自己想看的电影(使用该功能时计算机需要联网)。

【例 12-5】使用暴风影音播放网络电影。

(1) 启动暴风影音播放器，然后单击其界面右下角的【暴风盒子】按钮，如图 12-26 所示，打开【暴风盒子】窗口。

(2) 在该窗口中选择【影视】选项卡，可打开关于电影信息的页面，如图 12-27 所示。

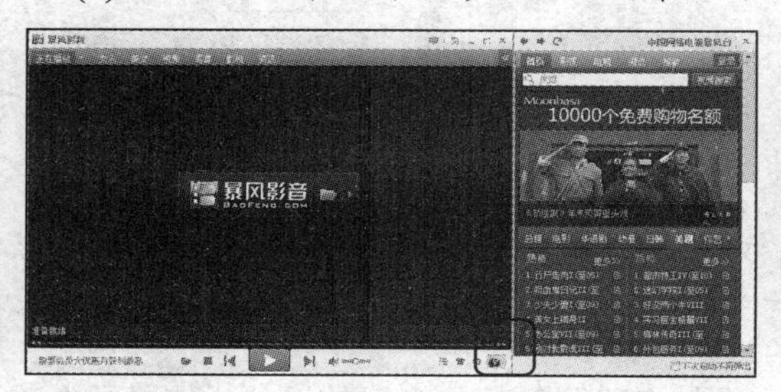

图 12-26　单击【暴风盒子】按钮

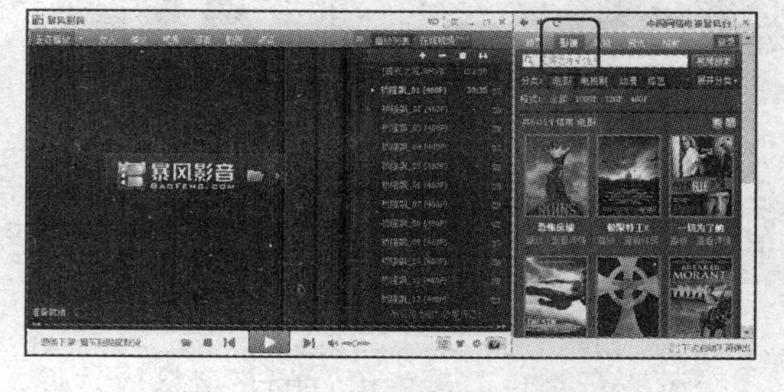

图 12-27　选择【影视】选项卡

(3) 拖动右侧的滚动条，用户可看到该页面推荐的多个电影，单击其中的一个，即可开始自动播放，如图 12-28 所示。

图 12-28　播放网络电影

12.3.2　设置暴风影音

使用暴风影音播放影片时，单击主界面右上角的【主菜单按钮】，选择【高级选项】命令，可打开【高级选项】对话框。在该对话框中用户可对暴风影音的各项参数进行设置，如图 12-29 所示。

如果用户想要对暴风影音的基本播放选项进行设置，可在【高级选项】对话框中，单击左侧的【基本】选项，打开【基本】选项卡，然后可在右侧设置各项参数，如图 12-30 所示。若要调节电影的声音效果，可单击左侧的【扬声器】选项，打开【扬声器】选项卡，在右侧即可

选择声音效果，如图 12-31 所示。

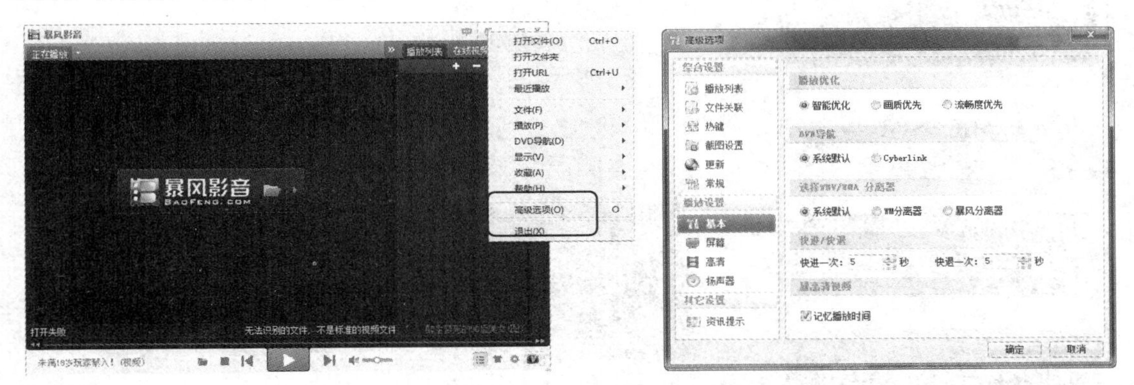

图 12-29　打开【高级选项】对话框

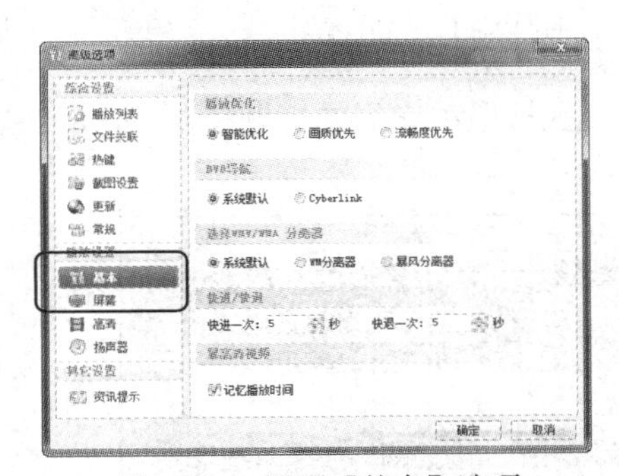

图 12-30　设置【基本】选项

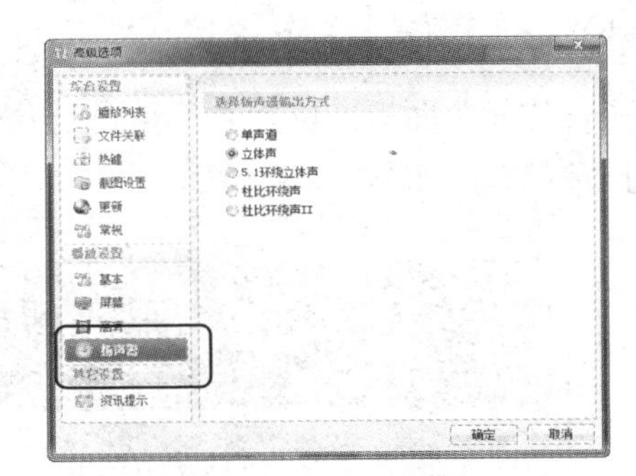

图 12-31　设置【扬声器】选项

12.4　音乐播放软件千千静听

千千静听是目前比较流行的一个音乐播放软件，它以独特的界面风格和强大的功能，深受音乐爱好者的喜爱。

12.4.1　播放界面

要使用【千千静听】播放器来收听音乐，必须先要在计算机上安装【千千静听】播放器软件，安装完毕后启动【千千静听】播放器，其操作界面如 12-32 所示。其主界面共有 4 个面板组成，分别是【主控制界面】、【均衡器】、【播放列表】和【歌词秀】。在播放歌曲时，除了主控制界面外，其余各部分都可通过其右上角的【关闭】按钮将其关闭，而不影响音乐的播放。

在主控制界面的右下角有 3 个控制按钮，【列表】、【均衡器】和【歌词】，单击这些按钮，可关闭相应的面板，如图 12-33 所示。

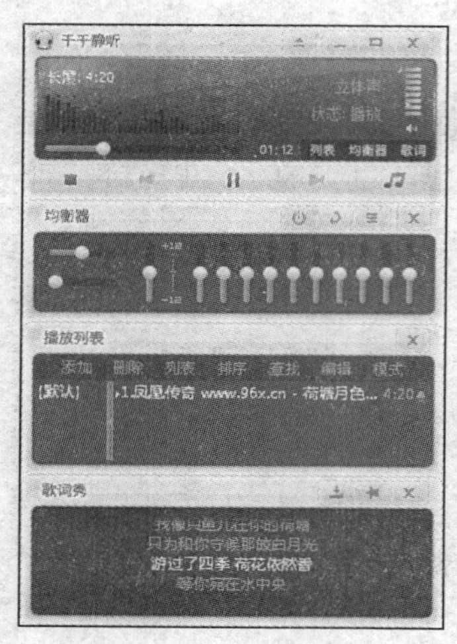

图 12-32　4 个操作主界面

图 12-33　控制按钮

此外，这 4 个面板的位置并不是固定不变的，通过鼠标拖动它们的标题栏部分，即可将其拖动到任意位置，如图 12-34 所示。

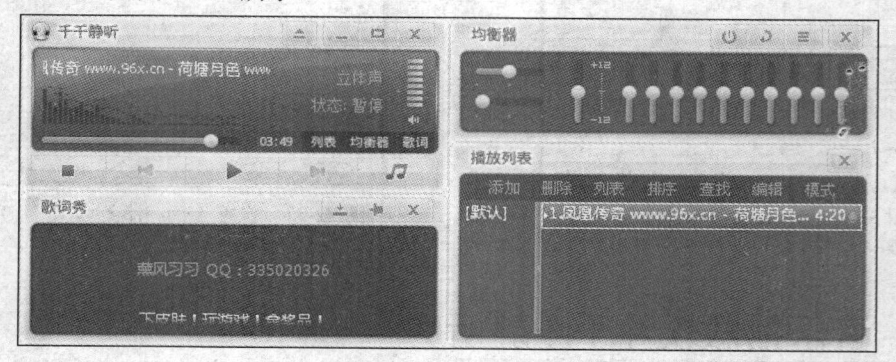

图 12-34 变换面板位置

12.4.2　播放音乐

一般情况下，当计算机中安装了【千千静听】播放器软件后，系统中的音乐文件会默认以【千千静听】的格式打开，如果没有默认以【千千静听】的格式打开，用户可采用以下方法来改变设置。

【例 12-6】将计算机中所有 MP3 格式的音频文件的默认打开方式修改为使用【千千静听】打开。

(1) 在某个 MP3 格式的音乐文件上右击，在弹出的快捷菜单中选择【打开方式】|【选择默认程序】命令，如图 12-35 所示。

(2) 在打开的【打开方式】对话框的【程序】列表中选择【千千静听】选项，然后选中【程序】列表下方的【始终使用选择的程序打开这种文件】复选框，单击【确定】按钮，如图 12-36 所示。

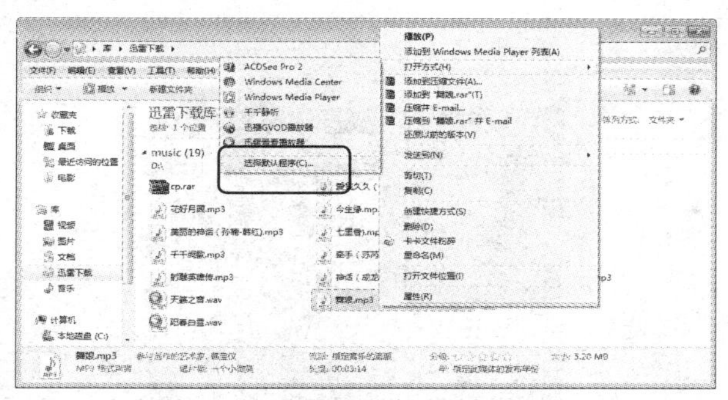

图 12-35　选择【选择默认程序】命令

图 12-36　选择打开方式

(3) 此时双击这些音乐文件，即可自动打开【千千静听】并播放该音乐。

知识点

在播放音乐时，默认情况下，【千千静听】会自动在网络上搜索歌词并同步显示。如果系统搜索到了多个与多播放音乐有关的歌词，则会打开【下载歌词】对话框，要求用户选择其中的一个进行下载，选择完成后，单击【下载】按钮即可。

12.4.3　创建播放列表

用户可为【千千静听】创建一个播放列表，列表中的音乐【千千静听】将会按照某种顺序自动进行播放。

要将一首歌曲添加到播放列表中，可在【播放列表】面板中单击【添加】按钮，选择【文件】命令，如图 12-37 所示，打开【打开】对话框。

在该对话框中选择要添加的歌曲，然后单击【打开】按钮，即可将该歌曲添加到播放列表中，如图 12-38 所示。

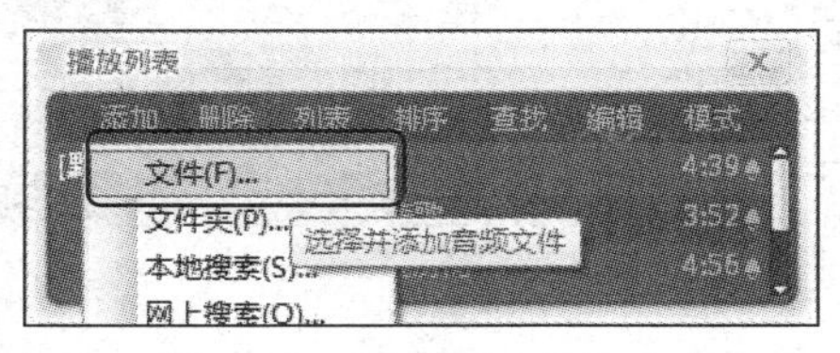

图 12-37　选择【文件】命令

图 12-38　添加一首歌到播放列表

用户若想将整个文件夹中的歌曲都添加到播放列表中，可在【播放列表】面板中选择【添加】|【文件夹】命令，在打开的【浏览文件夹】对话框中选择相应的文件夹即可，如图 12-39

所示。

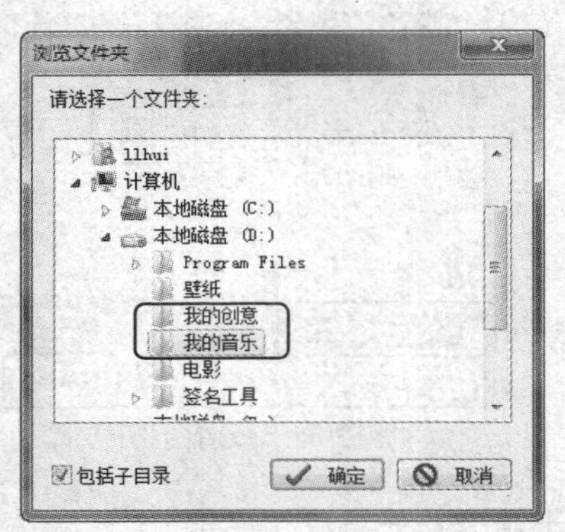

图 12-39　添加整个文件夹的歌曲到播放列表

12.5　翻译软件金山词霸

金山词霸是目前最流行的英语翻译软件之一，该软件可以实现中英文互译、单词发声、屏幕取词、定时更新词库以及生词本提供辅助学习等功能，对于英语不熟练的用户，利用该软件可以辅助学习英语。

12.5.1　中英文互译

使用金山词霸可以输入中文单词进行英文翻译，也可以输入英文单词进行中文解释。

【例 12-7】使用金山词霸进行中英文互译。

(1) 启动金山词霸后，单击主界面上的【翻译】选项卡，打开该选项卡窗口。

(2) 在上面的文本框中输入词语【欢迎】，设置为【中文(简体)】到【英语】，单击【翻译】按钮，即可进行英文翻译，如图 12-40 所示。

(3) 继续在上面的文本框中输入短语【来到我的家乡】，然后单击【翻译】按钮，可以翻译短语，如图 12-41 所示。

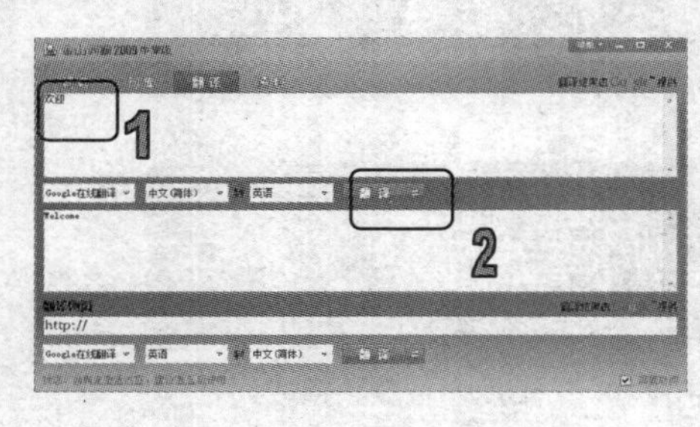

图 12-40　翻译中文词语

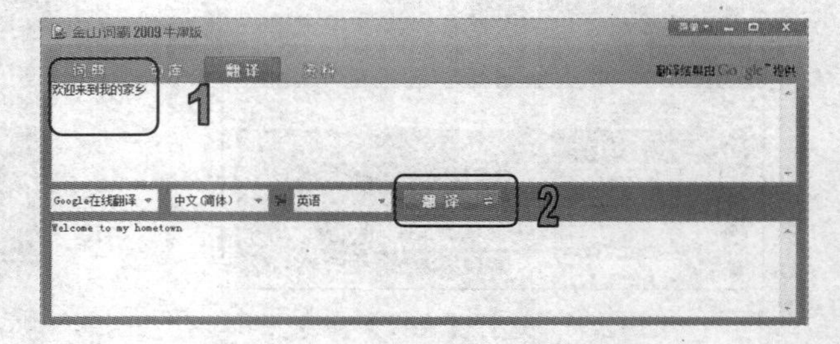

图 12-41　翻译中文短语

(4) 如果要翻译多个词语，可以使用逗号“，”分隔词语，例如输入【光驱，硬盘，显示器，键盘，鼠标，内存，中央处理器】，单击【翻译】按钮，即可翻译多个词语，如图 12-42

所示。单击【清空】按钮，可清空内容。

(5) 在上面的文本框中输入英文内容，设置为【英语】到【中文(简体)】，单击【翻译】按钮，可以进行中文解释，如图 12-43 所示。

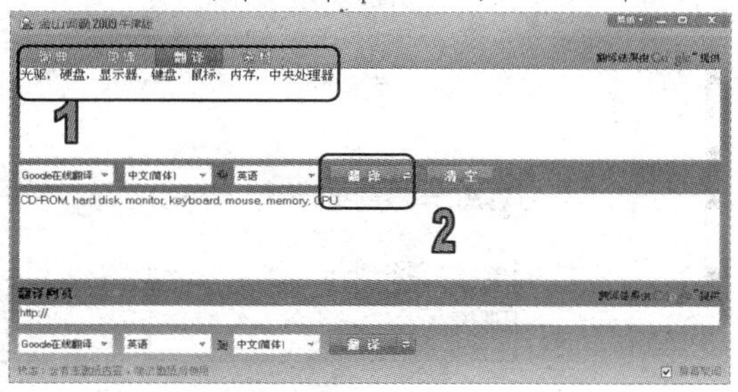

图 12-42 翻译多个词语

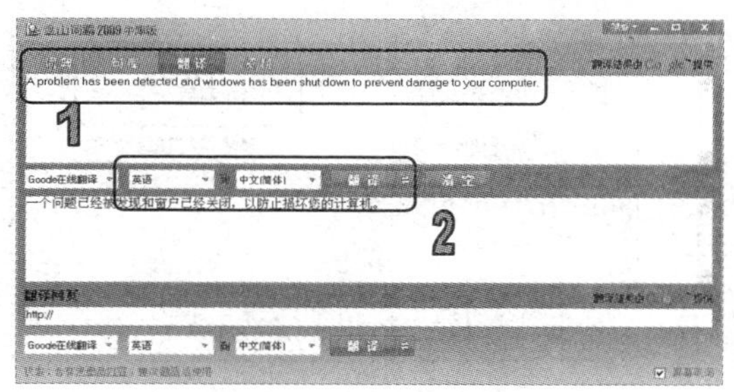

图 12-43 翻译英文

12.5.2 屏幕取词

金山词霸的屏幕取词功能是非常人性化的一个附加功能，只要将鼠标光标指向屏幕中的任何中、英字词时，金山词霸会出现浮动的取词条，用户可以方便地看到单词的音标、注释等相关内容。

【例 12-8】使用金山词霸屏幕取词功能。

(1) 设置金山词霸的屏幕取词功能，可以单击主界面右侧列表框中的【软件设置】链接，如图 12-44 所示。

(2) 打开【软件设置】对话框，选择【屏幕取词】选项卡，在【基本设置】选项区域中可以设置取词模式、延迟时间和窗口宽幅；在【控制选项】选项区域中可以设置屏幕取词功能相关的启动选项，如图 12-45 所示。

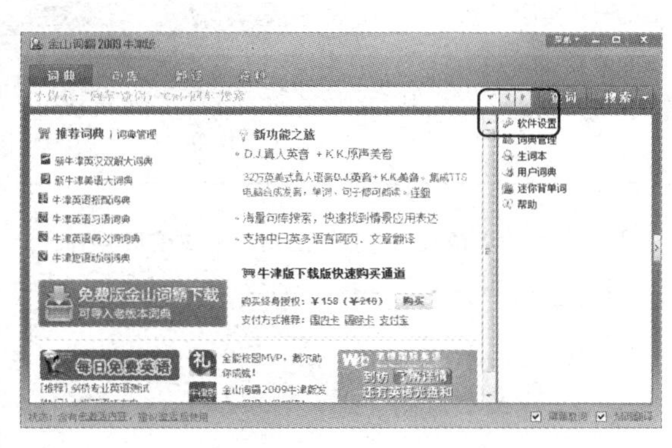

图 12-44 单击【软件设置】链接

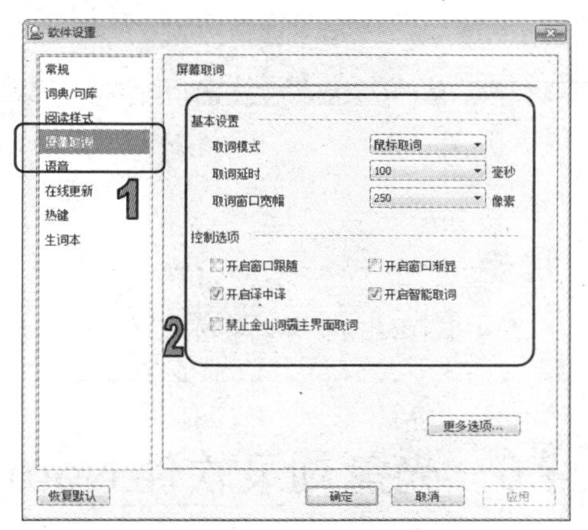

图 12-45 【屏幕取词】选项卡

(3) 单击【更多选项】按钮，打开【高级设置】对话框，可以设置取词窗口的显示内容。设置完成，单击【确定】按钮，即可保存设置，如图 12-46 所示。

(4) 将光标移至屏幕上的任意位置，金山词霸会自动搜索该位置是否含有词典中的单词，有则显示取词窗口，显示该单词的相关说明内容，如图 12-47 所示。

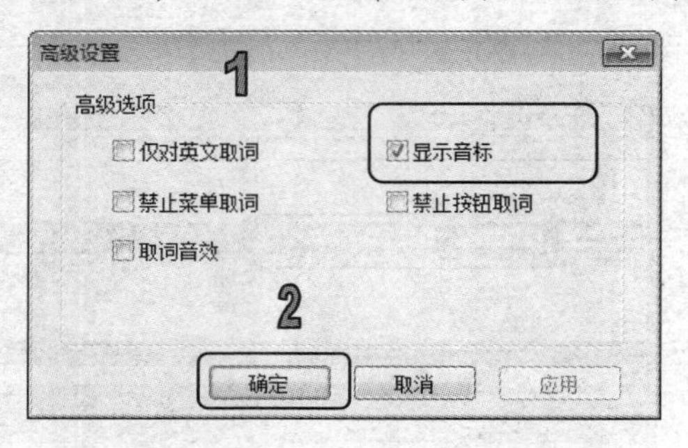

图 12-46 进行高级设置

图 12-47 屏幕取词

12.5.3 查询单词

使用金山词霸查询单词，可以显示该单词的一些详细解释，如果用户在学习英语，不妨使用金山词霸的词典进行学习。

用户可以在操作界面中选择【词典】选项卡，在查询栏中输入单词“电脑”，金山词霸会自动显示有关电脑的词语，按下 Enter 键，即可显示有关“电脑”的英文翻译，如图 12-48 所示。

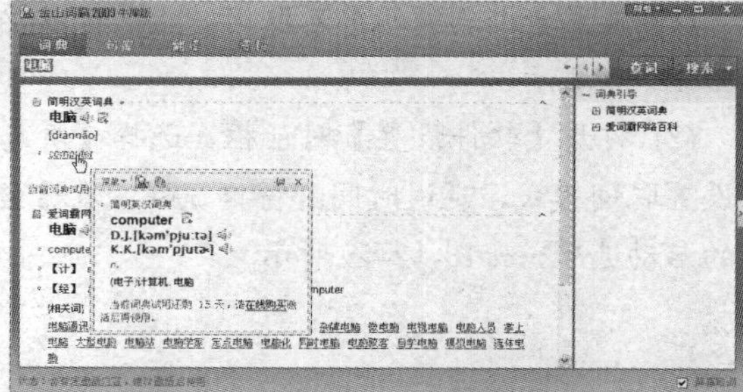

图 12-48 查询单词

提示

金山词霸还具有迷你背单词、翻译网页、日文翻译、中英文俗语成语大全等功能，用户可以实际操作。

12.6 光盘刻录软件 Nero

Nero Burning ROM 是一款非常实用的光盘刻录软件，可以实现在 CD 或 DVD 上存储数据、音乐和视频文件的功能。

12.6.1　刻录光盘

安装 Nero 后，可以将硬盘中的数据刻录成不同格式的光盘，例如数据光盘、音频光盘和视频光盘等。

【例 12-9】使用 Nero 刻录光盘。

(1) 在打开 Nero 的主界面中单击【新建】按钮，如图 12-49 所示，打开【新编辑】窗口。

(2) 在打开的窗口中单击【新建】按钮，打开 ISO1-Nero Burning ROM 对话框，选中需要刻录的文件，将选中的文件拖至【名称】选项组中，如图 12-50 所示。

图 12-49　单击【新建】按钮

图 12-50　选中需要刻录的文件

(3) 单击【刻录】按钮，打开【刻录编译】对话框，在【写入方式】下拉列表框中选择刻录方式，单击【刻录】按钮，如图 12-51 所示。

(4) 开始刻录，同时，在窗口中显示了刻录进度，如图 12-52 所示。

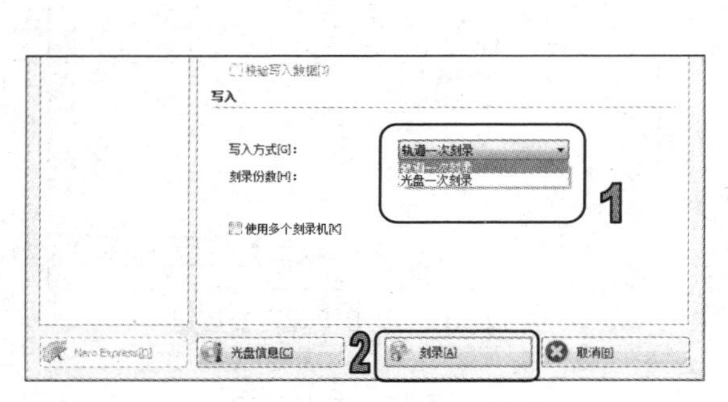

图 12-51　【刻录编译】对话框

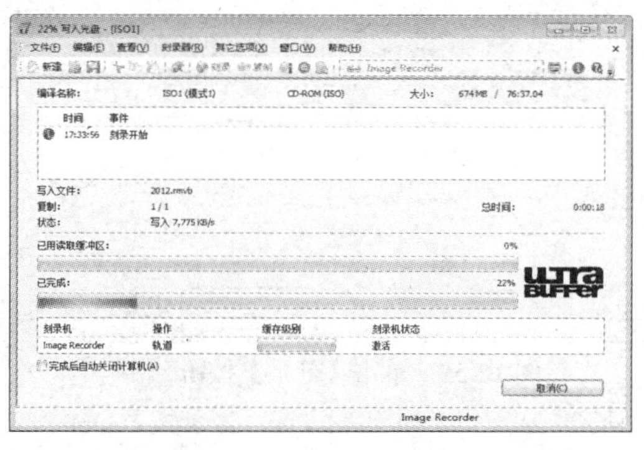

图 12-52　开始刻录

12.6.2　刻录音乐 CD

使用 Nero 可以很方便地创建各种类型的音乐 CD、DVD 影碟光盘，包括标准音频光盘、MP3 CD、WMA CD 和 Nero Digital Audio CD 等格式。

【例 12-10】使用 Nero 刻录音乐 CD。

(1) 启动 Nero 应用程序，在该界面左侧的列表中单击【音乐光盘】按钮，在右侧的区域中选择【音乐 CD 选项】选项卡，单击【新建】按钮，如图 12-53 所示。

(2) 打开【音乐 1-Nero Burning ROM】对话框，选中需要刻录的音乐文件，然后将其拖至对话框左侧的窗口中，单击【刻录】按钮，如图 12-54 所示。

图 12-53　单击【新建】按钮

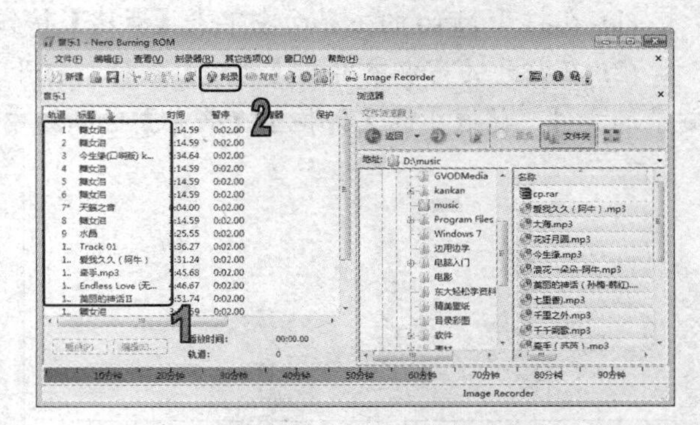

图 12-54　选中需要刻录的音乐文件

(3) 打开【刻录编译】对话框，在该对话框中设置刻录的相关选项，设置完成后，单击【刻录】按钮，如图 12-55 所示。

(4) 开始刻录文件，刻录完成后单击【确定】按钮，如图 12-56 所示。

图 12-55　单击【刻录】按钮

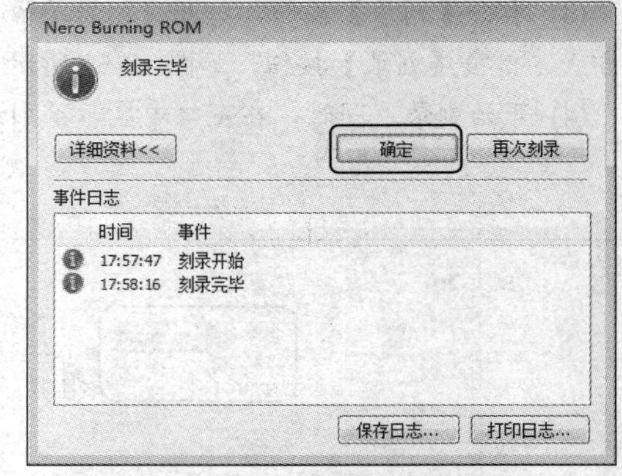

图 12-56　单击【确定】按钮

12.7　文件夹加密超级大师

数据加密是对信息及数据进行加密并保护，提高了数据的安全性和保密性，从而防止数据被外部窃取。使用数据加密软件不仅可对文件和文件夹加密，还能防止文件和文件夹被删除。文件夹加密超级大师就是一款专业的文件及文件夹加密软件，它可以加密任何文件，它采用独特的加密算法，使得被加密的文件难以破解。

12.7.1　加密文件

文件夹加密超级大师采用了独特的加密算法，根据用户输入的秘密，对数据加密，输入的密码不同，被加密的文件也会不同，这样使得被加密的文件难以破解。

【例 12-11】使用文件夹加密超级大师加密文件。

(1) 启动【文件夹加密超级大师】应用程序。单击工具栏上的【文件加密】按钮，打开【打开】对话框，选择要加密的文件，然后单击【打开】按钮，如图 12-57 所示。

(2) 打开【加密】对话框，输入加密密码，并选中【金钻】单选按钮，然后单击【加密】按钮，如图 12-58 所示。

图 12-57　选择加密文件

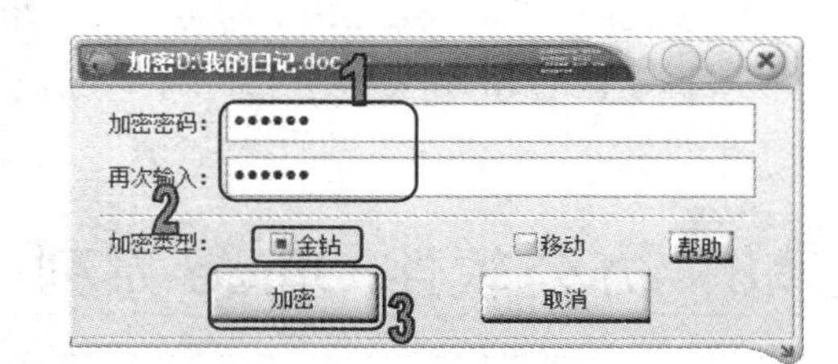

图 12-58　【加密】对话框

(3) 此时软件开始对文件进行加密，并且显示加密进度，如图 12-59 所示。

(4) 加密完成后，在主界面中显示加密文件的名称及路径，如图 12-60 所示。

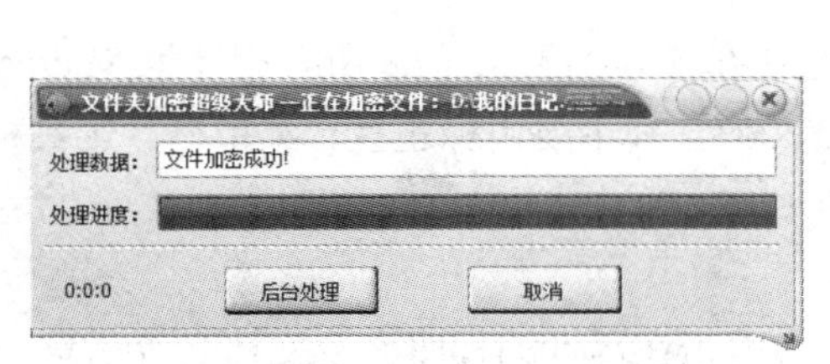

图 12-59　显示加密进度

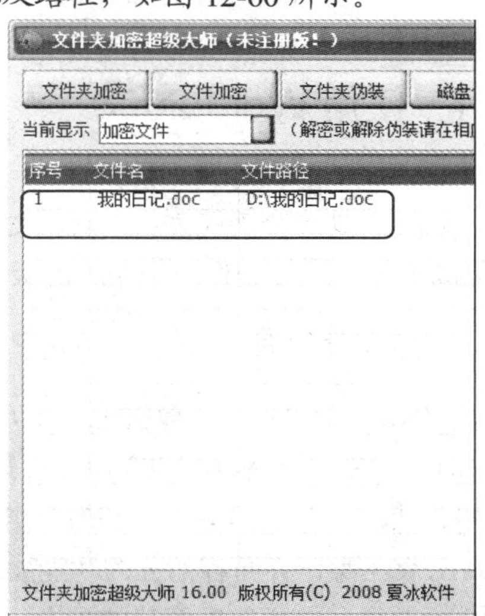

图 12-60　显示加密文件

12.7.2 解密文件

如果要查看加密后的文件或文件夹，必须对其进行解密操作。使用文件夹加密超级大师解密文件和文件夹的方法与加密文件的方法相似。

【例 12-12】使用文件夹加密超级大师解密文件。

(1) 打开加密文件所在路径，双击【我的日记】文件。

(2) 打开【请输入密码】对话框，输入密码，然后单击【解密】按钮，如图 12-61 所示。

(3) 此时即可对文件进行解密操作，并显示解密进度，如图 12-62 所示，解密成功后，双击该文件，即可打开并查看文件内容。

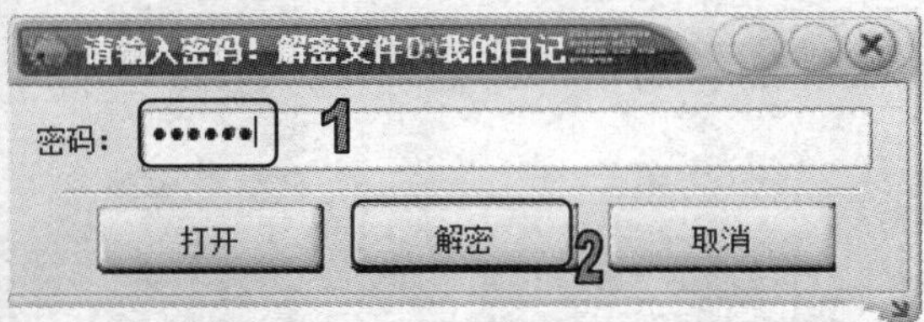

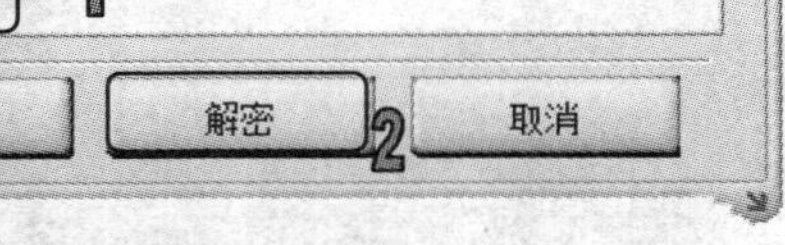

图 12-61 输入密码

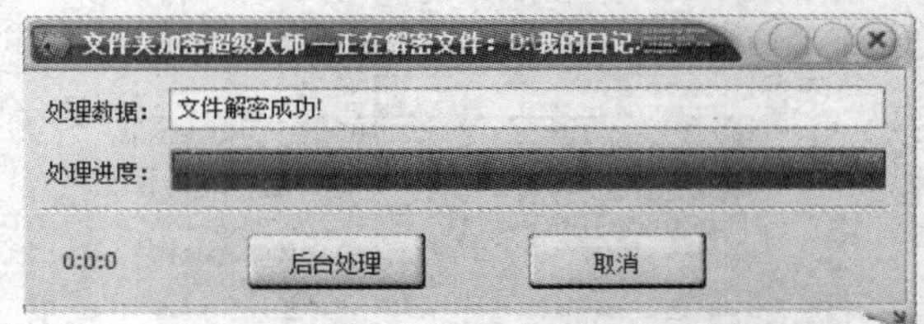

图 12-62 开始解密

12.8 办公软件 Office 系列

Microsoft Office 是微软公司针对 Windows 操作系统所推出的办公室套装软件，包括文字处理软件 Word、数据电子表格 Excel、图文演示与制作软件 PowerPoint 等一系列软件的集合。本节主要介绍在 Windows 7 里 Office 2003 版本的基础使用。

12.8.1 使用 Word 2003

Word 2003 是一个功能强大的文档处理软件。它既能够制作各种简单的办公商务和个人文档，又能满足专业人员制作用于印刷的版式复杂的文档，是目前最为广泛应用的文字处理软件。

1. Word 操作界面

安装 Office 2003 到计算机上，用户就可以选择在【开始】菜单|【所有程序】|Microsoft Office|Microsoft Office Word 2003 命令，启动 Word 2003。其主要由标题栏、菜单栏、工具栏、任务窗格、状态栏及文档编辑区等部分组成，如图 12-63 所示。

Word 2003 操作界面各部分的功能如下。

- 标题栏：该栏位于窗口的顶端，用于显示当前正在运行的程序名及文档名等信息。同窗口一样，标题栏右侧的控制按钮用来控制窗口的最小化、最大化和关闭应用程序。

- 菜单栏：该栏是一系列 Word 命令组合，它分为【文件】、【编辑】、【视图】、【插入】、【格式】、【工具】、【表格】、【窗口】和【帮助】等 9 个菜单，涵盖了所有 Word 文件管理、正文编辑中能用到的菜单命令。单击菜单栏中的任意一个菜单项，都会弹出相应的下拉菜单，执行相应的命令。
- 工具栏：工具栏是以按钮形式来表示常用的命令，可以快速执行常用操作，例如保存、打开操作等，还可以代替菜单上某些命令，从而提高操作效率。
- 文档编辑区：文档编辑区是用户可以编辑的区域，显示为空白的区域，Word 中所有编辑操作都在该区域中显示。
- 任务窗格：任务窗格是 Word 提供常用命令的分栏窗口，它根据操作要求自动弹出，使用户及时获得所需的工具，从而节约时间、提高工作效率，并有效地控制 Word 的工作方式，用户可以随时关闭和开启该窗格。
- 状态栏：该栏位于 Word 窗口的底部，用于显示当前文档的信息，如当前显示的文档是第几页、第几节和当前文档的字数等。

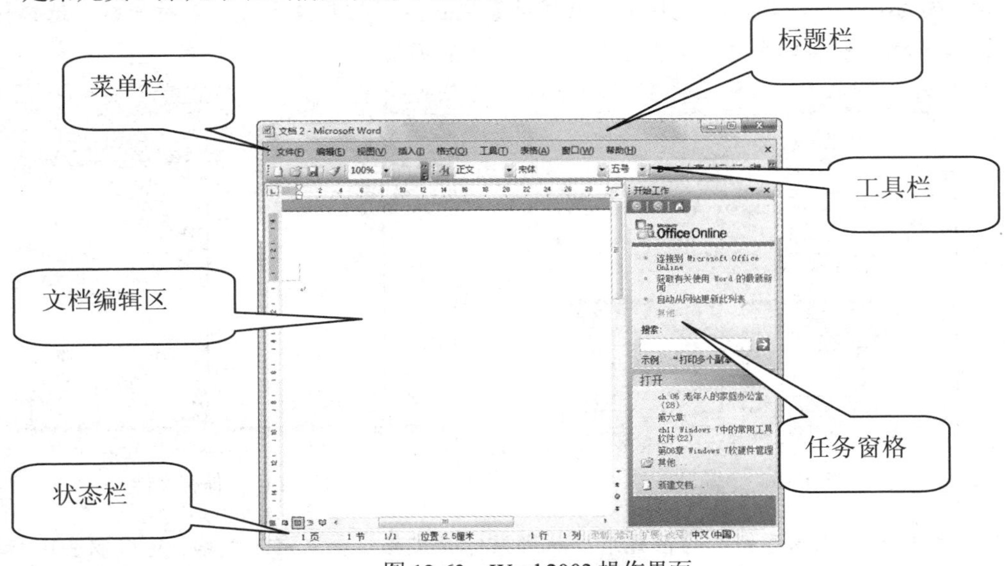

图 12-63 Word 2003 操作界面

2. 使用 Word 编写文档

使用 Word 2003 编写文档，需要先新建一个文档，然后在文档编辑区内输入文字，最后保存在硬盘上。

【例 12-13】 使用 Word 2003 编写文档。

(1) 启动 Word 2003，在菜单栏上选择【文件】|【新建】命令，如图 12-64 所示。

(2) 打开【新建文档】任务窗格，在【新建】选项区域中单击【空白文档】链接即可创建一个空白文档，如图 12-65 所示。

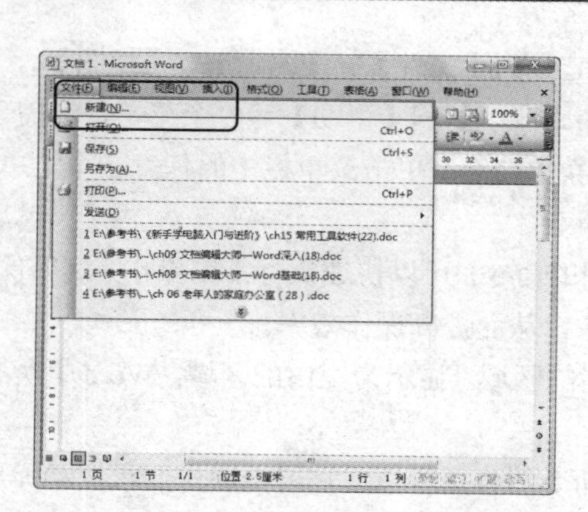

图 12-64　选择【新建】命令

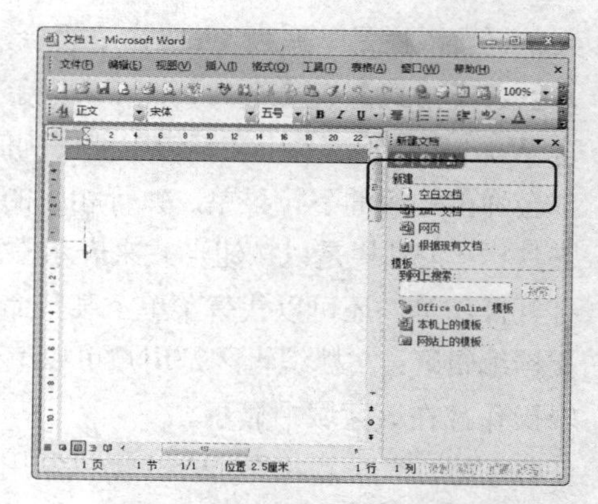

图 12-65　单击【空白文档】链接

(3) 此时打开新的空白文档，用户可以在文档编辑区里执行输入文字和插入图片等操作，如图 12-66 所示。

(4) 编写完毕后，单击工具栏中的【保存】按钮，打开【另存为】对话框，选择保存路径和文件名称，然后单击【保存】按钮，如图 12-67 所示。

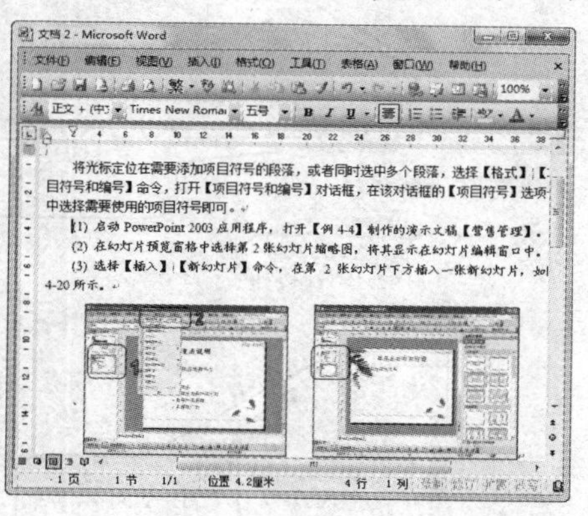

图 12-66　编写文本

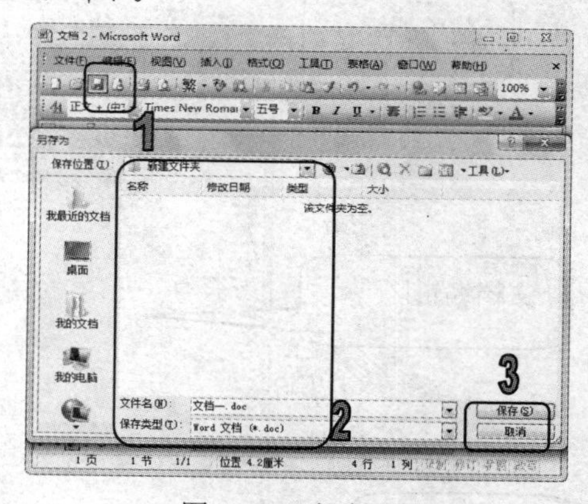

图 12-67　保存文档

(5) 用户可以在保存好的路径目录里找到该保存文档，要重启该文档，可以双击图标打开，如图 12-68 所示。

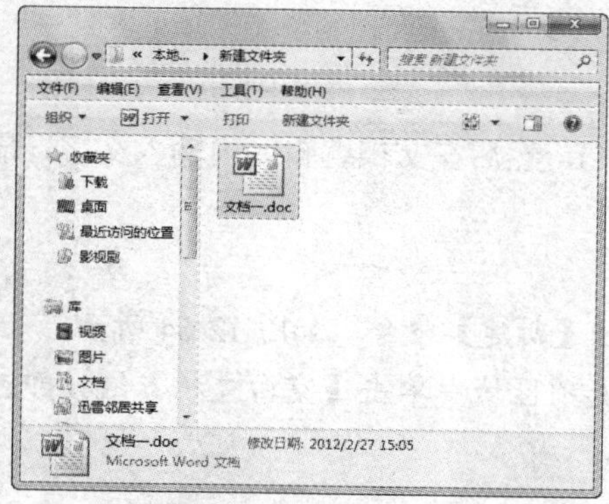

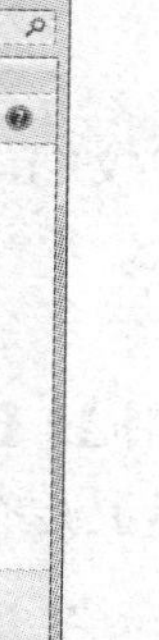

图 12-68　重启文档

提示

打开或创建了一个保存好的文档后，要建立其他的文档或者使用其他的应用程序，可以关闭当前文档。选择【文件】|【关闭】命令或单击窗口右上角的【关闭】按钮，即可关闭当前文档。

12.8.2 使用 Excel 2003

Excel 2003 又称电子表格系统，它具有强大的数据计算与分析功能，是目前使用最广泛的电子表格类处理软件之一。

1. Excel 操作界面

Excel 2003 和 Word 2003 一样， 在启动 Excel 2003 后，会发现它的操作界面与 Word 2003 非常相似，如图 12-69 所示。

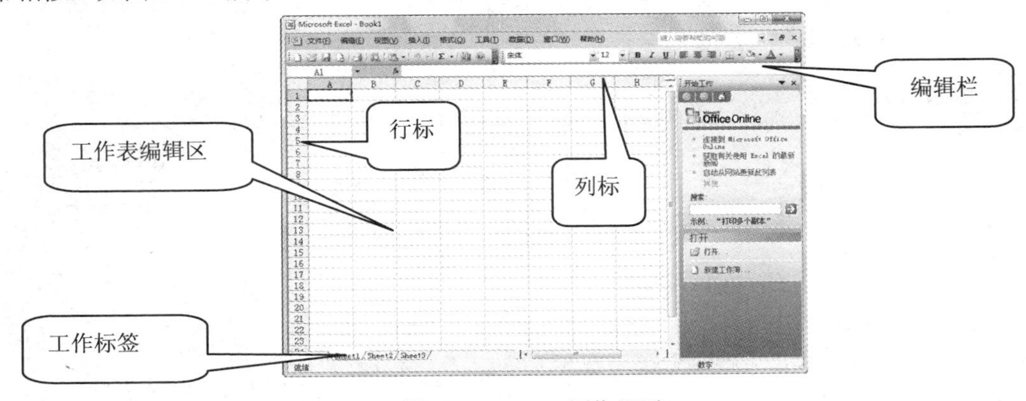

图 12-69 Excel 操作界面

Excel 2003 操作界面中的标题栏、工具栏、菜单栏、任务窗格、状态栏等一些组成部分与 Word 2003 中相应的部分的作用和操作方法基本相同，这里不再重复讲述。下面将介绍 Excel 2003 特有的一些界面元素。

- 编辑栏：编辑栏中显示的主要是当前单元格的数据，可在编辑框中对数据直接进行编辑，由名称框、函数按钮框和编辑框组成，如图 12-70 所示。

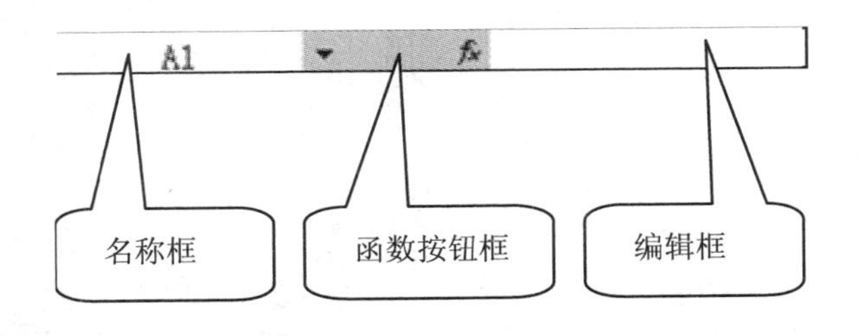

图 12-70 编辑栏组成

- 工作表编辑区：工作表编辑区是 Excel 的工作平台和编辑表格的重要场所，位于操作界面的中间位置，以网格状态显示。

- 行标与列标：Excel 中的行标和列标是确定单元格位置的重要依据，也是显示工作状态的一种导航工具。行标由阿拉伯数字组成，列标由大写的英文字母组成。单元格的命名规则是：“列标号+行标号”。例如第 A 列的第 5 行为 A5 单元格。

2. 使用 Excel 制作工作簿

Excel 的文档就是工作簿，其扩展名为.xls。工作簿是保存 Excel 文件的基本单位。

【例 12-14】使用 Excel 2003 制作工作簿。

(1) 启动 Excel 2003，在菜单栏上选择【文件】|【新建】命令，如图 12-71 所示。

(2) 打开【新建工作簿】任务窗格，在【新建】选项区域中单击【空白工作簿】链接即可创建一个空白工作簿，如图 12-72 所示。

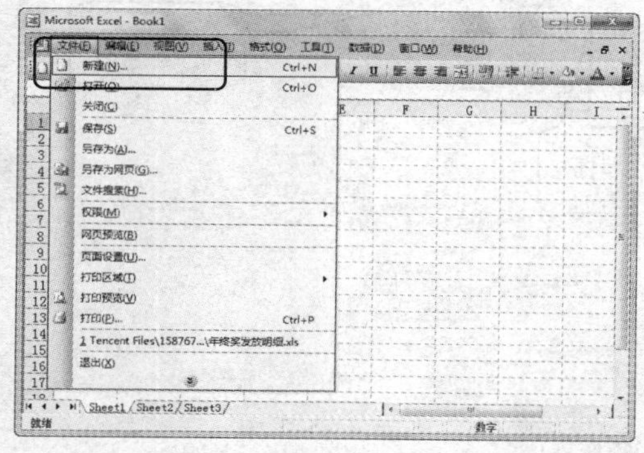

图 12-71　选择【新建】命令

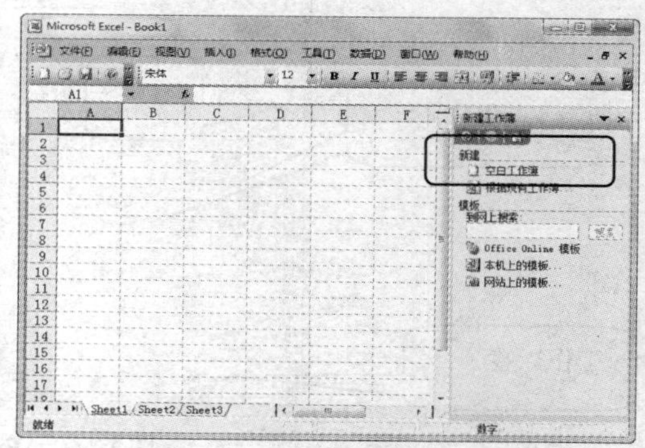

图 12-72　单击【空白工作簿】链接

(3) 在打开的新空白工作簿上的表格中填写内容，编写一份电子表格，如图 12-73 所示。

(4) 编写完毕后，单击工具栏中的【保存】按钮，打开【另存为】对话框，选择保存路径和文件名称，然后单击【保存】按钮，如图 12-74 所示。

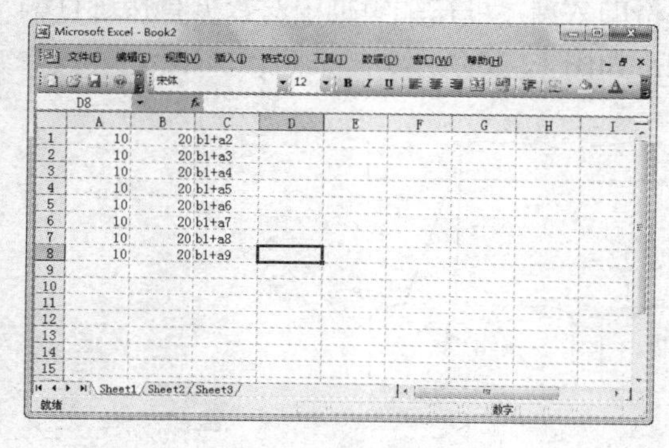

图 12-73　编写表格

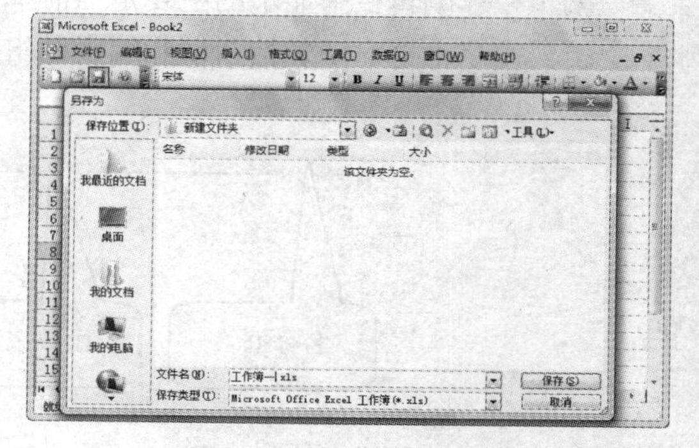

图 12-74　保存工作簿

(5) 用户可以在保存好的路径目录里找到保存文档，要重启该文档，可以双击图标打开。

知识点

工作簿和工作表是 Excel 区别于 Word 的两个专有名词，其中工作簿包含多张工作表，是工作表的集合，一个工作簿最多可包含 255 个工作表。

12.9　上机练习

本章的上机实验主要练习管理 WinRAR 压缩文件，以及使用金山词霸背单词和生词本功能，使用户更好地掌握这些常用工具软件的基本操作方法和技巧。

12.9.1　管理压缩文件

在创建压缩文件时，用户可能会遗漏所要压缩到的文件或添加无须压缩的文件，这时可以使用 WinRAR 管理文件，在原有的已压缩好的文件里添加或删除即可。

【例 12-15】使用 WinRAR 在原有压缩文件上添加或删除文件。

(1) 双击压缩文件，打开 WinRAR 窗口，单击【添加】按钮，如图 12-75 所示。

(2) 打开【请选择要添加的文件】对话框，选择所需添加到压缩文件中的【文档一】文件，然后单击【确定】按钮，如图 12-76 所示。

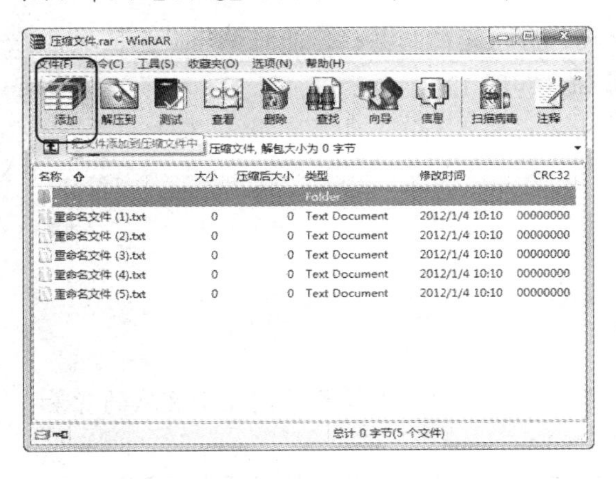

图 12-75　单击【添加】按钮

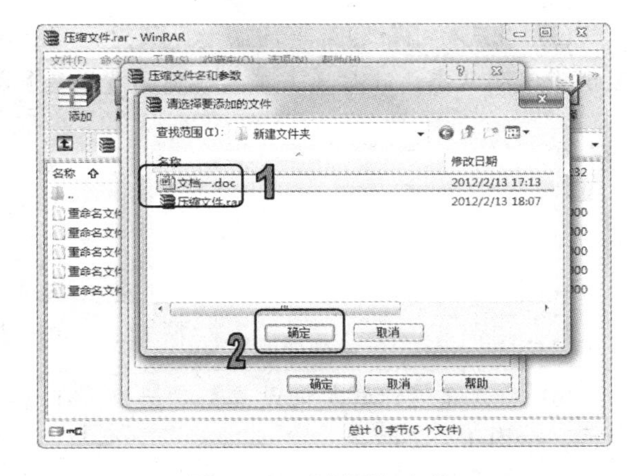

图 12-76　选择添加文件

(3) 继续单击【确定】按钮，即可将文件添加到压缩文件中，如图 12-77 所示。

(4) 如果要删除压缩文件中的文件，在 WinRAR 窗口中选中要删除的文件，单击【删除】按钮即可，如图 12-78 所示。

图 12-77　单击【确定】按钮

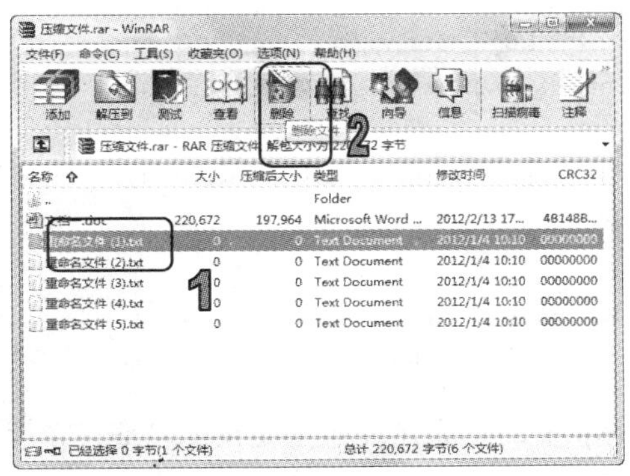

图 12-78　删除文件

12.9.2 背单词功能

【例 12-16】金山词霸的迷你背单词和生词本功能可以用来学习和背诵单词，方便用户记忆和查看。

(1) 单击金山词霸 2010 左下角的【迷你背单词】按钮，即可打开迷你背单词功能，如图 12-79 所示。

(2) 迷你背单词功能打开后，在屏幕上将自动出现英文单词及其释义，并缓慢滚动显示，如图 12-80 所示。

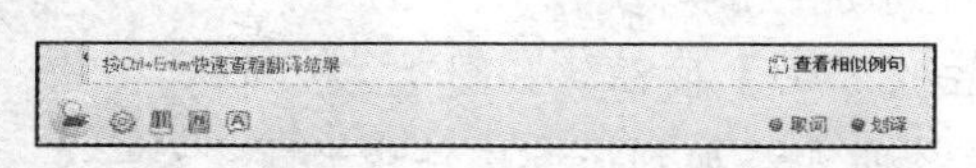

图 12-79 单击【迷你背单词】按钮

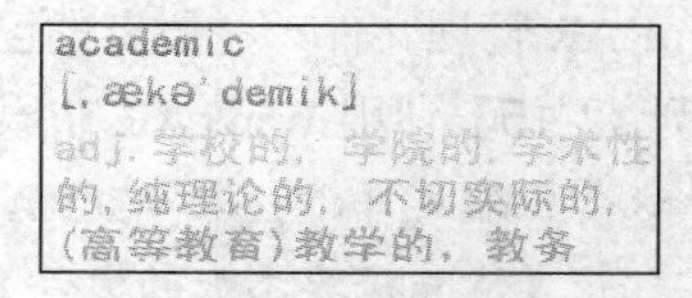

图 12-80 出现英文释义

(3) 当鼠标指针移至单词显示区域时，将显示迷你背单词的工具栏。此时单词显示区域将呈现半透明状态，此时单击工具栏中的【设置】按钮，如图 12-81 所示。

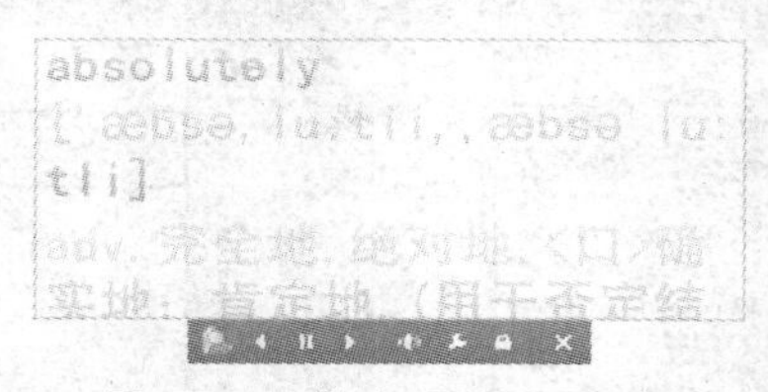

图 12-81 单击【设置】按钮

(4) 打开【迷你背单词设置】对话框，在【显示】选项卡中可以设置单词显示区域的背景颜色，如图 12-82 所示。

(5) 在【背诵】选项卡中，用户可设置单词的范围，例如设置为【大学英语四级词汇】，如图 12-83 所示。

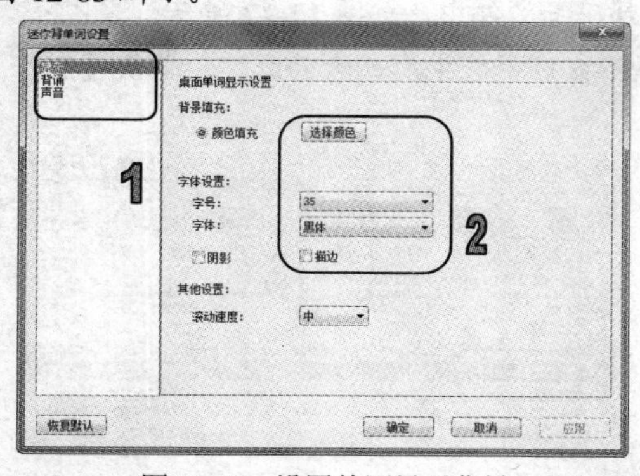

图 12-83 设置单词显示背景

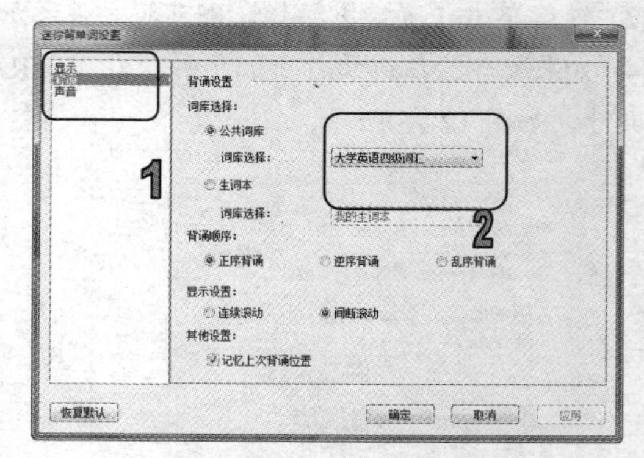

图 12-83 设置单词的范围

(6) 金山词霸还提供了生词本功能，单击主界面中的【生词本】按钮，如图 12-84 所示。

(7) 在打开的【生词本】窗口中，单击【添加】按钮，如图 12-85 所示。

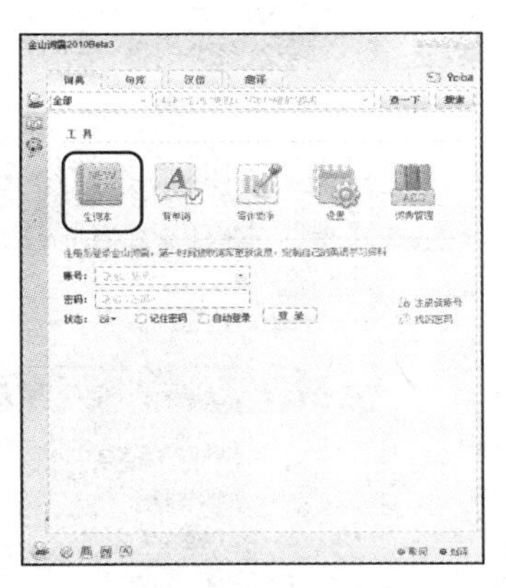

图 12-84　单击【生词本】按钮

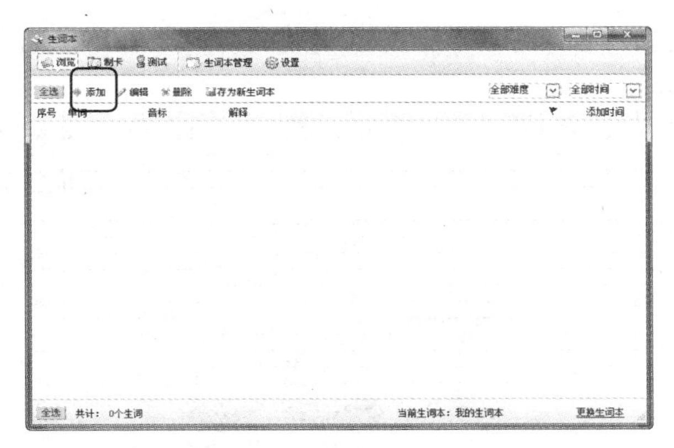

图 12-85　单击【添加】按钮

(8) 打开【添加单词】对话框，在【单词】文本框中输入要添加的英文单词，在【音标】和【解释】文本框中将自动显示相关内容，如图 12-86 所示。

(9) 返回【生词本】窗口，单击【确定】按钮，即可将该单词添加到生词本中，如图 12-87 所示。

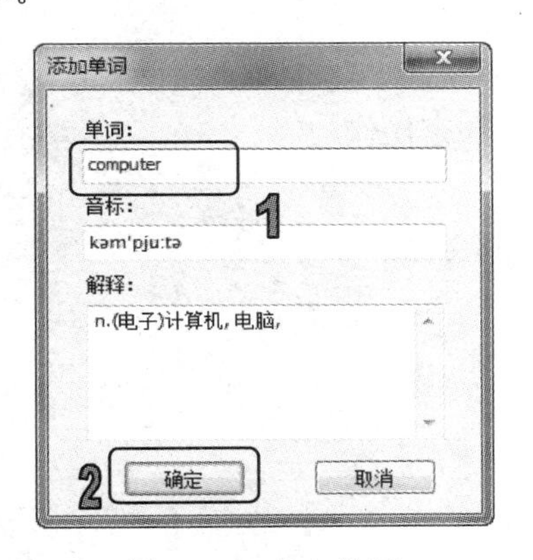

图 12-86　输入单词

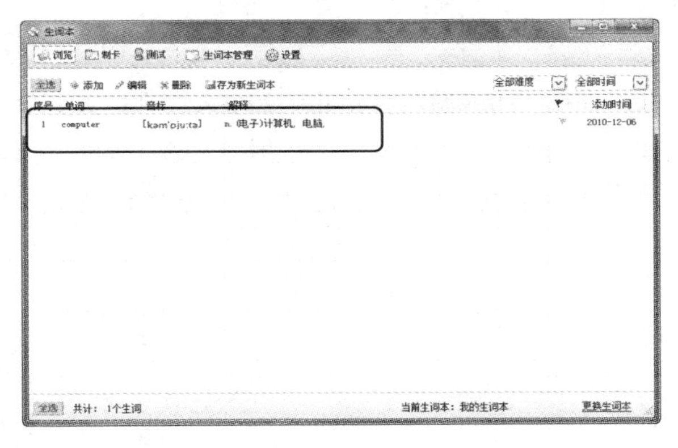

图 12-87　添加生词

(10) 按照同样的方法添加其他的单词，然后单击【测试】按钮，如图 12-88 所示。

(11) 打开【测试】窗口，在该窗口中设置测试题目的范围、题型、顺序和试题数，设置完成后，单击【开始】按钮，如图 12-89 所示。

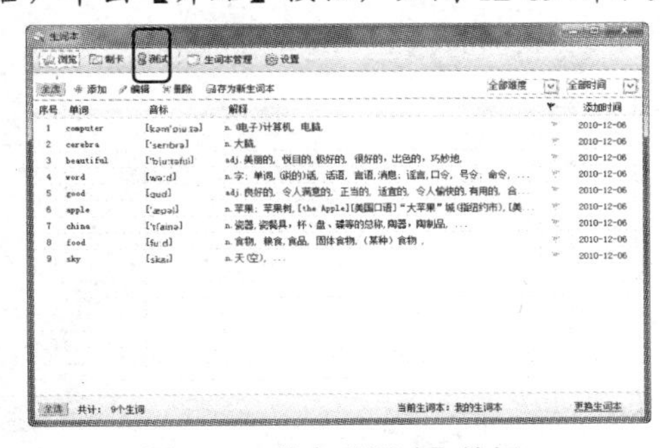

图 12-88 单击【测试】按钮

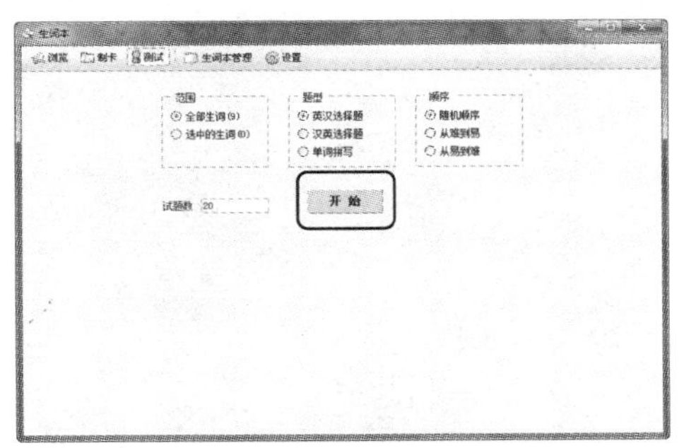

图 12-89　单击【开始】按钮

计算机 基础与实训教材系列

(12) 打开窗口开始答题。在要选择的选项上单击，即可完成选择并转入下一题，如图 12-90 所示。

(13) 完成测试后，将显示【报告】对话框，系统会对所答的题目进行判定，并且给出相应的得分。单击【确定】按钮，将显示所有题目，并显示对错和正确答案，如图 12-91 所示。

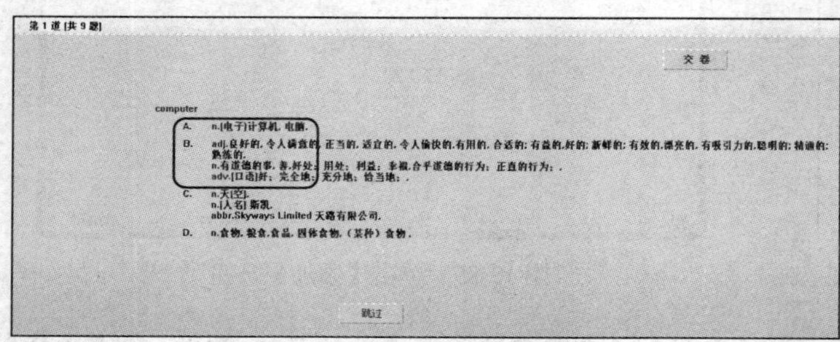

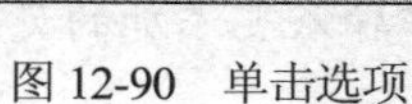
图 12-90　单击选项

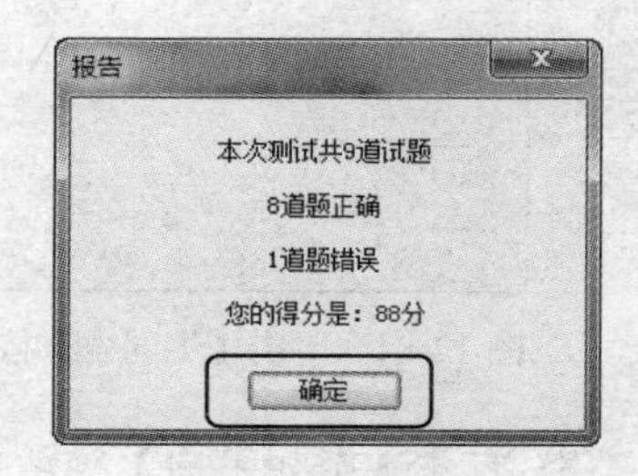

图 12-91　单击【确定】按钮

12.10　习题

1. 使用 WinRAR 压缩和解压缩文件夹，并对文件夹进行加密操作。
2. 使用光盘刻录软件 Nero 刻录一张 DVD 光盘。
3. 使用 Word 2003 编写一篇文章并保存名为【文章 1】的文档。